国家级职业教育规划教材
人力资源和社会保障部职业能力建设司推荐
全国高等职业技术院校化工类专业教材

基 础 化 学

李德有　赵　丽　主　编
陆江春　副主编

中国劳动社会保障出版社

图书在版编目(CIP)数据

基础化学/李德有，赵丽主编. —北京：中国劳动社会保障出版社，2012
全国高等职业技术院校化工类专业教材
ISBN 978-7-5045-9586-7

Ⅰ.①基… Ⅱ.①李…②赵… Ⅲ.①化学-高等职业教育-教材 Ⅳ.①06

中国版本图书馆 CIP 数据核字(2012)第 060988 号

中国劳动社会保障出版社出版发行
（北京市惠新东街1号 邮政编码：100029）
出版人：张梦欣
*
保定市中画美凯印刷有限公司印刷装订 新华书店经销
787 毫米×1092 毫米 16 开本 21.25 印张 502 千字
2012 年 4 月第 1 版 2021 年 1 月第 8 次印刷
定价：39.00 元

读者服务部电话：（010）64929211/84209101/64921644
营销中心电话：（010）64962347
出版社网址：http://www.class.com.cn
http://jg.class.com.cn

前 言

随着我国化学工业的迅速发展，化工企业对从业人员的知识结构和技能水平提出了更高的要求。为了更好地满足企业的用人需要，促进高等职业技术院校化工类专业教学工作的开展，加快高技能人才培养，我们组织有关院校的骨干教师和行业、企业专家，对专业培养目标、课程设置、教学模式进行了深入研究，开发了全国高等职业技术院校化工类专业教材。

本次开发的教材包括《基础化学》《化工安全与环保》《化工电气与仪表》《化工识图与CAD》《化工分析》《化工生产仿真实训》《化工单元操作》《化工生产技术》《化学分析》《仪器分析》《工业分析》《化验室组织与管理》《精细化工概论》，以及《基础化学习题册》和《化工识图与CAD习题册》。

本次教材开发工作的重点有以下几个方面：

第一，坚持高技能人才培养方向，突出教材的职业特色。以职业能力为本位，从职业（岗位）分析入手，根据高等职业技术院校化工类专业毕业生所从事职业的实际需要，科学确定学生应具备的知识和能力结构，避免专业知识过深、过难，同时进一步加强实践性教学，提高教材的实用性。

第二，体现化工行业发展趋势，突出教材的先进性。根据化工行业的发展现状，尽可能多地在教材中体现本行业的新知识、新技术、新工艺和新设备，并严格执行国家有关技术标准，使教材具有鲜明的时代特征。

第三，创新编写模式，突出教材的直观性。按照学生的认知规律，合理安排教材内容，并尽量采用以图代文的编写形式，注重利用图表、实物照片辅助讲解知识点和技能点，激发学生的学习兴趣。为了配合学校的教学改革，部分教材采用了任务驱动的编写思路。

本套教材可供全国高等职业技术院校化工类专业（应用化工技术专业、化工工艺专业、工业分析与检验专业、精细化学品生产技术专业等）选用，也可作为职业培训教材。本套教材的编写工作得到了山东、四川、河南、广西等省、自治区人力资源和社会保障厅及有关院校的大力支持，在此，我们表示诚挚的谢意。

人力资源和社会保障部教材办公室

2012年2月

简　介

本教材内容以“简明、易懂、弹性、实用”为原则，结合化工类相关专业的特点和后续课程的教学需要，对无机化学、物理化学、有机化学的基本内容进行了有机整合，强化基础，突出重点。教材主要内容分为十二个单元：化学基本量及其计算、物质结构基础、重要的非金属元素及其化合物、重要的金属元素及其化合物、化学热力学初步、电解质溶液、电化学基础、多相体系、化学动力学初步、烃、烃的衍生物、其他有机物等，不同院校可以根据专业需要对教学内容进行适当调整。教材设置了课堂思考、资料卡、阅读材料等栏目，目的在于激发学生学习兴趣，培养学生分析问题、解决问题和自我学习的能力。本教材配有习题册，供学生练习使用。

本教材由李德有、赵丽任主编，陆江春任副主编，徐利敏、陈鑫、朱淑莉、贺攀科参加编写，侯杰审稿。

目　录

标 * 者为选学内容。

绪　论

化学作为一门自然科学，它研究包括我们人体自身在内的所有物质。中学化学课程中描述的化学世界，也许我们还记忆犹新。然而，世界在发展，科学在进步，化学在延伸，我们必须站在更高的层次上了解化学。

一、化学的研究对象

化学是什么？通常，我们认为化学是研究物质的组成、结构、性质、相互关系和变化规律的基础自然科学。这个简单的传统定义似乎无法完全说明现在不断发展的化学学科。宏观物体（即肉眼所见物体）是由大量的分子、原子等构成的，化学变化的实质是原子、原子团的重新组合，是化学键的破坏与形成，这种变化并不是杂乱无章的，而是遵循一定的规律。这些规律都是关于分子、原子相互作用及相对运动的规律。所以，化学是一门在原子、分子层次上研究物质的组成、结构、性质及其变化规律的科学，是研究包括原子、分子、超分子等各种物质的不同层次与复杂程度的聚集态的合成和制备、反应和转化、分离和分析、结构和形态、化学物理性能和生物与生理活性及其规律和应用的科学。

二、化学的发展概况

化学起源于人类生活的需要、生产劳动和科学实践，其发展大致可以分为三个时期。

17 世纪中叶以前的古代和中古时期，人类在炼金术、炼丹术、医药学的实践中获得了初步的化学知识。早在史前时期，人类就用火烧制陶器，说明化学作为一种技术实际上已经开始应用了。古代冶金术中铜、铁以及金、银、锡、铅和有关合金的冶炼，人们日常生活中的酿造、染色和油漆等都属于早期的化学成就。煤、石油、天然气等燃料的开采和应用，造纸术的发明和发展等对人类物质文明和精神文明的发展都发挥了显著的作用。医药化学的兴起和冶金化学的广泛探索为近代化学的孕育和发展奠定了良好的基础。

17 世纪后半叶到 19 世纪末的近代化学时期，科学元素说和原子—分子论相继被提出，化学家发现元素周期律，建立碳的四面体结构和苯的六元环结构，确立相对原子质量和物质成分的分析方法，相继建立了无机化学、有机化学、物理化学和分析化学四大学科，化学实现了从经验到理论的重大飞跃，真正被确立为一门独立的科学。

从 20 世纪开始的现代化学时期，这一时期，化学无论是在理论、研究方法、实验技术还是在应用方面都发生了深刻的变化，化学的发展不仅突破原有的四大基础学科，衍生出高分子化学、核化学、放射化学与生物化学等新的分支，而且在发展过程中与其他学科交叉渗透形成多种边缘学科，如环境化学、农业化学、药物化学、材料化学、地球化学等。化学在其他学科中的应用，促进了电子学、生物学、药学、环境科学、计算机科学、工程学、地质学、食品科学、冶金学以及其他许多领域的发展。通过天然资源或人工合成，人们将 109 种元素组合成 1 000 万种左右的化合物，它们正为人类的生存和发展发挥着广泛的作用。

三、化学在日常生活及国民经济中的作用

化学与我们的日常生活以及国民经济有密切的关系，因此它也是一门实用科学。化学对人类社会发展做出的贡献是多方面和全方位的，从人类的衣食住行到高科技发展的各个领

域，到处都留下了化学研究的足迹，享受着化学发展的成果。特别是进入21世纪以来，人类社会面临着资源、能源、材料、环境等众多问题的挑战，给化学的进步提供了广阔的天地。国民经济和社会发展不断对化学学科提出重大要求，主要体现在下列几个方面。

农业及食品工业方面。我国是农业大国，农业是国民经济的基础，是人民身体健康、经济持续发展和社会长期稳定的决定因素。农业发展的首要问题是保证全民族的食物安全和提高食物品质；其次是保护并改善农业生态环境，为农业可持续发展奠定基础。化学将在开发高效肥料和高效农药，特别是环境友好的生物肥料和生物农药，以及开发新型农业生产资料等方面发挥巨大的作用。此外，人们已经开始利用化学制造食物，在21世纪这一问题将会变得更为重要。

提高人类生存质量和健康水平方面。不断提高人类的生存质量和健康水平是人类的基本要求，也是社会进步的重要标志。在此方面，需化学家和其他科学工作者揭示生命过程的分子科学本质，合成新的生物活性化合物、药物、医用材料，从而减轻各种疾病带来的痛苦。

能源的开发利用方面。能源是国民经济、社会发展和人民生活水平提高的重要基础。能源工业在很大程度上依赖于化学过程，90%以上的能源消费依靠化学技术。如何控制低品位燃料的化学反应，使我们既能保护环境又能降低能源的成本，是化学学科面临的一大难题。煤、石油、天然气等属于化石能源，储量有限且不能再生。为此，必须开发创造新的能源，才能满足人类发展对能源越来越高的需求。具有重要战略意义的新能源的开发，包括太阳能、生物能、核能及次级能源（氢能和燃料电池）等都急需化学家发展新思想，开创新概念，提供新方法。

材料科学方面。材料是人类赖以生存和发展的物质基础。化学创新制备新的物质以代替传统或稀缺的物质，赋予材料光、电、声、磁等物理性能和化学反应性能，给人类社会带来半导体材料、光学材料、磁性材料、超导材料、超高温耐热材料、超硬材料等。化学是新材料的“源泉”。材料的合成与制备中的科学问题，材料的组成、结构及其与性能之间的关系是化学研究的主要内容之一。除此之外，信息技术、环境科学等多方面也与化学密切相关。

化学在为人类创造巨大物质财富的同时，化学品所造成的严重环境污染也引人注意。进入21世纪后，各学科之间的互相交叉和渗透将更为突出，各学科之间相互促进。同时，国民经济的重大需求和化学学科自身发展的需求都将成为推动21世纪化学学科发展的巨大动力，化学学科在整个科学和技术发展中将继续发挥不可替代的重要作用。化学已被公认为“21世纪的一门中心科学”。

四、基础化学课程的主要内容

基础化学是一门重要的基础课，本课程的目的是在中学化学知识的基础上，通过学习，进一步掌握化学的基本知识、基本原理，了解这些知识、理论的应用，培养分析和解决化学问题的能力，为专业课的学习和以后工作打下一定的基础。其主要内容和学习要求如下：

（1）掌握化学的基本概念与基本原理（化学基本量、原子结构与元素周期律、化学键与分子结构、物质的聚集状态、多相体系、各类化学平衡、电解质溶液与非电解质溶液、氧化还原反应与电化学、配位化合物）。

（2）了解化学热力学的基本概念、原理及应用。

（3）了解化学动力学的基本概念，熟悉催化作用的基本原理。

（4）熟悉重要的金属、非金属及其化合物的性质与用途。

(5) 了解有机化学的基本知识，熟悉重要的有机化合物的合成与用途。

五、基础化学课程的学习方法

要学好基础化学，第一，要正确理解并牢固掌握化学用语、基本和基本原理，从本质上认识物质及其变化规律；第二，在学习物质的性质时，要注意物质、用途和制备方法之间的相互联系，要善于比较，找出它们的内在规律；第三，理论联际，用所学的知识去分析问题、解决问题，从而巩固学到的基础知识和基本理论。

最后提醒同学们，在学习中不能死记硬背，要在理解的基础上掌握，要勇于问题。在解决问题时除了向老师和同学请教外，还要利用各种参考资料、网络资源，培养分析问题和解决问题的能力，培养一定的创新能力、基本计算能力，为后续专业课的学习奠定基础。

第一单元　化学基本量及其计算

课题一　物质的量

学习目标

1. 理解物质的量、摩尔质量等基本概念。
2. 掌握物质的量的相关计算。

在中学，我们已经学习了有关物质的分类、化学反应等基本知识。本单元将引入物质的量的概念。

一、物质的量及其单位

物质之间的反应，是在一定数目比的原子、分子或离子之间进行的，但是，这些粒子质量小、体积小、肉眼看不见，因此，需要有一个量把微粒的数量跟可称量的量联系起来。

1971 年 10 月，有 41 个国家参加的第 14 届国际计量大会决定，在国际单位制（SI）中，增加第七个基本单位——摩尔（mol）。对应于摩尔的量名称是“物质的量”。

物质的量是表示组成物质的基本单元数目多少的量。物质的量是一个量的整体名词，这四个字是不能拆开使用的。

在讨论物质的量时，应注意分辨清楚物质的量与质量的关系。物质的量与质量在概念上是根本不同的。质量是代表物体惯性大小的量，它表示物体内含有物质的多少，其单位是克或千克；而物质的量是表示组成物质的基本单元数目多少的量，其单位为摩尔，它与质量是相互独立的两个量。

那么，什么是摩尔呢？**摩尔**是一系统的物质的量，该系统中所包含的基本单元数与 0.012 kg ^{12}C 的原子数目相等。根据测定，0.012 kg ^{12}C 含有 6.02×10^{23} 个碳原子，这个数值称阿佛加德罗常数 N_0（N_0 已经测得比较精确，本书中采用 6.02×10^{23} 这个非常接近的近似值），1 mol 就是 6.02×10^{23} 个微粒的集合体。为此，对摩尔的定义作如下解释：任何一个系统的物质，如果它的基本单元数为 6.02×10^{23} 个，则该系统的物质的量为 1 mol。

1 mol 碳原子含有 6.02×10^{23} 个碳原子；

1 mol 氢分子含有 6.02×10^{23} 个氢分子；

1 mol 水分子含有 6.02×10^{23} 个水分子；

1 mol 硫酸分子含有 6.02×10^{23} 个硫酸分子；

1 mol 氢离子含有 6.02×10^{23} 个氢离子；

1 mol 氢氧根离子含有 6.02×10^{23} 个氢氧根离子。

综上所述，1 mol 物质都含有 6.02×10^{23} 个基本单元。由此可推知物质的量相同的各种物质所含的基本单元数都相同。

如上述例子，使用摩尔表示物质的量时，应指明物质的基本单元。**基本单元**是指物质体系的结构微粒或根据需要指定的特定组合体。组成物质的基本单元可以是原子、分子、离子、电子、其他粒子或这些粒子的特定组合，如 C、H_2O、H_2SO_4、H^+、H_2、OH^-、$KMnO_4$、$\frac{1}{5}KMnO_4$等。

阅读材料

阿伏加德罗及其贡献

阿伏加德罗（1776—1856）是意大利物理学家、化学家，1776 年 8 月 9 日生于都灵的一个贵族家庭，1792 年 8 月 9 日入都灵大学学习法学，1796 年获法学博士，然后从事律师工作，1800—1805 年又专门攻读数学和物理学，后主要从事物理学、化学研究。

阿伏加德罗毕生致力于原子—分子学说的研究。1811 年，他发表了题为《原子相对质量的测定方法及原子进入化合物时数目之比的测定》的论文。他以盖·吕萨克气体化合体积比实验为基础，进行了合理的假设和推理，首先引入了“分子”概念，并把它与原子概念相区别，指出原子是参加化学反应的最小粒子，分子是能独立存在的最小粒子。单质的分子是由相同元素的原子组成的，化合物的分子则由不同元素的原子所组成。文中明确指出：“必须承认，气态物质的体积和组成气态物质的简单分子或复合分子的数目之间也存在着非常简单的关系，把它们联系起来的一个、甚至是唯一容许的假设，是相同体积中所有气体的分子数目相等”。这样就可以使气体的原子量、分子量以及分子组成的测定与物理和化学上已获得的定律完全一致。阿伏加德罗的这一假说，后来被称为阿伏加德罗定律。

二、摩尔质量

摩尔是表示物质基本单元数目多少的“物质的量”的单位，而每一种基本单元都有一定的质量，所以，1 摩尔任何物质也有一定的质量，这就是摩尔质量，用符号 M 表示，单位为克/摩尔，简称为克/摩（g/mol）。其定义式为：

$$M = \frac{m}{n} \tag{1—1—1}$$

式中 m——物质的质量，单位为克（g）；

n——物质的量，单位为摩尔（mol）。

使用摩尔质量时也必须指明物质的基本单元。物质的摩尔质量在以 g/mol 为单位时，数值上等于其化学式量或化学式量的某一分数。当物质的基本单元是原子或分子时，物质的摩尔质量在数值上等于其相对原子质量或相对分子质量（M_r）。如铁的相对原子质量为 56，铁的摩尔质量为 56 g/mol；水的相对分子质量为 18，水的摩尔质量为 18 g/mol。当物质的基本单元是原子或分子的某一分数时，物质的摩尔质量在数值上等于对应的相对原子质量或相对分子质量的某一分数倍数。例如，在化学反应中，硫酸的基本单元是 $\frac{1}{2}H_2SO_4$时，基本单元的摩尔质量为 49 g/mol，即：

$$M\left(\frac{1}{2}H_2SO_4\right) = \frac{1}{2}M(H_2SO_4) = \frac{1}{2} \times 98\ \text{g/mol} = 49\ \text{g/mol}$$

三、有关物质的量的计算

物质的量（n）、物质的质量（m）、摩尔质量（M）和基本单元数（N）之间的关系可以用下式表示：

$$n(\text{mol}) = \frac{m(\text{g})}{M(\text{g/mol})} = \frac{N}{N_0} \qquad (1—1—2)$$

物质的量就像一座桥梁一样，把单个的、肉眼看不见的粒子与很大数量的粒子集合体及可以称量的物质联系起来，给化学研究带来极大的方便。

1. 已知物质的质量，求物质的量和基本单元数

【例1—1—1】 现有9.8 g H_2SO_4，则H_2SO_4的物质的量是多少？含有H_2SO_4分子的数目是多少？若在水溶液中全部电离为H^+和SO_4^{2-}，其物质的量各为多少？

解（1）$M_r(H_2SO_4) = 98$

$M(H_2SO_4) = 98$ g/mol

$$n = \frac{m(H_2SO_4)}{M(H_2SO_4)} = \frac{9.8\ \text{g}}{98\ \text{g/mol}} = 0.1\ \text{mol}$$

（2）$N(H_2SO_4) = n(H_2SO_4) \times N_0$

$= 0.1\ \text{mol} \times 6.02 \times 10^{23}/\text{mol}$

$= 6.02 \times 10^{22}$

（3）1 mol H_2SO_4全部电离，能生成2 mol H^+和1 mol SO_4^{2-}。所以，

$$n(H^+) = 2n(H_2SO_4) = 2 \times 0.1\ \text{mol} = 0.2\ \text{mol}$$

$$n(SO_4^{2-}) = n(H_2SO_4) = 0.1\ \text{mol}$$

答：9.8 g H_2SO_4物质的量是0.1 mol，含有H_2SO_4分子的数目是6.02×10^{22}个，在水溶液中能全部电离出0.2 mol H^+和0.1 mol SO_4^{2-}。

【课堂思考】 上例中，若以$\frac{1}{2}H_2SO_4$为基本单元，物质的量是多少？

2. 已知物质的量，求其质量

【例1—1—2】 0.5 mol NaOH的质量是多少克？

解 $M_r(\text{NaOH}) = 40$

$M(\text{NaOH}) = 40$ g/mol

$m(\text{NaOH}) = n(\text{NaOH})M(\text{NaOH}) = 0.5\ \text{mol} \times 40\ \text{g/mol} = 20\ \text{g}$

答：0.5 mol NaOH的质量是20 g。

课题二 物质的量浓度

学习目标

1. 掌握物质的量浓度及有关计算。
2. 学会配制一定物质的量浓度的溶液。

在生产和科研中使用溶液时，经常用到物质的量之间的关系和溶液的体积，如果能知道一定体积的溶液中含有溶质的物质的量，将是很方便的。

一、物质的量浓度

以单位体积溶液里所含溶质 B 的物质的量来表示溶液组成的物理量，叫做溶质 B 的**物质的量浓度**（或 B 的浓度）。物质的量浓度的符号为 c_B，常用的单位为 mol/L。

物质的量浓度可用下式表示。

$$c_B = \frac{n_B}{V} \tag{1—2—1}$$

式中 n_B——溶质 B 的物质的量，mol；

V——溶液的体积，L；

c_B——溶质 B 的物质的量浓度，mol/L。

1 L 溶液中含有 1 mol 的溶质，这种溶液中溶质的物质的量浓度就是 1 mol/L。例如，1 L硫酸溶液中含有 1 mol H_2SO_4，溶液中 H_2SO_4的物质的量浓度就是 1 mol/L，该溶液叫做 1 mol/L H_2SO_4溶液。表示溶质 B 的物质的量浓度时，也要指明基本单元。

二、有关物质的量浓度的计算

1. 已知溶质的质量和溶液的体积，求物质的量浓度

【例 1—2—1】 在 200 mL HCl 溶液中含有 0.73 gHCl，试求溶液的物质的量浓度。

解 $M_r(HCl) = 36.5$，$M(HCl) = 36.5\ g/mol$

$$n(HCl) = \frac{m(HCl)}{M(HCl)} = \frac{0.73\ g}{36.5\ g/mol} = 0.02\ mol$$

$V = 200\ mL$

$$c(HCl) = \frac{n(HCl)}{V} = \frac{0.02\ mol}{0.2\ L} = 0.1\ mol/L$$

答：该 HCl 溶液的物质的量浓度为 0.1 mol/L。

2. 已知溶液的物质的量浓度，计算溶质的质量

【例 1—2—2】 配制 0.1 mol/L 的氢氧化钠溶液 250 mL，需要氢氧化钠多少克？

解 $M_r(NaOH) = 40$，$M(NaOH) = 40\ g/mol$

$n(NaOH) = c(NaOH)V(NaOH) = 0.1\ mol/L \times 0.25\ L = 0.025\ mol$

$m(NaOH) = n(NaOH)M(NaOH) = 0.025\ mol \times 40\ g/mol = 1\ g$

答：配制 0.10 mol/L 氢氧化钠溶液 250 mL 需要氢氧化钠 1 g。

3. 有关溶液稀释的计算

溶液稀释前后溶质的物质的量不变。溶液经过稀释，只增加溶剂的量而没有改变溶质的物质的量，因此可以得出下列关系式：

$$c_1V_1 = c_2V_2 \tag{1—2—2}$$

式中 c_1——稀释前溶液的物质的量浓度，mol/L；

V_1——稀释前溶液的体积，L；

c_2——稀释后溶液的物质的量浓度，mol/L；

V_2——稀释后溶液的体积，L。

【例 1—2—3】 将 30 mL 0.5 mol/L NaOH 溶液加水稀释到 500 mL，稀释后溶液中

NaOH 的物质的量浓度是多少？

解　已知 $c_1 = 0.5\ mol/L$，$V_1 = 30\ mL = 0.03\ L$，$V_2 = 0.5\ L$

根据

$$c_1V_1 = c_2V_2$$

$$0.5\ mol/L \times 0.03\ L = c_2 \times 0.5\ L$$

$$c_2 = 0.03\ mol/L$$

答：稀释后溶液中 NaOH 的物质的量浓度为 0.03 mol/L。

【课堂思考】　下列溶液中，与 100 mL 0.5 mol/L NaCl 溶液中所含的 Cl^- 的物质的量浓度相同的是（　　）。

A. 100 mL 0.5 mol/L $MgCl_2$溶液　　B. 200 mL 0.25 mol/L $CaCl_2$溶液

C. 50 mL 1 mol/L NaCl 溶液　　D. 25 mL 0.5 mol/L HCl 溶液

三、浓度的其他表示方法

在实际使用中，经常会用到其他的浓度表示方法，例如质量分数、稀溶液的质量浓度等，下面简单介绍其表示方法。

1. 质量分数

溶质 B 的质量分数是溶质 B 的质量与混合物的总质量之比，符号为 ω_B，定义式为：

$$\omega_B = \frac{m_B}{m} \qquad (1—2—3)$$

式中　ω_B——溶质 B 的质量分数；

m_B——溶质 B 的质量，g；

m——混合物的总质量，g。

2. 质量浓度

用溶质 B 的质量除以混合物的体积，就得到 B 的质量浓度，用符号 ρ_B 表示，其定义式为：

$$\rho_B = \frac{m_B}{V} \qquad (1—2—4)$$

式中　ρ_B——溶质 B 的质量浓度，g/L；

m_B——溶质 B 的质量，g；

V——混合物的体积，L。

3. 体积分数

溶质 B 的体积分数是指溶质 B 的体积与混合物体积之比，用 φ 表示。其定义式为：

$$\varphi_B = \frac{V_B}{V} \qquad (1—2—5)$$

式中　φ_B——溶质 B 的体积分数；

V——混合物的体积，L；

V_B——溶质 B 的体积，L。

此外，表示溶液组成的方法还有体积比等，在此不再一一列举。

【课堂思考】　配制 2 mol/L H_2SO_4溶液 250 mL，需用密度为 1.84 g/mL、质量分数为 98% 的 H_2SO_4溶液多少毫升？（单位体积物质的质量称为密度，用 ρ 表示，$\rho = \frac{m}{V}$，m 为液体

的质量，单位为 g，V 为液体的体积，单位为 mL）

资料卡——溶解度

物质的溶解度是指在一定的温度和压力下，某物质在 100 g 溶剂里达到饱和状态时所溶解的克数。在未注明的情况下，通常溶解度指的是物质在水里的溶解度。如 20℃时，食盐的溶解度是 36 g，氯化钾的溶解度是 34 g。这些数据可以说明：20℃时，食盐和氯化钾在100 g 水里最大的溶解量分别为 36 g 和 34 g，在此温度下，食盐在水中的溶解能力比氯化钾强。

通常把在室温（20℃）下，溶解度为 10 g/100 g 水以上的物质称为易溶物质，溶解度为 1～10 g/100 g 水的物质称为可溶物质，溶解度为 0.01～1 g/100 g 水的物质称为微溶物质，溶解度小于 0.01 g/100 g 水的物质称为难溶物质。

实　验

标准溶液的配制

一、实验目的

1. 了解标准溶液的制备方法。
2. 学习电子天平、容量瓶等仪器的使用方法。
3. 学习直接法配制 NaCl 标准溶液的方法。

二、实验原理

已知准确浓度的溶液称为标准溶液。标准溶液是化学分析中的基本试剂，其制备方法主要有直接配制法和间接配制法。

直接配制法是准确称取一定量物质，溶解后在容量瓶中准确稀释至一定体积，然后计算出该溶液的准确浓度。

$$c(\mathrm{NaCl}) = \frac{m \times 1\,000}{MV}$$

式中　$c(\mathrm{NaCl})$——氯化钠标准溶液的浓度，mol/L；

m——氯化钠质量的准确数值，g；

V——氯化钠溶液体积的准确数值，mL；

M——氯化钠的摩尔质量，58.5 g/mol。

用直接法配制标准滴定溶液的物质，必须具备有足够的纯度，物质的组成（包括结晶水）应与化学式完全符合，性质稳定，即见光不分解、不氧化。符合这些条件的物质称为基准物质或基准试剂，如无水碳酸钠、氯化钠、重铬酸钾、邻苯二甲酸氢钾等。

有些物质不符合基准物质的条件，如氢氧化钠易吸收空气中的水分和二氧化碳，浓盐酸易挥发，这些物质不能用来直接配制标准溶液，可按照一般溶液的配制方法配成大致所需浓度的溶液，然后再用另一种标准溶液测出它的准确浓度，这种配制标准溶液的方法叫间接法或标定法。

三、实验仪器和试剂

1. 仪器

电子天平、烧杯（100 mL）、容量瓶（1 000 mL）、玻璃棒等。

2. 药品

基准试剂 NaCl。

四、实验步骤

1. 估算

估算配制 1 000 mL 0.1 mol/L NaCl 溶液需称取 NaCl 的质量。

$$m(\text{NaCl}) = c(\text{NaCl})\,V\,M = 0.1 \times 1 \times 58.5 = 5.85(\text{g})$$

2. 称量

称取（5.85 ±0.30）g 已在（550 ±50）℃的高温炉中灼烧至恒重的工作基准试剂氯化钠（精确 0.000 1 g）放入烧杯中，如图 1—2—1 所示，记录称量质量。

3. 溶解

向盛有 NaCl 固体的烧杯中加入适量的蒸馏水，并用玻璃棒搅拌，使 NaCl 完全溶解，如图 1—2—2 所示。

图 1—2—1　称量

图 1—2—2　溶解

4. 转移

将烧杯中的溶液沿玻璃棒小心地注入到 1 000 mL 的容量瓶中，注意不要将溶液洒在容量瓶外，如图 1—2—3 所示。

5. 洗涤

用适量的蒸馏水洗涤烧杯和玻璃棒 2 ~ 3 次，如图 1—2—4 所示，将每次洗涤后的溶液都注入容量瓶中。轻轻震荡容量瓶，使其中的溶液充分混合均匀。

图 1—2—3　转移

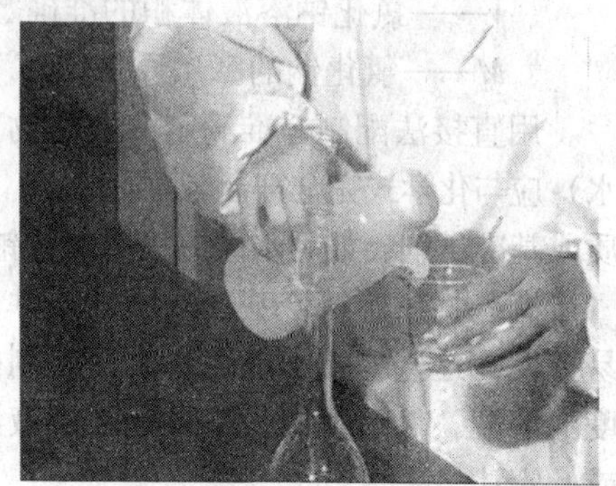

图 1—2—4　洗涤

6. 定容

缓缓地向容量瓶中注入蒸馏水，如图 1—2—5a 所示，直到液面接近刻度 1 ~ 2 cm 处时，如图 1—2—5b 所示，改用胶头滴管滴加蒸馏水，直至溶液的凹液面最低点正好与刻度线相切，如图 1—2—5c 所示。

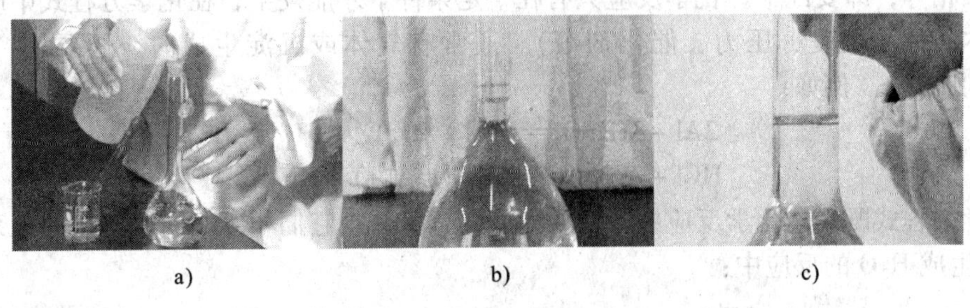

a)　　b)　　c)

图 1—2—5　定容

7. 摇匀

用瓶塞把容量瓶盖好，反复上下颠倒，摇匀，如图 1—2—6 所示。

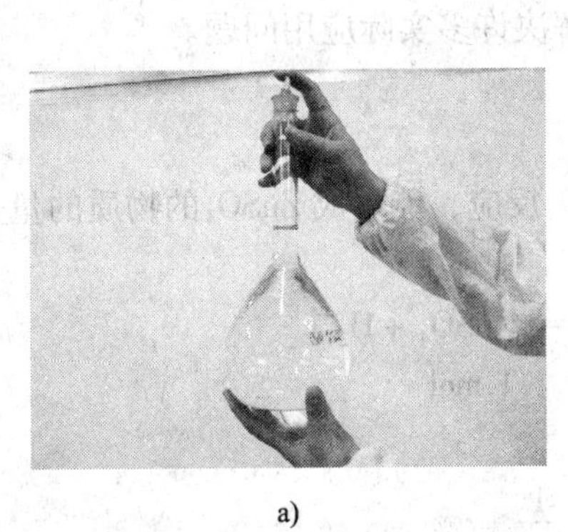

a)

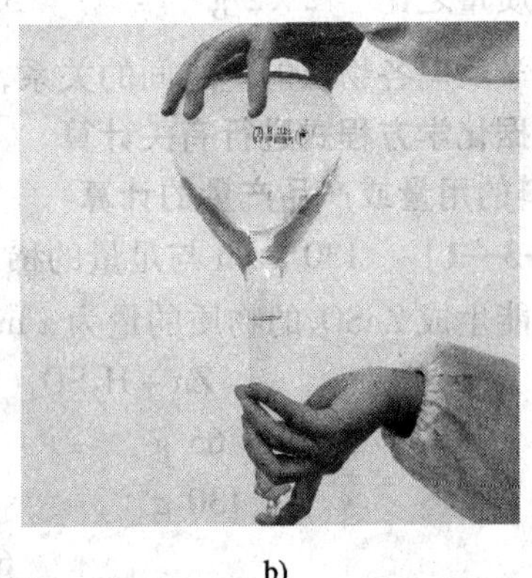

b)

图 1—2—6　摇匀

五、实验数据处理

按实验原理中的公式，计算配制的 NaCl 标准溶液的准确浓度。

【课堂思考】　在氯化钠标准溶液的配制过程中，为什么要在高温炉中灼烧基准试剂氯化钠？为什么用容量瓶而不用刻度烧杯或量筒定容？

课题三　根据化学方程式的计算

学 习 目 标

能够利用化学反应方程式进行有关计算。

一、化学方程式

用化学式来表示化学反应的式子叫做**化学方程式**。每一个化学方程式都是在实验的基础上得出来的，不是凭空想象、随意臆造的。由于化学反应遵守质量守恒定律（参加反应的各物质的质量总和，等于反应后生成的各物质的质量总和），所以“等号”两边每种原子的数目必须相等，即要配平。化学反应只有在一定条件下才能发生，在化学方程式中应注明反应的基本条件（温度、压力、催化剂等）。通常有气体或沉淀生成时，还要用“↑”或“↓”分别标出。例如：

$$2Al + 3H_2SO_4 = Al_2(SO_4)_3 + 3H_2\uparrow$$

$$HCl + AgNO_3 = AgCl\downarrow(白) + HNO_3$$

化学方程式既表达化学反应中各物质的变化，又体现它们相互之间反应量的关系。如在 H_2 和 O_2 生成 H_2O 的反应中：

	$2H_2$	+	O_2	=	$2H_2O$
化学计量数之比	2	:	1	:	2
物质的量之比	2 mol	:	1 mol	:	2 mol
物质的质量之比	2×2 g	:	32 g	:	2×18 g

根据化学反应各物质的量之间的关系，能解决许多实际应用问题。

二、根据化学方程式进行有关计算

1. 原料的用量或产品产量的计算

【例1—3—1】 130 g Zn与足量的稀 H_2SO_4 反应，能生成 $ZnSO_4$ 的物质的量是多少？

解 设能生成 $ZnSO_4$ 的物质的量为 x mol

$$Zn + H_2SO_4(稀) = ZnSO_4 + H_2\uparrow$$

65 g　　　　　1 mol

130 g　　　　　x

$$\frac{65}{130} = \frac{1}{x}$$

$$x = 2$$

答：能生成2 mol $ZnSO_4$。

【课堂思考】 充分加热490 g $KClO_3$，可制得多少克 O_2？

2. 有关不纯物质参加反应的计算

化学方程式所反映的物质的数量关系均指纯净物质，而实际使用的反应物或得到的生成物有时是不纯的，计算时，必须换算成纯净物质。

【例1—3—2】 工业上煅烧石灰石生产CaO和 CO_2。若煅烧 $CaCO_3$ 的质量分数为90%的石灰石5 t，能制得多少吨CaO?

解 设能制得CaO的质量为 x（t）。

5 t石灰石中含 $CaCO_3$ 的质量为：

$$m(CaCO_3) = 5\ t \times 90\% = 4.5\ t$$

$$CaCO_3 = CaO + CO_2\uparrow$$

100　　56

4.5 t　　x

$$\frac{100}{4.5} = \frac{56}{x}$$

$$x = 2.52\ t$$

答：煅烧质量分数为 90 % 的石灰石 5 吨，可制得 CaO 2.52 吨。

3. 产品产率和原料利用率的计算

根据化学方程式计算所得的结果只是理论量。在实际生产中，产品的实际产量总是低于理论产量，原料的实际消耗量总是高于理论用量。这种理论量和实际量之间的关系，可以用产品的产率和原料的利用率来表示。

$$\text{产品产率} = \frac{\text{实际产量}}{\text{理论产量}} \times 100\%$$

$$\text{原料利用率} = \frac{\text{理论消耗量}}{\text{实际消耗量}} \times 100\%$$

【例 1—3—3】 如果在例 1—3—2 中：（1）实际得到 CaO 2.42 吨，CaO 的产率是多少？（2）实际消耗质量分数为 90% 的石灰石 5.5 吨，石灰石的利用率是多少？

解　（1）由例 1—3—2 可知，CaO 的理论产量为 2.52 吨，所以：

$$\text{CaO 的产率} = \frac{\text{实际产量}}{\text{理论产量}} \times 100\% = \frac{2.42}{2.52} \times 100\% = 96\%$$

（2）由例 1—3—2 可知，生产 2.52 吨 CaO，理论消耗 $CaCO_3$ 的质量分数为 90% 的石灰石 5 吨，所以：

$$\text{石灰石的利用率} = \frac{\text{理论消耗量}}{\text{实际消耗量}} \times 100\% = \frac{5}{5.5} \times 100\% = 90.9\%$$

答：CaO 的产率为 96%；石灰石的利用率为 90.9%。

【课堂思考】 在实际生产中，产品的实际产量总是低于理论产量，原料的实际消耗量总是高于理论用量，为什么？

4. 有过量反应物的计算

在实际工作中，为使某一反应物转化比较完全，常把其他反应物加大到过量，而不按化学计量数比投料。此时，生成物产量的多少，决定于投料量较少的反应物，计算时，应选该反应物作为计算基准。这类计算常称为选量计算。

例如，对于化学反应：

$$aA + bB \xlongequal{} cC + dD$$

若 $\frac{\text{A 的实际量}}{\text{A 的理论量}} > \frac{\text{B 的实际量}}{\text{B 的理论量}}$，则 A 反应物过量，应以 B 反应物为计算基准。

【例 1—3—4】 实验室常用 $CaCO_3$ 和盐酸反应制取 CO_2。将 5g $CaCO_3$ 加入到 100 mL 3 mol/L HCl 溶液中，能制得 CO_2 的物质的量是多少？

解　$n(HCl) = c(HCl)V = 3\ mol/L \times 0.1\ L = 0.3\ mol$

设能制得 x mol 的 CO_2：

$$CaCO_3 + 2HCl \xlongequal{} CaCl_2 + H_2O + CO_2\uparrow$$

100 g	2 mol	1 mol
5 g	0.3 mol	x mol

$$\frac{5\ g}{100\ g} < \frac{0.3\ mol}{2\ mol}$$

HCl 过量，以 $CaCO_3$ 为计算基准。

$$\frac{100}{5}=\frac{1}{x}$$

$$x=0.05$$

答：能制得 0.05 mol 的 CO_2。

总之，根据化学方程式的计算是从量的方面研究物质变化的一种方法，随着学习的深入将会了解到，它在某些理论研究中还有更重要的意义。

第二单元　物质结构基础

课题一　气　　体

学习目标

1. 理解理想气体、分压、分体积的概念。
2. 掌握理想气体状态方程及其有关计算。
3. 掌握分压定律、分体积定律及其相关计算。
4. 了解真实气体对理想气体产生偏差的原因和真实气体状态方程的应用。

自然界中的物质主要有三种聚集状态：气态、液态和固态。气态、液态和固态物质通常称为气体、液体和固体。在化工生产和科学实验中，经常会遇到各种各样的气体，由于气体具有密度小、质量轻的特点，在度量气体的质量时不够方便与准确，因此常用体积进行度量。

一、气体摩尔体积

影响物质体积的因素从微观来看是粒子个数、粒子直径和粒子间距离。对于固体和液体来说，构成它们的粒子间的距离很小，但粒子直径较大，所以固体或液体的体积主要取决于粒子直径。由于各种粒子直径不同，所以 1 mol 固体或液体的体积也不相同。

而对于气体来说，情况就不一样了。通常情况下，一般气体分子的直径约是 4×10^{-10} m，分子之间的平均距离约是 4×10^{-9} m，即气体分子间的平均距离约是分子直径的 10 倍左右。由此可见，气体分子间的平均距离比分子直径大得多，因而气体的体积主要决定于分子间的平均距离。

气体分子间的平均距离又与温度和压强有关，当温度和压强一定时，不同气体分子间的平均距离几乎是相等的。所以 1 mol 任何气体在相同条件下（同温同压）的体积相同，这个体积叫做气体摩尔体积，即：单位物质的量的气体所占的体积叫做**气体摩尔体积**，符号 V_m。

$$V_m = \frac{V}{n} \tag{2—1—1}$$

式中　V_m——气体摩尔体积，L/mol；

V——气体的体积，L；

n——物质的量，mol。

通常将 0℃、1.01×10^5 Pa 时的状况叫做**标准状况**。实验表明：在标准状况下，任何气体的摩尔体积都约是 22.4 L。

二、理想气体状态方程

1. 理想气体状态方程式

通过大量实验，人们总结出在压力不太高、温度不太低的情况下，气体的体积、压力及温度之间的关系如下：

$$pV = nRT \qquad (2—1—2)$$

式中 p——压力，Pa；

V——体积，m^3；

T——温度，K；

n——物质的量，mol；

R——摩尔气体常数，值为 8.314 J/mol·K（或 Pa·m^3/mol·K），且与气体种类无关。

上式称为理想气体状态方程式。人们将符合理想气体状态方程式的气体，称为**理想气体**。所谓理想气体实际是一种假想气体，这种气体分子之间没有相互作用力，分子本身不占体积。理想气体其实并不存在，只是一种科学的抽象。对于高温、低压气体而言，由于分子间距很大，分子间作用力极其微弱，分子本身大小相对于整个气体所占有的体积可以忽略，此时的气体也可近似地看成理想气体。

2. 理想气体状态方程式的应用

高温、低压下的真实气体可看做理想气体。利用理想气体状态方程式 $pV = nRT$ 可求得其中任一物理量。

【例 2—1—1】 在温度为 17℃、压力为 2.50×10^5 Pa 时，在 150 L 容器中能容纳多少摩尔的氮气？

解 已知 $T = (17 + 273)\ \text{K} = 290\ \text{K}$，$V = 150\ \text{L} = 0.15\ \text{m}^3$

$R = 8.314\ \text{Pa} \cdot \text{m}^3/\text{mol} \cdot \text{K}$，$p = 2.50 \times 10^5\ \text{Pa}$

由 $pV = nRT$

得 $$n = \frac{pV}{RT} = \frac{2.50 \times 10^5\ \text{Pa} \times 0.15\ \text{m}^3}{8.314\ \text{Pa} \cdot \text{m}^3/\text{mol} \cdot \text{K} \times 290\ \text{K}} = 15.6\ \text{mol}$$

答：在 150 L 容器中能容纳 15.6 mol 氮气。

【例 2—1—2】 0.896 g 某气体在压力为 9.73×10^4 Pa、温度为 28℃时所占体积为 0.524 L，求该气体的摩尔质量。

解 已知 $m = 0.896\ \text{g}$，$T = (28 + 273)\ K = 301\ \text{K}$，$V = 0.524\ \text{L}$

$p = 9.73 \times 10^4\ \text{Pa}$，$R = 8.314\ \text{Pa} \cdot \text{m}^3/\text{mol} \cdot \text{K} = 8\,314.3\ \text{Pa} \cdot \text{L}/\text{mol} \cdot \text{K}$

因 $n = m/M$，$pV = nRT$

则 $M = \dfrac{mRT}{pV}$

所以 $$M = \frac{mRT}{pV} = \frac{0.896\ \text{g} \times 8\,314.3\ \text{Pa} \cdot \text{L}/\text{mol} \cdot \text{K} \times 301\ \text{K}}{9.73 \times 10^4\ \text{Pa} \times 0.524\ \text{L}} = 44\ \text{g/mol}$$

答：该气体的摩尔质量为 44 g/mol。

【例 2—1—3】 23℃、100 kPa 时 3.24×10^{-4} kg 理想气体的体积为 $2.80 \times 10^{-4}\ \text{m}^3$，求该气体在 100℃、100 kPa 时的密度。

解　已知$m=3.24\times10^{-4}$ kg，$p=100$ kPa，$T_1=(23+273)$ K $=296$ K

$V_1=2.80\times10^{-4}$ m³，$T_2=(100+273)$ K $=373$ K

由$\rho=m/V$，$pV=nRT$，$n=m/M$

则$\rho=\dfrac{pM}{RT}$

所以　$\rho=\dfrac{pM}{RT_2}=\dfrac{p\dfrac{mRT_1}{pV_1}}{RT_2}$

所以　$\rho=\dfrac{mT_1}{V_1T_2}=\dfrac{3.24\times10^{-4}\ \text{kg}\times296\ \text{K}}{2.80\times10^{-4}\ \text{m}^3\times373\ \text{K}}=0.918\ \text{kg/m}^3$

答：该气体在100℃、100 kPa时的密度为0.918 kg/m³。

【课堂思考】　理想气体状态方程式适用的条件是什么？

三、分压定律和分体积定律

在日常生活和工业生产中，经常会遇到能以任意比混合的气体混合物。我们把含有两种或两种以上成分的气体混合物叫做**混合气体**。如空气就是氧气、氮气、稀有气体等气体组成的混合气体。

1. 道尔顿分压定律

气体能以任意比例均匀混合。在一定温度下，体积为V的容器内盛有A、B两种气体，其物质的量分别为n_A、n_B，此时所产生的压力p就是A、B两种气体共同作用于单位容器壁上的力，称为**总压力**。

若混合气体中的组分气体A或B单独存在，分别占有混合气体的体积V并具有相同的温度T（见图2—1—1），此时两组分A、B产生的压力p_A和p_B，分别称为混合气体中组分A和组分B的分压力。所以，混合气体中某组分的**分压力**是指该组分单独存在，并具有与混合气体相同的温度和体积时所产生的压力，分压力简称分压。

图2—1—1　总压与分压示意图

如果混合气体是理想气体，则由式（2—1—2）可得：

$$p_A=\frac{n_ART}{V},\quad p_B=\frac{n_BRT}{V}$$

$$p=\frac{nRT}{V}=\frac{n_A+n_B}{V}RT=\frac{n_A}{V}RT+\frac{n_B}{V}RT$$

可见

$$p=p_A+p_B$$

由此可知：**混合气体的总压等于混合气体中各组分气体的分压之和**。推广为一般表达式：

$$p = p_1 + p_2 + p_3 + \cdots + p_i = \sum p_i \quad (2—1—3)$$

式中 i 代表混合气体中的任一组分；p_i 为任一组分的分压力；p 为总压力。这个经验规律称为**道尔顿分压定律**，简称**分压定律**。

对于低压下气体混合物中的各种气体，由 $p = \frac{nRT}{V}$ 和 $p_i = \frac{n_i RT}{V}$ 得：

$$\frac{p_i}{p} = \frac{n_i}{n} = y_i$$

即

$$p_i = \frac{n_i}{n} p = y_i p \quad (2—1—4)$$

其中，$y_i = \frac{n_i}{n}$ 称组分 i 的**摩尔分数**。

式（2—1—4）是道尔顿分压定律的另一种表达形式。物理意义表述为：低压下的气体混合物中，某组分的分压等于该组分的摩尔分数与混合气体总压的乘积。

分压定律是理想气体定律，真实气体只有在低压下接近理想气体时才适用。

【例 2—1—4】 某容器中含有 NH_3、O_2、N_2 等气体的混合物。取样分析后，其中 $n(NH_3) = 0.320$ mol，$n(O_2) = 0.180$ mol，$n(N_2) = 0.700$ mol。混合气体的总压 $p = 133.0$ kPa。试计算各组分气体的分压。

解 $n = n(NH_3) + n(O_2) + n(N_2)$

$= 0.320\ \text{mol} + 0.180\ \text{mol} + 0.700\ \text{mol}$

$= 1.200\ \text{mol}$

因为 $p_i = p y_i$

所以 $p(NH_3) = \frac{0.32\ \text{mol}}{1.20\ \text{mol}} \times 133.0\ \text{kPa} = 35.5\ \text{kPa}$

$p(O_2) = \frac{0.18\ \text{mol}}{1.20\ \text{mol}} \times 133.0\ \text{kPa} = 20.0\ \text{kPa}$

$p(N_2) = p - p(NH_3) - p(O_2) = (133.0 - 35.5 - 20.0)\ \text{kPa} = 77.5\ \text{kPa}$

答：各组分气体的分压分别为 35.5 kPa、20.0 kPa、77.5 kPa。

2. 分体积定律

所谓**分体积**是指混合气体中某组分气体 i 单独存在并具有与混合气体相同温度和压力时所占有的体积，用 V_i 表示。

如图 2—1—2 所示，若把气体视为理想气体，在 T、p 不变的条件下，则：

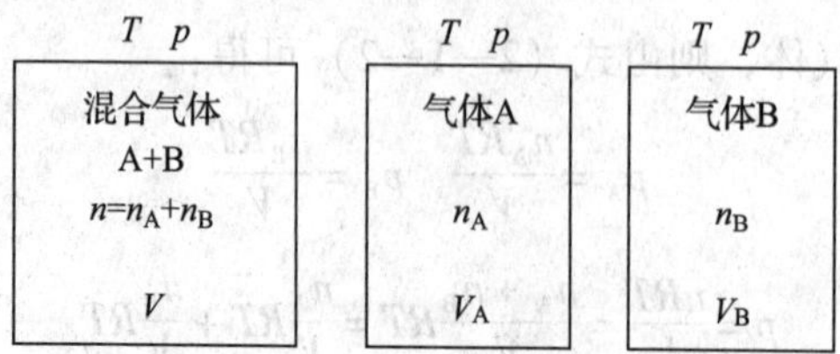

图 2—1—2 总体积与分体积示意图

$$V_A = \frac{n_A RT}{p}, \quad V_B = \frac{n_B RT}{p}$$

$$V=\frac{nRT}{p}=\frac{n_A+n_B}{p}RT=\frac{n_ART}{p}+\frac{n_BRT}{p}$$

显然　$V=V_A+V_B$

上式表示，在恒温恒压下，不发生化学反应的混合气体的总体积（V）等于各组分气体的分体积（V_i）之和。这一定律叫做**分体积定律**，其通式为：

$$V=V_1+V_2+V_3+\cdots+V_i=\sum V_i \tag{2—1—5}$$

同样推导可得：

$$V_i=Vy_i \tag{2—1—6}$$

这是分体积定律的另一种表达形式。它表示混合气体中某组分的分体积等于该组分的摩尔分数与混合气体总体积的乘积。同分压定律一样，分体积定律也是理想气体定律，对于真实气体只有在低压下才适用。

【例2—1—5】　在17℃、1.01×10^5 Pa条件下，用排水集气法收集了0.15 L氮气，经干燥后称重为0.172 g，求氮气的相对分子质量和干燥后的体积（干燥后压力、温度不变）。已知17℃水的饱和蒸气压为1.93 kPa。

解：(1) 排水集气法收集气体时，通常将所收集气体中的水蒸气看做饱和蒸汽。由于$p(H_2O)=1.93\times10^3$ Pa，在湿氮气中，氮气的分压为：

$$p(N_2)=(1.01\times10^5-1.93\times10^3)\ \text{Pa}\approx1\times10^5\text{Pa}$$

因为 $M_{N_2}=\dfrac{m_{N_2}RT}{p_{N_2}V_{总}}$

所以 $M_{N_2}=\dfrac{0.172\ \text{g}\times8\ 314.3\ \text{Pa}\cdot\text{L/mol}\cdot\text{K}\times(273+17)\ \text{K}}{1\times10^5\ \text{Pa}\times0.15\ \text{L}}$

$=28.0\ \text{g/mol}$

所以氮气的相对分子质量为28.0。

(2) 经干燥后的氮气，由于总压和温度不变，所以：

由　$p_1V_1=p_2V_2$

得　$V_2=\dfrac{1\times10^5\ \text{Pa}\times0.15\ \text{L}}{1.01\times10^5\ \text{Pa}}=0.148\ \text{L}$

答：氮气的相对分子质量为28，干燥后体积为0.148 L。

【课堂思考】　对于一定量的低压气体（可视为理想气体），使$p_1V_1=p_2V_2$成立的条件是（　）不变，使$\dfrac{T_1}{V_1}=\dfrac{T_2}{V_2}$成立的条件是（　）不变。

四、真实气体

理想气体状态方程、道尔顿分压定律、分体积定律严格来说都只适用于理想气体。真实气体只有在低压下才能遵守这些规律。而在温度较低、压力较高的情况下，真实气体应用这些定律时，会产生较大的偏差。

1. 真实气体对理想气体的偏差

根据理想气体状态方程式可知：在一定温度下，一定量的理想气体，其p与V的乘积等于常数，即pV不随压力p的改变而变化。因此，若以pV_m为纵坐标，以p为横坐标作图时，pV_m-p的关系应为平行于横轴的直线，但实际情况却并非如此（见图2—1—3）。

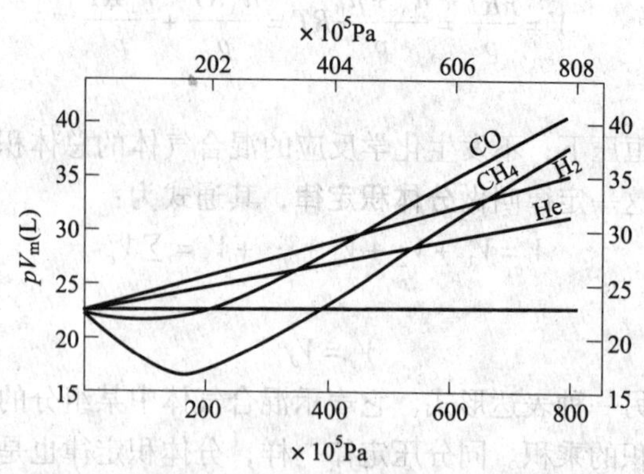

图 2—1—3　几种真实气体的 pV_m-p 的曲线（0℃）

在图 2—1—3 中，除了理想气体的 pV_m-p 的关系为一水平直线外，其他的真实气体则都偏离该直线。如 CH_4、CO 的恒温线，pV_m的值开始时都随着压力 p 的增加而逐渐减小；当压力 p 增加到某一值时，pV_m的值都有最低点；压力 p 再增加时，pV_m值却都随着 p 的增大而增大，乃至超出理想气体的水平线。H_2的恒温线也有较大的偏离，同时，实验证明，H_2在较低温度下也会出现类似 CH_4、CO 那样的曲线。

2. 真实气体状态方程

真实气体的近似计算通常有两种方法：一种是通过理论或半经验的方法推导真实气体的状态方程；另一种是对理想气体状态方程乘以校正因子，即压缩因子法。这里介绍真实气体的范德华方程。

1881 年，荷兰物理学家范德华在前人研究的基础上，考虑到真实气体对理想气体行为的偏差，对理想气体状态方程进行了修正，即在压力和体积项上分别提出了两个修正因子 a 和 b，从而使该状态方程式能适用于多数真实气体。

（1）体积修正

在 $pV_m=RT$ 方程式中，V_m是指 1 mol 气体分子自由活动的空间。由于理想气体分子本身没有体积，因此 V_m就等于容器的体积。而对于真实气体，则要考虑分子本身的体积，此时 1 mol气体分子自由活动的空间已不是 V_m了，而是要从 V_m中减一个与气体分子本身体积有关的修正项 b，即把 V_m换成 V_m-b。常数 b 与气体的种类有关。

（2）分子间引力修正

在 $pV_m=RT$ 方程中，p 是指分子间无引力时气体分子碰撞器壁所产生的压力。但真实气体中由于分子间引力的存在，气体分子所产生的压力比无引力时要小。若真实气体表现出来的压力为 p，换算为无引力时（视为理想气体）的压力是 $p+a/V_m^2$。范德华把 a/V_m^2 项称为分子内压，它反映分子间引力对气体压力所产生的影响。

经过以上两项修正，真实气体可近似看做理想气体加以处理。用 V_m-b 代替理想气体状态方程中的 V_m，以 $p+a/V_m^2$ 代替 p，即得到范德华方程式：

$$(p+a/V_m^2)(V_m-b)=RT \tag{2—1—7}$$

对于体积为 V 的 n mol 气体，则有：

$$\left(p+\frac{n^2a}{V^2}\right)(V-nb)=nRT \tag{2—1—8}$$

以上两式中的 a、b 是与气体种类有关的物性常数，通称为气体的范德华常数。它们分别与气体分子间力和分子体积的大小有关。a 和 b 的单位分别是 $Pa \cdot m^6/mol^2$ 和 m^3/mol。每种气体的 a、b 都有各自的特定值（见表 2—1—1）。

表 2—1—1　　某些气体的范德华常数

物质	a（$Pa \cdot m^6/mol^2$）	$b \times 10^3$（m^3/mol）	物质	a（$Pa \cdot m^6/mol^2$）	$b \times 10^3$（m^3/mol）
H_2	0.024 7	0.026 6	N_2	0.141	0.039 1
He	0.003 46	0.023 7	O_2	0.138	0.038 1
CH_4	0.228	0.042 8	Ar	0.235	0.039 8
NH_3	0.423	0.037 1	CO_2	0.364	0.042 7
H_2O	0.553	0.030 5	CH_3OH	0.965	0.006 7
CO	0.151	0.039 9	C_6H_6	1.824	0.015 4

在压力为几兆帕的范围内，使用范德华方程比理想气体方程得到的结果准确，但在压力更高时，范德华方程的计算结果仍会和实验值存在较大的偏差。

【课堂思考】　为什么真实气体应用理想气体状态方程式时，会产生较大的偏差？

阅读材料

物质的聚集状态

自然界中的所有物质都是以一定形态存在的。一般情况下，我们见到的物质只有固态、液态和气态三种，大家已非常熟悉它们的形态特点以及相互转化的条件。然而，随着科学的发展，人们已发现物质不仅仅只有这三种状态。那物质究竟有多少种存在状态呢？

我们知道，把冰加热到一定程度，它就会变成液态的水，如果继续升高温度，液态的水就会变成气态，如果继续升高温度到几千度以上，气体的原子就会抛掉身上的电子，发生气体的电离化现象，物理学家把电离化的气体叫做等离子态。

在茫茫无际的宇宙空间里，等离子态是一种普遍存在的状态。宇宙中大部分发光的星球内部温度和压力都很高，这些星球内部的物质差不多都处于等离子态。只有那些昏暗的行星和分散的星际物质里才可以找到固态、液态和气态的物质。

就在我们周围，也经常看到等离子态的物质。在日光灯和霓虹灯的灯管里，在眩目的白炽电弧里，都能找到它的踪迹。另外，在地球周围的电离层里，在美丽的极光、大气中的闪光放电和流星的尾巴里，也能找到奇妙的等离子态。

除了等离子态外，科学家还发现了“超固态”和“中子态”。宇宙中存在一种白矮星，它的密度很大，大约是水的 3 600 万到几亿倍。1 cm^3 白矮星上的物质就有 100 ~ 200 kg，这是怎么回事呢？

原来，普通物质内部的原子与原子之间有很大的空隙，但是在白矮星里面，压力和温度都很大，在几百万个大气压的压力下，不但原子之间的空隙被压缩了，就是原子外围的电子层也被压缩了。所有的原子核和原子核紧紧地挤在一起，物质里面不再有什么空隙，因此物质就特别重，这样的物质就是超固态。科学家推测，不但白矮星内部充满了超固态物质，在地球中心一定也存在着超固态物质。

假如在超固态物质上再加上巨大的压力，原子核只好被迫解散，从里面放出质子和中子。放出的质子在极大的压力下会跟电子结合成中子。这样一来，物质的结构就发生了根本性的改变，原来是原子核和电子，现在都变成了中子。这样的状态就叫做“中子态”。

中子态物质的密度大得更是吓人，它比超固态物质还要大 10 多万倍。一个火柴盒那么大的中子态物质，就有 30 亿吨重，要用 96 000 台重型火车头才能拉动它。

因此，物质的状态绝对不止固、液、气三种。随着科学技术的发展，也许人们还会发现更多的物质的状态。

课题二　原子结构及核外电子运动状态

学习目标

1. 进一步了解原子的结构。
2. 了解原子核外电子运动状态及四个量子数的物理意义。
3. 了解原子核外电子排布原理，能写出一般元素的原子核外电子排布式。

物质在不同条件下表现出来的各种性质，包括物理性质和化学性质，都与它们的结构有关。为了探求它们变化的本质及规律，就必须了解物质的结构。

一、原子结构

原子是化学变化的基本单元，了解原子的内部组成及结构，是理解化学变化本质的前提条件。

1. 原子的内部组成

原子是由居于原子中心的带正电荷的原子核和核外带负电荷的电子构成的。电子带一个单位负电荷，并在核外一定空间范围内绕原子核做高速运动。由于原子核所带电量和核外电子所带电量大小相等、电性相反，因此原子作为一个整体本身不显电性。

实验证实，原子核又是由质子和中子构成。质子带一个单位正电荷，中子不带电。因此，原子核所带的正电荷数是由质子数决定的。原子核所带的电荷数简称**核电荷数**，用符号 Z 表示。

一种元素的原子，在化学反应中可以失去或得到电子，但只要它的原子核内的质子数不变，即核电荷数不变，元素的种类就不变。把已发现的 100 多种元素按核电荷数由小到大的顺序依次排列，得到的顺序号称为**原子序数**。原子序数、核电荷数、质子数和电子数之间的关系为：

$$原子序数 = 核内质子数 = 核电荷数 = 核外电子数$$

质子的质量为 $1.672\ 6 \times 10^{-27}$ kg，中子的质量为 $1.674\ 8 \times 10^{-27}$ kg，电子的质量更小，约为质子质量的 1/1 836。因此原子的质量主要集中在原子核上。

由于质子、中子和电子的质量太小，计算起来很不方便，所以通常采用相对质量来表示它们的质量。实验测得，质子和中子的相对质量分别为1.007和1.008，取近似整数值为1。若忽略电子的质量，将原子核内所有的质子和中子的相对质量取近似整数值加起来，所得的数值叫做**原子的质量数**。原子的质量数用符号A表示，中子数用符号N表示。则有：

$$质量数（A）=质子数（Z）+中子数（N）$$

例如，已知铝原子的质量数为27，质子数为13，则铝原子的中子数为：

$$N=A-Z=27-13=14$$

归纳起来，若以X代表一个质量数为A、质子数为Z的原子，则构成原子的粒子间的关系可表示如下：

$$原子（{}_{Z}^{A}X）\begin{cases}原子核\begin{cases}质子\quad Z个\\中子\quad (A-Z)个\end{cases}\\核外电子\quad Z个\end{cases}$$

2. 同位素

元素是具有相同核电荷数（即质子数）的同一类原子的总称。即同种元素的原子所含质子数相同，那么，它们所含的中子数是否相同呢？科学实验证明不相同。例如，氢原子就有三种不同的原子：不含中子的普通氢原子称为氕，记为${}_{1}^{1}H$；含有一个中子的重氢原子称为氘，记为${}_{1}^{2}H$或D；含有两个中子的超重氢原子称为氚，记为${}_{1}^{3}H$或T。

像这种具有相同质子数而中子数不同的同种元素的不同原子互称为**同位素**。许多元素都有同位素，上述${}_{1}^{1}H$、${}_{1}^{2}H$、${}_{1}^{3}H$是氢的三种同位素，铀元素有${}_{92}^{234}U$、${}_{92}^{235}U$、${}_{92}^{238}U$等多种同位素，碳元素有${}_{6}^{12}C$、${}_{6}^{13}C$、${}_{6}^{14}C$等几种同位素。

同种元素的各种同位素虽然质量数不同，其物理性质也有差异，但其化学性质却几乎完全相同。在天然存在的元素里，无论是游离态还是化合态，各种同位素原子的含量（又称丰度）一般是不变的。我们通常所说的某元素的相对原子质量，是根据各种天然同位素原子的相对原子质量和丰度计算出来的平均值。

许多同位素有重要的用途，例如：${}_{6}^{12}C$是确定原子量标准的原子；${}_{1}^{2}H$、${}_{1}^{3}H$是制造氢弹的材料；${}_{92}^{235}U$是制造原子弹和核反应堆的原料。利用同位素示踪技术研究农药和化肥的合理使用及土壤的改良等，为农业增产提供了新的措施。同位素在免疫学、分子生物学、遗传工程研究和发展基础核医学中，也发挥了重要作用。

二、核外电子的运动状态

1. 电子云

按照经典力学，物体的运动应有确定的轨迹，即物体在任一瞬间都应有确定的位置坐标和动量（速度）。但是，原子核外的电子是微观粒子，质量极小，在核外极小的空间内做高速运动，它们的运动形式和宏观物体不一样，既不能计算出它们在某一时刻所在的位置，也无法描画出它们的运动轨迹。

在原子中，电子不是在固定的轨道中绕核运动，而是在整个原子空间内运动，短时间内游遍原子空间各处。假设用一架特殊的相机来记录氢原子核外一个电子在不同瞬间所处的位置，即可得到如图2—2—1、图2—2—2所示的不同图像。

图中⊕表示原子核，小黑点表示电子。将这些照片进行对比、研究后发现：照片叠印次数较多时，小黑点形成一团“电子云雾”笼罩于原子核周围。像这样电子在核外空间一定范围内出现，好像带电荷的云雾笼罩在原子核周围的图像被形象地称为**“电子云”**。

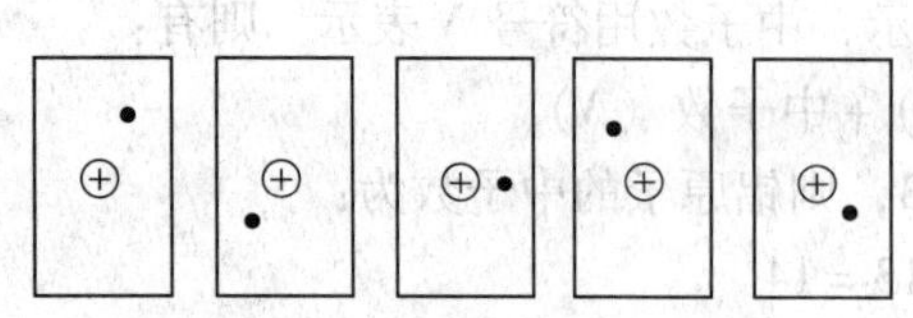

图 2—2—1　氢原子的五次瞬间照片

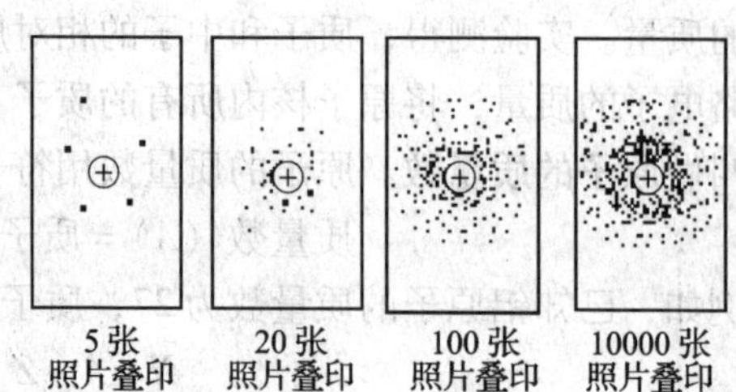

图 2—2—2　若干张氢原子瞬间照片叠印

由图 2—2—2 可知，氢原子核外的电子云呈球形对称，并且在离核越近的地方电子出现的机会越多，在离核越远的地方电子出现的机会越少。

资料卡——波函数

用适于宏观世界的经典物理学的“波”或“粒子”的概念，来给电子的行为以恰当的描述是不可能的。1926 年物理学家薛定谔根据德布罗意关于物质波的观点，引用电磁波的波动方程，提出了描述微观粒子运动规律的波动方程——薛定谔方程：

$$\frac{\partial^2 \varphi}{\partial x^2}+\frac{\partial^2 \varphi}{\partial y^2}+\frac{\partial^2 \varphi}{\partial z^2}+\frac{8\pi^2 m}{h^2}\ (E-V)\ \varphi=0$$

式中，φ 为波函数；E 是总能量，等于动能与势能之和；V 是势能；m 是电子的质量；h 是普朗克常数；x、y、z 是空间坐标。

由于波函数是描述原子核外电子运动状态的数学函数式，因而每一个波函数都表示电子的一种运动状态，通常把这种函数叫做原子轨道。这里所说的“轨道”是电子的一种运动状态，并不是固定的轨迹。波函数没有明确的物理意义，但其绝对值的平方 $|\varphi|^2$ 却有明确的物理意义——电子在核外出现的概率，称为概率密度。我们知道，电子云是从统计的概念出发对原子核外电子出现的概率密度作形象化的图示，而概率密度 $|\varphi|^2$ 可以从理论上计算而得，所以说电子云是概率密度 $|\varphi|^2$ 的具体图像。

2. 量子数

要全面地描述原子中各电子的运动状态，需用主量子数、角量子数、磁量子数和自旋量子数这四个参数才能确定。

（1）主量子数 n

主量子数在确定电子运动的能量时起着头等重要的作用。它反映了电子在核外空间出现几率最大的区域离核的远近，即 n 值越大，电子出现几率最大区域距核越远，能量越高。

在一个原子内，具有相同主量子数的电子，几乎在同样的空间范围内运动，n 值相同的电子所在的区域称为**电子层**。常用电子层的符号如下：

主量子数　　$n=1,\ 2,\ 3,\ 4,\ 5,\ 6,\ 7$

电子层符号　　K, L, M, N, O, P, Q

（2）角量子数 l

在电子层内还存在着能量差别很小的若干个**亚层**。因此，除主量子数外，还要用另一个参数来描述核外电子的运动状态和能量，这个参数称为角量子数。

角量子数 l 的取值受主量子数 n 的限制，可取包括 0 在内的正整数，即 $l=0$、1、2、3、4、5、…、$n-1$，共可取 n 个值。l 的每一个数值表示一个亚层。l 数值与光谱学规定的亚层符号之间的对应关系为：

角量子数 l	0	1	2	3	4
电子亚层符号	s	p	d	f	g

此外，l 的每一个数值还可以表示一种形状的原子轨道或电子云。如 $l=0$，表示 s 电子云，呈球形对称（见图 2—2—3）；$l=1$，表示 p 电子云，呈哑铃形（见图 2—2—4）；$l=2$，表示 d 电子云，呈花瓣形（见图 2—2—5）等。

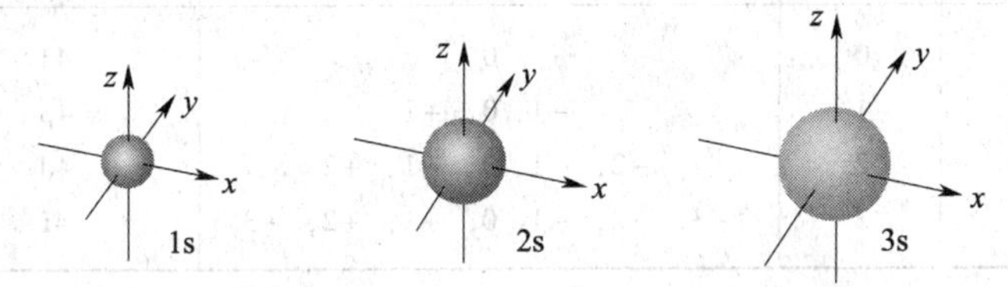

图 2—2—3　s 电子的原子轨道图（呈球形）

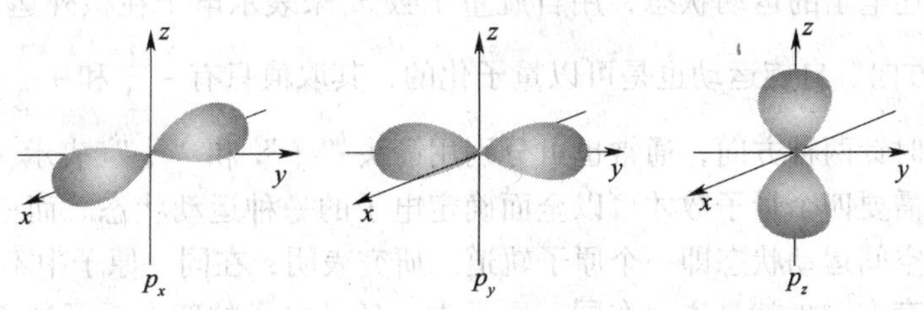

图 2—2—4　p 电子的原子轨道图（呈哑铃形）

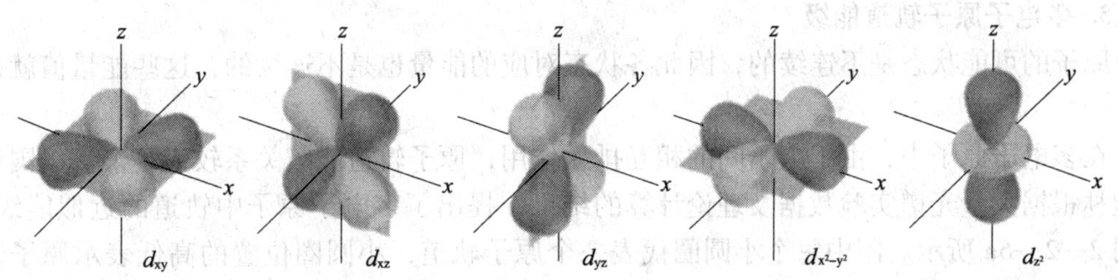

图 2—2—5　d 电子的原子轨道图（呈花瓣形）

（3）磁量子数 m

磁量子数 m 决定原子轨道或电子云在空间的取向。m 可取从 $-l$ ~ $+l$ 的一切正整数，共 $2l+1$ 个值。当 l 数值相同，m 数值不同时，表示与 l 对应形状的原子轨道可以在空间取不同的伸展方向，从而得到几个空间取向不同的原子轨道。如 $l=0$，$m=0$，在空间只有一种取向，只有一个 s 轨道；$l=1$ 时，m 可以取 -1、0、$+1$，表示在空间有三个伸展方向，即 p 亚层有三个轨道，如图 2—2—4 所示。

由此可见，n、l、m 三个量子数可决定一个原子轨道的能量大小、形状和伸展方向，即可以确定一个原子轨道。由于 n、l、m 量子数的取值限制，相应各电子层原子轨道的总数为 n^2 个。表 2—2—1 列出了 n、l、m 三个量子数与原子轨道间的关系。

表 2—2—1　　原子轨道和三个量子数的关系

电子层	n	l	m	轨道名称	轨道数
K	1	0	0	1s	1
L	2	0 1	0 −1，0，+1	2s 2p	4
M	3	0 1 2	0 −1，0，+1 −2，−1，0，+1，+2	3s 3p 3d	9
N	4	0 1 2 3	0 −1，0，+1 −2，−1，0，+1，+2 −3，−2，−1，0，+1，+2，+3	4s 4p 4d 4f	16

（4）自旋量子数 m_s

为了全面描述电子的运动状态，用自旋量子数 m_s 来表示电子在核外运动时，自身转动（自旋运动）的方向。自旋运动也是可以量子化的，其取值只有 $-\frac{1}{2}$ 和 $+\frac{1}{2}$ 两个数值，分别表示顺时针和逆时针两种方向，通常也可分别用箭头"↑"和"↓"表示。

综上所述，需要四个量子数才可以全面确定电子的一种运动状态。而三个量子数 n、l、m 可以确定一个空间运动状态即一个原子轨道。研究表明，在同一原子中不可能有运动状态完全相同的电子存在。也就是说，在同一原子中，各个电子的四个量子数不可能完全相同，按此推论，每一个轨道内最多只能容纳两个自旋方向相反的电子。

3. 多电子原子轨道能级

原子的可能状态是不连续的，因此各状态对应的能量也是不连续的，这些能量值就是**能级**。

在多电子原子中，由于电子间的相互排斥作用，原子轨道能级关系较为复杂。美国化学家鲍林根据大量光谱实验数据及理论计算的结果，提出了多电子原子中轨道的近似能级图，如图 2—2—6a 所示。图中每个小圆圈代表一个原子轨道，小圆圈位置的高低表示原子轨道能级的高低。图中每一个虚线方框代表一个能级组。同一能级组中各原子轨道的能级较接近，而相邻两组的能级差较大。"能级组"与后面将要介绍的元素周期系中的"周期"是相对应的。

近似能级图的意义在于它反映了与元素周期系一致的核外电子填充的一般顺序，所以近似能级图也是电子填充顺序图，如图 2—2—6b 所示。

从近似能级图可见：当电子亚层相同时，随电子层数的增大，轨道能级升高，如 $E_{1s} < E_{2s} < E_{3s}$，$E_{2p} < E_{3p} < E_{4p}$；当电子层相同时，按亚层由 s、p、d、f 的顺序，轨道能级升高，如 $E_{2s} < E_{2p}$；当电子层、电子亚层都不同时，有时出现能级交错现象，如 $E_{4s} < E_{3d}$。

4. 核外电子的排布

根据原子光谱实验结果和量子力学理论，以及对元素周期律的分析和归纳，人们总结出核外电子排布要遵循的三个原则，即泡利不相容原理、能量最低原理和洪特规则。

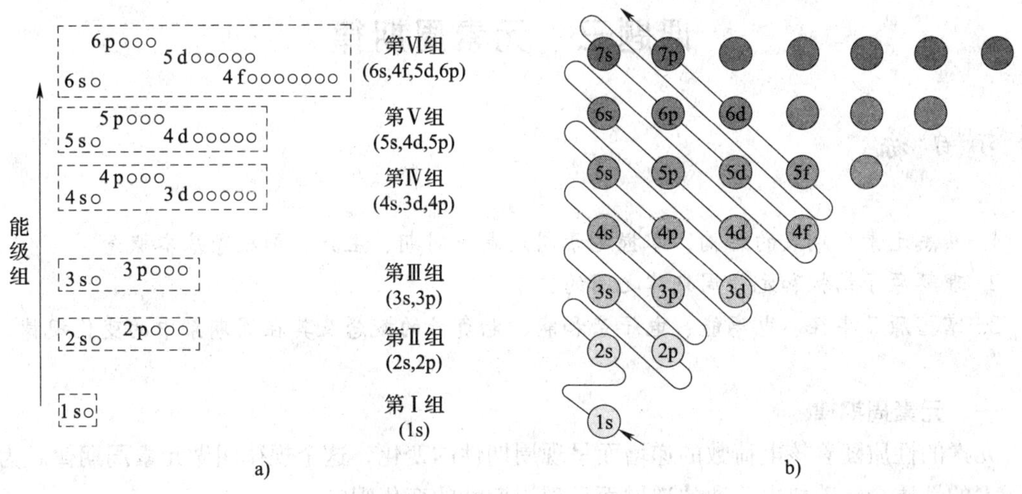

图 2—2—6　近似能级图（电子填充顺序图）

(1) 能量最低原理

能量最低原理是指核外电子在原子轨道上排布时，总是尽量先排在能量最低的轨道上，当能量最低的轨道占满后，才依次进入能量较高的轨道，以使整个原子的能量最低。

由能量最低原理和近似能级图可知，基态原子核外电子填充顺序为：

1s，2s，2p，3s，3p，4s，3d，4p，5s，4d，5p，6s，4f，5d，6p……

(2) 泡利不相容原理

1929 年，奥地利物理学家泡利提出：在同一原子中，不可能有四个量子数完全相同的 2 个电子，这就是泡利不相容原理。也就是说，在同一轨道中最多只能容纳 2 个自旋方向相反的电子。

(3) 洪特规则

在 n 和 l 相同的简并轨道上分布的电子，将尽可能分占 m 不同的轨道，且自旋方向相同，此时原子的能量最低，这就是洪特规则。如碳原子核外有 6 个电子，依据能量最低原理和泡利不相容原理，首先有 2 个电子排布到第一层的 1 s 轨道中，另外 2 个电子排布到第二层的 2 s 轨道中，剩余 2 个电子排布在 2 个 p 轨道上，按洪特规则为 $2p^2$ [↑|↑|]（其中每一个方框表示一个轨道），而不是 $2p^2$ [↑↓| |]。氮原子中的 3 个 p 电子排布为 $2p^3$ [↑|↑|↑]。

另外，在等价轨道处于全充满、半充满及全空的状态时一般比较稳定。全充满是指 s^2、p^6、d^{10}、f^{14}，半充满是指 p^3、d^5、f^7，全空是指 p^0、d^0、f^0。

【课堂思考】

1. 多电子原子中核外电子的排布遵守哪些基本规律？写出 Fe、Cu、Br 的电子排布式。

2. Fe^{3+}、Fe^{2+} 的电子排布式分别为 $1s^22s^22p^63s^23p^63d^5$、$1s^22s^22p^63s^23p^63d^6$，是否违反能量最低原理？

值得注意的是，在进行核外电子排布时，核外电子排布的三个规则只适用于一般情况，对于原子序数较大的原子，它们基态时的电子排布有些就不遵循这些规则。

课题三　元素周期律

学习目标

1. 熟悉元素周期表的结构，掌握元素周期表中周期、主族、副族等基本概念。
2. 理解原子结构和元素周期律之间的关系。
3. 掌握原子半径、电离能、电子亲和能、电负性的概念及其在周期系中的变化规律。

一、元素周期律

元素的性质随着核电荷数的递增而呈现周期性的变化，这个规律叫做**元素周期律**。为什么元素的性质会随着核电荷数的递增而呈现周期性的变化呢?

当把元素按原子序数（即核电荷数）递增的顺序依次排列时，发现原子最外层上的电子数目由 1 到 8，呈现出明显的周期性变化，即电子最外层结构重复由 s^1 到 s^2p^6 的变化。因此，每一周期（除第 1 周期外）都是以碱金属开始，以稀有气体结束。且每一次这样的重复，都意味着一个新周期的开始和一个旧周期的结束。同时，原子最外层电子数目的每一次重复出现，元素就重复呈现某些相似的性质。因为元素的化学性质主要取决于它的最外电子层的结构，而最外电子层的结构，又是由核电荷数和核外电子排布规律所决定的。因此，元素周期律正是原子内部结构周期性变化的反映，元素性质的周期性来源于原子电子层结构的周期性。

二、元素周期表

根据元素周期律，把现在已经知道的一百多种元素中电子层数相同的各种元素，按原子序数递增的顺序从左至右排成横行，再把不同横行中最外层电子数目相同的元素按电子层数递增的顺序由上而下排成纵行，这样得到的一个表，称为**元素周期表**，如封三图所示。

1. 周期与能级组的划分

元素周期表中共有为 7 个横行，每一个横行称为一个**周期**。原子结构呈规律性变化，一个周期相当于一个能级组，根据能级组的不同，将元素周期表划分为特短周期、短周期、长周期、特长周期。第一周期称特短周期（只有 2 种元素）；第二、三周期叫短周期，每周期都有 8 种元素；第四、五周期叫长周期，长周期出现了 d 亚层，每周期元素总数为 18 种；第六、七周期叫特长周期，特长周期出现了 f 亚层，元素总数为 32 种。由于第七周期至今尚未将所有元素都发现，故又称不完全周期。

第六周期中从 57 号元素镧（La）到 71 号元素镥（Lu），共 15 种元素，由于它们之间在电子层结构和性质上非常相似，故总称为镧系元素。为使周期表结构紧凑，将镧系元素放在周期表的同一个格里。在表的下方按原子序数递增的顺序列出了全部镧系元素。

第七周期中从 89 号元素锕到 103 号元素铑，这 15 种元素之间在电子层结构和性质上也非常相似，称为锕系元素。它们像镧系元素一样也只占周期表的一个格。

周期表中的周期数就是能级组数。有七个能级组，就有七个周期。元素的周期划分，实质上是按原子结构中能级组高低顺序划分元素的结果。

元素所在的周期序数等于该元素原子的电子层数 n。如硫原子的外层电子构型为 $3s^2 3p^4$，$n=3$，硫元素位于第三周期。

2. 族的划分与价电子结构

元素的原子参加化学反应时，能参与化学键形成的电子称为**价电子**，价电子所在的电子层的电子排布式，称为价电子结构。

周期表中的各元素，根据它们的价电子结构及相似的化学性质，划分为18个列，形成16个族。

（1）主族

主族占8列，分8族，凡是价电子结构为 $ns^{1\sim2}$ 或 $ns^2np^{1\sim6}$ 的元素称为**主族元素**，分别表示为ⅠA、ⅡA、ⅢA、ⅣA…ⅧA（0族）。主族元素的族序数 = 该元素原子的最外层电子数（$ns+np$）。主族元素的最高氧化数，等于原子最外电子层上的电子数目。同一主族内，虽然不同元素的原子电子层数不同，但它们却具有相同的价电子结构和相同的最外层电子数。如碱土金属的价电子结构都是 ns^2，卤素的价电子结构都是 ns^2np^5。

元素周期表最右边一个族是稀有气体元素，因它们化学性质极不活泼，通常情况下难以发生化学反应，化合价可看做0，因而叫做0族。

（2）副族

副族占10列，分8族（第8族占3列），凡是价电子结构有次外层（$n-1$）d能级或倒数第三层（$n-2$）f能级的元素，称为**副族元素**。分别表示为ⅠB、ⅡB、ⅢB、ⅣB…ⅧB。ⅠB～ⅡB的族序数等于最外层 ns 能级上的电子数；ⅢB～ⅦB的族序数等于价电子数；ⅧB族有三个纵行，价电子总数为8～10个，与族序数不完全相同。副族元素的价电子排布通式为：$(n-2)f^{1\sim14}(n-1)d^{1\sim10}ns^{1\sim2}$。

3. 元素在周期表中区的划分

周期表中的元素除了按周期和族划分外，还可根据原子的电子层结构的特征分为五个区，见表2—3—1。

表2—3—1　　元素在周期表中区的划分

周期	ⅠA	ⅡA	ⅢB~ⅧB	ⅠB~ⅡB	ⅢA~ⅦA	ⅧA
1						
2						
3						
4	s区		d区	ds区	p区	
5						
6						

镧系	f区
锕系	

s 区元素：电子层结构是 $ns^{1\sim2}$，包括ⅠA 和ⅡA 两个主族的元素。

p 区元素：电子层结构是 $ns^2np^{1\sim6}$，包括ⅢA～ⅧA 的主族元素。

d 区元素：电子层结构是 $(n-1)\ d^{1\sim9}ns^{1\sim2}$，包括ⅢB～ⅧB 六个副族的元素。

ds 区元素：电子层结构是 $(n-1)\ d^{10}ns^{1\sim2}$，包括ⅠB 和ⅡB 两个副族的元素。

f 区元素：电子层结构是 $(n-2)\ f^{1\sim14}\ (n-1)\ d^{0\sim1}ns^2$，镧系元素和锕系元素属于 f 区元素。

【课堂思考】 某元素原子的价电子结构为 $3s^23p^4$，它在第几周期？第几族？哪个区？为什么？

三、元素周期表中元素性质的递变规律

随着核电荷数的递增，原子的电子层结构呈现周期性的变化，元素的一些基本性质，如原子半径、电离能、电子亲和能和电负性等，也必然会呈现周期性的变化。

1. 原子半径的变化规律

（1）同周期元素原子半径变化规律

同周期主族元素中，各元素的原子核外电子层数虽然相同，但从左至右，核电荷数依次增加，原子核对外层电子的吸引力自左向右依次增强，外层电子必然逐渐向核靠拢，导致原子半径逐渐减小。副族元素减小缓慢。

（2）同族元素原子半径变化规律

同主族元素中，原子半径自上而下依次增大。这是由于同族元素自上而下电子层依次增加，原子半径增大，虽然核电荷数亦同时增加，将使原子半径缩小，但前者的影响较大，所以总的结果是原子半径递增。

副族元素的原子半径自上而下略有增大，位于第五、六周期的原子半径比较接近；位于第五、六周期ⅡB 族以后的各副族元素的原子半径大小非常接近。

总之，原子半径随原子序数的递增而变化的情况，具有明显的周期性（见图 2—3—1）。

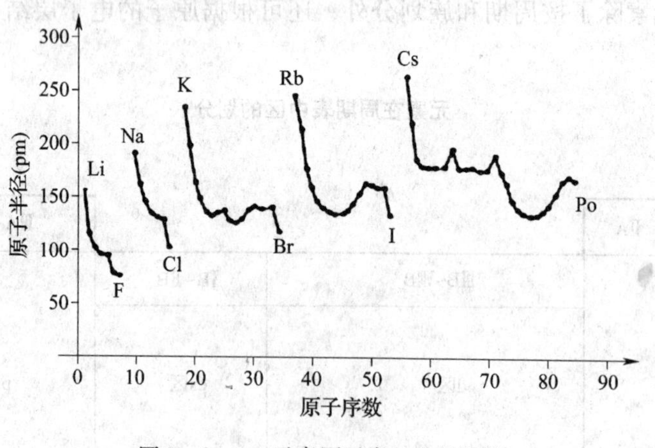

图 2—3—1 元素原子半径变化规律

2. 电离能及其变化规律

（1）电离能

一个处于基态的气态自由原子失去 1 个电子，变成 +1 价的气态正离子所需吸收的最小能量值，被定义为该原子的第Ⅰ电离能。用 I_1 表示。

$$E(g) \rightarrow E^{+}(g) + e^{-}$$

由 +1 价气态正离子再失去 1 个电子成为带 +2 价气态正离子所需要的能量称为第Ⅱ电离能，用 I_2 表示，依次类推。

$$E^{+}(g) \rightarrow E^{2+}(g) + e^{-}$$

例如：

$Li(g) - e^{-} \rightarrow Li^{+}(g)$　　　$I_1 = 520.2\ kJ/mol$

$Li^{+}(g) - e^{-} \rightarrow Li^{2+}(g)$　　　$I_2 = 7\ 298.1\ kJ/mol$

$Li^{2+}(g) - e^{-} \rightarrow Li^{3+}(g)$　　　$I_3 = 11\ 815\ kJ/mol$

(2) 电离能的变化规律

电离能随原子序数的增加呈现出周期性的变化，如图 2—3—2 所示。

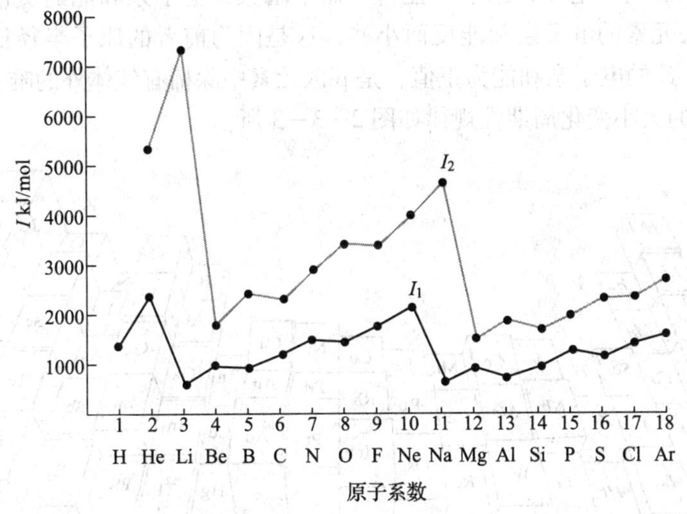

图 2—3—2　电离能的变化规律

1）同一周期。主族元素的第Ⅰ电离能 I_1，基本上是随着原子序数的增加而增加。金属元素的第Ⅰ电离能较小，非金属元素的第Ⅰ电离能较大，而稀有气体元素的第Ⅰ电离能最大。同一周期中的第Ⅰ电离能，并非单调地上升，如 Be、N、P、Ne 的电离能 I_1，都比相邻两元素的高，这是因为它们的原子轨道上的电子填充时出现了全充满、全空或半充满状态。

2）同一主族。从上到下，由于同一主族的元素原子半径依次增大，原子核对外层电子引力依次减弱，电子易失去，电离能依次变小。但对副族元素来说，这种规律性较差，例如第六周期的副族元素的第Ⅰ电离能反而比第四、五周期的大。

【课堂思考】　由图 2—3—2 观察：第Ⅰ电离能 I_1 最大的元素是哪个？为什么？

3. 电子亲和能及其变化规律

(1) 电子亲和能

当元素的气态原子在基态时获得 1 个电子成为负一价气态阴离子所放出的能量（负值），称为该元素的**第Ⅰ电子亲和能**。通常简称**电子亲和能**。电子亲和能可用于衡量气态原子获得电子的难易程度，和电离能一样，也有第Ⅱ电子亲和能等。

元素的第Ⅱ电子亲和能，相当于 1 个电子附加到 1 个负离子上，$X^{1-}(g) + e^{-} \rightarrow X^{2-}(g)$。

由于负离子和电子之间存在着静电斥力，所以此时需要吸收能量（正值），而不是放出能量。因此，对于所有元素，第Ⅱ电子亲和能都是正值。

例如：

$O(g)+e^- \rightarrow O^-(g)$ $A_1=-140.0$ kJ/mol

$O^-(g)+e^- \rightarrow O^{2-}(g)$ $A_2=844.2$ kJ/mol

（2）电子亲和能的变化规律

电子亲和能一般随原子半径减小而增大。这是因为原子半径减小，核电荷对电子的吸引力就增强，原子则易结合外来电子而放出能量。

1）同一周期。从左到右，原子半径减小，最外层电子数依次增多，趋向于结合电子形成8电子结构，电子亲和能的负值增大。卤素的电子亲和能呈现最大负值。

2）同一主族。同一主族，原子半径自上而下增大，电子亲和能的负值自上而下变小。（但是每一族开头元素的电子亲和能反而小些，这是因为前者的原子半径比后者的小得多，电子间斥力强）。N的电子亲和能为正值，是p区元素中除稀有气体外的唯一正值。

电子亲和能的大小变化周期性规律如图2—3—3所示。

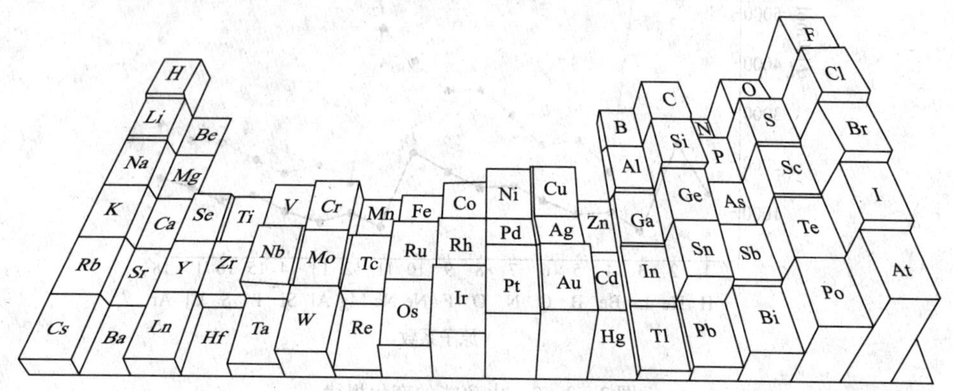

图2—3—3 电子亲和能的周期性

4. 元素电负性及其变化规律

（1）电负性

物质发生化学反应时，是原子的外层电子发生变化。原子对电子吸引能力的不同，是造成元素化学性质有差别的本质原因。原子在分子中吸引成键电子的能力称元素的**电负性**。元素的电负性越大，该元素原子在分子中吸引成键电子的能力越大，反之越小。

（2）电负性变化规律

元素电负性的变化规律如图2—3—4所示。

从图2—3—4可以看出：在周期系中每一周期元素从左到右电负性都是随着原子序数的增加而逐渐增大；对于每一族元素，从下到上电负性随着原子半径的减小而增大。这样，除了稀有气体，电负性最高的元素是周期表中右上角的F（3.98），电负性最低的元素是周期表中左下角的Cs（0.79）。

（3）电负性的应用

我们可以根据元素电负性的大小判断元素的金属性和非金属性：电负性越大，金属性越弱，非金属性越强；电负性越小，金属性越强，非金属性越弱。一般地，金属元素的电负性在 2.0 以下，非金属元素的电负性在 2.0 以上。

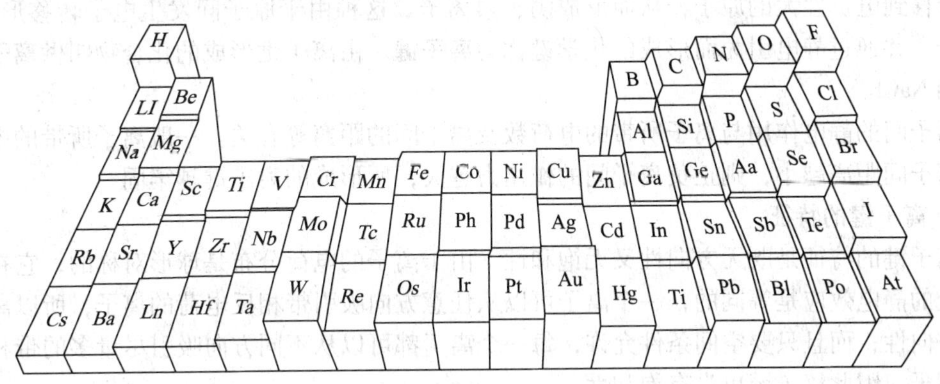

图 2—3—4　元素电负性变化的周期性

电负性数据和别的键参数联合，可以预估化合物中化学键的类型。当别的条件都相同时，两个电负性相差很大（>1.7）的元素化合通常就形成离子键，如钠和氯的电负性差为 2.23，所以 NaCl 是一个离子型化合物；而电负性相差不大（<1.7）的两种非金属元素化合时，通常就形成共价键，如氢和氯的电负性差为 0.96，所以 HCl 是一个共价型化合物。如果电负性差等于零或非常小，那么形成的共价键是非极性键；电负性差别越大，共价键的极性也就越大。如卤化氢中 HF 是极性最强的分子，HI 是极性最弱的分子。

【课堂思考】　试根据元素原子的电子层结构及以上元素性质的递变规律，思考并分析元素金属性和非金属性的周期性变化规律。

课题四　化学键与分子结构

学习目标

1. 掌握离子键、金属键、共价键的本质与特征。
2. 了解化学键理论的基础知识，能够解释分子的结构。
3. 熟悉分子间力的本质及其对物质性质的影响。
4. 了解晶体的类型、特征和性质。

为什么仅仅一百多种元素能够形成成千上万种物质呢？原子是怎样结合成分子的？要回答这些问题，就必须了解化学键的知识。所谓**化学键**是指分子内相邻的两个或多个原子之间强烈的相互作用。化学键分为离子键、共价键和金属键。

一、离子键

1. 离子键的形成

1916 年，德国化学家柯塞尔根据稀有气体原子的电子层结构特别稳定的事实提出了离子键理论，认为不同的原子间相互化合时，它们均有达到稀有气体稳定结构的倾向。当电负性小的金属原子与电负性大的非金属原子相遇时，容易发生电子转移，电子将从电负性小的原子转移到电负性大的原子，从而形成阴、阳离子。这种由于原子间发生电子转移形成阴、阳离子，并通过静电引力而形成的化学键称为**离子键**。由离子键形成的化合物叫做**离子化合物**，如 NaCl。

离子间的静电作用与离子所带的电荷数及离子间的距离等有关。一般离子所带的电荷越多，离子间距离越小，则正负离子间的作用力越大，所形成的离子键越牢固。

2. 离子键的特征

离子键的特征是既无方向性又无饱和性。由于离子的电荷分布是球形对称的，它在各个方向上的静电效应是等同的，一个离子可以从任意方向吸引带相反电荷的离子，所以离子键没有方向性；而且只要空间条件允许，每一个离子都可以从不同方向吸引尽量多的带相反电荷的离子。因此离子键也没有饱和性。

常温、常压下，离子化合物都是晶体，所以离子化合物又称为离子晶体。离子化合物的化学式不表示分子的具体组成（没有分子），角标只表示组成的阴阳离子个数比。通常把晶体内（或分子内）某一粒子周围最接近的粒子数目，称为该粒子的配位数。在 NaCl 晶体内，Na^+和 Cl^-的配位数都是 6，Na^+和 Cl^-数目比为 1:1，其化学组成习惯上以“NaCl”表示。所以 NaCl 叫化学式比叫分子式更确切。

离子晶体中晶格结点上阴、阳离子间静电引力较大，要熔化离子化合物需要破坏所有的离子键，因而离子化合物一般熔点较高，硬度较大，难于挥发，见表 2—4—1。

表 2—4—1　　离子化合物的熔点、硬度

离子化合物	硬度	熔点
NaF	2 ~ 2.50	993℃
MgF_2	5	1 261℃

离子晶体一般易溶于水，导电时阴、阳离子同时向相反方向迁移，是典型的电解质。

【课堂思考】　组成离子晶体的微粒是什么？这些微粒是通过什么作用力形成晶体的？

二、共价键

前面介绍的是活泼金属元素和活泼非金属元素以离子键结合的离子化合物。当由同一种非金属原子，或性质相似的两种非金属原子结合成分子时，由于它们的原子核对电子的吸引力相等或相近，电子不会从一个原子转移到另一个原子上，此时的分子是通过共价键形成的。共价键的概念是美国人路易斯于 1916 年首先提出的，他认为，分子中每个原子都具有形成类似于惰性原子的稳定电子结构的倾向，并通过原子间共用电子对的方式结合成分子。由此形成的化学键称为**共价键**，由共价键形成的化合物称为**共价化合物**。例如，两个 Cl 原子形成 Cl_2时，每个 Cl 原子各提供 1 个电子，这两个电子为两个 Cl 原子共用，两个 Cl 原子都形成 8 电子的稳定结构。非金属氢化物（如 HCl、H_2O、NH_3等）、非金属氧化物（如 CO_2、SO_3等）、无水酸（如 H_2SO_4、HNO_3等）、大多数有机化合物（如甲烷、酒精、蔗糖等）都是共价化合物。多数共价化合物在固态时，熔点、沸点较低，硬度较小。

1927 年美国的海特勒和伦敦应用量子力学求解氢分子的薛定谔方程以后，共价键的本质才得到理论上的解释。近代共价键理论主要有价键理论（简称 VB 法）、价电子对互斥理论（VSEPR）和分子轨道理论（简称 MO 法）。本单元主要介绍价键理论。

1. 价键理论的基本要点

（1）电子配对原理

两原子靠近时，自旋方向相反的未成对的价电子可以配对，形成稳定的共价键。若原子中没有未配对电子，一般不形成共价键，而已配对成键的电子也不能再参与形成新的共价键。

（2）原子轨道最大重叠原理

在形成共价键时，成键电子的原子轨道重叠越多，所形成的共价键越牢固。这叫做原子轨道的最大重叠原理。

2. 共价键的特征

（1）共价键具有饱和性

共价键的饱和性是指一个原子含有几个单电子，就能与几个自旋相反的单电子配对成键。也就是说，一个原子所形成的共价键的数目不是任意的，一般受单电子数目的制约。如 H 原子的电子与另一 H 原子的电子配对后，形成 H_2，H_2 就不能再与第三个 H 原子配对了，即不能形成 H_3。

（2）共价键具有方向性

共价键的方向性是由轨道最大重叠原理决定的，因为要实现轨道的最大重叠，必须在核间距不变的情况下，两轨道沿其极值最大的方向重叠才是最大的重叠。这样两核间的电子云较密集，形成的共价键也较牢固。这就是共价键的方向性。除 s 轨道呈球形对称无方向性外，p、d、f 轨道在空间都有一定的伸展方向。在形成共价键时，除 s 轨道与 s 轨道在任何方向上都能达到最大程度的重叠外，p、d、f 轨道只有沿着一定的方向才能发生最大程度的重叠。

例如，当 H 原子的 1s 轨道与 Cl 原子的 $3p_x$ 轨道发生重叠形成 HCl 分子时，H 原子的 1 s 轨道必须沿着 x 轴才能与 Cl 原子的含有单电子的 $3p_x$ 轨道发生最大程度的重叠，形成稳定的共价键（见图 2—4—1c）；而沿其他方向时，则原子轨道不能重叠（见图 2—4—1a）或重叠很少（见图 2—4—1b），因而不能成键或成键不稳定。

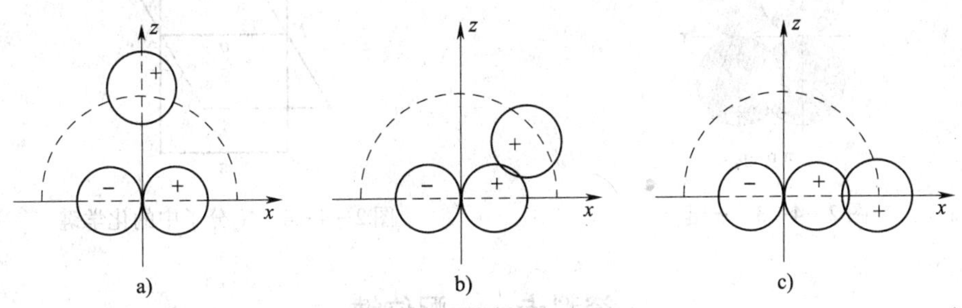

图 2—4—1　H 原子的 1s 轨道与 Cl 原子的 $3p_x$ 轨道重叠示意图

（3）共价键的极性

在单质分子中，共价键是由同种原子形成的（如 O_2、Cl_2 等），成键的两个原子吸引电子的能力相同，共用电子对不偏向任何一方，成键的原子不显电性。这样的共价键叫**非极性**

共价键，简称非**极性键**。如 H—H 键、Cl—Cl 键等。

由不同种非金属元素的原子形成的化合物分子中（如 H_2O、HCl 等），由于不同原子吸引电子的能力不同，共用电子对必然会偏向吸引电子能力强的一方，因此，吸引电子能力强的原子就会带部分负电荷，而吸引电子能力较弱的原子就带部分正电荷。这样形成的共价键叫**极性共价键**，简称**极性键**。如 H_2O 分子中的 H—O 键、HCl 分子中的 H—Cl 键等。

3. 共价键的类型

按原子轨道的重叠方式的不同，可以将共价键分为 σ 键和 π 键两种类型。以“头碰头”的方式发生轨道重叠，轨道重叠部分是沿键轴呈圆柱形分布的，这种键称为 ***σ* 键**（如 s－s、s－p_x、p_x－p_x等），如图 2—4—2 所示。σ 键对键轴（x 轴）具有圆柱形对称性。

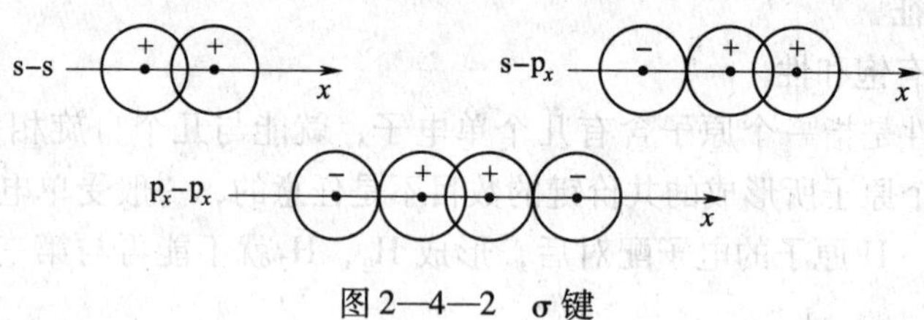

图 2—4—2　σ 键

另一种重叠方式是原子轨道以“肩并肩”方式发生轨道重叠（如 p_y－p_y、p_z－p_z），轨道重叠部分对通过一个键轴的平面具有镜面反对称性，这种键称为 **π 键**，如图 2—4—3 所示。

两个原子间形成共价单键时，通常是 σ 键；形成共键双键或叁键时，其中有一个 σ 键，其余的是 π 键。如当两个 N 原子化合时，每个 N 原子以一个 p 电子（如 p_x），沿着 p_x轨道对称轴的方向（*x* 轴）“头碰头”重叠，形成一个 σ 键，而每个 N 原子其余的两个 p 电子，就不能再沿着 p_x对称轴方向“头碰头”重叠了，只能让 p 轨道对称轴相互平行，采取“肩并肩”的方式重叠，形成两个 π 键（p_y－p_y、p_z－p_z），如图 2—4—4 所示。

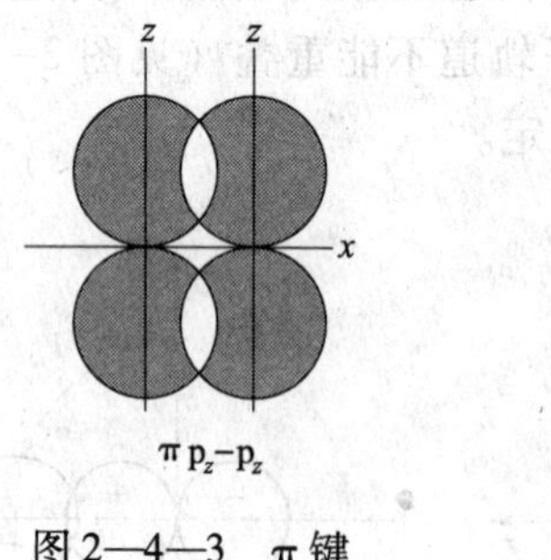

图 2—4—3　π 键

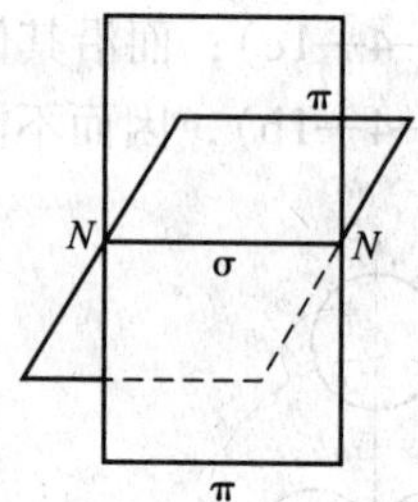

图 2—4—4　N_2分子中的化学键

资料卡——配位键

前面所讨论的共价键的共用电子对都是由成键的两个原子分别提供一个电子组成的。此外还有一类共价键，其共用电子对不是由成键的两个原子分别提供，而是由其中一个原子单方面提供的。这种由一个原子提供电子对为两个原子共用而形成的共价键称为**共价配键**，或**配位键**，用“A→B”的形式表示，A 代表提供电子的一方，B 代表接受电子的一方。配位键的形成条件是：其中的一个原子的价电子层有孤电子对（电子给予体）；另一个原子的价电子层有可接受孤电子对的空轨道（电子接受体）。如铵根离子中就有配位键存在：

$$\left[\begin{array}{c} H \\ \cdot\times \\ H\times N : H \\ \cdot\times \\ H \end{array}\right]^{+} \quad 或 \quad \left[\begin{array}{c} H \\ | \\ H-N\rightarrow H \\ | \\ H \end{array}\right]^{+}$$

配位键存在于许多化合物中，如 CO、N_2O、含氧酸根等。特别是配位离子中的化学键，主要是配位键。

【课堂思考】 试分析共价化合物 CO（C$\equiv$O）中化学键的类型。

4. 共价键的参数

键参数是表征化学键性质的物理量，常见的有键长、键能和键角等。利用键参数，可以判定分子的构型、极性及热稳定性等。

（1）键能

化学反应中旧键的断裂或新键的形成，都会引起体系内能的变化，如：

$$HCl\ (g) \rightarrow H\ (g) + Cl\ (g) \qquad \Delta H = 431\ kJ/mol$$

键能一般是指气体分子每断裂单位物质的量的某键，形成气态原子或原子团时产生的焓变。例如在 100 kPa 和 298. 15 K 时，H—Cl 键的键能为 431 kJ/mol。键能越大，化学键越牢固，含有该键的分子越稳定。

（2）键长

分子内成键两原子核间的平均距离称为**键长**。表 2—4—2 列出了一些共价键的键长和键能。

表 2—4—2　　一些共价键的键长和键能

化学键	键长（pm）	键能（kJ/mol）	化学键	键长（pm）	键能（kJ/mol）
H—H	75	436	N—H	101	389
C—C	154	332	N—N	145	159
C=C	134	611	O—H	98	464
C≡C	120	837	N≡N	110	946
O—O	148	146	S—H	135	339
Cl—Cl	199	243	C—Cl	177	326
Br—Br	229	193	F—F	140	153
I—I	266	151	H—Br	142	366
C—N	148	305	H—Cl	127	431
C—O	143	326	H—F	92	565
C=O	120	728	S—S	207	268
C—S	182	272	C—H	109	414

在不同分子中，同一种键的键长基本相同。相同原子形成的共价键的键长中，单键 > 双键 > 三键。一般来说，键长越短，键能越大，键越牢固。

（3）键角

分子中两个相邻化学键间的夹角称为**键角**。如 H_2O 分子中，两个 H—O 键间的键角为 104.8°。

若知道了某物质分子内所有化学键的键长及键角的数据，其分子的几何构型就可以确定。图 2—4—5 列出了一些分子的键角及分子的几何结构图。

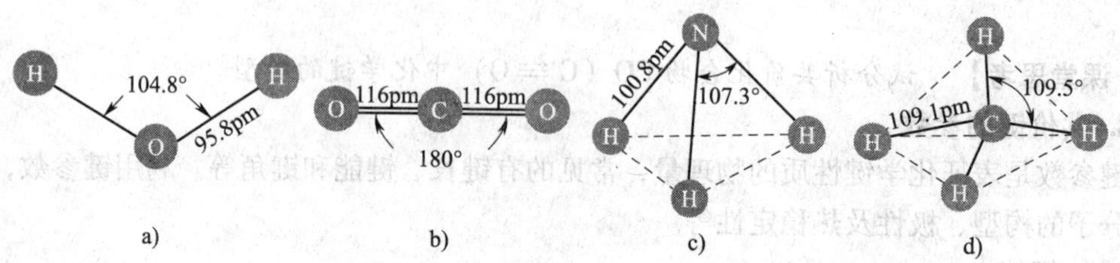

图 2—4—5　H_2O、CO_2、NH_3、CH_4分子的键角和几何结构

a）V 形　b）直线形　c）三角锥形　d）正四面体

由此可知，键长和键角是描述分子几何结构的两个要素。

价键理论的要点抓住了形成共价键的主要因素，模型直观，容易普及和发展。但是，在应用价键理论对某些分子的形成进行解释时，却遇到了困难。比如，在解释较复杂的分子如 O_3、配位化合物分子、有离域 π 键的有机分子等的结构时，都与实际偏差较大。

资料卡——分子轨道理论及价电子对互斥理论

1932 年，美国化学家密立根和德国化学家洪特提出了一种新的共价键理论——分子轨道理论，即 MO 法。该理论注意了分子的整体性，较好地说明了多原子分子的结构。尤其是对复杂分子结构的解释能较容易地形成定量化，在阐释光谱结果中更占上风。目前，该理论在现代共价键理论中占有很重要的地位。

1940 年西奈威克提出了价层电子对互斥理论。价层电子对互斥理论在预测一些分子或离子的空间构型方面比较简便。广泛地用于定性预测各类 AB_m 型分子的几何构型，解释键长及键角变化、偏离标准值的规律性等。但也有少数化合物的推测出现例外。同时，对过渡金属化合物几何构型的判断也有一定的局限性。

三、金属键

在一百多种元素中，金属元素约占 4/5。它们都有一些共同的物理化学性质，比如，金属元素的单质都有金属光泽，不透明，有良好的导热性、导电性及延展性，熔点较高（除汞外在常温下都是晶体）等。这些性质是金属晶体内部结构的外在表现。

目前主要有“自由电子”理论和金属键的能带理论来解释金属的本质。这里只介绍“自由电子”理论。

1916 年，荷兰理论物理学家洛伦兹提出金属“自由电子”理论（又叫“电子气”理论），可定性地阐明金属的一些特征性质。该理论认为，金属原子的特征是外层价电子和原子核的联系较为松弛，易失去电子，形成正离子。这些正离子在金属晶体中的晶格结点上排列着。在这些正离子和原子之间，存在着从原子上脱落下来的电子。这些电子不是固定在某一金属离子附近，而是在离子晶格中相对自由地运动，这些电子叫“自由电子”。由于自由电子不停地运动，把金属的原子或离子联系在一起，这样形成的键叫**金属键**，如图2—4—6所示。

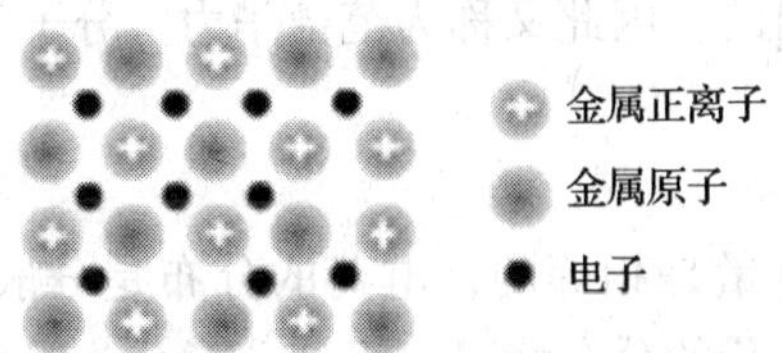

图2—4—6　金属键示意图

由于金属正离子间和电子之间存在着斥力，因此不能靠得太近。当金属原子核间距达到某个值时，引力和斥力则达到暂时平衡，组成稳定的晶体。此时，金属离子在其平衡位置附近运动。

金属键也可看成是由许多原子共用许多电子的一种特殊形式的共价键，但又不同于共价键，因为金属键没有方向性和饱和性。在金属中，每个原子在空间允许条件下，总是与尽可能多数目的原子形成金属键。因此，金属结构总是按最紧密的方式堆积起来，具有较大的密度。

金属可以吸收波长范围极广的光，并重新反射出来，故金属晶体不透明，且有金属光泽。在外电压作用下，自由电子可以定向移动，故有导电性。受热时通过自由电子的碰撞及其与金属离子之间的碰撞，传递能量，故金属是热的良导体。金属受外力发生形变时，由于金属键没有方向性，原子排列方式简单，在两层正离子之间比较容易产生滑动，在滑动过程中，各层之间始终保持着金属键的作用，金属虽然发生了形变，但不致断裂，因此，金属一般有较好的延展性（见图2—4—7）和可塑性。

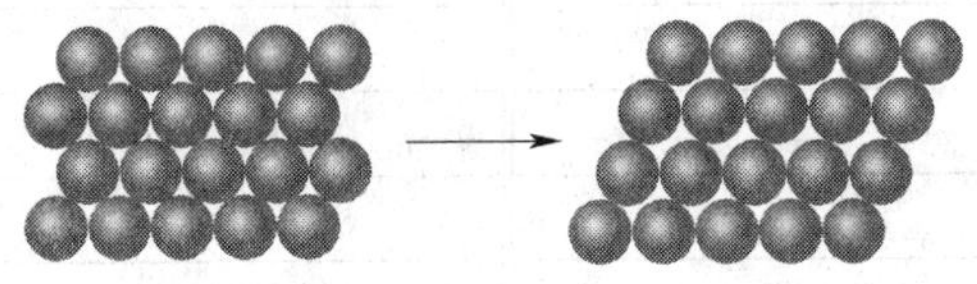

图2—4—7　金属的延展性示意图

金属键的“自由电子”理论通俗易懂，并能定性地解释金属的许多性质。但由于它难以定量，对于金属的光电效应、导电特性等无法予以具体解释。随着科学技术的发展，主要是量子理论的发展，建立了金属键的能带理论。

课题五　分子间力与氢键

学习目标

1. 熟悉分子间力的本质及种类。
2. 了解分子间力的产生及其对物质性质的影响。
3. 了解氢键的形成条件、特点及其对某些物质性质的影响。

分子间力就是分子与分子之间的相互作用力，其强度弱于化学键。分子间力主要影响物质的物理性质（化学键决定物质的化学性质），如熔点、沸点、溶解度、表面张力等。正是由于分子间力的存在，气态物质才可凝聚成液态，液态物质可以凝固成固态。分子间力最早是由荷兰物理学家范德华提出的，因此又称为范德华力。分子间作用力与分子的极性密切相关。

一、分子的极性

分子中的正、负电荷的电量是相等的，电荷的分布是分散的，所以分子总体上是中性的。但若根据分子内部两种电荷的分布情况，可把分子分为极性分子和非极性分子两类。

在由同种元素组成的双原子分子（如 H_2、N_2、Cl_2）中，形成分子的共价键是非极性键，共用电子对不偏向任何一个原子，从整个分子来看，分子里电荷分布是对称的，分子的“正电荷中心”和“负电荷中心”相重合，是**非极性分子**。而像卤化氢 HX（如 HF、HCl、HBr、HI）这样的由不同元素组成的双原子分子，形成分子的共价键是极性键，共用电子对偏向电负性较大的原子，整个分子电荷分布不对称，分子的“正电荷中心”和“负电荷中心”不重合，是**极性分子**。

对于多原子分子，如果分子空间结构对称（见图 2—4—5），分子的“正电荷中心”和“负电荷中心”相重合，则分子无极性，如 CO_2、CH_4分子；如果分子空间结构不对称，则为极性分子，如 H_2O、NH_3分子。

分子的极性大小可用电偶极矩表示。一些物质的电偶极矩见表 2—5—1。

表 2—5—1　　一些物质的电偶极矩（$\times 10^{-30}$ C·m）

物质	偶极矩	物质	偶极矩
H_2	0	H_2S	3.07
N_2	0	H_2O	6.17
CO_2	0	HCN	9.94
CH_4	0	HF	6.37
CS_2	0	HCl	3.62
CO	0.33	HBr	2.60
$CHCl_3$	3.37	HI	1.40
SO_2	5.33	NH_3	4.34

分子是否有极性对物质的一些性质有着较为显著的影响。比如：极性物质易溶于极性溶液中，非极性物质易溶于非极性溶液中。NH_3、HF、HCl 等极性物质在水中溶解度都较大，而 CH_4、H_2等在水中溶解度就很小。

资料卡——分子的电偶极矩

分子的电偶极矩等于分子正负电荷重心间的距离即偶极长度（d）和偶极上一端所带电量（q）的乘积，以符号 μ 表示，单位为 C·m（库·米）。

$$\mu = q \cdot d$$

分子的电偶极矩 μ 的数值越大，表示分子的极性越大。若 $\mu = 0$，表示分子是非极性分子。

二、分子间力

1. 分子间力的种类

分子间力按其实质来说是一种电性的吸引力。按作用力产生的原因和特性可将分子间力分为三部分：取向力、诱导力和色散力。

（1）取向力

两个极性分子相互靠近时（见图 2—5—1），由于它们固有偶极之间必然产生同极相斥、异极相吸的作用，分子将会发生转动，并按异极相邻状态取向，分子进一步相互靠近。这种由于固有偶极的取向而产生的分子间作用力，叫做**取向力**。取向力的大小主要取决于分子极性的强弱。分子的极性越强，取向力也越大。

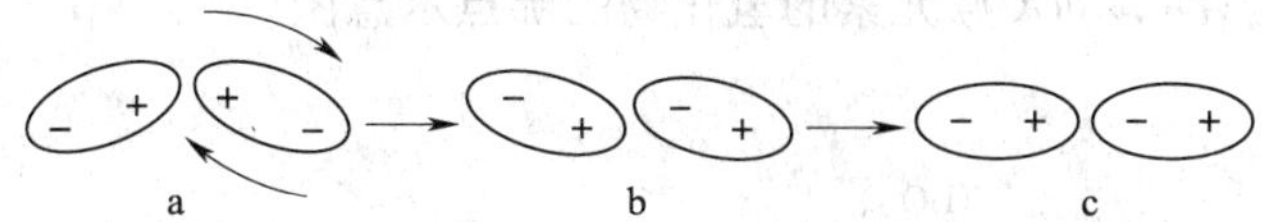

图 2—5—1　两个极性分子相互作用的示意图

（2）诱导力

当极性分子与非极性分子相互靠近时，极性分子的固有偶极使非极性分子变形极化，产生诱导偶极并相互吸引，如图 2—5—2 所示。这种固有偶极与诱导偶极之间的作用力称为**诱导力**。显然，极性分子之间也存在诱导力。

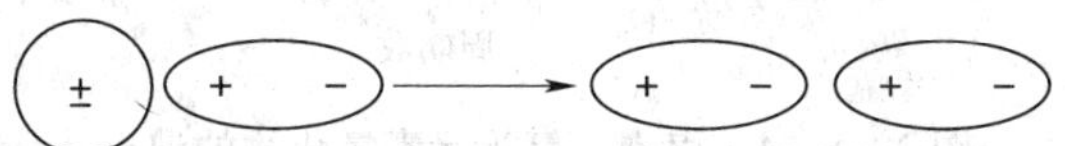

图 2—5—2　极性分子与非极性分子相互作用示意图

（3）色散力

非极性分子间也存在相互作用力。在非极性分子内部，由于电子的运动和原子核的振动可以发生瞬间的相对位移（正、负电荷重心暂时不重合），分子发生瞬时变形，而产生了瞬时偶极。这种瞬时偶极与瞬时偶极间的作用力叫做**色散力**。色散力普遍存在于各种分子之间，且没有方向性。色散力与相互作用分子的变形性有关，变形性越大，色散力越大。色散力如图 2—5—3 所示。

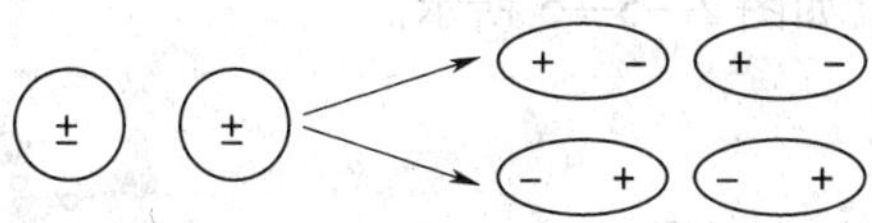

图 2—5—3　色散力产生示意图

2. 分子间力的特征

极性分子与极性分子之间的作用力是由取向力、诱导力和色散力三部分组成的；极性分子与非极性分子之间只有诱导力和色散力；非极性分子之间仅存在色散力。由此可见，色散力是普遍存在的，不仅如此，在多数情况下，色散力还占据分子间力的绝大部分。

分子间力作用的范围很小（一般是 300 ~ 500 pm）。随着分子间距离的增加，分子间的作用力以其七次方的关系减小。因此，在液态或固态的情况下分子间力比较显著；气态时，分子间力可以忽略，可将其视为理想气体。

分子间力既无饱和性，又向无方向性；分子间作用力较弱，一般只有几个至几十个 kJ/mol，约比化学键键能小 1 ~ 2 个数量级。例如 H_2O 中，分子间力约为 47.28 kJ/mol，而 $E_{(O—H)}$ = 463 kJ/mol。分子间力主要影响物质的物理性质，化学键则主要影响物质的化学性质。

【课堂思考】 下列每组物质中，不同物质的分子之间存在着何种类型的分子间力？

(1) C_6H_6、CCl_4　(2) CH_3OH、H_2O　(3) He、H_2O　(4) H_2S、H_2O

三、氢键

我们知道，卤素氢化物的性质随着相对分子质量的增大而递变，但氟元素却有些例外。同时也不难发现，在第ⅥA 族的氢化物中，H_2O 的性质也较特殊。

图 2—5—4 为第ⅥA、ⅦA 族元素的氢化物的沸点示意图。

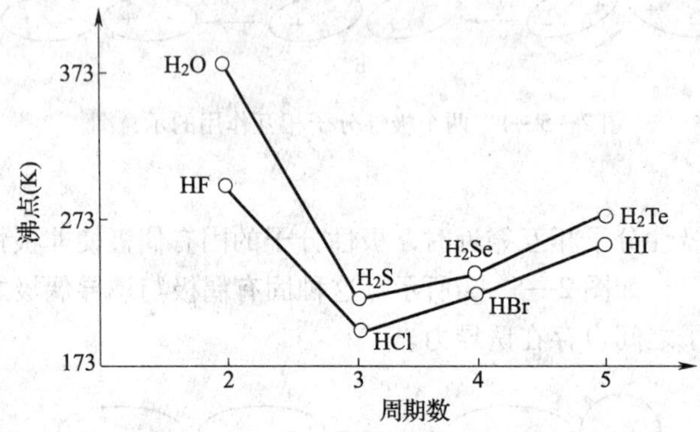

图 2—5—4　卤素、氧族元素氢化物的沸点

从图中可以看出，按分子质量减小的次序推测，HF、H_2O 的沸点应该比 HCl、H_2S 更低，可事实上却是高了很多。

为什么 HF 和 H_2O 的沸点比 HCl 和 H_2S 高？这是因为在 HF 分子之间、H_2O 分子之间形成了氢键。氢原子在与电负性很大的 X 原子形成共价键时，由于键的极性很强，共用电子对强烈地偏向 X 原子一边，而使氢原子的原子核几乎“裸露”出来，呈现出相当强的正电性，使得这个半径很小的氢核极易与另一分子中含有孤对电子且电负性很大的原子（X 或 Y）形成一种特殊的分子间作用力——**氢键**。氢键可表示为 X—H···Y（或 X），如 F—H···F—H 键、O—H···O—H 键，如图 2—5—5 所示。

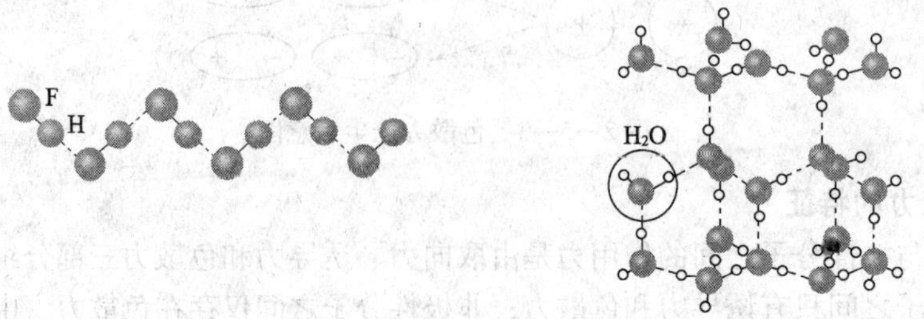

图 2—5—5　氢键的形成

氢键的键能一般在 40 kJ/mol 以下，比化学键的键能小得多，与分子间力具有相同的数量级，属分子间力的范畴，是较强的分子间作用力。对于某些物质，由于氢键的存在，分子间作用力大大加强，从而对其性质产生明显影响。

由于氢原子的体积小，一个氢原子只能形成一个氢键。由于氢原子两侧电负性极大的原子的负电排斥，使两个原子在氢原子两侧呈直线排列，其他外力有较大影响时，才改变方向。

氢键的存在相当普遍，无机含氧酸、有机酸、醇、胺、蛋白质等分子间都存在氢键。氢键有两类：一个分子的 X—H 键与另一个分子的原子相结合而成的氢键，称为分子间氢键，如图 2—5—6 所示为甲酸靠氢键形成二聚体；一个分子的 X—H 键与它内部的原子相结合而成的氢键，称为分子内氢键，如图 2—5—7 所示为硝酸分子内形成的氢键。

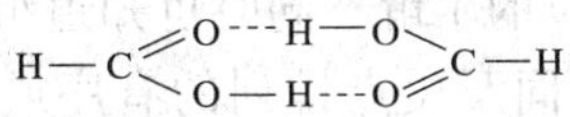

图 2—5—6　甲酸靠氢键形成二聚体

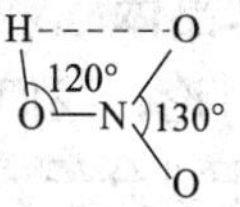

图 2—5—7　硝酸分子内形成氢键

【课堂思考】　氢只有与电负性很大且有孤对电子的元素（F、O、N 等）的原子间才能形成氢键，为什么？

四、分子间力和氢键对物质的物理性质的影响

1. 物质的熔点和沸点

同类型的单质及化合物，其熔、沸点一般随相对分子质量的增加而升高。这主要是由于物质分子间的色散力随相对分子质量的增加而增大的缘故，见表 2—5—2。

表 2—5—2　　**第ⅣA 族元素的氢化物的沸点**

氢化物	CH_4	SiH_4	GeH_4	SnH_4
沸点（℃）	−164	−112	−90	−52

含氢键的物质，其熔、沸点较其同类型无氢键的物质要高。譬如 HF 的熔、沸点较同族氢化物高。

2. 物质的溶解性

物质的溶解性也与分子间力有关，分子间力相似的物质容易互溶。

（1）分子极性相似的物质易于互溶（相似相溶原理）

I_2易溶于 CCl_4、C_6H_6等非极性溶剂而难溶于水。因为 I_2是非极性分子，与 CCl_4、C_6H_6等非极性溶剂的分子间力（色散力）相似；而水是极性分子，分子间除了色散力外，还有取向力、诱导力及氢键。要使非极性分子溶于水中，必须克服水的分子间力及氢键，这就比较困难。

（2）彼此之间能形成氢键的物质容易互溶

如乙醇、羧酸等有机物均易溶于水，就是因为它们与 H_2O 分子之间能形成氢键，使分子间互相缔合而溶解。

*课题六　晶　　体

学习目标

1. 熟悉晶体的类型、特征及组成晶体的微粒间的作用力。
2. 熟悉三种典型离子晶体的结构特征。
3. 了解金属晶体的三种紧密堆积结构及其特征。

一、晶体与非晶体

通过前面的讨论，我们对化学键的形成有了初步的了解，同时也知道组成物质的质点可以是离子、原子或分子。根据质点间能量大小不同及质点排列的有序或无序，物质可分为三种聚集状态：气态、液态和固态。而固态物质根据其结构和性质的不同可分为晶体和非晶体。天然和合成的无机固态物质多为晶体，而玻璃、松香、石蜡、动物胶、沥青、琥珀等则属于非晶体。非晶体由于其内部质点排列不规则，没有一定的几何外形，所以又叫**无定形体**。有一些物质（如化学反应中刚析出的沉淀等）从外观上看，虽然不具备整齐的外观，但结构分析证明它们是由极微小的晶体组成的（称微晶体），仍然属于晶体的范畴。

晶体与非晶体之间无绝对的界限。同一物质在不同条件下既可形成晶体，又可形成非晶体，如自然界中的二氧化硅有晶态的石英、水晶，也有非晶态的燧石。又如非晶态的玻璃若经加热冷却等反复处理，可使其结构有序化而变为多晶体，其性质也发生相应的改变。传统的金属晶体经过急冷处理，则可制得非晶态金属或金属玻璃，从而具有许多通常金属材料所不具备的特性。例如，既具有较高的强度，又具有很好的韧性、优异的耐蚀性、磁性等。

非晶体表现为各个方向的性质相同，没有固定的熔点。非晶体受热时，温度升到某一程度后，开始软化成黏度很大的物质，随着温度的升高，黏度不断变小，流动性逐渐增强，最后变成液体。从开始软化到完全熔化的过程中，温度是不断上升的，没有固定的熔点，只能说有一段软化的温度范围。如松香在50～70℃软化，70℃以上才基本成为熔体。

二、晶体的特征

与非晶体相比较，晶体通常有如下特征：

1. 有一定的几何外形

从外观看，晶体一般都具有一定的、整齐的、规则的几何外形。如图2—6—1所示，食盐晶体是立方体，石英（SiO_2）晶体是六角柱体，方解石（$CaCO_3$）晶体是棱面体。

2. 有固定的熔点

加热晶体，只有达到某一温度（熔点）时，晶体才开始熔化。在晶体没有全部熔化之前，即使继续加热，温度也不再上升。此时所供给的热都用来使晶体熔化，待晶体完全熔化后，温度才继续上升。这说明晶体具有固定的熔点，如常压下冰的熔点为0℃。

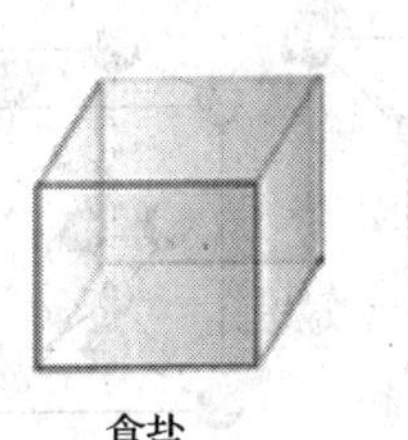

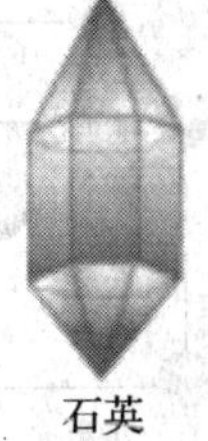

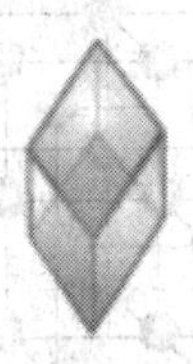

图 2—6—1 几种晶体的外形

3. 各向异性

晶体的某些性质，如光学性质、力学性质、导热性、导电性等，从晶体的不同方向去测定时，往往得到不同的数值。例如石墨晶体（见图 2—6—6），平行于石墨层方向比垂直于石墨层方向的热导率要大得多。晶体的这种各个方向上性质不同的特性称为各向异性。

晶体的这些特性是晶体内部结构的反映。应用 X 射线研究晶体的结构表明，组成晶体的质点（分子、原子或离子）以确定位置的点在空间作有规则的排列，且这种周期性的排列规律贯穿于整个晶体内部，同时在不同方向上的排列方式往往不同，因而造成晶体的各向异性。

资料卡——单晶和多晶

晶体有单晶体和多晶体两种。单晶体是由一个晶核在各个方向上均衡生长起来的，其晶体内部的粒子基本上按照某种规律整齐排列。如单晶硅就是单晶体。单晶体在自然界较少见（如宝石、金刚石等），但可由人工制取。常见的晶体是由很多单晶颗粒杂乱地聚结拼凑而成的，这种晶体称为多晶体。对于多晶体而言，尽管每颗小单晶的结构相同，是各向异性的，但由于在组成多晶体时，小单晶的取向不同，它们的各向异性相互抵消，从而使整个晶体一般不表现各向异性。多数金属和合金都是多晶体。

三、晶体的类型

根据组成晶体的微粒种类及微粒间作用力的不同，晶体可分为离子晶体、原子晶体、分子晶体和金属晶体等基本类型。

1. 离子晶体

离子晶体的特性，见第二单元课题四，这里只简单介绍离子晶体的结构特征。在离子晶体中，由于离子键没有方向性和饱和性，所以离子在晶体中常常趋向于采取紧密堆积方式。

图 2—6—2 为 NaCl、CsCl、ZnS 晶体的结构示意图。NaCl 晶体中，每个阳离子周围都有 6 个阴离子，每个阴离子周围同样也有 6 个阳离子，阴、阳离子的配位数均为 6；CsCl 晶体中，每个 Cs^+ 同时吸引 8 个 Cl^-，每个 Cl^- 同时吸引 8 个 Cs^+，即阴、阳离子的配位数均为 8；ZnS 晶体中，粒子排列比较复杂，阴、阳离子配位数均为 4。

2. 原子晶体

有一类晶体物质，晶格结点上排列的是中性原子，原子间以坚强的共价键相结合。凡靠共价键结合而成的晶体统称为**原子晶体**，如单质硅（Si）、金刚石（C）、二氧化硅（SiO_2）、碳化硅（SiC）、金刚砂等都是原子晶体。

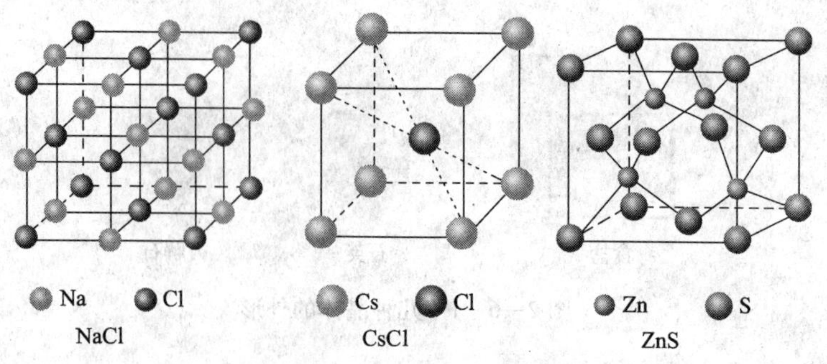

图 2—6—2　NaCl、CsCl、ZnS 晶体结构示意图

金刚石是最典型的原子晶体，晶格结点上排列着中性 C 原子，每个 C 原子都以 sp^3 杂化形式与相邻的 4 个 C 原子通过共价键结合，构成正四面体结构，如图 2—6—3 所示。由于共价键具有饱和性和方向性，配位数一般比离子晶体少。金刚石的配位数为 4。

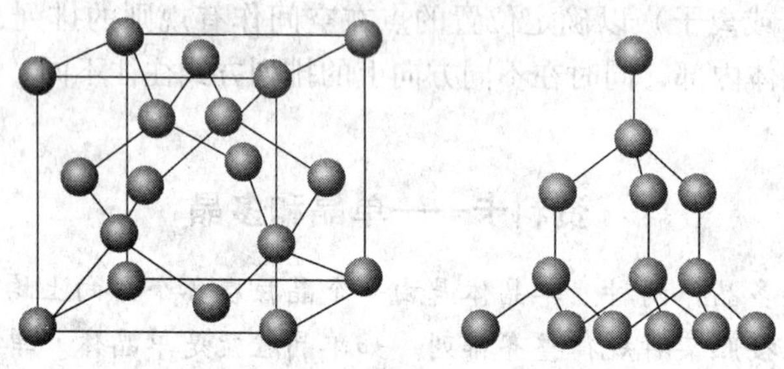

图 2—6—3　金刚石的晶体结构

不同的原子晶体，原子的排列方式不同，但原子之间都是以共价键相结合的。由于共价键的结合力强，因此原子晶体一般具有很高的熔点、沸点和很大的硬度。例如金刚石与金刚砂（SiC）的熔点分别为 3 550℃和 2 700℃。

由于原子晶体中没有离子，因此固态和熔融态都不能导电，是电的绝缘体。属于原子晶体的物质较少，除了前面提到的外，单质硼（B）、碳化硼（B_4C）、氮化硼（BN）和氮化铝（AlN）等也是原子晶体。

资料卡——杂化轨道

杂化轨道理论是 1931 年由鲍林等人在价键理论的基础上提出的，它实质上仍属于现代价键理论，但它在成键能力、分子的空间构型等方面进一步丰富和发展了现代价键理论。

所谓杂化是一个能量的均化过程。经过了能量均化后的杂化轨道，其形状更有利于形成共价键时轨道间的重叠，从而形成能量更低和更稳定的共价键。杂化轨道种类很多。

金刚石中的每个 C 原子有 4 个 sp^3 杂化轨道，它是由 C 原子外层的 1 个 s 轨道和 3 个 p 轨道杂化形成的 4 个完全相同的轨道，其 4 个轨道间夹角为 109°28′，从而与相邻的四个 C 原子构成正四面体结构。石墨中的 C 原子有 3 个 sp^2 杂化轨道，它是由 C 原子的 1 个 s 轨道和 2 个 p 轨道形成的相互间成 120°的 3 个完全相同的轨道，如图 2—6—6 所示。

3. 分子晶体

分子晶体是由极性分子或非极性分子通过分子间作用力或氢键聚集在一起的。靠分子间作用力（有时有氢键）结合而成的晶体统称为**分子晶体**。分子晶体中晶格结点上排列的是分子。由于分子间力无方向性和饱和性，配位数一般较大。非金属单质（如 H_2、N_2、Cl_2、O_2）、稀有气体、非金属之间组成的化合物（如 HCl、CO_2 等）及大多数有机化合物的晶体均是分子晶体。干冰就是一种典型的分子晶体。如图 2—6—4 所示，在 CO_2 分子内，晶格结点上排列着 CO_2 分子。由于分子间力比离子键、共价键要弱得多，所以分子晶体熔点低（如白磷的熔点为44.1℃）、硬度小、易挥发。有些分子晶体物质（如碘、萘等）可以直接升华。有些分子晶体，分子之间除存在分子间力外，还同时存在氢键作用力，如冰、草酸、硼酸、间苯二酚等均属于氢键型分子晶体。

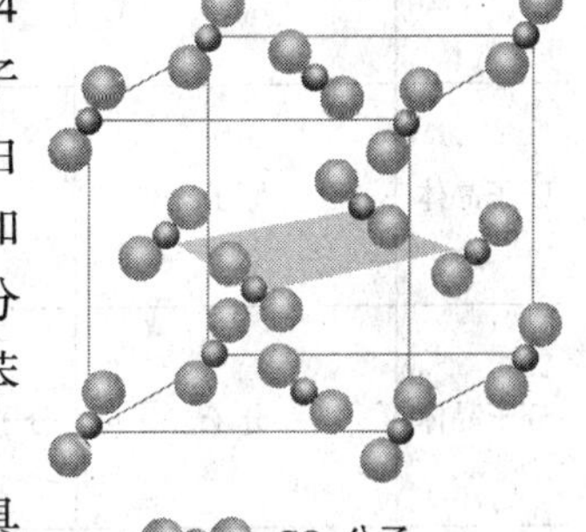

图 2—6—4　干冰的晶体结构

分子晶体固态或熔融态均不导电。但某些分子晶体由于具有强极性共价键，能溶于水产生水合离子，所以水溶液能导电（如氯化氢、冰醋酸等）。

【课堂思考】　SiO_2 和 CO_2 这两种化合物的晶体类型相同吗？在各自的晶格节点上分别排列着什么粒子？哪一种化合物的熔点高？为什么？

4. 金属晶体

通过金属键结合而成的晶体称为**金属晶体**。金属晶体是靠金属离子和自由电子之间的引力结合的。在金属晶格结点上排列的粒子是金属原子或金属正离子。金属晶体同离子晶体一样都是紧密堆积的方式，因此金属一般密度较大，且都有较高的配位数。若把金属晶体中的原子看做球体，则金属晶体的紧密堆积方式有三种：配位数为 12 的面心立方紧密堆积（见图 2—6—5a）、配位数为 12 的六方紧密堆积（见图 2—6—5b）和配位数为 8 的体心立方紧密堆积（见图 2—6—5c）。

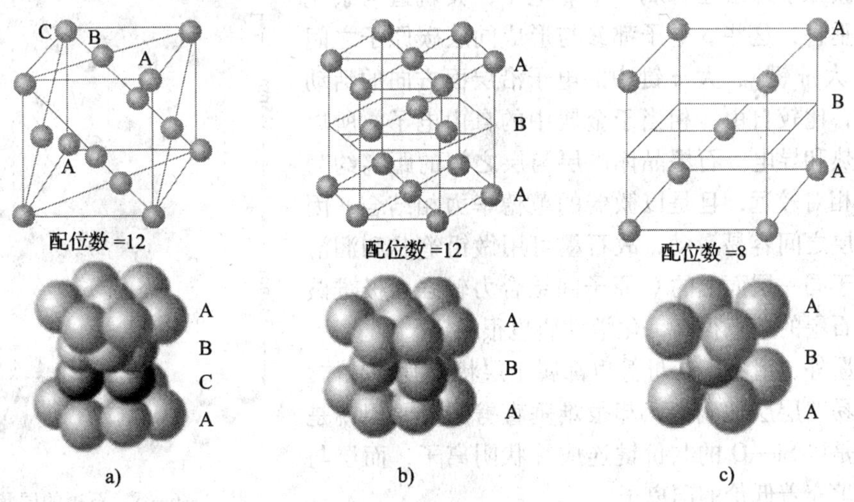

图 2—6—5　金属晶格示意图

a）面心立方紧密堆积　b）六方紧密堆积　c）体心立方紧密堆积

以上先后介绍了晶体的四种基本类型，现小结于表2—6—1。

表2—6—1　　晶体的四种基本类型对比

晶体类型	晶格结点上的粒子	粒子间的作用力	晶体的一般性质	物质示例
离子晶体	阳、阴离子	静电引力	熔点较高、略硬而脆、除固体电解质外，固态时一般不导电（熔化或溶于水时能导电）	活泼金属的氧化物和盐类等
原子晶体	原子	共价键	熔点高、硬度大、不导电	金刚石、单质硅、单质硼、碳化硅（SiC）、石英（SiO_2）、氮化硼（BN）等
分子晶体	分子	分子间力、氢键	熔点低、易挥发、硬度小、不导电	稀有气体、多数非金属单质、非金属之间化合物、有机化合物等
金属晶体	金属原子 金属阳离子	金属键	导电性、导热性、延展性好，有金属光泽，熔点、硬度差别大	金属或合金

5. 混合型晶体

除了上述四种典型的晶体外，还有一些晶体，晶体内可能同时存在着若干种不同的作用力，具有若干种晶体的结构和性质，这类晶体称为**混合型晶体**。石墨晶体就是一种典型的混合型晶体。

石墨晶体具有层状结构（见图2—6—6），同层C原子以三个sp^2杂化轨道与相邻的3个C原子相连接，形成共价键，6个C原子在同一平面上形成了正六边形的环，伸展形成片层结构。此时C—C键长均为142 pm，键角为120°。在同一平面的碳原子外层还各剩一个p电子，其轨道与杂化轨道平面垂直，这些p电子都参与形成同层碳原子之间的π键（大π键），大π键中的电子沿层面方向的活动能力很强，比较自由，相当于金属中的自由电子，所以石墨能导热和导电。石墨晶体内层与层之间的距离约为335 pm，相对较远，且是以微弱的范德华力相结合，因此石墨片层之间容易滑动，故石墨可用做铅笔芯和润滑剂。但由于同一层面上的C原子间结合力较强，极难破坏，所以石墨的熔点很高，化学性质也很稳定。

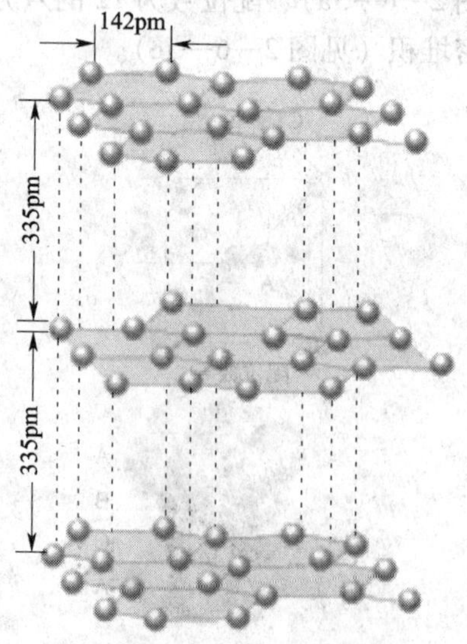

图2—6—6　石墨的层状结构

除石墨外，滑石、云母等也都属于层状过渡型晶体。云母很容易一层层地剥离，却很难垂直劈开，原因就是云母层内是以Si—O的共价键连成片状阴离子，而层与层之间却填充着低价的阳离子。

第三单元　重要的非金属元素及其化合物

课题一　卤素及其化合物

学习目标

1. 熟悉卤素及其重要化合物的性质、制备和用途。
2. 掌握卤化氢的还原性、酸性、稳定性及其变化规律。
3. 掌握卤素的含氧酸及其盐的性质变化规律。
4. 了解拟卤素的性质。

卤素是元素周期表第ⅦA族元素，包括氟（F）、氯（Cl）、溴（Br）、碘（I）和砹（At），通常以X表示。卤素是成盐元素的意思，因卤素均能与典型的金属化合生成典型的盐而得名，其中砹是放射性元素。卤族元素的一些性质见表3—1—1。

表3—1—1　　卤族元素的一些性质

元素符号	F	Cl	Br	I
价电子构型	$2s^22p^5$	$3s^23p^5$	$4s^24p^5$	$5s^25p^5$
共价半径（pm）	64	99	114	133
电负性	3.98	3.16	2.96	2.66
电离能（kJ/mol）	1 687	1 257	1 146	1 015

由表3—1—1可知，卤素原子最外层都有7个电子，在化学反应中容易得到1个电子而变成8电子稳定结构。卤素是各周期中原子半径最小、电负性最大、非金属性最强的元素，而氟又是周期表中非金属性最强的元素。随着核电荷数的增加，卤素的原子半径依次增大，由氟到碘其非金属性逐渐减弱。

卤素是典型的非金属元素。卤素在其含氧酸及其盐中，表现出+1、+3、+5、+7的正氧化态。

一、卤素单质

1. 物理性质

卤素分子内原子间是以共价键相结合，分子间仅存在着微弱的分子间作用力，随着相对分子质量的增大，分子的变形性逐渐增大，分子间的色散力也逐渐增强，因此，卤素单质的一些物理性质呈现规律性变化。如卤素单质的熔点、沸点等按F、Cl、Br、I的顺序依次升高。卤素单质的一些物理性质见表3—1—2。

卤素单质是非极性分子，在水中的溶解度不大，易溶于有机溶剂。卤素单质均有刺激气味，吸入较多的蒸气会发生严重中毒，甚至造成死亡。它们的毒性从氟到碘依次减轻。溴易挥发，高浓度的液溴可使皮肤严重灼伤；碘的蒸气有毒，强烈刺激皮肤和眼睛，使用时要特别小心。

表3—1—2　　　　卤素单质的一些物理性质

性质	F_2	Cl_2	Br_2	I_2
熔点（℃）	−219.7	−101.0	−7.3	113.6
沸点（℃）	−188.2	−34.6	58.8	184.4
常温下颜色和状态	淡黄色气体	黄绿色气体	红棕色液体	紫黑色固体

【课堂思考】　卤素单质在结构上有哪些特点？

2. 化学性质

卤素单质具有很高的化学活性，它们在自然界中没有游离态，是以稳定的卤化物形式存在。

氟的化学活性极强，能与所有其他元素（氦、氖、氩除外）发生反应，而且反应十分激烈。氟与氢在低温暗处即能化合，并放出大量的热，甚至引起爆炸。

$$F_2 + H_2 = 2HF$$

氯的化学活性也很强，能与各种金属和大多数非金属直接化合，但反应的剧烈程度不如氟。氯与氢在常温时反应缓慢，当强光照射或加热时，氯和氢立即反应并发生爆炸。干燥的氯不与铁反应，因而可将干燥的液氯储存于钢瓶中。

$$H_2 + Cl_2 \xlongequal{\text{光或加热}} 2HCl$$

一般可以与氯反应的金属（贵金属除外）和非金属大都也可以与溴、碘反应，只是反应的活性不如氯，需要较高的温度才可发生。

由卤素与氢气反应的难易可看出，卤素单质的化学活性由氟到碘依次递减。

卤素与水发生两类重要的反应：一类反应是卤素置换水中的氧；一类是卤素的水解反应，即卤素的歧化反应。

$$2X_2 + 2H_2O = 4H^+ + 4X^- + O_2\uparrow \quad \text{（放氧反应）}$$

$$X_2 + H_2O \rightleftharpoons H^+ + X^- + HXO \quad \text{（歧化反应）}$$

在碱性溶液中，卤素发生如下歧化反应：

$$X_2 + 2OH^- = X^- + XO^- + H_2O \quad (X = Cl_2、Br_2)$$

X_2的氧化能力由F_2至I_2逐渐减弱，位于前面的卤素能把电负性比它小的卤素从后者的卤化物中置换出来。例如：

$$Cl_2 + 2Br^- = Br_2 + 2Cl^-$$

$$Br_2 + 2I^- = I_2 + 2Br^-$$

【课堂思考】　卤素的化学性质主要表现在哪些方面？

氟主要用于制取有机氟化物，如制冷剂CCl_2F_2、杀虫剂CCl_3F、高效灭火剂CBr_2F_2。氯的用途十分广泛，它主要用于盐酸、炸药、农药、有机染料、有机溶剂及化学试剂的制备，纸张、纺织品的漂白，饮用水、游泳池水的消毒等。溴主要用于药物、染料、感光材料及无机溴化物和溴酸盐的制备，溴还用于制造汽油抗震的添加剂$C_2H_4Br_2$及军事上的催泪性毒剂等。碘酒在医药上用做消毒剂，碘化物有预防和治疗甲状腺肿大的功能。

二、卤化氢与氢卤酸

卤素的氢化物称为卤化氢，即 HF、HCl、HBr、HI 等，以通式 HX 表示，它们的一些性质见表 3—1—3。

表 3—1—3　　　　卤化氢的一些性质

性质	HF	HCl	HBr	HI
熔点（℃）	-83.1	-114.8	-88.5	-50.8
沸点（℃）	19.5	-84.9	-67.0	-35.4
键能（kJ/mol）	566	431	366	299
生成热（kJ/mol）	-268.8	-92.3	-36.3	26.0
饱和溶液质量分数（%）	35.3	42.0	49.0	57.0

1. 物理性质

卤化氢皆为无色、有刺激性气味的气体，在空气中会“冒烟”，这是由于卤化氢与空气中的水蒸气结合形成了酸雾。由表 3—1—3 可知，卤化氢的性质依 HCl、HBr、HI 的顺序呈规律性变化。氟化氢的独特性质与其分子间存在氢键形成缔合分子有关。

卤化氢皆为极性分子，都易溶于水，水溶液叫做氢卤酸。在 273 K 时，1 体积水可溶解 500 体积的氯化氢，溴化氢、碘化氢在水中的溶解度与氯化氢相似，氟化氢能无限地溶于水。

2. 化学性质

（1）氢卤酸的酸性

纯的氢卤酸都是无色液体，具有挥发性。氢卤酸的酸性按 HF、HCl、HBr、HI 的顺序依次增强，除氢氟酸外都是强酸，氢氟酸的酸性较弱（298 K 时，$K_a^{\ominus}=3.5\times10^{-4}$）。

（2）热稳定性

将卤化氢加热到足够高的温度，它们都会分解成卤素单质和氢气。

$$2HX = H_2 + X_2$$

卤化氢的稳定性可用键能的大小来说明。键能越大，卤化氢越稳定，从表 3—1—3 中的数据可知 HF、HCl、HBr、HI 的键能依次减小，故它们的热稳定性依 HF、HCl、HBr、HI 的顺序而降低。

（3）氢卤酸的还原性

氢卤酸的 X^- 处于最低氧化态，它们都具有一定的还原性，氢卤酸的还原能力依 HF、HCl、HBr、HI 顺序递增。其中 F^- 的还原性最弱，Cl^- 也较难被氧化，只有与一些强氧化剂如 $KMnO_4$、$K_2Cr_2O_7$ 等作用时才体现出还原性；Br^-、I^- 易被氧化为单质，氢溴酸溶液在日光、空气的作用下即可变为棕色，而氢碘酸溶液即使在暗处也会逐渐变为棕色。

3. 制备

卤化氢的制备可以采用直接合成法、复分解法和非金属卤化物水解法等方法。

（1）氯化氢和盐酸

直接合成法：

$$Cl_2 + H_2 \xlongequal{光照或燃烧} 2HCl$$

复分解法：

$$NaCl + H_2SO_4(浓) \xlongequal{\triangle} HCl + NaHSO_4$$

$$2NaCl + H_2SO_4(浓) \xlongequal{>500℃} 2HCl + Na_2SO_4$$

氯化氢的水溶液即盐酸。纯盐酸为无色溶液，有氯化氢的刺激性气味。市售试剂级盐酸的密度为 1.19 g/cm^3，浓度 37%。工业盐酸常因含 $FeCl_3$杂质而呈黄色。

盐酸是重要的化工生产原料，常用来制备金属氯化物、苯胺和染料等产品。盐酸在冶金、石油 、印染 、皮革、食品等工业以及轧钢、焊接、电镀、搪瓷、药物等部门也有广泛的应用。

(2) 氟化氢和氢氟酸

一般采用萤石和浓硫酸进行复分解反应制取氟化氢，氟化氢溶于水即可得到氢氟酸。

$$CaF_2 + H_2SO_4(浓) \xlongequal{} CaSO_4 + 2HF$$

氟化氢是无色、有刺激性气味且具有强腐蚀性的有毒气体，当皮肤接触氟化氢时会引起不易痊愈的灼伤，氢氟酸的蒸气对皮肤也有同样的危害，因此，使用氢氟酸时应特别注意安全。

氟化氢和氢氟酸都能与二氧化硅或硅酸盐作用，生成气态 SiF_4，而其他氢卤酸则不能。

$$SiO_2 + 4HF \xlongequal{} 2H_2O + SiF_4\uparrow$$

$$CaSiO_3 + 6HF \xlongequal{} CaF_2 + 3H_2O + SiF_4\uparrow$$

二氧化硅是玻璃的主要成分，所以氢氟酸能腐蚀玻璃，因此常用塑料容器来储存氢氟酸。

利用这一特性，氢氟酸被广泛用于分析化学上来测定矿物或钢板中 SiO_2的含量，也用于在玻璃器皿上刻蚀标记和花纹。

(3) 溴化氢和碘化氢

溴化氢或碘化氢一般采用卤化物水解法制备：

$$PBr_3 + 3H_2O \xlongequal{} H_3PO_3 + 3HBr\uparrow$$

$$PI_3 + 3H_2O \xlongequal{} H_3PO_3 + 3HI\uparrow$$

或直接用水、卤素单质和磷的混合物反应来制备：

$$2P + 3Br_2 + 6H_2O \xlongequal{} 2H_3PO_3 + 6HBr\uparrow$$

$$2P + 3I_2 + 6H_2O \xlongequal{} 2H_3PO_3 + 6HI\uparrow$$

三、卤素含氧酸及其盐

卤素的含氧酸有次卤酸 HXO、亚卤酸 HXO_2、卤酸 HXO_3和高卤酸 HXO_4。

1. 次卤酸及其盐

次卤酸的酸性极弱，且酸性按 HClO、HBrO、HIO 顺序依次减弱，见表 3—1—4。

表 3—1—4　　次卤酸的酸性比较

次卤酸	HClO	HBrO	HIO
K_a	2.95×10^{-8}	2.06×10^{-9}	2.03×10^{-11}

次卤酸的稳定性、氧化性也按 HClO、HBrO、HIO 顺序依次减弱。

次氯酸很不稳定，只能存在于稀溶液中，不能制得浓酸。次氯酸见光、受热均不稳定。次溴酸、次碘酸的稳定性更差。

$$2HClO \xlongequal{光} O_2 + 2HCl$$

$$3HClO \xlongequal{\triangle} HClO_3 + 2HCl$$

次卤酸都是很强的氧化剂和漂白剂。氯气的漂白作用就是由于它与水作用而生成次氯酸的缘故，所以完全干燥的氯气没有漂白作用。

把氯气通入冷的碱溶液中，便生成次氯酸盐。

$$Cl_2 + 2NaOH \xlongequal{} NaClO + NaCl + H_2O$$

溴和冷的碱溶液作用也能生成次溴酸盐。NaBrO 在分析化学上常用做氧化剂。次碘酸的稳定性极差，所以，碘与碱溶液反应得不到次碘酸盐。

漂白粉是用氯气与消石灰作用而制得的，是次氯酸钙、氯化钙和氢氧化钙的混合物。次氯酸钙是漂白粉的有效成分。

$$2Cl_2 + 2Ca(OH)_2 \xlongequal{} Ca(ClO)_2 + CaCl_2 + 2H_2O$$

加硫酸或盐酸于漂白粉上会有氯气产生。

$$Ca(ClO)_2 + CaCl_2 + 2H_2SO_4 \xlongequal{} 2CaSO_4 + 2Cl_2\uparrow + 2H_2O$$

$$Ca(ClO)_2 + 4HCl \xlongequal{} CaCl_2 + 2Cl_2\uparrow + 2H_2O$$

漂白粉在空气中放置时，会逐渐失效，是因为它与空气中的二氧化碳、水蒸气作用而生成 HClO，HClO 不稳定，立即分解。

$$Ca(ClO)_2 + H_2O + CO_2 \xlongequal{} CaCO_3\downarrow + 2HClO$$

漂白粉应密封保存。漂白粉广泛用于纺织、漂染、造纸等工业中，也是常用的廉价消毒剂。

2. 卤酸及其盐

卤酸都是强酸，按 $HClO_3$、$HBrO_3$、HIO_3顺序酸性依次减弱，稳定性依次增强。它们的浓溶液都是强氧化剂。

常用氯酸钡与稀硫酸作用制取氯酸。

$$Ba(ClO_3)_2 + H_2SO_4 \xlongequal{} BaSO_4\downarrow + 2HClO_3$$

溴酸和碘酸的制备，通常选择适当的氧化剂而获得。如将 Cl_2分别通入溴或碘的溶液中，可得溴酸或碘酸。

$$5Cl_2 + Br_2 + 6H_2O \xlongequal{} 2HBrO_3 + 10HCl$$

$$5Cl_2 + I_2 + 6H_2O \xlongequal{} 2HIO_3 + 10HCl$$

浓 HNO_3、H_2O_2、O_3都能将单质碘氧化为碘酸。

$$10HNO_3(浓) + I_2 \xlongequal{} 2HIO_3 + 10NO_2\uparrow + 4H_2O$$

在酸性介质中，卤酸盐能氧化相应的卤离子生成卤素，反应通式如下：

$$XO_3^- + 5X^- + 6H^+ \xlongequal{} 3X_2 + 3H_2O$$

在碱性介质中，卤酸盐的氧化能力则相当弱。

卤酸盐中比较重要的是氯酸盐，将氯气通入热碱溶液，可制得氯酸盐。

$$3Cl_2 + 6KOH \xlongequal{\triangle} KClO_3 + 5KCl + 3H_2O$$

固体 $KClO_3$是强氧化剂，与易燃物质如 C、S、P 及有机物质相混合时，一旦受到撞击即会猛烈爆炸，因此，$KClO_3$大量用于制造火柴、焰火等。

卤酸盐在水中的溶解度随卤素相对原子质量的增大而减小。绝大多数氯酸盐易溶于水，溴酸盐稍溶于水，而碘酸盐中有许多是不溶于水的。

3. 高卤酸及其盐

浓硫酸与高氯酸钾作用可制得高氯酸，将溶液蒸馏即可得到 $HClO_4$溶液。

$$KClO_4 + H_2SO_4(浓) \xlongequal{} KHSO_4 + HClO_4$$

高氯酸是酸性最强的无机含氧酸。无水高氯酸是无色液体，$HClO_4$的稀溶液比较稳定，但浓 $HClO_4$不稳定，受热分解。

$$4HClO_4 \xlongequal{\triangle} 2Cl_2\uparrow + 7O_2\uparrow + 2H_2O$$

浓 $HClO_4$是强氧化剂，与有机物接触会引起爆炸，所以储存时必须远离还原性物质。在钢铁分析中 $HClO_4$常用来溶解矿样。

固态高氯酸盐在高温下是强氧化剂，但其氧化性比氯酸盐弱。高氯酸盐是氯的含氧酸盐中最稳定的。

高氯酸盐大多是无色晶体，多数易溶于水，但 K^+、NH_4^+、Cs^+、Rb^+的高氯酸盐溶解度都很小。有些高氯酸盐易吸湿，如 $Mg(ClO_4)_2$和 $Ba(ClO_4)_2$可作干燥剂。$KClO_4$常用于制造炸药。NH_4ClO_4是现代火箭推进剂的主要成分。

4. 卤素含氧酸及其盐性质的递变规律

以氯为例，其含氧酸及其盐性质变化的一般规律如图 3—1—1 所示。亚氯酸氧化性略强于次氯酸。

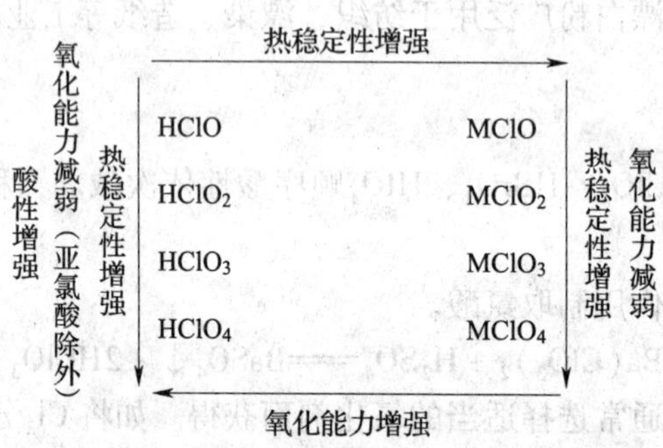

图 3—1—1　氯的含氧酸及其盐性质变化规律

四、拟卤素

拟卤素是指由二个或二个以上电负性较大的元素的原子组成的原子团，由于这些原子团的性质与卤素的性质相似，故称为拟卤素。拟卤素和卤素性质相似是因为它们有相似的外层电子结构。重要的拟卤素有氰（$CN)_2$、硫氰（$SCN)_2$、硒氰（$SeCN)_2$、氧氰（$OCN)_2$等。

氰（$CN)_2$为无色可燃气体，剧毒，有苦杏仁味。氰能与氢直接化合生成氰化氢（HCN），氰化氢为无色气体，剧毒。氰化氢与水可以任意比例混合，其水溶液称为氢氰酸，氢氰酸是极弱的酸，比碳酸还弱（18℃时，$K_a^\ominus = 2.1\times10^{-9}$）。

氢氰酸在工业上用做生产染料、有机玻璃、合成橡胶、合成纤维的原料。农业方面，

HCN 蒸熏剂，是消灭柑橘树害虫的特效农药，此外，也可用于船舶、仓库的消毒等。

氢氰酸的盐称为氰化物。重金属的氰化物不溶于水，碱金属的氰化物在水中的溶解度都很高。常见的氰化物有氰化钠（NaCN）和氰化钾（KCN），它们都是易潮解的白色晶体，易溶于水，并强烈水解使溶液呈强碱性。

$$CN^- + H_2O \rightleftharpoons HCN + OH^-$$

CN^-最重要的化学性质是它极易与过渡金属及锌、镉、汞等形成稳定的配离子如$[Fe(CN)_6]^{4-}$、$[Hg(CN)_4]^{2-}$等。通过形成这样的配离子，使得一些不溶性的重金属氰化物在碱金属氰化物溶液中也可溶解了。

$$AgCN + CN^- = [Ag(CN)_2]^-$$

基于CN^-离子的强配位作用，NaCN 和 KCN 被广泛用于从矿物中提取金和银。

$$4Au + 8NaCN + 2H_2O + O_2 = 4NaAu(CN)_2 + 4NaOH$$

所有氰化物及其衍生物均剧毒，且毒性发作极快，它们能使中枢神经系统瘫痪，使呼吸酶及血液中的血红蛋白中毒而导致机体窒息。氢氰酸和氰化钠的致死量为 0.05 g，3～5 min 即可导致死亡。氰化物的中毒可以通过多种途径，如由皮肤吸收、从伤口侵入、误食或由呼吸系统进入人体，因此使用时要分外小心。如因使用氰化物造成了环境污染必须处理，处理方法主要是利用CN^-的强配位性和还原性，将CN^-转化为$[Fe(CN)_6]^{4-}$或CNO^-，$[Fe(CN)_6]^{4-}$和CNO^-均为无毒物。

常温下，硫氰为黄色油状液体，凝固点为 2℃，它不稳定，逐渐聚合成不溶性的、砖红色的固态聚合物$(SCN)_x$。

大多数金属硫氰酸盐都溶于水，重金属如 Cu（Ⅰ）、Au（Ⅰ）、Hg（Ⅱ）的硫氰酸盐则不溶于水。

实验室常用的硫氰酸盐有硫氰化钾（KSCN）、硫氰化钠（NaSCN）和硫氰化铵（NH_4SCN），它们都是常用的分析试剂。SCN^-是一个很好的配位体，可以与许多金属离子形成配合物。SCN^-的一个特殊而灵敏的反应是与Fe^{3+}形成好几种红色产物。这几种产物可用下面的反应通式表示：

$$Fe^{3+} + n\,SCN^- \rightleftharpoons [Fe(SCN)_n]^{3-n} \qquad (n = 1 \sim 6)$$

生成的产物取决于SCN^-的浓度，SCN^-浓度越大，形成的配合物溶液的颜色就越深。化学检验中常用此反应鉴定Fe^{3+}。

课题二　氧族元素及其化合物

学习目标

1. 熟悉臭氧、过氧化氢的性质和用途。
2. 掌握硫及其重要化合物的性质、用途及它们之间的相互转化关系。
3. 了解硒及其重要化合物的主要性质。

氧族元素是元素周期表第ⅥA族元素，包括氧（O）、硫（S）、硒（Se）、碲（Te）、钋（Po）五种元素，其价电子构型为ns^2np^4。由于氧族元素原子最外层都有6个电子，在化学反应中容易获得或共用2个电子而变成8电子稳定结构。因此它们表现出较强的非金属性，但它们获得电子的能力比同周期的卤素差。氧族元素从上而下随着原子序数的递增，元素的非金属性依次减弱，而金属性逐渐增强。

氧族元素的一些性质见表3—2—1。

表3—2—1　　氧族元素的一些性质

元素符号	O	S	Se	Te	Po
单质性质	典型非金属		准金属		放射性金属
存在形式	单质或矿物		共生于重金属的硫化物中		
单质化学活性	逐渐减弱				

一、氧、臭氧和过氧化氢

1. 氧和臭氧

氧是地壳中分布最广泛的元素，其质量约占地壳的一半。在海洋中氧以水的形式存在，在大气中氧以单质状态存在，在岩石和土壤中氧以硅酸盐、氧化物及其他含氧阴离子的形式存在。

常温下氧气只能将某些还原性的物质（如NO、$SnCl_2$、H_2SO_3等）氧化；在加热条件下，除卤素、少数贵金属（如Ag、Pt等）以及稀有气体外，氧气几乎能与所有元素直接化合成相应的氧化物。

氧的单质有氧气（O_2）和臭氧（O_3）两种同分异构体，氧气的有关知识已经学过，下面，我们来学习臭氧（O_3）的一些知识。

在雷雨后的空气里，人们常能闻到一种特殊的腥臭味，这就是臭氧的气味。臭氧是一种淡蓝色的气体，它是在打雷时，云层间空气里的部分氧气在电火花作用下发生了化学反应而产生的。臭氧是由3个氧原子组成的单质。臭氧在地面附近的大气层中含量极小，而在大气层的最上层，由于太阳对大气中氧气的强烈辐射作用，形成了一层臭氧层。臭氧层能吸收太阳光的紫外辐射，成为保护地球上生命免受太阳辐射的天然屏障。

臭氧极不稳定，在紫外线照射下又能分解生成氧气。因而在高层大气中存在着臭氧和氧气互相转化的动态平衡。

$$3O_2 \xrightleftharpoons{\text{电火花或紫外线}} 2O_3$$

臭氧与氧气的性质有所不同，见表3—2—2。

表3—2—2　　氧气和臭氧的性质比较

	氧气（O_2）	臭氧（O_3）
颜色	气体无色，液体蓝色	气体淡蓝色，液体深蓝色
气味	无味	腥臭味
熔点（K）	54	80
沸点（K）	90	161

续表

	氧气（O_2）	臭氧（O_3）
溶解度（0℃）（L/LH_2O）	0.049	0.494
稳定性	较稳定	不稳定，易分解为 O_2
氧化性	强	很强

臭氧不稳定，常温下缓慢分解、高温时迅速分解为氧气。臭氧具有比氧气更强的氧化性，许多常温下不能被氧气氧化的物质，却能被臭氧氧化。如不活泼金属银被 O_3 氧化为过氧化银，碘化钾溶液被 O_3 氧化生成碘。

$$2Ag + 2O_3 = Ag_2O_2 + 2O_2\uparrow$$

$$2KI + O_3 + H_2O = 2KOH + I_2 + O_2\uparrow$$

因此，利用后面一个反应可以检验混合气体中是否含有臭氧。

臭氧可用做净化剂和消毒剂，用来净化废气、废水。用臭氧进行饮水消毒，不仅杀菌效力大、速度快，而且消毒后还能除去水中的异味。臭氧还是麻、棉、纸张、油脂等的漂白剂及羽毛、皮毛的脱臭剂。空气中微量的臭氧有益于人体健康，它能消毒杀菌，能刺激中枢神经，加速血液循环。

【课堂思考】 O_2 和 O_3 的化学活泼性各自如何？

资料卡——臭氧层空洞威胁人类生存

正是臭氧层吸收了太阳光中大量紫外线，才使地球上的生物免遭紫外线的伤害，因此，对于地球上的一切生命而言，臭氧层是一个保护层。但近来发现大气层上空臭氧逐渐减少，甚至出现了空洞。研究表明，能使臭氧层遭到破坏的污染物很多，例如 NO、CO、CO_2、SO_2 等都能和臭氧发生反应。另外，广泛使用的泡沫剂、制冷剂、烟雾发射剂中的“氟里昂”（如二氟二氯甲烷），在高空经光化反应生成的活性氯原子也能和臭氧发生反应。所有这些都使得作为保护层的臭氧大大减少，从而导致更多的紫外线照射到地球上，如不采取措施，将会造成严重的后果。科学家研究发现，大气中的臭氧每减少1%，照射到地面的紫外线就增加2%，人类患皮肤癌的几率就增加3%，同时还会受到白内障、免疫系统缺陷和发育停滞等疾病的袭击。若臭氧层全部遭到破坏，太阳紫外线就会杀死所有陆地生命，人类也将遭到“灭顶之灾”。可见，臭氧层空洞已威胁到人类的生存了。因此，如何保护臭氧层免遭破坏，已成为全世界关注和研究的课题。

2. 过氧化氢

过氧化氢的化学式为 H_2O_2，纯的过氧化氢是无色黏稠状液体，密度为1.465 g/cm^3，沸点为423 K。过氧化氢的水溶液俗称双氧水。过氧化氢是极性分子，能与水以任意比混溶。

高纯度的 H_2O_2 在低温下比较稳定，分解作用比较平稳，当加热到426 K以上，发生爆炸性分解。

$$2H_2O_2 \xlongequal{\triangle} 2H_2O + O_2\uparrow$$

光照也能加速过氧化氢的分解，此外，一些金属离子如 Fe^{2+}、Mn^{2+}、Cu^{2+}、Cr^{3+} 等对过氧化氢的分解有催化作用。过氧化氢应保存在棕色瓶中，置于阴凉处，也可加入一些稳定剂，如微量的锡酸钠、焦磷酸钠或尿素等来抑制其分解。

过氧化氢的主要化学性质见表3—2—3。

表3—2—3　　过氧化氢的化学性质

弱酸性	$H_2O_2 + Ba(OH)_2 = BaO_2 + 2H_2O$
强氧化性	$2Fe^{2+} + H_2O_2 + 2H^+ = 2Fe^{3+} + 2H_2O$（酸性条件） $2[Cr(OH)_4]^- + 3H_2O_2 + 2OH^- = 2[CrO_4]^{2-} + 8H_2O$（碱性条件） $PbS + 4H_2O_2 = PbSO_4 + 4H_2O$
还原性	$2KMnO_4 + 5H_2O_2 + 3H_2SO_4 = 2MnSO_4 + 5O_2\uparrow + K_2SO_4 + 8H_2O$ $H_2O_2 + Cl_2 = 2HCl + O_2$

可见，只有当H_2O_2与强氧化剂作用时才显示出其还原性。

实验室中用冷的稀硫酸或盐酸与过氧化钠反应来制备过氧化氢。

$$Na_2O_2 + 2HCl = 2NaCl + H_2O_2$$

过氧化氢也是一种不造成二次污染的氧化剂，所以常用做杀菌剂、漂白剂等。在医药上3% H_2O_2用做伤口等的消毒杀菌剂；过氧化氢用做漂白剂是由于其反应速度快，白度高而持久，污染小及废水易于处理等优点，广泛应用于毛、丝、羽毛、纸浆、棉织物等的漂白。

二、硫及其重要化合物

1. 硫

硫以游离态和化合态的形式存在于自然界中，游离态硫存在于火山喷口附近或地壳的岩层里，化合态硫主要有硫化物和硫酸盐两大类。天然硫化物中最重要的是硫铁矿（FeS_2），此外还有有色金属元素的硫化物矿，如黄铜矿（$CuFeS_2$），重要天然硫酸盐有芒硝（$Na_2SO_4 \cdot 10H_2O$）和石膏（$CaSO_4 \cdot 2H_2O$）。

单质硫俗称硫黄，是分子晶体，很松脆，不溶于水，易溶于二硫化碳。

硫有几种同素异形体，最常见的是晶状的斜方硫（菱形硫）和单斜硫，天然硫一般是斜方硫。斜方硫又叫α－硫，单斜硫又叫β－硫。

斜方硫在369 K以下稳定，单斜硫在369 K以上稳定。369 K是这两种变体的转变温度，即此时这两种变体是处于平衡状态。

$$\text{斜方硫} \underset{<369\ K}{\overset{>369\ K}{\rightleftharpoons}} \text{单斜硫}$$

硫的化学性质比较活泼，它可以获得两个电子形成S^{2-}，同时也能以共价键形成氧化数为+4或+6的化合物，因此硫既有氧化性又有还原性。

当硫与氢、碳或金属作用时表现出氧化性，当硫与电负性较大的氧、氯等非金属以及浓硫酸、浓硝酸作用时表现出还原性，见表3—2—4。

硫的用途很广，在工业上主要用来生产硫酸、火柴、黑火药、硫化物、硫化橡胶等，在农业上用做杀虫剂（如石灰硫黄合剂），医药上用来制硫黄软膏，治疗某些皮肤病。

表 3—2—4　　硫的氧化性和还原性

硫的氧化性	$S + H_2 \xlongequal{\triangle} H_2S$ $2S + C \xlongequal{\triangle} CS_2$ $S + Fe \xlongequal{\triangle} FeS$
硫的还原性	$S + O_2 \xlongequal{\triangle} SO_2$ $S + 2HNO_3(浓) \xlongequal{\triangle} H_2SO_4 + 2NO\uparrow$ $S + 2H_2SO_4(浓) \xlongequal{\triangle} 3SO_2\uparrow + 2H_2O\uparrow$

2. 硫化氢和氢硫酸

硫化氢（H_2S）是无色有臭鸡蛋气味的气体，密度比空气稍大，有毒，是大气污染物之一。H_2S 中毒是由于它能与血红素中的 Fe^{2+} 作用生成 FeS 沉淀，因而使 Fe^{2+} 失去原来正常的生理作用，所以在制取和使用 H_2S 时要注意通风。工业上规定空气中 H_2S 含量不得超过 0.01 mg/L。

硫化氢气体能溶于水，在常温常压下，1 体积水能溶解 2.6 体积的硫化氢，它的水溶液叫氢硫酸，是一种弱酸，易挥发，具有酸的通性。

硫化氢中 S 的氧化数最低（-2），只具有强还原性。当硫化氢水溶液在空气中放置时，易被空气中的氧氧化，析出单质硫，使溶液变混浊。

$$2H_2S + O_2 = 2S\downarrow + 2H_2O$$

当 H_2S 遇到强氧化剂时，S 将被氧化为 SO_2 或 H_2SO_4。

$$H_2S + 3H_2SO_4(浓) = 4SO_2\uparrow + 4H_2O$$

$$5H_2S + 8MnO_4^- + 14H^+ = 8Mn^{2+} + 5SO_4^{2-} + 12H_2O$$

通常用金属硫化物和非氧化性酸制备硫化氢。

$$FeS + 2HCl = FeCl_2 + H_2S\uparrow$$

3. 硫化物

硫与电负性比它小的元素所形成的化合物叫硫化物，其中绝大多数是金属硫化物。金属硫化物大多数难溶于水，只有碱金属（包括 NH_4^+）的硫化物，如 Na_2S、$(NH_4)_2S$ 等易溶于水，碱土金属的硫化物（CaS、BaS 等）微溶于水。金属硫化物是有特征颜色的，见表 3—2—5，分析化学上常利用金属硫化物在水中有不同的溶解性和特征颜色的特性，来鉴别和分离金属离子。

表 3—2—5　　硫化物的颜色和溶解性

名称	化学式	颜色	在水中溶解性	溶度积
硫化钠	Na_2S	白色	易溶	—
硫化锌	ZnS	白色	不溶	1.2×10^{-23}
硫化锰	MnS	肉红色	不溶	1.4×10^{-15}
硫化亚铁	FeS	黑色	不溶	3.7×10^{-19}

续表

名称	化学式	颜色	在水中溶解性	溶度积
硫化银	Ag_2S	黑色	不溶	1.6×10^{-49}
硫化铜	CuS	黑色	不溶	8.5×10^{-45}
硫化汞	HgS	黑色	不溶	4.0×10^{-53}

由于氢硫酸是一种很弱的酸，因此金属硫化物无论易溶或是微溶于水，都会产生一定程度的水解，从而使溶液呈碱性。即使是难溶金属硫化物，其溶解部分也会发生水解。例如 Na_2S 溶于水时几乎全部溶解，其水溶液可作为强碱使用。

$$Na_2S + H_2O \xlongequal{} NaHS + NaOH$$

金属硫化物用途广泛，由于 Na_2S 的强烈水解而使溶液呈强碱性，在工业上常用来代替 NaOH 作为碱使用；Na_2S 还广泛应用于食品、涂料、制革、印染等工业中。

4. 二氧化硫、亚硫酸及其盐

SO_2是无色、有刺激性臭味的气体，有毒，密度是空气的 2.26 倍，易溶于水。沸点 -10℃，熔点 -76℃，极易液化，273K 时在 202.6 kPa 下就可使其液化。液态 SO_2汽化热较大，蒸发时吸收大量热，因此可用做制冷剂。液态 SO_2还能够解离，是一种良好的非水溶剂。

SO_2能和一些有机色素结合生成无色化合物，因此可用于漂白。但由于这些无色化合物不稳定，时间长了，便会分解而显出原来的颜色。

在 SO_2中，S 的氧化数为 +4，因而 SO_2既有氧化性又有还原性，但主要是还原性，只有遇到强还原剂时，SO_2才表现出氧化性。

$$2SO_2 + O_2 \xlongequal{V_2O_5、450℃} 2SO_3$$

$$SO_2 + 2H_2S \xlongequal{} 2H_2O + 3S$$

SO_2主要用于生产硫酸和亚硫酸盐，还大量用于生产合成洗涤剂、食品防腐剂、消毒剂及纸张、草帽等的漂白剂等。

二氧化硫的水溶液叫做亚硫酸，目前还没有制得游离的亚硫酸，而且当它存在于水溶液中时，显著地分解为 SO_2和 H_2O，因此在亚硫酸的水溶液中存在着以下平衡：

$$SO_2 + H_2O \rightleftharpoons H_2SO_3 \rightleftharpoons H^+ + HSO_3^- \qquad K_{a_1}^{\ominus} = 1.3\times10^{-2}$$

$$HSO_3^- \rightleftharpoons H^+ + SO_3^{2-} \qquad K_{a_2}^{\ominus} = 6.3\times10^{-8}$$

在溶液中形成的亚硫酸是中强酸，加酸加热可使平衡向左移动，逸出 SO_2；加碱则平衡向右移动，生成酸式盐或正盐。

$$NaOH + SO_2 \xlongequal{} NaHSO_3$$

$$2NaOH + SO_2 \xlongequal{} Na_2SO_3 + H_2O$$

SO_2、H_2SO_3及其盐中的硫元素的氧化数是 +4，因此 SO_2、H_2SO_3及亚硫酸盐既有氧化性又有还原性，但主要是还原性，如 SO_2 能将 Br_2还原为 Br^-。

$$Br_2 + SO_2 + 2H_2O \xlongequal{} 2HBr + H_2SO_4$$

亚硫酸及其盐比 SO_2的还原性更强。

碱金属的亚硫酸盐易溶于水，由于水解，溶液呈碱性。其他金属的正盐都是微溶于水，而所有的酸式亚硫酸盐都易溶于水。

亚硫酸盐或酸式亚硫酸盐遇强酸即分解，放出 SO_2，这是实验室制取少量 SO_2 的一种方法。

$$SO_3^{2-} + 2H^+ \xlongequal{} H_2O + SO_2 \uparrow$$

$$HSO_3^- + H^+ \xlongequal{} H_2O + SO_2 \uparrow$$

亚硫酸盐有很多用途：Na_2SO_3 和 $NaHSO_3$ 大量用于染料工业，也用做漂白织物时的去氯剂；农业上还用 $NaHSO_3$ 作为抑制剂，促使棉花、小麦、水稻等作物的增产；$Ca(HSO_3)_2$ 大量用于造纸工业，它被用来溶解木质制造纸浆。

【课堂思考】 SO_2 与 Cl_2 的漂白机理有何不同？

5. 三氧化硫、硫酸及其盐

纯三氧化硫是一种无色、易挥发固体，其熔点为16.8℃，沸点为44℃。SO_3 具有很强的氧化性，高温时 SO_3 的氧化性更为显著，它能氧化碘化钾、磷和铁、锌等金属。

三氧化硫极易吸收水分，在空气中强烈冒烟，溶于水中即生成硫酸并放出大量的热。这热量又使水蒸发，产生的水蒸气与 SO_3 形成酸雾，会影响吸收效果，故工业生产硫酸不是用水吸收 SO_3，而是用浓硫酸吸收 SO_3。

SO_3 溶解在浓硫酸中所生成的溶液称为发烟硫酸。当它暴露于空气中时，挥发出来的 SO_3 和空气中的水蒸气形成硫酸的细小露滴而冒烟，因此称为发烟硫酸。发烟硫酸具有比硫酸更强的氧化性。

纯硫酸是无色透明的油状液体，10.4℃时凝固，加热时会放出 SO_3 直至酸的浓度降低至98.3%为止，此时它成为恒沸溶液，沸点为338℃。市售浓硫酸一般含96%~98%的 H_2SO_4。

浓硫酸具有强烈的吸水性。在实验室和工业上常用来作干燥剂，如干燥 Cl_2、H_2 和 CO_2 等气体。浓硫酸不仅能吸收游离的水分，还能夺取一些有机物中的氢和氧，使有机物碳化。例如：

$$C_{12}H_{22}O_{11} \xlongequal{\text{浓 } H_2SO_4} 12C + 11H_2O$$

因此，浓硫酸能严重破坏动植物组织，使用时必须注意安全。

浓硫酸加热时氧化性更显著，它可以氧化许多非金属和金属（铂、金除外）。

$$C + 2H_2SO_4(\text{浓}) \xlongequal{\triangle} CO_2 \uparrow + 2H_2O + 2SO_2 \uparrow$$

$$Cu + 2H_2SO_4(\text{浓}) \xlongequal{\triangle} CuSO_4 + 2H_2O + SO_2 \uparrow$$

而冷浓硫酸（93%以上）不和铝、铁等金属作用，这是由于在冷浓硫酸中铝、铁被钝化的缘故，因此可将浓硫酸装在钢罐中运输。稀硫酸则具有一般酸类的通性。

硫酸是化学工业中一种重要的化工原料，它大量地用于肥料工业、石油精炼、炸药生产以及制造各种矾、颜料、染料、药物等。

硫酸是二元酸，能形成两种重要的盐，即正盐和酸式盐。一般硫酸正盐都易溶于水，Ag_2SO_4 微溶于水，碱土金属（Be、Mg 除外）和铅的硫酸盐难溶于水。酸式硫酸盐都易溶于水。

大多数硫酸盐晶体都含有结晶水，带有结晶水的过渡金属硫酸盐俗称矾。如 $CuSO_4 \cdot 5H_2O$ 称为胆矾或蓝矾，$FeSO_4 \cdot 7H_2O$ 称为绿矾。

许多硫酸盐都具有重要用途：明矾 $K_2SO_4 \cdot Al_2(SO_4)_3 \cdot 24H_2O$ 是常用的净水剂和媒染

剂，胆矾是消毒杀菌剂，绿矾是农药、医药及制墨水的原料，芒硝（$Na_2SO_4 \cdot 10H_2O$）是重要的化工原料。

【课堂思考】 浓硫酸的氧化性主要表现在哪些方面？

6. 硫的其他含氧酸及其盐

焦硫酸（$H_2S_2O_7$）是一种无色晶体，冷却发烟硫酸可以析出焦硫酸。焦硫酸的酸性、吸水性、腐蚀性比浓硫酸更强，在制造染料、炸药中用做脱水剂。焦硫酸盐（如 $K_2S_2O_7$）能与某些既不溶于水又不溶于酸的金属氧化物（如 Al_2O_3）共熔，生成可溶于水的硫酸盐。这是分析化学中处理某些固体试样的一种重要方法。

硫代硫酸（$H_2S_2O_3$）可看做是硫酸分子中的一个氧原子被硫原子所取代的产物。硫代硫酸极不稳定，至今尚未制得纯品。$Na_2S_2O_3 \cdot 5H_2O$ 是重要的硫代硫酸盐，俗称海波或大苏打，是无色透明的晶体，易溶于水，其水溶液呈弱碱性。硫代硫酸钠主要用做化工生产中的还原剂、照相行业的定影剂、棉织物漂白后的脱氯剂，另外还用于电镀、鞣革等行业。

过二硫酸（$H_2S_2O_8$）可看成是过氧化氢分子中的氢原子被磺酸基（$-SO_3H$）所取代的产物。$H_2S_2O_8$是无色晶体，有较强的吸水性，能使有机物碳化。$H_2S_2O_8$不稳定，易水解。重要的过二硫酸盐有 $K_2S_2O_8$和（$(NH_4)_2S_2O_8$），它们和 $H_2S_2O_8$都是强氧化剂。在 Ag^+ 催化作用下，过二硫酸盐能将 Mn^{2+} 氧化成紫色的 MnO_4^-。

$$5S_2O_8^{2-} + 2Mn^{2+} + 8H_2O \xlongequal{Ag^+} 2MnO_4^- + 10SO_4^{2-} + 16H^+$$

该反应常用于钢铁中锰含量的测定。

过二硫酸盐在合成橡胶、树脂工业中可作为聚合引发剂，在肥皂、油脂工业中可作为漂白剂。

三、硒、碲及其重要化合物

硒和碲是稀有元素，自然界中没有单独的硒矿和碲矿。通常极少量的硒存在于一些硫化物矿内，煅烧这些矿时，硒就富集于烟道内。碲化物只是硫化物矿的次要成分，比硒化物更少。所以硫酸工业的烟道尘和洗涤塔淤泥等，成为制取硒和碲的主要原料。

硒和碲的游离态和硫类似，也存在几种同素异形体，最稳定的是灰硒和灰碲，它们都是有金属光泽的脆性晶体。

硒化氢（H_2Se）和碲化氢（H_2Te）都是无色有恶臭的气体，毒性均比 H_2S 大，热稳定性和在水中的溶解度比 H_2S 小，但水溶液的酸性较 H_2S 强。它们的还原性也较 H_2S 强，只要 H_2Se 与空气接触，硒便会逐渐分解析出。

硒和碲在空气或氧中燃烧能生成 SeO_2 和 TeO_2。SeO_2是易挥发的白色固体，溶于水则生成亚硒酸。TeO_2是不挥发的白色固体，难溶于水。

SeO_2和 TeO_2与 SO_2不同，主要呈氧化性，容易被还原为游离的硒和碲。

硒酸和碲酸都是无色晶体。硒酸溶液和硫酸溶液相似，都是强酸。在高浓度时硒酸也可使有机物碳化，但它的氧化性远强于硫酸，与王水一样，也可以溶解铂和金。碲酸和硫酸、硒酸不同，它的酸性极弱，但氧化性较强。硒和碲的一切化合物都有毒。

硒是一种半导体材料，用来制造光电管和电整流器。少量的硒加到普通玻璃中可消除由于玻璃中含有硅酸铁而产生的绿色。碲也是半导体，但用途有限，可用于制造铅缆绳。

【课堂思考】 为什么 SeO_2、TeO_2与 SO_2不同，主要呈氧化性？

课题三　氮族元素及其化合物

学习目标

1. 熟悉氮、磷及其氢化物、氧化物、含氧酸及含氧酸盐的重要性质和用途。
2. 了解本族各元素及其化合物的主要氧化态间的转化关系。
3. 了解砷、锑、铋单质及其化合物的性质递变规律。

氮族是元素周期表第ⅤA族元素，包括氮（N）、磷（P）、砷（As）、锑（Sb）、铋（Bi）五种元素。随着原子半径的递增，电负性递减。该族元素从典型的非金属元素过渡到典型的金属元素，其中N和P是非金属元素，As为准金属元素，Sb和Bi是金属元素。氮族元素的一些性质见表3—3—1。

表3—3—1　　氮族元素的一些性质

元素符号	N	P	As	Sb	Bi
价电子构型	$2s^22p^3$	$3s^23p^3$	$4s^24p^3$	$5s^25p^3$	$6s^26p^3$
氧化值	−3 ~ +5	−3，+3，+5	−3，+3，+5	(−3)，+3，+5	+3，+5
共价半径（pm）	55	110	121	141	152
电负性	3.04	2.19	2.13	2.05	2.02

氮族元素的价电子层结构为ns^2np^3，其金属性比相应的ⅦA和ⅥA族元素显著，形成正价的趋势较明显，与电负性较大的元素化合时主要形成氧化数为+3、+5的化合物，如PBr_3、$SbCl_5$等。

氮族元素在自然界的存在形式见表3—3—2。

表3—3—2　　氮族元素的自然存在形式

元素	存在形式
氮	主要以单质形式存在于大气中
磷	主要以磷酸盐形式分布在地壳中，如：磷酸钙$Ca_3(PO_4)_2$、磷灰石$Ca_3(PO_4)_2 \cdot CaF_2$
砷、锑、铋	主要以硫化物形式存在，如：雄黄（As_4S_4）、辉锑矿（Sb_2S_3）、辉铋矿（Bi_2S_3）等

一、氮及其化合物

氮主要以单质状态存在于空气中，约占空气组成的78%（体积分数）。除了土壤中含有一些铵盐、硝酸盐外，氮普遍存在于有机体中，它是组成动植物体内蛋白质的重要元素。工业上所用的氮气通常是以空气为原料，利用液态空气中液氮的沸点比液氧低而分离制取的。

1. 氮气

氮气是无色无臭的气体，密度1.25 g/L，熔点−210℃，沸点−196℃，临界温度

-147℃，因此氮气难于液化。氮气微溶于水。

氮分子是以两个氮原子共用三对电子结合而成。电子式为∶N⋮⋮N∶，结构式为 N≡N。从氮分子的结构可知，氮分子参加化学反应，需要破坏 3 个化学键，所需能量相当大。所以，氮气的性质很稳定，在常温下不易参加化学反应。但在高温或放电条件下，氮气能和某些金属或非金属化合生成氮化物，也能与氧、氢等直接反应。

氮气与氢气在高温、高压、催化剂作用下，可直接化合生成氨。

$$N_2 + 3H_2 \xrightarrow{450 \sim 500℃,\ 300\ MPa,\ Fe} 2NH_3$$

这是一个可逆反应，工业上就是利用这个反应来合成氨的。

放电时，氮气与氧气直接化合生成无色的一氧化氮（NO）。

$$N_2 + O_2 \xrightarrow{放电} 2NO$$

雷雨天气时，大气中常有 NO 气体产生。NO 不溶于水，常温下，易被空气中的氧气氧化。

$$2NO + O_2 = 2NO_2$$

NO_2是有特殊臭味的红棕色有毒气体。NO_2冷却时转化为无色的 N_2O_4（g）。

$$2NO_2(红棕色) \rightleftharpoons N_2O_4(无色)$$

NO_2易溶于水生成 HNO_3和 NO，易被 NaOH 吸收生成硝酸盐和亚硝酸盐。

$$3NO_2 + H_2O = 2HNO_3 + NO$$

$$2NO_2 + 2NaOH = NaNO_3 + NaNO_2 + H_2O$$

氮气常用做保护性气体，以阻止某些物质在空气中氧化。工业上氮气主要用于合成化肥，制造硝酸。液态氮可作深度冷冻剂。

资料卡——固氮

把空气中的氮气转化为可利用的含氮化合物的过程叫做固氮。合成氨、氰胺法均为常用的人工固氮方法。而雷雨闪电生成 NO 以及某些细菌把游离态氮转化为化合态氮则都是自然固氮。

固氮的原理就是使氮气活化，削弱 N≡N 原子间的较为牢固的三键，使它易发生反应。因此，人工固氮不仅消耗能量，而且比生物固氮要困难得多。有人测算，每年全世界靠化学工业的固氮量，仅能达到生物固氮量的 1/40。所以，人们长期以来一直期盼能用化学方法模拟固氮菌实现在常温常压下进行固氮。这方面的研究虽然取得一定成绩，但仍是一个重要的研究课题。

2. 氨及铵盐

（1）氨

氨是一种具有特殊刺激性气味的无色气体。氨分子间存在着氢键，使得分子间的引力增强，所以常温下极易液化，同时放出大量的热。液氨气化时要吸收大量的热而使其周围温度急剧降低，故液氨可作制冷剂。由于氨分子与水分子之间易形成氢键，所以氨极易溶于水。在 20℃时，1 体积水能溶解 700 体积氨。通常把氨的水溶液叫做氨水。氨水呈现弱碱性。

$$NH_3 + H_2O \rightleftharpoons NH_4^+ + OH^- \quad K_b^\ominus = 1.8 \times 10^{-5}$$

(2) 铵盐

氨与酸作用可得到相应的铵盐。铵盐一般是无色晶体，绝大多数易溶于水。铵盐的性质类似于碱金属盐类，并有相似的溶解性。

由于氨的弱碱性，所以铵盐都有一定程度的水解。由强酸组成的铵盐的水溶液呈酸性。

$$NH_4^+ + H_2O \rightleftharpoons NH_3 \cdot H_2O + H^+$$

因此，在任何铵盐溶液中加入强碱并加热，都会放出氨气。

$$NH_4^+ + OH^- \xlongequal{\triangle} NH_3\uparrow + H_2O$$

此反应常用来鉴定 NH_4^+ 的存在，另外，也可用 Nessler 试剂（$K_2[HgI_4]$ 和 KOH 的混合溶液）法鉴定 NH_4^+。

若溶液中有微量 NH_4^+ 存在时，滴入 Nessler 试剂，立刻生成红棕色的碘化氨基·氧合二汞（Ⅱ）沉淀。

$$NH_4^+ + 2[HgI_4]^{2-} + 4OH^- \xlongequal{} \left[\begin{array}{ccc} & Hg & \\ / & & \backslash \\ O & & NH_2 \\ \backslash & & / \\ & Hg & \end{array}\right]I\downarrow + 7I^- + 3H_2O$$

（红棕色沉淀）

固态铵盐加热时极易分解，其分解产物因组成铵盐的酸的性质不同而异。

挥发性酸形成的铵盐，加热时氨与相应的酸一起挥发。

$$NH_4Cl \xlongequal{\triangle} NH_3\uparrow + HCl\uparrow$$

$$NH_4HCO_3 \xlongequal{\triangle} NH_3\uparrow + CO_2\uparrow + H_2O$$

不挥发性酸形成的铵盐，分解时只有氨挥发逸出，而酸或酸式盐则留在容器中。

$$(NH_4)_3PO_4 \xlongequal{\triangle} 3NH_3\uparrow + H_3PO_4$$

$$(NH_4)_2SO_4 \xlongequal{\triangle} NH_3\uparrow + NH_4HSO_4$$

氧化性酸的铵盐，分解出的氨气被氧化成 N_2 或 N_2O。

$$NH_4NO_3 \xlongequal{\triangle} N_2O + 2H_2O$$

$$2NH_4NO_3 \xlongequal{\triangle} 2N_2\uparrow + O_2\uparrow + 4H_2O(\text{温度} > 300℃)$$

此反应可产生大量的气体和热量，在密闭容器中易引起爆炸。基于此性质，NH_4NO_3 可用于制造炸药。

铵盐中的 NH_4HCO_3、$(NH_4)_2SO_4$、NH_4NO_3 等都是优良肥料。

3. 氮的含氧酸及其盐

(1) 亚硝酸及其盐

亚硝酸是一种弱酸，但比醋酸酸性略强。亚硝酸极不稳定，只能存在于很稀的冷溶液中，溶液浓缩或加热时都会分解。

$$2HNO_2 \rightleftharpoons H_2O + N_2O_3(\text{蓝色}) \rightleftharpoons H_2O + NO + NO_2(\text{红棕色})$$

亚硝酸虽很不稳定，但亚硝酸盐却相当稳定，特别是碱金属和碱土金属的亚硝酸盐，都有很高的热稳定性。

大多数亚硝酸盐是无色的，除 $AgNO_2$ 是浅黄色不溶性固体外，一般亚硝酸盐易溶于水。

亚硝酸盐均有毒，是致癌物质。

亚硝酸盐在酸性介质中既有氧化性又有还原性，实际应用中常作氧化剂，其还原产物一般为 NO。如 NO_2^- 在酸性溶液中能将 I^- 氧化为 I_2。

$$2NO_2^- + 2I^- + 4H^+ = 2NO + I_2 + 2H_2O$$

此反应可定量进行，能用于亚硝酸盐含量的测定。

当亚硝酸盐遇到更强的氧化剂如 $KMnO_4$、Cl_2时，才表现出其还原性。

在亚硝酸盐中，KNO_2和 $NaNO_2$是两种常用的盐，大量用于染料工业及有机合成工业中。

(2) 硝酸及其盐

工业制硝酸的最重要方法是氨的催化氧化法。即将氨和过量空气的混合物通过装有铂铑合金的丝网，氨在高温下就被氧化为 NO。

$$4NH_3(g) + 5O_2(g) \xrightarrow{Pt-Rh、1\,000℃} 4NO(g) + 6H_2O$$

生成的 NO 进一步被氧化为 NO_2，再被水吸收即成为 HNO_3。

$$2NO_2 + O_2 = 2NO_2$$

$$3NO_2 + H_2O = 2HNO_3 + NO$$

在实验室中，用硝酸盐与浓硫酸反应来制备少量硝酸。

$$NaNO_3 + H_2SO_4 = NaHSO_4 + HNO_3$$

纯硝酸是无色液体，沸点 83℃，在 −42℃时凝成无色晶体，硝酸可以与水以任意比例混合，一般市售的硝酸含 $HNO_3$68% ~70%，相当于 16 mol/L。浓硝酸受热或见光会发生分解，使溶液呈黄色。

$$4HNO_3 \xrightarrow{光照} 4NO_2\uparrow + O_2\uparrow + 2H_2O$$

HNO_3中溶解过量的 NO_2，可得到红棕色的发烟硝酸。由于 NO_2比 HNO_3的氧化性强，因而发烟硝酸比纯硝酸具有更强的氧化性。

硝酸最典型的性质是它的强氧化性。硝酸可以把碳、磷、硫、碘等许多非金属氧化为相应的氧化物或含氧酸。

$$C + 4HNO_3(浓) = CO_2\uparrow + 4NO_2\uparrow + 2H_2O$$

$$P + 5HNO_3(浓) = H_3PO_4 + 5NO_2\uparrow + H_2O$$

$$S + 6HNO_3(浓) = H_2SO_4 + 6NO_2\uparrow + 2H_2O$$

$$3I_2 + 10HNO_3(稀) = 6HIO_3 + 10NO\uparrow + 2H_2O$$

除金、铂等不活泼金属外，硝酸几乎可氧化所有金属，而硝酸作为氧化剂，则被还原为较低氧化态的氮的化合物。硝酸被还原的程度与金属的活泼性及硝酸的浓度有关。

$$Cu + 4HNO_3(浓) = Cu(NO_3)_2 + 2NO_2\uparrow + 2H_2O$$

$$3Cu + 8HNO_3(稀) = 3Cu(NO_3)_2 + 2NO\uparrow + 4H_2O$$

$$4Zn + 10HNO_3(稀) = 4Zn(NO_3)_2 + N_2O\uparrow + 5H_2O$$

$$4Zn + 10HNO_3(很稀) = 4Zn(NO_3)_2 + NH_4NO_3 + 3H_2O$$

可见，金属越活泼，硝酸的浓度越低，HNO_3被还原后氮的氧化值越低。

浓硝酸与浓盐酸以体积比 1∶3 的比例配制成的混合液称为王水，金、铂等不活泼金属不溶于硝酸但能溶于王水中。

$$Au + HNO_3 + 4HCl = H[AuCl_4] + NO\uparrow + 2H_2O$$

$$3Pt + 4HNO_3 + 18HCl \xlongequal{} 3H_2[PtCl_6] + 4NO\uparrow + 8H_2O$$

需要注意的是，冷的浓硝酸可以使 Fe、Al、Cr 发生钝化（浓硝酸将金属表面氧化成一层薄而致密的氧化物保护膜，致使金属不能再与硝酸继续作用）。

浓硝酸还能与有机化合物发生硝化反应。

$$C_6H_6 + HNO_3 \xlongequal{H_2SO_4} C_6H_5NO_2\text{(多为黄色)} + H_2O$$

利用硝酸的硝化作用可以制造许多含氮燃料、塑料、药物，还可以制造硝化甘油、三硝基甲苯（TNT）、三硝基苯酚（苦味酸）等，它们都是烈性炸药。

硝酸盐大多是无色、易溶于水的晶体，硝酸盐水溶液没有氧化性。硝酸盐在常温下都比较稳定，但在高温时，固体硝酸盐会受热分解放出氧气而显氧化性。硝酸盐热分解的产物决定于盐的阳离子。碱金属和碱土金属（K ~ Mg）的硝酸盐分解放出氧气并生成相应的亚硝酸盐；活泼性介于 Mg ~ Cu 的金属形成的硝酸盐热分解时生成相应的氧化物；Cu 以后的金属硝酸盐则分解为金属单质。

$$2NaNO_3 \xlongequal{\triangle} 2NaNO_2 + O_2\uparrow$$

$$2Pb(NO_3)_2 \xlongequal{\triangle} 2PbO + 4NO_2\uparrow + O_2\uparrow$$

$$2AgNO_3 \xlongequal{\triangle} 2Ag + 2NO_2\uparrow + O_2\uparrow$$

【课堂思考】 硝酸、亚硝酸的酸性、氧化性孰强孰弱？硝酸盐、亚硝酸盐的热稳定性孰高孰低？

二、磷及其化合物

1. 单质磷

磷有多种同素异形体，常见的有白磷和红磷。纯白磷是无色、透明、柔软的蜡状固体，遇光即逐渐变为黄色，故又称黄磷。白磷剧毒，误食 0.1 g 就能致死。白磷不溶于水，易溶于 CS_2 中，燃点为 40℃。白磷化学性质很活泼，在空气中可自燃，能溶于非极性溶剂。红磷是一种暗红色的粉末，它不溶于水，也不溶于 CS_2，无毒，加热到 400℃ 以上才着火。白磷和红磷在隔绝空气条件下加热能相互转变。红磷的化学性质比白磷稳定。工业上白磷主要用于制备高纯度的 H_3PO_4，生产有机磷杀虫剂、烟雾弹；红磷用于制造农药和安全火柴。

2. 磷的氧化物

磷在充足的氧气中燃烧生成五氧化二磷，若氧气不足则生成三氧化二磷。五氧化二磷是磷酸的酸酐，三氧化二磷是亚磷酸的酸酐。根据蒸气密度测定可知，三氧化二磷的分子式是 P_4O_6，五氧化二磷的分子式是 P_4O_{10}。

P_4O_6 的熔点 27℃，沸点 174℃，在空气中加热即转化为 P_4O_{10}（P_4O_6 在室温下也会缓慢地氧化）。P_4O_6 与冷水反应较慢，生成亚磷酸。

P_4O_{10} 是白色雪花状晶体，由于 P_4O_{10} 对水有很强的亲和力，吸湿性强，常用做气体和液体的干燥剂，它甚至可以使硫酸、硝酸等脱水生成氧化物。

资料卡——磷的卤化物

磷可以与卤素反应形成三卤化磷 PX_3 和五卤化磷 PX_5。最重要的卤化物为三氯化磷和五氯化磷。在室温下，三氯化磷是无色液体。过量氯气与 PCl_3 反应生成 PCl_5。

$$PCl_3 + Cl_2 \xlongequal{} PCl_5$$

五氯化磷是无色晶体，加热时升华并可分解为 PCl_3 和 Cl_2。

磷的卤化物最重要的性质就是其水解性。

$$PCl_3 + 3H_2O \xlongequal{} H_3PO_3 + 3HCl$$

$$PCl_5 + 4H_2O \xlongequal{} H_3PO_4 + 5HCl$$

水量不足时：

$$PCl_5 + H_2O \xlongequal{} POCl_3(\text{三氯氧磷}) + 2HCl$$

3. 磷的含氧酸及其盐

磷的几种重要含氧酸见表 3—3—3。

表 3—3—3　磷的几种重要含氧酸

名称	正磷酸	焦磷酸	偏磷酸	亚磷酸	次磷酸
化学式	H_3PO_4	$H_4P_2O_7$	$(HPO_3)_n$	H_3PO_3	H_3PO_2
氧化数	+5	+5	+5	+3	+1
酸性	$K_a = 7.1 \times 10^{-3}$	$K_a = 1.4 \times 10^{-1}$	$K_a = 1 \times 10^{-1}$	$K_a = 6.3 \times 10^{-3}$	$K_a = 5.9 \times 10^{-2}$

正磷酸简称磷酸，纯净的磷酸为无色晶体，熔点为 42℃。加热时，磷酸逐渐脱水生成焦磷酸、偏磷酸，因此磷酸没有自己的沸点。它可以与水以任意比例混合，市售磷酸是黏稠的浓溶液（85%）。磷酸是一种无氧化性的不挥发的三元弱酸，25℃时，$K_{a_1}^{\ominus} = 7.5 \times 10^{-3}$，$K_{a_2}^{\ominus} = 6.2 \times 10^{-8}$，$K_{a_3}^{\ominus} = 2.2 \times 10^{-13}$。

工业上主要用 76% 左右的硫酸分解磷酸钙制取磷酸。

$$Ca_3(PO_4)_2 + 3H_2SO_4 \xlongequal{} 2H_3PO_4 + 3CaSO_4$$

此法制得的磷酸不纯，主要用于制造磷肥。纯的磷酸可用黄磷燃烧生成 P_4O_{10}，再用水吸收而制得。

磷酸是重要的无机酸，用途广泛。除大量用于生产各种磷肥外，还在印刷工业中用做去污剂，有机合成中用做催化剂，食品工业中用做酸性调味剂等。

正磷酸可形成三种类型的盐：正盐、磷酸一氢盐、磷酸二氢盐，一般正磷酸盐比较稳定，不易分解。

磷酸的三种盐类溶解性和水解性比较见表 3—3—4。

表 3—3—4　磷酸的三种盐类溶解性和水解性比较

	M_3PO_4	M_2HPO_4	MH_2PO_4
溶解性	大多数难溶于水（除 K^+，Na^+，铵离子外）		大多数易溶于水
水溶液酸碱性	pH > 7	pH > 7	pH < 7
原因	水解为主	水解 > 解离	水解 < 解离

磷酸二氢钙是重要的磷肥，工业上利用天然磷酸钙生产磷肥，反应如下：

$$Ca_3(PO_4)_2 + 2H_2SO_4 \xlongequal{} Ca(H_2PO_4)_2 + 2CaSO_4$$

此反应生成的混合物叫过磷酸钙，有效成分是 $Ca(H_2PO_4)_2$，易溶于水，故易于被植物吸收。

鉴定 PO_4^{3-}，可将磷酸盐与过量的钼酸铵（$(NH_4)_2MoO_4$）及适量的浓硝酸混合后加热，慢慢生成黄色的磷钼酸铵沉淀。

$$PO_4^{3-} + 12MoO_4^{2-} + 24H^+ + 3NH_4^+ \xlongequal{} (NH_4)_3PO_4 \cdot 12MoO_3 \downarrow + 12H_2O$$

磷酸盐在工农业生产和日常生活中有着广泛用途，除了用做化肥，还可用作除垢剂、金属防护剂、有机合成的催化剂、洗衣粉、动物饲料的添加剂等。在食品工业方面，磷是构成核酸、磷脂和某些酶的主要成分。在生物的新陈代谢、光合作用等所有能量传递过程中，磷酸盐都起着重要作用。

【课堂思考】 磷酸的三种盐类溶解性和水溶液的酸碱性有何不同？

三、砷、锑、铋及其化合物

砷、锑、铋又叫砷分族，其次外层电子结构均为 18 电子，与 N、P 次外层 8 电子的结构不同，砷、锑、铋在性质上表现出更多的相似性。

1. 单质

砷、锑、铋在地壳中含量不大，主要以硫化物矿存在，如砷硫铁矿（FeAsS）、辉锑矿（Sb_2S_3）、辉铋矿（Bi_2S_3）等。砷和锑均有黄、灰、黑三种同素异形体，常温下稳定的是灰砷和灰锑，铋无同素异形体。

灰砷、灰锑和铋都有金属外形，导电导热，但熔点低，易挥发。

常温下砷、锑、铋在空气和水中都较稳定，高温时能和氧、硫、卤素等直接化合，也可与碱金属、碱土金属化合。砷、锑、铋不溶于稀酸，但能和硝酸、热浓硫酸、王水等反应。砷还可以和碱反应。按 As、Sb、Bi 顺序，金属性依次增强，到 Bi 完全是金属性，而 As 主要表现为非金属性。

2. 砷、锑、铋的化合物

砷、锑、铋的氢化物分别是 AsH_3、SbH_3、BiH_3。这些氢化物都是无色、恶臭、有毒的气体，极不稳定。按 AsH_3、SbH_3、BiH_3 的顺序，熔、沸点依次升高，稳定性依次递减，还原性依次递增。

砷化氢（又称胂）有似大蒜的刺激性气味，室温下在空气中发生自燃。

$$2AsH_3 + 3O_2 \xlongequal{} As_2O_3 + 3H_2O$$

在缺氧条件下，胂受热分解。

$$2AsH_3 \xlongequal{\triangle} 2As + 3H_2$$

析出的砷聚集在器皿的冷却部位形成亮黑色的“砷镜”。

检验生物体是否含砷中毒，利用的就是 AsH_3 的热不稳定性和还原性。

砷、锑、铋可形成两类氧化物，即 M_2O_3 和 M_2O_5，M_2O_3 是相应的亚酸的酸酐，M_2O_5 是相应的正酸的酸酐。砷、锑、铋的氧化物的性质见表 3—3—5。

三氧化二砷（As_2O_3）俗称砒霜，剧毒，白色粉末状固体，致死量 0.1 g。As_2O_3 主要用于制造杀虫剂、除草剂以及含砷药物。

砷、锑、铋氧化物的水合物的酸碱性递变规律如图 3—3—1 所示。

表 3—3—5　　　　　　　砷、锑、铋的氧化物的性质（Bi_2O_5极不稳定）

性质	As_2O_3	Sb_2O_3	Bi_2O_3	As_2O_5	Sb_2O_5
颜色、状态	白色粉末	白色固体	黄色粉末	白色固体	淡黄色固体
水溶性	微溶	难溶	极难溶	易溶	难溶
酸碱性	两性偏酸	两性	弱碱性	弱酸性	两性偏酸

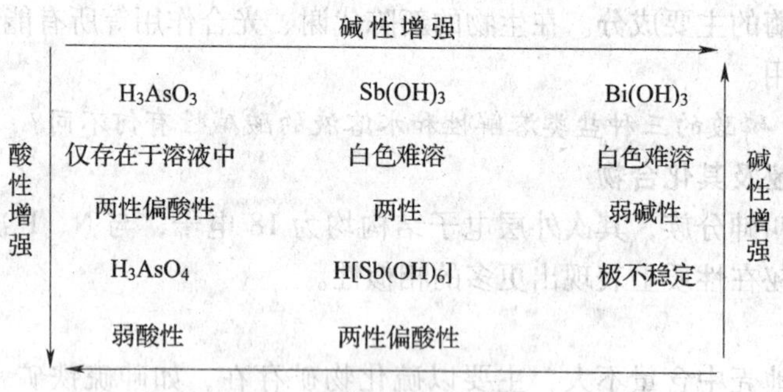

图 3—3—1　砷、锑、铋氧化物的水合物的酸碱性递变规律

As（Ⅲ）、Sb（Ⅲ）、Bi（Ⅲ）的盐在溶液中都强烈水解，因为它们相应氧化物的水合物是弱酸或弱碱，如卤化砷水解后生成相应的氢卤酸和亚砷酸。

$$AsX_3 + 3H_2O \xlongequal{} H_3AsO_3 + 3HX$$

随着 As、Sb、Bi 顺序碱性逐渐增强，其水解程度逐渐减弱。

【课堂思考】　砷、锑、铋氧化物的水合物的酸碱性变化规律是怎样的？

课题四　碳、硅、硼及其化合物

学习目标

1. 熟悉碳、二氧化碳、碳酸及其盐的重要性质和用途。
2. 了解硅、二氧化硅、硅酸及其盐的性质和用途。
3. 了解硼及其重要化合物的结构和性质。

碳、硅、硼是元素周期表中第ⅣA 族和第ⅢA 族的非金属元素。碳、硅属于同一族，有相似性，而硅和硼在元素周期表中处于对角线上，也有相似性，所以将它们放到一起讨论。

碳是地球上化合物最多的元素，大气中的二氧化碳、碳酸盐、煤、石油、天然气以及动植物体中的脂肪、蛋白质、淀粉和维生素等都是含碳的化合物。硅在地壳中的含量为 26.3%，它以硅酸盐矿和石英矿的形式存在于自然界中。硼在自然界中含量不多，和硅一样主要以含氧化合物矿石的形式存在。

碳、硅的价电子层结构为 ns^2np^2，硼的价电子层结构为 $2s^22p^1$，碳、硅的常见氧化态为 +4，硼为 +3。

碳、硅、硼都有同素异形体，它们的单质晶体几乎都是原子晶体，熔点、沸点都较高，硬度也较大（石墨除外）。

一、碳及其化合物

1. 碳的同素异形体

在通常情况下，碳有三种同素异形体，即金刚石、石墨和无定形碳。金刚石为典型的原子晶体，硬度大，熔点、沸点高，化学性质不活泼。在工业上用于切削、研磨和拔丝拉模等方面。石墨则是原子晶体、金属晶体和分子晶体之间的一种过渡型晶体，为层状结构，层与层间的距离大、结合力小，各层之间可以滑动，因此石墨的密度比金刚石小，质软并有滑腻感，且能导电、导热。石墨可用来制电极、高温热电偶、润滑剂、铅笔芯等。无定形碳也具有石墨那样的精细结构，只是其晶粒较小且层状结构零乱、不规则。无定形碳的化学性质比金刚石和石墨都稍活泼。

2. 碳的氧化物

碳和氧有多种化合物，其中最常见也最重要的是一氧化碳（CO）和二氧化碳（CO_2）。CO 和 CO_2 的一般性质见表 3—4—1。

表 3—4—1　　CO 和 CO_2 的一般性质

性质	CO	CO_2
颜色状态	无色无臭气体	无色无臭气体
密度（g/L）	1.250	1.977
凝固点（℃）	−199	−56.6
沸点（℃）	−191.5	−78.5（升华）
溶解性（20℃，100 体积水中所溶体积）	2.3	88
可燃性	可燃	不可燃
还原性	有	无
毒性	有毒	本身无毒

（1）一氧化碳

工业上 CO 的主要来源为水煤气，它是水蒸气与灼热的焦炭反应得到的 CO 和 H_2 的混合气体。

CO 主要的化学性质是具有可燃性、还原性和加合性。

CO 能在空气或氧气中燃烧，生成 CO_2，并放出大量的热，所以 CO 是一种很好的气体燃料。木炭或煤燃烧时的蓝色火焰即 CO 的火焰。

CO 是一种很强的还原剂，在高温下它可以从许多金属氧化物（如 Fe_2O_3、CuO）中夺取氧，使金属被还原。所以 CO 是冶炼工业中的重要还原剂。

$$3CO + Fe_2O_3 \xlongequal{\text{高温}} 2Fe + 3CO_2\uparrow$$

$$CO + CuO \xlongequal{\text{高温}} Cu + CO_2\uparrow$$

CO 之所以对人体有毒，也是因为它能与血液中携带 O_2 的血红蛋白（Hb）形成稳定的配合物 COHb。CO 与 Hb 的亲和力约为 O_2与 Hb 亲和力的 230 ~ 270 倍，COHb 配合物一旦形成，就使血红蛋白丧失输送氧气的能力，从而导致人体组织缺氧，造成心脑组织严重损伤甚至死亡。

（2）二氧化碳

CO_2分子无极性，极易被液化。液态 CO_2的汽化热很高，当部分液态 CO_2气化时，另一部分 CO_2就会被冷却而凝固成雪花状固体，这种固体俗称“干冰”。其冷冻温度可达到 −70 ~ −80℃，故常用做制冷剂。CO_2比空气重，不能自燃，又不助燃，化学性质不活泼，因此常用做灭火剂。

CO_2无毒，但若在空气中的含量过高，也会因为缺氧而使人发生窒息的危险。

CO_2是酸性氧化物，能和碱反应。CO_2不活泼，但在高温下，能与碳或活泼金属镁、铝等作用。

3. 碳酸及其盐

CO_2在水中溶解度不大，25℃时 1 L 水中可溶解 1.45 g CO_2。CO_2溶于水中大部分以 $CO_2 \cdot H_2O$的形式存在，极小部分是以 H_2CO_3的形式存在，也就是说，CO_2溶于水后，水溶液中存在以下平衡；

$$CO_2 + H_2O \rightleftharpoons H_2O \cdot CO_2 \rightleftharpoons H_2CO_3 \rightleftharpoons H^+ + HCO_3^- \quad K_{a1}^{\ominus} = 4.4 \times 10^{-7}$$

$$HCO_3^- \rightleftharpoons 2H^+ + CO_3^{2-} \quad K_{a2}^{\ominus} = 4.7 \times 10^{-11}$$

碳酸能形成碳酸盐和碳酸氢盐。所有碳酸氢盐都溶于水，碳酸盐中只有铵盐和碱金属的盐溶于水。对于难溶的碳酸盐来说，其相应的酸式盐溶解度大于正盐，例如 $CaCO_3$难溶于水，而 $Ca(HCO_3)_2$易溶于水。正是由于多数碳酸盐溶解度小，自然界中才有了许多碳酸盐矿石。石灰石、珍珠、珊瑚、贝壳等的主要成分都是 $CaCO_3$。地表层中的碳酸盐矿石在 CO_2和水的长期侵蚀下能部分的转变为 $Ca(HCO_3)_2$而溶解，反之，$Ca(HCO_3)_2$经过长期的自然分解或人工加热，又会析出 $CaCO_3$。

$$CaCO_3 + CO_2 + H_2O \rightleftharpoons Ca(HCO_3)_2$$

石灰岩地域出现钟乳石景观与此有关。

对易溶的碳酸盐来说，规律恰好相反，其酸式盐溶解度小于正盐，见表 3—4—2。这是由于氢键存在，HCO_3^-之间形成二聚物或多聚物的缘故。

表 3—4—2　　碳酸盐溶解性比较

碳酸盐	Na_2CO_3	$NaHCO_3$	K_2CO_3	$KHCO_3$
溶解度（$g/100gH_2O$）	45	16	156	60

可溶性碳酸盐或酸式碳酸盐在水中均发生水解，如：

$$2Al^{3+} + 3CO_3^{2-} + 3H_2O = 2Al(OH)_3 \downarrow + 3CO_2 \uparrow$$

$$2Cu^{2+} + 2CO_3^{2-} + H_2O = Cu_2(OH)_2CO_3 \downarrow + CO_2 \uparrow$$

碱金属碳酸盐水溶液呈碱性，酸式碳酸盐的水溶液呈弱碱性。正是由于碳酸盐的水解性，常把碳酸盐当碱使用。如 Na_2CO_3俗称纯碱，$Na_2CO_3 \cdot H_2O$ 叫做洗涤碱。

碳酸盐中，以钠、钾、钙的碳酸盐最重要。碳酸氢盐中，以碳酸氢钠（Na_2HCO_3），（小苏打）最重要，食品工业中常用做膨松剂。

二、硅及其化合物

自然界中没有游离的硅，大部分坚硬的岩石是由硅的含氧化合物构成的。自然界里，二氧化硅的存在形式不下 200 多种，如玛瑙、水晶、燧石等，统称为硅石。天然的硅酸盐有 1 000多种，硅酸盐是一些金属的硅氧化合物，其组成复杂。

1. 单质硅

硅也有无定形及晶态两种同素异形体，前者为灰黑色粉末，后者为银灰色、有金属光泽的晶体。硅能导电，但导电率不及金属，且随温度的升高而增加。硅在化学性质方面主要表现为非金属性。像硅这类性质介于金属和非金属之间的元素称为“准金属”或“类金属”或“半金属”。准金属是制造半导体的材料。

晶态硅具有与金刚石类似的结构，硬而脆，熔点高，在常温下化学性质不活泼，无定形硅比晶态硅活泼。

硅在常温下不活泼，但高温时能与卤素反应生成 SiX_4，在 600℃与氧反应生成 SiO_2，在 2 000℃与碳反应生成 SiC。硅在硝酸存在条件下可与氢氟酸反应，无定形硅能强烈地与碱反应，放出氢气。

制硅的方法很多，工业上用焦炭还原石英砂得到粗硅。

$$SiO_2 + 2C \xlongequal{3\ 000℃} Si(粗) + 2CO\uparrow$$

硅光电池用在宇宙飞船上，硅铁合金用于冶金工业，硅铁用做炼钢的脱氧剂，硅钢用于某些化工设备，硅钢片是制发电机和变压器不可或缺的材料。

2. 二氧化硅

天然的二氧化硅（硅石）分为晶态和无定形两种形态。晶态 SiO_2 主要存在于石英矿中，它有石英、鳞石英和方石英三种变体。天然 SiO_2 晶体称为石英，纯净的石英称为水晶，紫水晶、玛瑙、碧玉都是含杂质的石英。砂子是混有杂质的石英细粒。硅藻土是天然无定形 SiO_2。

SiO_2 属于原子晶体，且 Si—O 键的键能很高，因此石英的硬度大，熔点高，可用于制作光学仪器及工艺品等。硅藻土为多孔性物质，是常用的工业吸附剂，也是建筑工程上用的绝热隔声材料。

SiO_2 的化学性质不活泼，除 F_2 和 HF 外，SiO_2 不与其他卤素和酸反应。但 SiO_2 属于酸性氧化物，可以与热的浓碱或熔融的碱或 Na_2CO_3 反应，得到硅酸盐。

$$SiO_2 + 2NaOH = Na_2SiO_3 + H_2O$$
$$SiO_2 + Na_2CO_3 = Na_2SiO_3 + CO_2\uparrow$$

因玻璃含有 SiO_2，所以玻璃能被碱腐蚀。

3. 硅酸及其盐

（1）硅酸

硅酸是组成成分复杂的白色固体，通常用化学式 H_2SiO_3 表示，SiO_2 是此酸的酸酐。由于 SiO_2 不溶于水，所以不能用 SiO_2 与水直接作用得到 H_2SiO_3，而只能用可溶性硅酸盐与酸作用制得。反应的实际过程很复杂，反应式一般写为：

$$SiO_4^{4-} + 4H^+ = H_4SiO_4\downarrow$$

H_4SiO_4 叫正硅酸，经过脱水可得到一系列酸，包括偏硅酸和多硅酸。随形成条件不同，硅酸可有多种形式，通常以 $xSiO_2 \cdot yH_2O$ 表示。由于在各种硅酸中以偏硅酸的组成最简单，所以常用 H_2SiO_3代表硅酸。硅酸是一个二元弱酸，其 $K_{a_1}^{\ominus}=1.7\times10^{-10}$、$K_{a_2}^{\ominus}=1.6\times10^{-12}$，可见硅酸酸性比碳酸弱。

H_4SiO_4在水中的溶解度不大，但生成后并非立刻沉淀下来，这是因为刚开始形成的单分子硅酸能溶于水，当这些单分子硅酸逐渐聚合成多硅酸时，就形成了硅酸凝胶。将硅酸凝胶充分洗涤以除去可溶性盐类，干燥脱水后即得到白色透明固体，称为硅胶。

硅胶具有许多细小的孔隙，表面积大，吸附能力强，是很好的干燥剂、吸附剂以及催化剂载体，对 H_2O、PCl_5等极性物质有较强的吸附作用，在实验室中常用于天平和精密仪器的防潮。

资料卡——变色硅胶

浸透过 $CoCl_2$的硅胶称为变色硅胶，它也是一种干燥剂。无水 Co^{2+} 呈蓝色，水合钴离子 $[Co(H_2O)_6]^{2+}$ 呈粉红色。在使用变色硅胶的过程中，当硅胶的颜色由蓝色变为粉红色时，说明它已吸足水分，不再有吸湿能力。此时，可将其烘干脱水，使其变蓝色后重新使用。

（2）硅酸盐

除碱金属外，其他金属的硅酸盐都不溶于水。自然界中硅酸盐种类繁多，分布广泛，地壳的95%是各种硅酸盐矿，陨石和月球岩石的主要成分也是硅酸盐。

硅酸钠是最常见的可溶性硅酸盐，其透明的浆状体俗称“水玻璃”，又名“泡花碱”。水玻璃在建筑工业及造纸工业上可用做黏合剂和木材、织物的防火处理剂，还用做软水剂、洗涤剂和肥皂的填料，它也是制硅胶和分子筛的原料。

硅酸钠水解使溶液呈强碱性。

$$2Na_2SiO_3 + H_2O \rightleftharpoons Na_2Si_2O_5 + 2NaOH$$

资料卡——分子筛

分子筛是一类具有多孔性的硅酸盐，有天然的和人工合成的两大类。泡沸石就是天然的分子筛，其组成为 $Na_2O \cdot Al_2O_3 \cdot 2SiO_2 \cdot nH_2O$，是一种含有结晶水的铝硅酸盐。分子筛失水后成为多孔性晶体，能选择性地吸附比孔隙直径小的分子，而将大分子留在外面，起着“筛分”的作用。

人造分子筛是以水玻璃 $Na_2O \cdot nSiO_2$、偏铝酸钠 $NaAlO_2$和氢氧化钠 NaOH 为原料合成的。分子筛晶体中的骨架是由 SiO_4四面体和 AlO_4四面体的结构单元所组成的立体空腔骨架结构。

分子筛的用途很广，它具有离子交换和吸附能力，其吸附选择性高，容量大，热稳定性好，且可以活化再生反复使用，因此是一种优良的吸附剂，被广泛地应用于环保、食品、医疗、化工、农业及人们的日常生活当中，作为催化剂或催化剂载体，既节省能源，又可简化生产操作工艺。因此，它们在促进化工，尤其是石油化工的发展方面起着重要的作用。

三、硼及其化合物

硼族元素包括硼（B）、铝（Al）、镓（Ga）、铟（In）、铊（Tl）五种元素，为周期表第ⅢA 族元素。硼族元素中，只有硼是非金属，从铝到铊均为活泼金属。

1. 硼

自然界没有游离态的硼，只有一些它的含氧化合物矿石。硼的重要矿石有硼镁矿（$Mg_2B_2O_5 \cdot H_2O$或$2MgO \cdot B_2O_3 \cdot H_2O$）和硼砂（$Na_2B_4O_7 \cdot H_2O$ 或 $Na_2O \cdot 2B_2O_3 \cdot 10H_2O$），还有少量的硼酸（$H_3BO_3$）。

单质硼有晶态硼和无定形硼两类，晶态硼呈灰黑色，无定形硼为棕色粉末。单质硼的硬度近似于金刚石。晶态硼有多种变体，都属于原子晶体，硬度大，熔点高，化学性质不活泼。无定形硼比较活泼，能与许多非金属直接反应，但它不与氢气作用。

硼与氧的亲和力很强，它易在氧气中燃烧，也能从许多稳定氧化物（如 SiO_2、H_2O、P_2O_5 等）中夺取氧，所以硼可作还原剂。硼在炼钢工业中用做去氧剂，硼还能与某些金属反应生成硼化物。

硼不与盐酸作用，但能被氧化性酸如浓硝酸、浓硫酸或王水所氧化。硼还和硅一样，易与强碱反应而放出 H_2。

$$2B + 2NaOH + 2H_2O = 2NaBO_2 + 3H_2 \uparrow$$

【课堂思考】　为什么晶态硼的化学性质不活泼？

2. 硼的化合物

硼与氢可形成许多共价型氢化物，按组成可分为两大系列，通式分别为 B_nH_{n+6}和 B_nH_{n+4}，称为硼烷。硼烷多数有毒，有令人不适的特殊气味，且不稳定。

硼酸常温下是白色片状晶体，有滑腻感，可作润滑剂。H_3BO_3微溶于水，但在热水中溶解度较大。H_3BO_3是一元弱酸，溶液呈酸性。

$$H_3BO_3 + H_2O \rightleftharpoons [B(OH)_4]^- + H^+ \qquad K_a^\ominus = 5.8 \times 10^{-10}$$

硼酸和甲醇或乙醇在浓 H_2SO_4存在的条件下，可反应生成硼酸酯。

$$B(OH)_3 + 3H\text{—}OR \xrightarrow{浓H_2SO_4} B(OR)_3 + 3H_2O$$

硼酸酯在高温下燃烧挥发，产生特有的绿色火焰，此反应可用于鉴定含硼化合物的存在。

硼酸大量用于玻璃和陶瓷工业。因为它是弱酸，对人体的受伤组织有防腐消毒作用，故为医药上常用的消毒剂之一。此外，它还用于食物防腐。

硼酸盐有偏硼酸盐、原硼酸盐和多硼酸盐等。最重要的硼酸盐是四硼酸钠（$Na_2B_4O_7 \cdot 10H_2O$），俗称硼砂。硼砂是无色透明晶体，在空气中易失水风化，受热时失去结晶水而成为蓬松状物质。熔融状态的硼砂能溶解一些金属氧化物，形成偏硼酸盐，并依金属的不同而显示出特征颜色。

$$Na_2B_4O_7 + CoO \rightleftharpoons Co(BO_2)_2 \cdot 2NaBO_2 \qquad （蓝色）$$

$$Na_2B_4O_7 + NiO \rightleftharpoons Ni(BO_2)_2 \cdot 2NaBO_2 \qquad （棕色）$$

在分析化学中可用硼砂作“硼砂珠试验”，以鉴定某些金属离子。

硼砂是强碱弱酸盐，可溶于水，在水溶液中水解而显示较强的碱性。

$$[B_4O_5(OH)_4]^{2-} + 5H_2O \rightleftharpoons 4H_3BO_3 + 2OH^- \rightleftharpoons 2H_3BO_3 + 2B(OH)_4^-$$

硼砂易于提纯，水溶液又显碱性，在实验室中常用它配制缓冲溶液或作为标定酸浓度的基准物质，在工业上还可用做肥皂和洗衣粉的填料。

第四单元　重要的金属元素及其化合物

课题一　s区金属元素及其重要化合物

学习目标

1. 熟悉碱金属和碱土金属元素及单质的性质。

2. 掌握碱金属和碱土金属的氢化物、氧化物、过氧化物等的生成及性质。

3. 熟悉碱金属和碱土金属氢氧化物的碱性强弱的变化规律、重要盐类的溶解性和热稳定性的变化规律。

元素周期表第ⅠA族有锂、钠、钾、铷、铯、钫六种元素，由于它们的氧化物溶于水呈强碱性，所以又称为碱金属元素；元素周期表第ⅡA族有铍、镁、钙、锶、钡、镭六种元素，由于钙、锶、钡的氧化物在性质上介于“碱性的”和“土性的”之间，所以该族元素又称为碱土金属元素。碱金属、碱土金属元素合称为s区元素。其中锂、铷、铯、铍是稀有金属元素，钫、镭是放射性元素。

碱金属元素的价电子构型为ns^1，原子最外层只有一个电子，极易失去，所以各周期元素中碱金属的金属性最强。同周期元素中，碱金属原子体积最大，在固体中原子间的引力较小，所以，它们的熔点、沸点及硬度都很低，并随Li、Na、K、Rb、Cs的顺序而下降，电离能和电负性也依次降低，见表4—1—1。

表4—1—1　　碱金属元素的基本性质

元素名称	锂	钠	钾	铷	铯
元素符号	Li	Na	K	Rb	Cs
价电子构型	$2s^1$	$3s^1$	$4s^1$	$5s^1$	$6s^1$
主要氧化数	+1	+1	+1	+1	+1
原子半径（pm）	152	153.7	227.2	247.5	265.4
电负性	0.98	0.93	0.82	0.82	0.79
第一电离能（kJ/mol）	521	499	421	405	371

在第ⅠA族里，自上而下，随着核电荷数的增加，原子半径逐渐增大，失电子能力逐渐增强，金属性逐渐增强。

碱土金属元素的价电子构型为ns^2，最外层有2个电子，与碱金属相比，由于核电荷数相应增加了一个单位，对电子的引力要强些，电离能要大些，较难失去第一个价电子，所以活泼性不如碱金属，碱土金属元素的基本性质见表4—1—2。

表 4—1—2　　碱土金属元素的基本性质

元素名称	铍	镁	钙	锶	钡
元素符号	Be	Mg	Ca	Sr	Ba
价电子构型	$2s^2$	$3s^2$	$4s^2$	$5s^2$	$6s^2$
主要氧化数	+2	+2	+2	+2	+2
原子半径（pm）	111. 3	160	197. 3	215. 1	217. 3
电负性	1. 57	1. 31	1. 00	0. 95	0. 89
第一电离能（kJ/mol）	905	742	593	552	564

在第ⅡA 族里，自上而下，随着核电荷数的增加，原子半径逐渐增大，失电子能力逐渐增强，金属性逐渐增强。

【课堂思考】　碱金属元素有哪些最基本的共性？其变化规律是什么？

一、碱金属及其化合物

1. 碱金属

碱金属性质很活泼，它们以化合态存在于自然界中。钠和钾在地壳中分布很广，主要矿物有钠长石 $Na[AlSi_3O_8]$、钾长石 $K[AlSi_3O_8]$、光卤石 $KCl \cdot MgCl_2 \cdot 6H_2O$ 及明矾石 $K_2SO_4 \cdot Al_2(SO_4)_3 \cdot 24H_2O$。海水中有大量的氯化钠，草木灰中含有钾盐。锂的重要矿物为锂辉石 $Li_2O \cdot Al_2O_3 \cdot 4SiO_2$，锂、铷、铯在自然界中储量较少且分散，被列为稀有金属。

（1）物理性质

碱金属单质的重要物理性质见表 4—1—3。

表 4—1—3　　碱金属单质的物理性质

元素名称	锂	钠	钾	铷	铯
密度（g/cm^3，20℃时）	0. 534	0. 971	0. 862	1. 532	1. 873
熔点（K）	453. 5	370. 8	336. 7	311. 9	301. 4
沸点（K）	1 615	1 156	1 033	959	942
硬度	0. 6	0. 4	0. 5	0. 3	0. 2
电导性（Hg = 1）	11. 2	20. 8	13. 6	7. 7	4. 8

碱金属有银白色金属光泽，具有密度小、硬度小、熔点低、导电性强的特点，是典型的轻金属。

Li、Na、K 均比水轻，最轻的是锂，其密度约为水的一半。由于碱金属的硬度小，所以 Na、K 都可以用刀切割。切割后的新鲜表面呈银白色金属光泽，接触空气后，由于生成氧化物、氮化物和碳酸盐而颜色变暗。碱金属具有良好的导电性，是制造光电池的良好材料。Li 及其合金是理想的高能燃料，锂电池是高能电池。钾钠合金和锂都可作为核反应堆中的交换介质。

（2）化学性质

碱金属化学性质活泼，可以与许多物质发生化学反应。

1）与氧作用。碱金属在室温下能迅速与空气中的氧气反应，钠、钾在空气中稍微加热就燃烧起来，而铷、铯在室温下遇空气就立即燃烧。

$$4Na + O_2 = 2Na_2O$$

$$2Na_2O + O_2 = 2Na_2O_2$$

碱金属的氧化物在空气中易吸收 CO_2 生成碳酸盐，因此，碱金属应存放在煤油或石蜡中。

$$Na_2O + CO_2 = Na_2CO_3$$

2）与水作用。碱金属均可以和水反应：Li 在反应中不熔化；Na 与水反应激烈，反应放出的热使 Na 熔化成小球；K 与水反应更剧烈，产生的氢气能燃烧；Rb、Cs 与水剧烈反应并爆炸。

$$2Na + 2H_2O = 2NaOH + H_2\uparrow$$

由此知：碱金属是活泼金属，是强还原剂；在同一族中，碱金属的活泼性自上而下逐渐增强。

3）与非金属作用。碱金属与硫、氮、卤素等大多数非金属能直接化合。

$$2Na + S = Na_2S$$

4）碱金属在液氨中的特殊性质。碱金属的液氨稀溶液呈蓝色，随着碱金属溶解量的增多，溶液颜色会逐渐加深。当此溶液中钠的浓度超过 1 mol/L 以后，就在原来深蓝色溶液之上出现一个青铜色的新相。此时再增加碱金属，溶液就会由蓝色变为青铜色。若将溶液蒸发，又可以重新得碱金属。研究认为：在碱金属的稀氨溶液中，碱金属离解生成了美丽的深蓝色金属阳离子和溶剂合电子。

$$M(s) + (x+y)NH_3(l) \rightleftharpoons M(NH_3)_x^+ + e(NH_3)_y^-$$

【课堂思考】 金属钠应如何储存？将钠放在液氨中会如何？

(3) 焰色反应

碱金属和碱土金属中的钙、锶、钡及其挥发性盐在无色的火焰中灼烧时，能使火焰呈现出一定的颜色，这就是“焰色反应”。不同元素的原子因电子层结构不同而产生不同颜色的火焰，见表4—1—4。

表4—1—4　　碱金属和碱土金属的火焰颜色

元素	Li	Na	K	Rb	Cs	Ca	Sr	Ba
颜色	深红	黄	紫	红紫	蓝	橙红	深红	绿
波长（nm）	670.8	589.2	766.5	780.0	455.5	714.9	687.8	553.5

利用焰色反应，可以根据火焰的颜色定性鉴别这些元素是否存在。利用碱金属和钙、锶、钡盐在灼烧时产生不同焰色的原理，可以制造各色焰火。

2. 碱金属氧化物

碱金属与氧能形成三种类型的重要氧化物，即普通氧化物、过氧化物和超氧化物。

(1) 普通氧化物

在空气中燃烧时，只有 Li 生成 Li_2O（白色固体），其他碱金属的氧物 M_2O 必须采用间接方法来制备。碱金属氧化物与水反应的剧烈程度，从 Li_2O 到 Cs_2O 依次加强。Li_2O 与水反应很慢，但 Rb_2O、Cs_2O 与水反应时会发生燃烧甚至爆炸。

碱金属氧化物的性质见表4—1—5。

表4—1—5 碱金属氧化物的性质

	Li_2O	Na_2O	K_2O	Rb_2O	Cs_2O
颜色	白	白	淡黄	亮黄	橙红
熔点（℃）	1 570	920	350 分解	400 分解	490

（2）过氧化物

过氧化物 M_2O_2 中含有过氧离子 O_2^{2-} 或 $[—O—O—]^{2-}$。碱金属最常见的过氧化物是 Na_2O_2，实际用途也较大。

$$4Na + O_2 \xlongequal{180 \sim 200℃} 2Na_2O$$

$$2Na_2O + O_2 \xlongequal{300 \sim 400℃} 2Na_2O_2$$

Na_2O_2 与水或稀酸在室温下反应生成 H_2O_2，H_2O_2 立即分解放出氧气。

$$Na_2O_2 + 2H_2O \xlongequal{} 2NaOH + H_2O_2$$

$$Na_2O_2 + H_2SO_4(稀) \xlongequal{} Na_2SO_4 + H_2O_2$$

$$2H_2O_2 \xlongequal{} 2H_2O + O_2\uparrow$$

因此，Na_2O_2 可用做氧化剂、漂白剂和氧气发生剂。

Na_2O_2 与 CO_2 反应，也能放出氧气。

$$2Na_2O_2 + 2CO_2 \xlongequal{} 2Na_2CO_3 + O_2\uparrow$$

利用这一性质，Na_2O_2 在防毒面具、高空飞行和潜艇中用做 CO_2 的吸收剂和供氧剂。

由于 Na_2O_2 有强碱性，熔融时不能采用瓷制器皿或石英器皿，宜用铁、镍器皿。由于 Na_2O_2 有强氧化性，熔融时遇到棉花、炭粉或铝粉会发生爆炸，使用时应十分小心。

（3）超氧化物

对于 s 区元素来说，一般金属性越强越易形成含氧较多的氧化物，因此，钾、铷、铯在空气中燃烧能直接生成超氧化物 MO_2。KO_2 是橙黄色固体，RbO_2 是深棕色固体，CsO_2 是深黄色固体。超氧化物是强氧化剂，与 H_2O 剧烈地反应，立即产生 O_2 和 H_2O_2。

$$2KO_2 + 2H_2O \xlongequal{} 2KOH + H_2O_2 + O_2\uparrow$$

超氧化物与 CO_2 作用放出 O_2：

$$4KO_2 + 2CO_2 \xlongequal{} 2K_2CO_3 + 3O_2\uparrow$$

因此，KO_2 可用做供氧剂，也可用于急救器和潜水、登山等方面。

3. 碱金属氢氧化物

碱金属的氢氧化物又称为苛性碱。氢氧化钠和氢氧化钾分别称为苛性钠（又名烧碱）和苛性钾。它们都是白色晶状固体，具有较低的熔点。除氢氧化锂外，其余碱金属的氢氧化物都易溶于水，并放出大量的热，在空气中容易吸湿潮解，因此固体 NaOH 是常用的干燥剂。它们还易与空气中的 CO_2 反应生成碳酸盐，所以要密封保存。

碱金属氢氧化物的突出化学性质是强碱性。它们的水溶液和熔融物，既能溶解某些金属及其氧化物，也能溶解某些非金属及其氧化物。

$$2NaOH + 2Al + 6H_2O = 2Na[Al(OH)_4] + 3H_2\uparrow$$

$$2NaOH + Al_2O_3 \xlongequal{熔融} 2NaAlO_2 + H_2O$$

$$2NaOH + Si + H_2O = Na_2SiO_3 + 2H_2\uparrow$$

$$2NaOH + SiO_2 = Na_2SiO_3 + H_2O$$

NaOH 能腐蚀玻璃，实验室盛 NaOH 溶液的试剂瓶，应用橡皮塞，而不能用玻璃塞，一旦存放时间较长，NaOH 就与瓶口玻璃的主要成分 SiO_2 反应生成黏性的 Na_2SiO_3，把玻璃塞和瓶口黏结在一起。

下面着重讨论碱金属和碱土金属氢氧化物的溶解性及碱性的变化规律。

（1）溶解度的变化

碱金属氢氧化物在水中的溶解度很大（LiOH 除外），且全部电离，碱土金属氢氧化物的溶解度则要小得多。从表 4—1—6 可知，同族元素氢氧化物的溶解度由上而下逐渐增大。这是由于碱金属氢氧化物从 LiOH 到 CsOH 随着阳离子半径的递增，阳离子和阴离子之间的吸引力依次减小，ROH 晶格越来越易被水分子拆开，因而溶解度增大；而同一周期中，碱土金属离子比碱金属离子小，且带两个正电荷，因此水分子就不易将它们拆开，所以溶解度就小得多。

表 4—1—6　　碱金属和碱土金属氢氧化物的溶解度

碱金属氢氧化物	溶解度		碱土金属氢氧化物	溶解度	
	20℃（g/100 g 水）	15℃（mol/L）		20℃（g/100 g 水）	15℃（mol/L）
LiOH	13	5.3	$Be(OH)_2$	0.000 2	8×10^{-6}
NaOH	109	26.4	$Mg(OH)_2$	0.000 9	5×10^{-4}
KOH	112	19.1	$Ca(OH)_2$	0.156	6.9×10^{-3}
RbOH	180（15℃）	17.9	$Sr(OH)_2$	0.81	6.7×10^{-2}
CsOH	395.5（15℃）	25.8	$Ba(OH)_2$	3.84	2×10^{-1}

（2）碱性的变化

碱金属和碱土金属氢氧化物的碱性呈现规律性变化。由表 4—1—7 可以看出，$Be(OH)_2$ 是两性氢氧化物，其余碱土金属氢氧化物均为碱性，且碱性依 Be 到 Ba 的顺序而递增。

表 4—1—7　　碱土金属氢氧化物的碱性变化

	$Be(OH)_2$	$Mg(OH)_2$	$Ca(OH)_2$	$Sr(OH)_2$	$Ba(OH)_2$
R^{2+} 半径（nm）	0.035	0.066	0.099	0.112	0.134
酸碱性	两性	中强碱	强碱	强碱	强碱

由表 4—1—7 可知，同族元素的氢氧化物，由于金属离子的电子层构型及电荷数均相同，则其碱性强弱的变化，主要取决于离子半径的大小，所以碱金属、碱土金属氢氧化物的碱性，均随金属离子半径的增大而增强。这两族元素氢氧化物的碱性变化规律可概括如下。

碱性增强（↓）

LiOH	$Be(OH)_2$
NaOH	$Mg(OH)_2$
KOH	$Ca(OH)_2$
RbOH	$Sr(OH)_2$
CsOH	$Ba(OH)_2$

碱性增强（←）

不难看出：这两族元素氢氧化物碱性强弱的变化规律和在水中溶解度的变化规律是一致的。

【课堂思考】　利用铍、镁化合物的什么性质可以区分 $Be(OH)_2$ 和 $Mg(OH)_2$？

4. 碱金属和碱土金属的盐

碱金属及碱土金属常见的盐类有卤化物、碳酸盐、硝酸盐、硫酸盐和硫化物等。

碱金属盐类的最大特征是易溶于水，且在水中完全电离，它们的离子都是无色的。只有少数碱金属盐难溶于水，如：

高氯酸钾	$KClO_4$	（白色）
酒石酸氢钾	$KHC_4H_4O_6$	（白色）
四苯硼酸钾	$KB(C_6H_5)_4$	（白色）
六氯铂酸钾	$K_4[PtCl_6]$	（淡黄色）
钴亚硝酸钠钾	$K_2Na[Co(NO_2)_6]$	（亮黄色）

钠、钾的一些难溶盐常用于鉴定钠、钾离子。

碱土金属盐类的重要特征是具有微溶性，除硝酸盐、氯化物、硫酸镁、铬酸镁易溶于水外，其余盐类如碳酸盐、硫酸盐、草酸盐、铬酸盐等皆难溶。硫酸盐和铬酸盐的溶解度按 Ca、Sr、Ba 的顺序递减。草酸钙是溶解度最小的钙盐，在重量分析中常被用来测定钙。

碱金属和碱土金属碳酸盐溶解度的差别也常用来分离 Na^+、K^+ 和 Ca^{2+}、Ba^{2+}。

一般碱金属盐具有较高的热稳定性。卤化物在高温时能挥发而难分解；硫酸盐在高温下既难挥发，又难分解；碳酸盐除 Li_2CO_3 在 1 543 K 以上分解为 Li_2O 和 CO_2 外，其余更难分解；只有硝酸盐热稳定性较低，在一定温度下可分解。如：

$$2NaNO_3 \xlongequal{1\ 003\ K} 2NaNO_2 + O_2 \uparrow$$

碱土金属的卤化物、硫酸盐、碳酸盐对热也较稳定，但它们的碳酸盐热稳定性比碱金属碳酸盐低。其碳酸盐的热稳定性按 $MgCO_3$、$BaCO_3$ 的顺序依次升高。

二、碱土金属及其化合物

1. 碱土金属

碱土金属除镭外在自然界中分布也很广，除光卤石外，还有白云石（$CaCO_3 \cdot MgCO_3$）、菱镁矿（$MgCO_3$）、绿柱石（$3BeO \cdot Al_2O_3 \cdot 6SiO_2$）、方解石（$CaCO_3$）、石膏（$CaSO_4 \cdot 2H_2O$）等。海水中含有大量镁的氯化物和硫酸盐。

（1）物理性质

碱土金属单质的重要物理性质见表 4—1—8。

表 4—1—8　　碱土金属单质的物理性质

元素名称	铍	镁	钙	锶	钡
密度（g/cm^3，20℃时）	1.85	1.74	1.55	2.54	3.50
熔点（K）	1 551	921.8	1 112	1 042	998
沸点（K）	3 243	1 363	1 757	1 657	1 913
硬度	—	2.0	1.5	1.8	—
电导性（Hg = 1）	5.2	21.4	20.8	4.2	—

碱土金属除铍呈钢灰色外，其他都具有银白色金属光泽，其密度、熔点和沸点比碱金属高。

碱土金属中实际用途较大的是镁，主要用来制造合金。铍作为新兴材料日益被重视，是核反应堆中最好的中子反射剂和减速剂之一，它在导弹、卫星、宇宙飞船等方面也有广泛应用。

（2）化学性质

碱土金属化学性质相对活泼，在室温下也能与空气中的氧反应，只是活泼性比碱金属略差，只在金属表面缓慢生成氧化膜。它们在空气中加热才显著发生反应，除生成氧化物外，还有氮化物生成。

$$3Ca + N_2 = Ca_3N_2$$

因此，在金属熔炼中常用 Ca 等作为除气剂，除去溶解在熔融金属中的氮气和氧气。

碱土金属也均可以和水反应。Be 能与水蒸气反应，Mg 能将热水分解，而 Ca、Sr、Ba 与冷水就能比较剧烈地进行反应。

Ca、Sr、Ba 也能溶于液氨，生成和碱金属液氨溶液相似的蓝色溶液，与钠相比，它们溶得要慢些，量也少些。

因此，碱土金属也是活泼金属，是强还原剂；在同一族中，金属的活泼性自上而下逐渐增强。

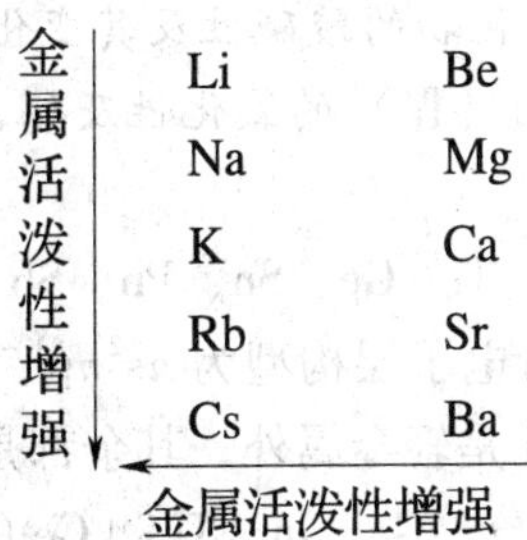

2. 碱土金属氧化物

碱土金属与氧化合，一般生成普通氧化物 MO，钙、锶、钡还可以形成过氧化物 MO_2 和超氧化物 MO_4。

CaO 与水反应生成熟石灰并放出大量的热，熟石灰广泛应用在建筑工业上。

$$CaO + H_2O = Ca(OH)_2$$

利用氧化钙的这种水合能力，常用其来吸收酒精中的水分。在高温下氧化钙能同酸性氧

化物 SiO_2 作用：

$$CaO + SiO_2 \xlongequal{高温} CaSiO_3$$

CaO 与 P_2O_5 也有类似反应，这可用在炼钢中以除去杂质磷。

碱土金属氧化物都是白色固体，它们的熔点和硬度都相当高。从 Be 到 Ba，它们氧化物的硬度依次降低，熔点（BeO 除外）也依次下降。依此特性，BeO 和 MgO 常用来制造耐火材料和金属陶瓷。

碱土金属氧化物的性质见表 4—1—9。

表 4—1—9　　碱土金属氧化物的性质

	BeO	MgO	CaO	SrO	BaO
熔点（℃）	2 530	2 800	2 576	2 430	1 923
硬度	9	6.5	4.5	3.8	3.3
离子间距（pm）	165	210	240	257	277
水合热（kJ/mol）	14.2	40.6	66.5	81.6	103.4

碱土金属的过氧化物以 BaO_2 较为重要，可作供氧剂、引火剂等。

关于碱土金属的氢氧化物、碱土金属盐类的相关性质在碱金属中已详细讲解，这里不再累述。

课题二　p 区金属及其重要化合物

学习目标

1. 熟悉铝及其含氧化合物的性质。
2. 掌握锡、铅的氧化物、氢氧化物的酸碱性及其变化规律。
3. 了解锡（Ⅱ）的还原性、铅（Ⅳ）的氧化性及锡、铅卤化物的性质。

p 区金属元素包括 Al、Ga、In、Tl、Ge、Sn、Pb、Sb、Bi 和 Po 这十种元素，它们位于元素周期表的ⅢA ~ ⅥA 族中。其价电子层构型为 $ns^2np^{1\sim4}$，可以全部或部分失去，具有多种氧化数。Po 是放射性元素；除 Al 是轻金属外，其余都是重金属；p 区金属的熔点都较低，Sn、Pb、Bi 是低熔点合金的重要成分；Ga、In、Tl 和 Ge 的高纯金属及其合金都是半导体材料。p 区金属在自然界都以化合物形式存在，除铝外，多为硫化物矿。

一、铝及其重要化合物

1. 铝

铝是地球上含量最丰富的金属元素，熔点 660℃，密度 2.7g /cm³，质轻而有延展性，导电性好，耐化学腐蚀，且有一定强度。铝很活泼，一旦接触空气或氧气，其表面就立即形成一层致密的氧化物薄膜，这层膜可阻止内层的铝被氧化，同时它也不溶于水，因此铝在空气、水中都很稳定。在不同温度下，铝能和氯、溴、碘、硫、氮、磷等非金属单质化合。铝是典型的两性元素，主要体现在它的单质、氧化物、氢氧化物都能和酸、碱作用，例如：

单质 $2Al + 6H^{+} \longrightarrow 2Al^{3+} + 3H_2\uparrow$

$2Al + 2OH^{-} + 2H_2O \longrightarrow 2AlO_2^{-} + 3H_2\uparrow$

氧化物 $Al_2O_3 + 6H^{+} \longrightarrow 2Al^{3+} + 3H_2O$

$Al_2O_3 + 2OH^{-} \longrightarrow 2AlO_2^{-} + H_2O$

氢氧化物 $Al(OH)_3 + 3H^{+} \longrightarrow Al^{3+} + 3H_2O$

$Al(OH)_3 + OH^{-} \longrightarrow AlO_2^{-} + 2H_2O$

铝还能从很多氧化物中夺取氧，所以它是冶金上常用的还原剂和炼钢的脱氧剂。

将铝粉和 Fe_2O_3（或 Fe_3O_4）粉末按一定比例混合，用引燃剂点燃，反应猛烈进行，生成 Al_2O_3和单质铁，并放出大量的热，致使温度达到 3 000℃，能使生成的铁熔化。利用此原理，可冶炼 Ni、Cr、Mn、V 等难熔金属。此法称为铝热还原法。

高纯度的 Al 与一般的酸不反应，但溶于王水。普通的 Al 能溶于稀盐酸或稀硫酸，但遇冷的浓硫酸或硝酸后发生钝化。因此，常用铝桶装运浓硫酸、浓硝酸、有机酸等。铝能和热的浓 H_2SO_4反应。

$$2Al + 6H_2SO_4(浓) \xlongequal{\triangle} Al_2(SO_4)_3 + 3SO_2\uparrow + 6H_2O$$

由于铝质轻，又有良好的延展性、导电性、导热性和一定的强度，它和其合金被广泛地应用于通信器材、建筑设备、电气设备等的制造。铝粉还用于制造油漆、涂料、焰火及闪光灯等。

【课堂思考】 铝为活泼金属，但却被广泛地应用于航空、建筑等工业，还可用来制造油漆、涂料、焰火及闪光灯等而不怕腐蚀，为什么？

2. 氧化铝和氢氧化铝

（1）氧化铝

氧化铝（Al_2O_3）有多种晶型，其中主要的两种变体是 $\alpha-Al_2O_3$和 $\gamma-Al_2O_3$，它们都是无定形粉末。自然界存在的 $\alpha-Al_2O_3$称为刚玉。$\alpha-Al_2O_3$晶体属六方紧密堆积构型，熔点高，硬度大，不溶于水，也不溶于酸、碱，耐腐蚀且电绝缘性好，常用做高硬度材料、研磨材料、耐火材料。

天然或人造刚玉因含有少量杂质而呈现鲜明的颜色。如含有极微量 Cr(Ⅲ) 的呈红色，叫红宝石；含有 Fe(Ⅱ)、Fe(Ⅲ) 或 Ti(Ⅳ) 的叫蓝宝石；含少量 Fe_3O_4的称为刚玉粉。

$\gamma-Al_2O_3$晶体属立方面心紧密堆积构型，不溶于水，但能溶于酸、碱，强热至 1 000℃，就会转变为 $\alpha-Al_2O_3$。因此，在高温下稳定的是 $\alpha-Al_2O_3$，$\gamma-Al_2O_3$只在低温下稳定。$\gamma-Al_2O_3$的粒子较小，具有较强的吸附能力和催化活性，所以又叫活性氧化铝，可用做吸附剂和催化剂。

氧化铝不仅应用于机械、金属、纤维、仪器、电子等工业领域，而且已经扩展到了宇宙开发等尖端领域。高纯度的 Al_2O_3可作集成电路底板、机械耐热陶瓷和录音磁带的填充剂；高比表面积的 Al_2O_3用做催化剂载体；Al_2O_3纤维可做为增强纤维加在金属、塑料、橡胶或陶瓷中，其强度高于玻璃纤维而与碳纤维相当，在耐热性和电绝缘性方面甚至还优于碳纤维。用 Al_2O_3 纤维织成的毡作为高温电炉的保温材料，可节约电能20% ~70%。

（2）氢氧化铝

加氨水或碱于铝盐溶液中，可得一种白色无定形凝胶沉淀——氢氧化铝。氢氧化铝是 Al_2O_3 的水合物，是两性的，其碱性略强于酸性，仍属弱碱。它在水溶液中作两种方式的电离。

$$Al^{3+} + 3OH^- \longleftarrow Al(OH)_3 \longrightarrow [Al(OH)_4]^-$$

加酸时，生成含 Al^{3+} 的铝盐；加碱则生成含 $[Al(OH)_4]^-$ 的铝酸盐。

氢氧化铝常用来制药（中和胃酸），也用于陶瓷及玻璃工业。

3. 铝盐

金属 Al 或 Al_2O_3 或 $Al(OH)_3$ 与酸作用均可得到铝盐，与碱作用生成铝酸盐。铝盐都含有 Al^{3+} 离子，Al^{3+} 在水溶液中实际上是以水合配离子 $[Al(H_2O)_6]^{3+}$ 的形式存在。它在水中解离，使溶液呈酸性，这也即是铝盐的水解作用。

$$[Al(H_2O)_6]^{3+} + H_2O \rightleftharpoons [Al(H_2O)_5OH]^{2+} + H_3O^+$$

$[Al(H_2O)_5OH]^{2+}$ 还将逐级解离。由于 Al $(OH)_3$ 是难溶的弱碱，一些弱酸如 H_2S、HCN、H_2CO_3 等的铝盐在水中几乎完全或大部分水解 。

$$2Al^{3+} + 3S^{2-} + 6H_2O \rightleftharpoons 2Al(OH)_3\downarrow + 3H_2S\uparrow$$

$$2Al^{3+} + 3CO_3^{2-} + 3H_2O \rightleftharpoons 2Al(OH)_3\downarrow + 3CO_2\uparrow$$

因此，像 Al_2S_3、$Al_2(CO_3)_3$ 这样的弱酸铝盐是不能用湿法制取的。

（1）三氯化铝

无水 $AlCl_3$ 为白色粉末或颗粒状结晶，它的水解反应非常剧烈并放出大量的热，甚至在潮湿的空气中也因强烈的水解而发烟。因此，无水 $AlCl_3$ 只能用干法制取，主要用于有机合成的催化剂。$AlCl_3 \cdot 6H_2O$ 为无色结晶，吸湿性强，易潮解和水解。主要用做紧密铸造的硬化剂和净化水的凝聚剂等。

（2）硫酸铝和明矾

无水硫酸铝为白色粉末，从水溶液中得到的是 $Al_2(SO_4)_3 \cdot 18H_2O$，是无色针状结晶。纯 $Al(OH)_3$ 溶于热的浓硫酸或用硫酸直接处理铝土矿或黏土，均可制得 $Al_2(SO_4)_3$。

$$2Al(OH)_3 + 3H_2SO_4(浓) = Al_2(SO_4)_3 + 6H_2O$$

$$H_2Al_2(SiO_4)_2 \cdot H_2O\ (黏土) + 3H_2SO_4 = Al_2(SO_4)_3 + 2H_4SiO_4\downarrow + H_2O$$

硫酸铝易与 K^+、Rb^+、Cs^+、NH_4^+、Ag^+ 等的硫酸盐结合形成矾，通式为 $MAl(SO_4)_2 \cdot 12H_2O$，其中 M 为一价金属离子。如硫酸铝钾 $KAl(SO_4)_2 \cdot 12H_2O$ 叫做铝钾矾，俗称明矾，是无色晶体。

$Al_2(SO_4)_3$ 或明矾都易溶于水且水解，其水解情况类似于 $AlCl_3$，产物也是由一些碱式盐到 $Al(OH)_3$ 胶状沉淀。由于这些水解产物胶粒的吸附作用和 Al^{3+} 的凝聚作用，$Al_2(SO_4)_3$ 和明矾是广泛使用的净水剂（絮凝剂），同时也被用做媒染剂。此外，$Al_2(SO_4)_3$ 还是泡沫灭火器中常用的药剂。

资料卡——聚合氯化铝

聚合氯化铝简称 PAC，通常也称做碱式氯化铝或混凝剂等，它是介于 $AlCl_3$ 和 Al $(OH)_3$

之间的一种水溶性无机高分子聚合物，化学通式为：$[Al_2(OH)_nCl_{6-n}]_m$。其中 m 代表聚合程度，n 表示 PAC 产品的中性程度。

PAC 是黄色或淡黄色、深褐色、深灰色的树脂状固体，有较强的架桥吸附性能，在水解过程中，伴随发生凝聚、吸附和沉淀等物理化学过程。它与明矾、三氯化铝等相比，絮凝沉淀速度快，适用 pH 范围宽，对管道设备无腐蚀性，净水效果明显，能有效去除水中色质、悬浮固体及砷、汞等重金属离子，广泛用于饮用水、工业用水和污水处理领域。

除此之外，聚合硫酸铁也是常用的絮凝剂。

【课堂思考】 试分析 Al_2S、$Al_2(CO_3)_3$ 等这样的弱酸铝盐能用湿法制取吗？

4．铝酸盐

固态的铝酸盐有 $NaAlO_2$ 和 $KAlO_2$ 等，它们以水合物的形式存在。实验证明：在水溶液中并不存在 AlO_2^-，AlO_2^- 在水中实际是以 $[Al(OH)_4]^-$ 和 $[Al(OH)_6]^{3-}$ 等配离子的形式存在的。为了书写方便，常将 $[Al(OH)_4]^-$ 和 $[Al(OH)_6]^{3-}$ 简写为 AlO_2^- 或 AlO_3^{3-}。相应的盐统称为铝酸盐，其中含 AlO_2^- 或 $[Al(OH)_4]^-$ 的也叫偏铝酸盐。

铝酸盐水解使溶液呈碱性。

$$AlO_2^- + 2H_2O \rightleftharpoons Al(OH)_3 + OH^-$$

Al^{3+} 的鉴定：在氨碱性条件下，加入茜素，生成红色沉淀。

$$Al^{3+} + 3NH_3 \cdot H_2O = Al(OH)_3\downarrow + 3NH_4^+$$

$$Al(OH)_3 + 3C_{14}H_6O_2(OH)_2(\text{茜素}) = Al(C_{14}H_7O_4)_3\downarrow(\text{红色}) + 3H_2O$$

【课堂思考】 如何鉴定铝离子？铝酸盐溶液的酸碱性如何？

二、锡、铅及其重要化合物

1．锡和铅

锡和铅主要以氧化物或硫化物矿的形式存在于自然界中，如锡石（SnO_2）、方铅矿（PbS）等。铅是暗灰色、重而软的金属，熔点 327℃，密度 11.34 g/cm³。锡有三种同素异形体，比较常见的是白锡，银白色，硬度居中，有较好的延展性。白锡在 13～161℃ 温度范围内很稳定，低于 13℃ 会转变为粉末状的灰锡，称为“锡疫”，高于 161℃ 时则转变为脆锡。

$$\text{灰锡}(\alpha\text{锡}) \xrightleftharpoons{13℃} \text{白锡}(\beta\text{锡}) \xrightleftharpoons{161℃} \text{脆锡}$$

锡和铅的金属及其化合物都有广泛的用途。金属主要用于制造合金，如焊锡是含 Sn 和 Pb 的低熔点合金，青铜是 Cu 和 Sn 的合金。Sn 还被大量地用于制锡箔及金属镀层；Pb 则用于制铅蓄电池、电缆、耐酸设备以及原子能工业用的防护材料等。

锡和铅均属于中等活泼的金属，通常情况下，空气中的氧只对铅有作用，在其表面生成一层氧化铅或碱式碳酸铅，使铅失去金属光泽，同时保护铅不致进一步被氧化。空气中的氧对锡没有作用，只在高温下锡才能与氧作用生成氧化物。锡和铅都能与卤素及硫作用生成卤化物和硫化物。锡不与水反应，铅在有空气存在条件下，能与水缓慢作用生成 $Pb(OH)_2$。由于锡既不被空气氧化，又不与水作用，所以可用来镀在某些金属（如低碳钢制件）表面以防生锈。由于铅及其化合物都有毒，所以铅管不能输送饮用水。

锡、铅与酸的反应见表 4—2—1。

表 4—2—1　　锡、铅与酸的反应

酸	Sn	Pb
HCl	与稀酸反应慢，与浓酸反应生成 $SnCl_2$	有反应，但因生成微溶 $PbCl_2$ 覆盖在 Pb 表面而使反应中止
H_2SO_4	与稀 H_2SO_4 难反应，与热的浓 H_2SO_4 反应生成 $Sn(SO_4)_2$	与稀 H_2SO_4 反应，因生成难溶 $PbSO_4$ 覆盖层，反应中止。与热的浓 H_2SO_4 反应，生成 $Pb(HSO_4)_2$
HNO_3	与浓 HNO_3 生成白色 $xSnO_2yH_2O$ 沉淀（β 锡酸）；与冷的稀 HNO_3 反应，生成 $Sn(NO_3)_2$	与稀 HNO_3 反应，生成 $Pb(NO_3)_2$，但不与浓 HNO_3 反应

2. 锡、铅的氧化物和氢氧化物

（1）氧化物

锡、铅有 MO_2 和 MO 两类氧化物。MO_2 都是共价型、两性偏酸性化合物，而 MO 是两性偏碱性的，它们都是不溶于水的固体，其物理性质见表 4—2—2。

表 4—2—2　　锡、铅两类氧化物的某些性质

MO_2	体态	熔点（℃）	MO	体态	熔点（℃）
SnO_2	白色固体	1 127	SnO	黑色固体	1 080
PbO_2	棕黑色固体	290	PbO	黄或黄红色固体	888

锡的氧化物中重要的是二氧化锡（SnO_2），它不溶于水，也难溶于酸和碱。SnO_2 用于珐琅和陶瓷中，也用于制不透明的玻璃。

铅的氧化物 PbO 俗称“密陀僧”，PbO 用于制铅蓄电池、铅玻璃及铅的化合物。高纯度 PbO 是制造铅靶彩色电视光导摄像管靶面的关键材料。PbO_2 是棕黑色固体，具有强氧化性，在酸性条件下可将 Cl^- 氧化为 Cl_2。PbO_2 是铅蓄电池的阳极材料，也是，火柴制造业的原料。红色粉末 Pb_3O_4 俗称“铅丹”或“红丹”，在它的晶体中有 2/3 的 Pb(Ⅱ) 和 1/3 的 Pb(Ⅳ)，化学式可写为 $2PbO \cdot PbO_2$。Pb_3O_4 与 HNO_3 反应，其中的碱性 PbO 溶解，而偏酸性的棕黑色 PbO_2 不溶。

$$Pb_3O_4 + 4HNO_3 = 2Pb(NO_3)_2 + PbO_2\downarrow + 2H_2O$$

铅丹用于制铅玻璃和钢材上用的涂料。利用它的氧化性，涂在钢材上利于钢铁表面的钝化，防锈蚀效果较好，因此被大量地用于油漆船舶及桥梁钢架。

【课堂思考】　如何用事实说明 Pb(Ⅳ) 具有强氧化性?

（2）氢氧化物

锡、铅的氧化物难溶于水，它们的氢氧化物用盐溶液加碱制得。这些氢氧化物实际上是一些组成不定的氧化物的水合物，它们的化学式通常写作 $M(OH)_4$ 和 $M(OH)_2$，都是两性的。锡、铅的氢氧化物的酸、碱性递变规律如下：

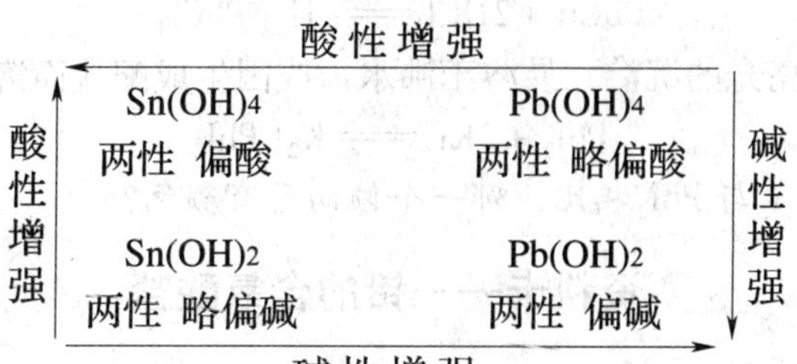

这些氢氧化物中，$Sn(OH)_4$酸性最强，又称为锡酸，但仍是一个弱酸。碱性最强的是$Pb(OH)_2$，但仍还是两性的。即它们均为两性，但酸碱性强度不等。

这些氢氧化物中，常见的是$Pb(OH)_2$和$Sn(OH)_2$，它们既溶于酸又溶于强碱。

锡酸$Sn(OH)_4$（或H_2SnO_3）有α－锡酸和β－锡酸两种。α－锡酸为无定形粉末，能溶于酸也能溶于碱；β－锡酸是晶态的，不溶于酸也不溶于碱。

$$Sn^{4+} \underset{H^+}{\overset{\text{适量} OH^-}{\rightleftharpoons}} \underset{\text{锡酸}}{\alpha - H_2SnO_3(s)} \xrightarrow{\text{过量} OH^-} [Sn(OH)_6]^{2-}$$

$$\downarrow \text{放置}$$

$$Sn \xrightarrow{\text{浓} HNO_3} \beta - H_2SnO_3$$

总之，锡、铅的氢氧化物的酸碱性规律如下：

1）同一元素高氧化值氢氧化物比低氧化值氢氧化物的酸性强。

2）同一氧化值的不同元素，同一主族由上到下碱性增强。

【课堂思考】 思考并分析锡、铅的氢氧化物的酸碱性规律。

3. 锡、铅的卤化物

锡、铅常用的四卤化物为$SnCl_4$。$SnCl_4$在空气中因水解而发烟，它可用做媒染剂、有机合成上的氯化催化剂及镀锡的试剂。$SnCl_4$通常用$SnCl_2$和Cl_2反应而制得，在水溶液中只能得到$SnCl_4 \cdot 5H_2O$晶体。

在用盐酸酸化过的$PbCl_2$溶液中通入Cl_2，可得到黄色液体$PbCl_4$，$PbCl_4$极不稳定，易分解为$PbCl_2$和Cl_2。$PbBr_4$和PbI_4则不易制得，即使制成了也会迅速分解。

锡、铅重要的二卤化物为$SnCl_2$。将Sn与盐酸作用可得到无色晶体$SnCl_2 \cdot 2H_2O$，由于Sn(Ⅱ)具有强还原性，所以它是常用的还原剂，如它可将汞盐还原为亚汞盐。

$$SnCl_2 + 2HgCl_2 = SnCl_4 + Hg_2Cl_2 \downarrow (\text{白色})$$

若$SnCl_2$过量，Hg_2Cl_2会进一步被还原为金属Hg，此反应非常灵敏，常用于鉴定Sn^{2+}或Hg^{2+}。

$$SnCl_2 + Hg_2Cl_2 = SnCl_4 + 2Hg \downarrow (\text{黑色})$$

由于$SnCl_2$非常容易水解，在配制$SnCl_2$溶液时，应先将$SnCl_2$固体溶于少量浓盐酸中，再加水稀释。为防止Sn^{2+}的氧化，常在新配制的$SnCl_2$溶液中加少量金属Sn。$SnCl_2$的水解反应如下：

$$SnCl_2 + H_2O \rightleftharpoons Sn(OH)Cl \downarrow (\text{白色}) + HCl$$

$PbCl_2$难溶于冷水，易溶于热水，也能溶于盐酸。

$$PbCl_2 + 2HCl \xlongequal{} H_2[PbCl_4]$$

PbI_2为黄色丝状有亮光的沉淀，易溶于沸水，或因生成配盐而溶于KI溶液。

$$PbI_2 + 2KI \xlongequal{} K_2[PbI_4]$$

【课堂思考】 $PbCl_2$与PbI_2相比，哪一个倾向于有颜色？

资料卡——铅的含氧酸盐

常见的铅的含氧酸盐见表4—2—3。

表4—2—3　　铅的一些含氧酸盐

含氧酸盐		性状和制法	主要用途
易溶于水的	硝酸铅 $Pb(NO_3)_2$	无色晶体，由Pb或PbO或$PbCO_3$溶于HNO_3得到	用于制取其他铅的化合物
	乙酸铅 $Pb(CH_3COO)_2$	无色晶体，俗名“铅糖”，有毒。由PbO溶于乙酸或在通空气（或O_2）条件下，将Pb溶于乙酸得到	
难溶于水的	硫酸铅 $PbSO_4$	白色晶体，由$Pb(NO_3)_2$与Na_2SO_4溶液作用而制得	制白色油漆
	碳酸铅 $PbCO_3$	白色晶体，有毒。由可溶性铅盐加$NaHCO_3$或通CO_2于碱式乙酸铅溶液而制得。在水中煮沸或加Na_2CO_3，则转变为碱式碳酸铅$2PbCO_3 \cdot Pb(OH)_2$，俗名“铅白”	用于制防锈油漆和陶瓷工业
	铬酸铅 $PbCrO_4$	亮黄色晶体，有毒。加热分解出O_2，是一种氧化剂，由可溶性铅盐与Na_2CrO_4作用而制得	是黄色涂料“铬黄”的主要成分

课题三　铁系元素、铜族元素、锌族元素及其化合物

学习目标

1. 掌握Fe、Co、Ni单质及其重要化合物的性质、结构和用途。
2. 掌握铜族元素和锌族元素单质的性质和用途。
3. 掌握铜族元素和锌族元素的氧化物、氢氧化物及其重要盐类的性质。

元素周期表第ⅧB族元素中的铁（Fe）、钴（Co）、镍（Ni）三种元素称为铁系元素。铁系元素原子的最外层都有2个电子，次外层d电子分别为6、7、8，且原子半径很相近，因此它们的性质很相似。一般情况下，Fe表现+2和+3氧化态，在强氧化剂条件下，Fe还可以出现不稳定的+6氧化态（高铁酸盐）；Co通常情况下表现为+2氧化态，在强氧化剂条件下还可以出现不稳定的+3氧化态；Ni经常表现为+2氧化态。

铁系元素中，以铁的分布最广。铁在地壳中的含量在所有元素中居第四位，在金属中仅次于铝。铁的主要矿石有赤铁矿（Fe_2O_3）、磁铁矿（Fe_3O_4）、黄铁矿（FeS_2）和菱铁矿（$FeCO_3$）等。钴和镍的常见矿物是辉钴矿（CoAsS）和镍黄铁矿（NiS · FeS）。

一、铁系元素及其重要化合物

1. 铁、钴、镍

铁、钴、镍都是银白色金属，铁、钴略带灰色，镍为银白色。它们的密度较大，熔点较高。钴较硬而脆；铁、镍有很好的延展性。它们都能被磁体所吸引，是铁磁性物质。

铁、钴、镍都是中等活泼金属，常温时，无水蒸气条件下，它们与氧、氯、硫等非金属单质不发生显著作用，但在高温时，它们会和上述非金属单质及水蒸气剧烈反应。

钴、镍和纯铁在空气中都是稳定的，但一般的铁因含有杂质在潮湿的空气中慢慢形成棕色的铁锈 $Fe_2O_3 \cdot xH_2O$，它是一种松脆多孔的物质，不能保护里层的铁不受锈蚀。

铁、钴、镍都能从稀酸中置换出氢气，Co、Ni 的反应相应慢一些。铁还能被浓碱溶液所侵蚀，而钴、镍不与强碱作用，因此，实验室中可用镍坩埚熔融碱性物质。

$$Fe + H_2SO_4 = FeSO_4 + H_2 \uparrow$$

浓硝酸、浓硫酸都可使铁变成钝态，钝态的铁不再溶于相应的酸中，所以可以用铁罐储存浓硫酸和浓硝酸。钴、镍与铁不同，能和浓硝酸剧烈反应。铁、钴、镍均能溶于稀硝酸。

2. 铁、钴、镍的氧化物和氢氧化物

铁、钴、镍都能形成 +2 和 +3 氧化态的氧化物。+2 价氧化物有黑色的 FeO、灰绿色的 CoO 和暗绿色的 NiO；+3 价氧化物有砖红色的 Fe_2O_3、黑色的 Co_2O_3 和黑色的 Ni_2O_3。

FeO、CoO 和 NiO 属于碱性氧化物，都能溶于酸性溶液中，但一般不溶于水或碱性溶液中。

Fe_2O_3、Co_2O_3 和 Ni_2O_3 都难溶于水，具有较强氧化性，且按 Fe、Co、Ni 顺序氧化能力依次增强，稳定性依次降低。

铁的氧化物除了 FeO 和 Fe_2O_3 外，还有 Fe_3O_4，又称磁性氧化铁。Fe_3O_4 是一种混合价态的化合物。

向 Fe^{2+}、Co^{2+}、Ni^{2+} 溶液中加入强碱，分别生成相应的氢氧化物。

$$Fe^{2+} + 2OH^- = Fe(OH)_2 \downarrow \text{(白色)}$$

$$Co^{2+} + 2OH^- = Co(OH)_2 \downarrow \text{(粉红色)}$$

$$Ni^{2+} + 2OH^- = Ni(OH)_2 \downarrow \text{(苹果绿色)}$$

$Fe(OH)_2$ 迅速被空气中的氧气氧化，由白色变为灰绿色再变为棕褐色，最终生成 $Fe(OH)_3$。

$$4Fe(OH)_2 + O_2 + 2H_2O = 4Fe(OH)_3 \downarrow \text{(棕褐色)}$$

碱作用于铁(Ⅲ)盐溶液，也可析出 $Fe(OH)_3$。

$$FeCl_3 + 3NaOH = 3NaCl + Fe(OH)_3 \downarrow$$

湿的 $Co(OH)_2$ 也能被空气中的氧气缓慢地氧化成暗棕色的 $Co(OH)_3$，而 $Ni(OH)_2$ 则不能和空气中的氧气作用。

在这些氢氧化物中，$Fe(OH)_3$ 略显两性，但碱性强于酸性，只有新沉淀出来的 $Fe(OH)_3$ 才能溶于浓的强碱溶液中。

Co^{3+}、Ni^{3+} 都是强氧化剂，在水溶液中很难有 $[Co(H_2O)_6]^{3+}$、$[Ni(H_2O)_6]^{3+}$ 存在。所以，$Co(OH)_3$ 和 $Ni(OH)_3$ 与盐酸作用时，发生氧化还原反应，将 Cl^- 氧化成 Cl_2，如：

$$2Ni(OH)_3 + 6HCl\text{(浓)} = 2NiCl_2 + Cl_2 \uparrow + 6H_2O$$

而 $Fe(OH)_3$ 溶于盐酸的情况与 $Co(OH)_3$、$Ni(OH)_3$ 不同，仅发生中和反应：

$$Fe(OH)_3 + 3HCl \xlongequal{} FeCl_3 + 3H_2O$$

将上述氢氧化物的性质归纳如下：

还原性增强 ←

$Fe(OH)_2$	$Co(OH)_2$	$Ni(OH)_2$
白色	粉红色	绿色
难溶于水	难溶于水	难溶于水
$Fe(OH)_3$	$Co(OH)_3$	$Ni(OH)_3$
棕红色	棕色	黑色
难溶于水	难溶于水	难溶于水

→ 氧化性增强

【课堂思考】 向含有 Fe^{2+} 的溶液中加入 NaOH 溶液后，生成灰绿色沉淀，再逐渐变为棕褐色，为什么？试用化学方程式解释。

3. 铁、钴、镍的盐

（1）氧化态为 +2 价的盐

氧化态为 +2 价的铁、钴、镍的盐，在性质上有许多相似之处。它们与强酸形成的盐，如硫酸盐、硝酸盐、氯化物以及高氯酸盐等都易溶于水，且在水中发生微弱的水解而使溶液呈酸性。它们的碳酸盐、硫化物、磷酸盐等弱酸盐则都难溶于水。

它们的可溶性盐类从溶液中析出时，常带有相同数目的结晶水。如它们的硫酸盐都含 7 个结晶水，通式为 $MSO_4 \cdot 7H_2O$（M = Fe、Co、Ni）；硝酸盐常含 6 个结晶水，通式为 $M(NO_3)_2 \cdot 6H_2O$。

这些元素的 +2 价水合离子都呈现一定颜色，如 $[Fe(H_2O)_6]^{2+}$（浅绿色）、$[Co(H_2O)_6]^{2+}$（粉红色）、$[Ni(H_2O)_6]^{2+}$（亮绿色），但无水金属离子却有不同的颜色，如 Fe^{2+} 呈白色，Co^{2+} 呈蓝色，Ni^{2+} 呈黄色。

常见的氧化态为 +2 的盐有硫酸亚铁、硫酸镍(Ⅱ)和氯化钴(Ⅱ)等。

1）硫酸亚铁。将铁屑与硫酸反应，然后将溶液浓缩，冷却后就有绿色的 $FeSO_4 \cdot 7H_2O$ 晶体析出，俗称绿矾。

$$Fe + H_2SO_4 \xlongequal{} FeSO_4 + H_2 \uparrow$$

$FeSO_4 \cdot 7H_2O$ 加热失水可得白色的无水 $FeSO_4$。绿矾在空气中会逐渐风化失去一部分水，且表面易氧化为黄褐色碱式硫酸铁(Ⅲ) $Fe(OH)SO_4$。

$$4FeSO_4 + O_2 + 2H_2O \xlongequal{} 4Fe(OH)SO_4$$

由此可知：亚铁盐在空气中不稳定，易被氧化为铁(Ⅲ)盐。在酸性介质中，Fe^{2+} 较稳定，但在碱性介质中会立即被氧化。所以，在保存 Fe^{2+} 盐溶液时，应加入足够浓度的酸，甚至加入几颗铁钉以防氧化。但若是在酸性介质中有强氧化剂（$KMnO_4$、$K_2Cr_2O_7$、O_2 等）存在时，Fe^{2+} 也会被氧化为 Fe^{3+}。

$$10FeSO_4 + 2KMnO_4 + 8H_2SO_4 \xlongequal{} 5Fe_2(SO_4)_3 + 2MnSO_4 + K_2SO_4 + 8H_2O$$

因此，在分析化学上，亚铁盐是常用的还原剂，通常使用的是它的复盐硫酸亚铁铵，因为它比绿矾稳定。

硫酸亚铁与鞣酸反应生成易溶的鞣酸亚铁，由于它在空气中易被氧化成黑色的鞣酸铁，所以可用来制蓝黑墨水。此外，绿矾还可用于染色和木材防腐，在农业上还可作杀虫剂。

2）硫酸镍。硫酸镍可由金属镍与硫酸和硝酸反应来制得：

$$2Ni + 2HNO_3 + 2H_2SO_4 = 2NiSO_4 + 3H_2O + NO_2 + NO$$

也可将氧化镍(Ⅱ)或碳酸镍(Ⅱ)溶于稀硫酸中制取硫酸镍(Ⅱ)。$NiSO_4 \cdot 7H_2O$ 是绿色结晶，大量用于电镀和作催化剂。同样，钴的氧化物或碳酸盐溶于稀硫酸中，也可得到红色结晶 $CoSO_4 \cdot 7H_2O$。

3）二氯化钴和二氯化镍。钴、镍与氯气直接反应可得二氯化钴和二氯化镍。二氯化钴（$CoCl_2 \cdot 6H_2O$）在受热脱水过程中，伴随着颜色的变化：

$$\underset{\text{粉红}}{CoCl_2 \cdot 6H_2O} \xrightleftharpoons{52℃} \underset{\text{紫红}}{CoCl_2 \cdot 2H_2O} \xrightleftharpoons{90℃} \underset{\text{蓝紫}}{CoCl_2 \cdot H_2O} \xrightleftharpoons{120℃} \underset{\text{蓝}}{CoCl_2}$$

无水二氯化钴溶于冷水呈粉红色。用做干燥剂的硅胶常含有 $CoCl_2$，利用它在吸水和脱水时发生的颜色变化，来表示硅胶的吸湿情况。当干燥硅胶吸水后，逐渐由蓝色变为粉红色；升高温度时，又失水由粉红色变为蓝色。

二氯化镍的水合物及转变温度为：

$$NiCl_2 \cdot 7H_2O \xrightleftharpoons{-33℃} NiCl_2 \cdot 6H_2O \xrightleftharpoons{29℃} NiCl_2 \cdot 4H_2O \xrightleftharpoons{64℃} NiCl_2 \cdot 2H_2O$$

这些水合物均为绿色晶体，无水二氯化镍为黄褐色。$NiCl_2$ 在乙醚或丙酮中的溶解度比 $CoCl_2$ 小得多，可利用这一性质分离钴和镍。

(2) 氧化态为 +3 价的盐

铁、钴、镍中只有铁和钴才有氧化数为 +3 价的盐，其中铁盐较多，钴(Ⅲ)盐只能存在于固态，溶于水会迅速分解为钴(Ⅱ)盐。

铁(Ⅲ)盐中，$FeCl_3$ 比较重要，可用铁屑与氯气直接作用而制得棕黑色的无水 $FeCl_3$。

$$2Fe + 3Cl_2 = 2FeCl_3$$

酸性溶液中，Fe(Ⅲ)盐是中强氧化剂，能把 I^-、H_2S、Fe、Cu 等氧化。

无水 $FeCl_3$ 熔点 282℃，沸点 315℃，易溶于有机溶剂，在空气中易潮解。$FeCl_3$ 主要用于有机染料的生产上，工业上常用 $FeCl_3$ 的溶液在铁制品上刻蚀字样，或在铜板上制造印刷电路。$FeCl_3$ 溶液也称为烂板剂。

$FeCl_3$ 还能引起蛋白质的迅速凝聚，所以在医疗上作为伤口的止血剂。

$FeCl_3$ 以及其他铁(Ⅲ)盐溶于水后都易发生水解而使溶液呈酸性。

【课堂思考】 Fe^{3+} 与 I^- 反应能生成 FeI_3 吗？

(3) Fe(Ⅱ)、Fe(Ⅲ)、Co(Ⅱ)、Ni(Ⅱ)的水解性

Fe(Ⅱ)、Fe(Ⅲ)在水溶液中分别以 $[Fe(H_2O)_6]^{2+}$（淡绿色）和 $[Fe(H_2O)_6]^{3+}$（淡紫色）的形式存在。钴和镍的盐类在水溶液中的存在形式主要有 $[Co(H_2O)_6]^{2+}$（粉红色）和 $[Ni(H_2O)_6]^{2+}$（亮绿色）。

Fe^{3+} 比 Fe^{2+} 更易发生水解。

$$[Fe(H_2O)_6]^{3+} \rightleftharpoons [Fe(OH)(H_2O)_5]^{2+} + H^+ \qquad K^{\ominus} = 10^{-3.05}$$

$$[Fe(H_2O)_6]^{2+} \rightleftharpoons [Fe(OH)(H_2O)_5]^{+} + H^+ \qquad K^{\ominus} = 10^{-9.5}$$

Co^{2+} 和 Ni^{2+} 仅发生微弱的水解。

$$[Co(H_2O)_6]^{2+} \rightleftharpoons [Co(OH)(H_2O)_5]^{+} + H^+ \qquad K^{\ominus} = 10^{-12.20}$$

$$[Ni(H_2O)_6]^{2+} \rightleftharpoons [Ni(OH)(H_2O)_5]^{+} + H^{+} \qquad K^{\ominus} = 10^{-10.64}$$

由于加酸可以抑制 $[Fe(H_2O)_6]^{3+}$ 的水解，故配制 Fe(Ⅲ)盐溶液时，往往要加入一定量的酸。

由于 Fe^{3+} 水解程度大，$[Fe(H_2O)_6]^{3+}$ 仅能存在于酸性较强的溶液中，稀释溶液或增大溶液的 pH，都会有胶状物 $Fe(OH)_3$ 沉淀出来，使混浊的水变清。因此，$FeCl_3$ 或 $Fe_2(SO_4)_3$ 同铝盐一样可用做净水剂。

二、铜族元素及其重要化合物

元素周期表第ⅠB 元素，包括铜（Cu）、银（Ag）、金（Au）三种元素，通常称为铜族元素，价电子构型为 $(n-1)d^{10}ns^1$。

在自然界中，铜族元素除了以矿物形式存在外，还以单质形式存在，常见的矿物有辉铜矿（Cu_2S）、孔雀石 [$CuCO_3 \cdot Cu(OH)_2$]、黄铜矿（$CuFeS_2$）、赤铜矿（Cu_2O）、辉银矿（Ag_2S）等。

1. 铜、银、金

铜、银、金都有特征颜色。铜是紫红色的金属，质软，密度为 8.95 g/cm³，熔点为 1 092℃。银是银白色的软金属，密度为 10.5 g/cm³，熔点为 971℃，是热和电的最良导体。金是黄色金属。它们的重要物理性质见表 4—3—1。

表 4—3—1　　铜、银、金的物理性质

性质	铜	银	金
密度（g/cm³）	8.96	10.50	18.90
电导性（Hg = 1）	56.9	59	39.6
电热性（Hg = 1）	51.3	57.2	39.2
硬度	2.5 ~ 3	2.5 ~ 4	2.5 ~ 3
熔点（K）	1 356	1 235	1 337
沸点（K）	2 840	2 485	3 353

铜族单质密度较大，熔沸点较高，具有优良的导电性、导热性及延展性等特性。它们的导电性顺序为：Ag > Cu > Au。由于铜的价格较低，所以铜在电器工业上得到了广泛的应用。

铜、银、金的化学活泼性较差，在室温下看不出它们与氧或水作用。在含有 CO_2 的潮湿空气中，铜的表面会逐渐蒙上绿色的铜锈（铜绿）。

$$2Cu + O_2 + H_2O + CO_2 = Cu_2(OH)_2CO_3$$

在加热条件下，铜与氧化合成 CuO，而银、金不发生变化，此所谓“真金不怕火炼”。

铜族元素都能和卤素反应，反应程度按 Cu、Ag、Au 的顺序逐渐下降。铜在常温时即能和卤素反应，银反应较慢，金则在加热时才与干燥的卤素反应。

铜不能置换稀酸中的氢，但在加热时能与浓盐酸反应。

$$2Cu + 8HCl(浓) \xlongequal{\triangle} 2H_3[CuCl_4] + H_2\uparrow$$

铜易被 HNO_3、热浓 H_2SO_4 等氧化性酸氧化而溶解：

$$Cu + 4HNO_3(浓) === Cu(NO_3)_2 + 2H_2O + 2NO_2\uparrow$$

$$3Cu + 8HNO_3(稀) === 3Cu(NO_3)_2 + 4H_2O + 2NO\uparrow$$

$$Cu + 2H_2SO_4(浓) === CuSO_4 + 2H_2O + SO_2\uparrow$$

银与酸的反应与铜相似，只是更困难些。而金却只能溶解在王水中。

$$Au + 4HCl + HNO_3 === H[AuCl_4] + NO\uparrow + 2H_2O$$

2. 铜的化合物

铜通常有 +1 和 +2 两种氧化数的化合物，以 Cu(Ⅱ)化合物较为常见。

(1) 氧化物和氢氧化物

氧化铜（CuO）为黑色粉末，难溶于水。氧化亚铜（Cu_2O）为暗红色固体，有毒，难溶于水。含有酒石酸钾钠的硫酸钠碱性溶液或碱性铜酸盐 $Na_2Cu(OH)_4$ 溶液用葡萄糖还原，可以制得 Cu_2O。

$$2Cu(OH)_4{}^{2-} + CH_2OH(CHOH)_4CHO === Cu_2O\downarrow + 4OH^- + CH_2OH(CHOH)_4COOH + 2H_2O$$

分析化学上利用这个反应测定醛，医学上用这个反应来检查糖尿病。

氢氧化亚铜（CuOH）为黄色固体，极不稳定，易脱水变为 Cu_2O。

氢氧化铜［$Cu(OH)_2$］为淡蓝色粉末，难溶于水。$Cu(OH)_2$ 微呈两性，既溶于酸，又溶于过量的浓碱溶液中。

$$Cu(OH)_2 + H_2SO_4 === CuSO_4 + 2H_2O$$

$$Cu(OH)_2 + 2NaOH === Na_2[Cu(OH)_4]$$

四羟基铜酸钠（蓝色）

它也易溶于氨水，生成深蓝色的四氨合铜(Ⅱ)配离子（$[Cu(NH_3)_4]^{2+}$）。

(2) 铜(Ⅱ)盐

Cu(Ⅱ)盐中，$CuCl_2$ 较为重要。无水 $CuCl_2$ 为黄棕色固体，有毒，在空气中潮解，易溶于水，且易溶于乙醇和丙酮。

$CuCl_2$ 在很浓的溶液中呈黄绿色，在浓溶液中呈绿色，在稀溶液中呈蓝色。黄色是由于 $[CuCl_4]^{2-}$ 配离子的存在，而蓝色是由于 $[Cu(H_2O)_6]^{2+}$ 配离子的存在，两者并存时显绿色。

$CuSO_4 \cdot 5H_2O$ 俗称胆矾或蓝矾，为蓝色晶体。它在空气中慢慢风化，形成白色粉状物。将其加热，随着温度升高逐步脱水，最后失去全部结晶水而成为无水硫酸铜。无水硫酸铜为白色粉末，不溶于乙醇和乙醚，其吸水性很强，吸水后即显出特征的蓝色。可利用这一性质检验乙醇、乙醚中的微量水分，也可作为这些有机物的干燥剂。

硫酸铜是制备其他含铜化合物的重要原料，工业上用于镀铜和制颜料，在农业上同石灰乳混合可得波尔多液。波尔多液具有较强的杀菌能力，是果园中最常用的杀菌剂。

【课堂思考】 在何种条件下能将 Cu^{2+} 转化为 Cu^+？举例说明。

3. 银的化合物

银的化合物主要是氧化数为 +1 的化合物。银盐多数难溶于水，能溶的只有 $AgNO_3$、Ag_2SO_4、AgF、$AgClO_4$ 等少数几种。

Ag^+ 和 Cu^{2+} 离子相似，形成配合物的倾向很大，把难溶银盐转化成配合物是溶解难溶银盐的最重要方法。

（1）硝酸银

硝酸银是最重要的可溶性银盐，是无色晶体。固体 $AgNO_3$ 见光或受热易分解，故应将其晶体或溶液保存在棕色玻璃瓶中。

$$2AgNO_3 \xlongequal{光} 2Ag + 2NO_2\uparrow + O_2\uparrow$$

$AgNO_3$ 是较强的氧化剂，皮肤或工作服上沾上 $AgNO_3$ 会逐渐变成紫黑色，所以它对有机组织有破坏作用，使用时不要让皮肤接触它。它有一定的杀菌能力，10% 的 $AgNO_3$ 溶液在医药上用做消毒剂和腐蚀剂。大量的 $AgNO_3$ 用于制造照相底片上的卤化银，它也是重要的化学试剂。

（2）卤化银

在硝酸银溶液中加入卤化物，可以生成 AgCl、AgBr、AgI 沉淀。

$$AgNO_3 + NaCl \xlongequal{} NaNO_3 + AgCl\downarrow（白色）$$

$$AgNO_3 + NaBr \xlongequal{} NaNO_3 + AgBr\downarrow（淡黄色）$$

$$AgNO_3 + NaI \xlongequal{} NaNO_3 + AgI\downarrow（黄色）$$

卤化银的性质见表 4—3—2。

表 4—3—2　　卤化银的性质

性质	AgF	AgCl	AgBr	AgI
颜色	白色	白色	淡黄色	黄色
溶度积（298K 时）	56.9	1.56×10^{-10}	7.7×10^{-13}	1.5×10^{-16}
熔点（K）	708	723	692	825
晶格类型	NaCl	NaCl	NaCl	ZnS
键的类型	离子————→共价			

由表 4—3—2 可知：卤化银的溶解度依 Cl、Br、I 的顺序依次降低。

卤化银均不溶于稀硝酸，它们都具有感光性，在光照下分解。

$$2AgBr \xlongequal{光照} Ag + Br_2$$

胶片摄影时，强弱不同的光线射到底片上，即会引起底片上 AgBr 不同程度分解，分解产物溴与明胶化合，银成为极细小的银晶核析出。因此，卤化银常用于照相术，也可将其加入玻璃以制造变色玻璃。

（3）银的配合物

Ag^+ 的重要特征是易形成配离子，如可以和 NH_3、$S_2O_3^{2-}$、CN^- 等形成 $[Ag(NH_3)_2]^+$、$[Ag(S_2O_3)_2]^{3-}$、$[Ag(CN)_2]^-$ 稳定程度不同的配离子。

含有 $[Ag(NH_3)_2]^+$ 的溶液能把醛或某些糖氧化，本身被还原为单质银。

$$2[Ag(NH_3)_2]^+ + RCHO + 2OH^- \xlongequal{} 2Ag(s) + RCOONH_4 + 3NH_3 + H_2O$$

这类反应也叫做银镜反应，工业上利用这类反应来制作镜子或在暖水瓶的夹层内镀银。

三、锌族元素及其重要化合物

元素周期表第ⅡB 元素，包括锌（Zn）、镉（Cd）、汞（Hg）3 种元素，通常称为锌族元素。它们是介于p区和d区之间的ds区元素，具有与d区元素相似的性质，如易于形成配合物等，在某些性质上它们又与p区金属元素有些相似，如熔点低，水合离子都无色等。锌族元素比铜族元素活泼。在自然界中，锌族元素主要以硫化物形式存在，锌和汞的最主要矿石是闪锌矿（ZnS）、菱锌矿（$ZnCO_3$）和辰砂（朱砂，HgS）等。

1. 锌、镉、汞

锌、镉、汞都是银白色金属（锌略带蓝色），熔点低，特别是汞，它是室温下唯一的液态金属。锌易形成合金，如黄铜（Cu－Zn）等。

汞可以溶解许多金属（如钠、金、银、锌等）而形成汞齐，汞齐呈液态或固态。在0～200℃，汞的膨胀系数随着温度升高而均匀地改变，并且不润湿玻璃，在制造温度计时常利用汞的这一性质。钠汞齐在有机合成中用做温和的还原剂。利用汞能溶解金、银的性质，在冶金中用汞来提纯这些贵金属。

汞和它的化合物有毒，使用时必须小心，储存汞必须密封。

锌、镉、汞在干燥的空气中都是稳定的。在有CO_2存在的潮湿空气中，锌的表面常生成一层碱式碳酸盐的薄膜，保护锌不被继续氧化。

$$4Zn + 2O_2 + CO_2 + 3H_2O \xlongequal{} ZnCO_3 \cdot 3Zn(OH)_2 \text{（碱式碳酸锌）}$$

锌、镉、汞均能与硫等非金属作用，如与硫粉作用，可生成相应的硫化物。特别是汞，在室温下就可以与硫粉作用，生成HgS。可以把硫粉撒在有汞的地方，防止有毒的汞蒸气进入空气中。若空气中已有汞蒸气，可以把碘升华为气体，使汞蒸气与碘蒸气相遇，生成HgI_2，以除去空气中的汞蒸气。

锌、镉能从稀酸中置换出氢气，汞能与硝酸反应而溶解：

$$3Hg + 8HNO_3 \xlongequal{} 3Hg(NO_3)_2 + 4H_2O + 2NO$$

$$6Hg + 8HNO_3 \xlongequal{} 3Hg_2(NO_3)_2 + 2NO + 4H_2O$$

锌与铝类似，是两性金属，既能溶于酸，也能溶于强碱溶液：

$$Zn + 2NaOH + 2H_2O \xlongequal{} Na_2[Zn(OH)_4] + H_2\uparrow$$

锌也溶于氨水，而铝不溶于氨水：

$$Zn + 4NH_3 + 2H_2O \xlongequal{} [Zn(NH_3)_4]^{2+} + H_2\uparrow + 2OH^-$$

2. 锌、镉、汞的主要化合物

锌和镉在常见化合物中氧化数表现为+2，汞有+1和+2两种氧化数的化合物，多数常见的盐类都含有结晶水，形成配合物的倾向较大。

（1）氧化物和氢氧化物

锌、镉、汞在加热时与氧气反应生成氧化物。ZnO为白色粉末，CdO为棕黄色粉末，HgO为红色或黄色晶体，它们均不溶于水，常被用做颜料。ZnO俗名“锌白”，可作为白色颜料，因ZnO有杀菌性和收敛性，在医学上可以调制成软膏。

ZnO和CdO较稳定，HgO受热易分解为汞单质和氧气。ZnO为两性氧化物，既溶于酸，又溶于强碱。

$Zn(OH)_2$和$Cd(OH)_2$都是难溶于水的白色沉淀。$Zn(OH)_2$显两性，溶于强酸成锌盐，溶于强碱而成锌酸盐。

$$Zn(OH)_2 + 2H^+ \xlongequal{} Zn^{2+} + 2H_2O$$

$$Zn(OH)_2 + 2OH^- \xlongequal{} [Zn(OH)_4]^{2-}$$

$Cd(OH)_2$虽也有两性，但不明显，易溶于酸，不易溶于强碱。

$Zn(OH)_2$和$Cd(OH)_2$还可溶于氨水中，这一点与$Al(OH)_3$不同，溶解是由于生成了氨配离子：

$$Zn(OH)_2 + 4NH_3 = [Zn(NH_3)_4]^{2+} + 2OH^-$$

$$Cd(OH)_2 + 4NH_3 = [Cd(NH_3)_4]^{2+} + 2OH^-$$

(2) 盐

1）氯化锌。无水氯化锌（$ZnCl_2$）是白色易潮解的固体，吸水性很强，在水中溶解度很大，有机化学中常用做去水剂和催化剂。

氯化锌的浓溶液由于生成配合酸而呈显著的酸性，它能溶解金属氧化物。根据这一性质，在焊接金属时可以用$ZnCl_2$清除金属表面的氧化物。焊接金属用的"熟镪水"，就是氯化锌的浓溶液。

2）氯化汞。氯化汞（$HgCl_2$）为白色针状晶体，微溶于水，熔点低，易升华，俗称"升汞"，有剧毒。医院里用$HgCl_2$的稀溶液作消毒剂。

氯化汞在水中稍有水解，它在水中的解离度很小，大量以$HgCl_2$分子的形式存在。

氯化汞遇到氨水即析出氯化氨基汞白色沉淀。

$$HgCl_2 + 2NH_3 = Hg(NH_2)Cl\downarrow + NH_4Cl$$

在酸性溶液中，$HgCl_2$是较强的氧化剂，同一些还原剂（如$SnCl_2$）反应可被还原成Hg_2Cl_2或Hg。

$$2HgCl_2 + SnCl_2 + 2HCl = H_2SnCl_6 + Hg_2Cl_2\downarrow\text{（白色）}$$

若$SnCl_2$过量，生成的氯化亚汞进一步被还原为黑色的Hg，使沉淀变黑。

$$Hg_2Cl_2 + SnCl_2 + 2HCl = H_2SnCl_6 + 2Hg\downarrow\text{（黑色）}$$

在分析化学中可利用上述反应检验Hg(Ⅱ)离子或Sn(Ⅱ)离子。

3）氯化亚汞。氯化亚汞（Hg_2Cl_2）中汞的氧化数为+1，常以Hg_2^{2+}的形式存在。氯化亚汞是难溶于水的白色粉末，无毒，因味略甜，俗称"甘汞"，医药上用做轻泻剂。Hg_2Cl_2见光分解为汞和氯化汞，故应保存在棕色瓶中。

4）硫化物。在含Zn^{2+}、Cd^{2+}、Hg^{2+}的溶液中分别通入H_2S时，便会产生相应的硫化物沉淀：白色的ZnS、黄色的CdS、黑色的HgS。

ZnS、CdS、HgS的溶度积很小，并依ZnS、CdS、HgS的顺序递减。

硫化锌可作白色颜料，它同硫酸钡共沉淀所形成的混合晶体$ZnS\cdot BaSO_4$叫做锌钡白（立德粉），是一种优良的白色颜料。

$$ZnSO_4 + BaS = ZnS\cdot BaSO_4\downarrow$$

在晶体ZnS中加入微量的Cu、Mn、Ag作活化剂，经光照后能发出不同颜色的荧光，这种材料叫荧光粉，可制作荧光屏、夜光表等。ZnS能溶于稀酸；CdS不溶于稀酸，但能溶于浓酸；而HgS只溶于王水。

$$3HgS + 12HCl + 2HNO_3 = 3H_2[HgCl_4] + 3S\downarrow + 2NO\uparrow + 4H_2O$$

硫化镉又叫镉黄，用做黄色颜料。

【课堂思考】 为什么焊接铁皮时常先用浓氯化锌溶液处理铁皮表面？

课题四　钛、钒、铬、锰及其重要化合物

学习目标

1. 了解钛、钒、铬、锰的单质及其重要化合物的性质。
2. 掌握 Cr(Ⅲ)、Cr(Ⅵ)化合物的酸碱性、氧化还原性及其相互转化关系。
3. 掌握 Mn(Ⅱ)、Mn(Ⅳ)、Mn(Ⅵ)和 Mn(Ⅶ)的重要化合物的性质及反应。

一、钛及其化合物

钛属于元素周期表ⅣB 族元素，是稀有金属，其价层电子构型为 $3d^24s^2$，主要氧化数为 +4、+3。钛的主要矿物有金红石（TiO_2）和钛铁矿（$FeTiO_3$），还有组成复杂的钒钛铁矿。

1. 钛

钛（Ti）金属外观似钢，纯钛具有良好的可塑性，含杂质时变得脆而硬。钛的机械强度与钢相近，但密度比钢小，其熔点为 1 668℃，密度为 4.54 g/cm^3。常温下钛具有很好的抗腐蚀性，这是由于它的表面易形成致密的氧化物薄膜；在加热时，它能与 O_2、H_2、N_2、S 及卤素等非金属发生反应。

室温时，钛与水、稀盐酸、稀硫酸和硝酸都不反应，但能被氢氟酸、磷酸、熔融碱侵蚀。钛能溶于热浓盐酸中，更易溶于 HF + HCl（或 H_2SO_4）中。

由于钛具有密度小，强度高、耐高温、抗腐蚀性强等优点，在现代科学技术上有着广泛的应用，常被称为“第三金属”。在炼钢工业中，钛可以钛铁的形式用做脱氧、除氮、去硫剂，从而改善钢的性能。在医学上钛有着独特的用途，可代替损坏的骨头，被称为“亲生物金属”。

工业上常用硫酸分解钛铁矿（$FeTiO_3$）的方法来制取 TiO_2，再由 TiO_2制金属钛。

2. 钛的化合物

钛的化合物中以 +4 价氧化态最稳定，在强还原剂作用下，也可呈现 +3 价和 +2 价氧化态，但均不稳定。

二氧化钛（TiO_2）为白色粉末，不溶于水，也不溶于稀酸，但能溶于氢氟酸和热的浓硫酸中：

$$TiO_2 + 6HF \xlongequal{} H_2[TiF_6] + 2H_2O$$

$$TiO_2 + 2H_2SO_4 \xlongequal{} Ti(SO_4)_2 + 2H_2O$$

$$TiO_2 + H_2SO_4 \xlongequal{} TiOSO_4 + H_2O$$

TiO_2是一种优良的白色颜料，俗称“钛白”。钛白的黏附力强，不易起化学变化，永远是雪白的。更可贵的是钛白无毒，所以可用于制造高级白色油漆。二氧化钛在许多化学反应中还可用做催化剂，如乙醇的脱水和脱氢等。

TiO_2的水合物 $TiO_2 \cdot xH_2O$ 称为钛酸，这种水合物具有两性，既溶于酸也溶于碱。

钛的卤化物中最重要的是四氯化钛，它是无色液体，熔点 -23℃，沸点 136℃。有刺激性气味，它在水中或潮湿空气中都极易水解，因此四氯化钛暴露在空气中会发烟。

$$TiCl_4 + 3H_2O \xlongequal{\quad} H_2TiO_3 + 4HCl$$

钛(Ⅳ)能与许多配合剂形成配合物。如在中等酸度的钛(Ⅳ)盐溶液中加入 H_2O_2，能生成较稳定的橘黄色的 $[TiO(H_2O_2)]^{2+}$，利用此反应可进行钛的定性检验和比色分析。

$$TiO^{2+} + H_2O_2 \xlongequal{\quad} [TiO(H_2O_2)]^{2+}$$

用锌处理钛(Ⅳ)盐的盐酸溶液，或将钛溶于热浓盐酸中可得到紫色的三氯化钛的水溶液，浓缩后可以析出紫色的六水合三氯化钛 $TiCl_3 \cdot 6H_2O$ 晶体。Ti(Ⅲ)离子是强还原剂（比 Sn^{2+} 稍强），Ti(Ⅲ)盐非常容易被空气或水所氧化。

【课堂思考】 试用反应式解释：为什么将装有 $TiCl_4$ 的瓶子打开瓶塞后，会立即冒出白烟？向此瓶中加入浓盐酸和金属锌时，为什么瓶内会出现紫色？

资料卡——钛的发现及命名

早在 1791 年，英国门那新山谷中静静地躺着一种黑色的矿砂，无人问津。牧师格列高尔是位矿物学爱好者，当他在自己的教区内游览时，发现并带回了这种黑色的东西，经过分析，他宣称找到了一种新金属。为了纪念黑色矿砂的发现地，格列高尔把这种金属称为门那新，把矿砂称为门那新矿，也就是现在所说的钛铁矿。

1795 年，德国科学家克拉普罗兹（铀的发现者）在从匈牙利带回的矿物中成功地分离出一种新元素的氧化物，并很快确定他和格列高尔发现的是同一种元素。这种矿物就是钛的氧化物——金红石（TiO_2）。他引用希腊神话中神族“Titans”的名字给这种新元素起名叫“Titanium”，中文名定为钛。

格列高尔和克拉普罗特当时所发现的钛是粉末状的二氧化钛，而不是金属钛。因为钛的氧化物极其稳定，且金属钛能与氧、氮、氢、碳等激烈地化合，所以单质钛很难制取。直到 1910 年，美国化学家亨特才第一次制得纯度达 99.9% 的金属钛。

从发现钛元素到制得纯品，历时 100 多年。而钛真正得到利用，认识其本来的真面目，则是 20 世纪 40 年代以后的事了。目前钛的生产量激增，它的应用范围也在不断扩大，它在航海和航空制造业上得到广泛的应用。

二、钒及其化合物

钒在地壳中的含量为 0.009%，但大部分钒呈分散状态。主要以钒(Ⅲ)、钒(Ⅴ)氧化态存在于矿石中。钒的主要矿物有钒钛铁矿、绿硫钒矿（VS_2 或 V_2S_5）、褐铅矿（$Pb_5[VO_4]_3Cl$）等。

钒属于元素周期表ⅤB 族元素，它的最高氧化物 V_2O_5 主要呈酸性，所以也称“酸土金属”元素。它与钛一样，都是稳定而难溶的稀有金属。

钒的价电子层结构为 $3d^34s^2$，稳定的氧化态为 +5。此外，还可以形成 +4、+3、+2 等氧化态的化合物。

1. 钒

钒是一种银灰色金属，纯钒具有延展性，不纯时硬而脆。钒易呈钝态，因此常温下活泼性较低。块状钒在常温下不与空气、水、苛性碱作用，也不与非氧化性酸作用，但溶于氢氟酸，也溶于强的氧化性酸中，如硝酸和王水。高温下钒与大多数非金属元素反应，并可与熔融的苛性碱反应。

钒主要用于冶炼特种钢。钒钢具有很大的强度、弹性，以及优良的抗磨损和抗冲击性能，故广泛用于结构钢、弹簧钢、工具钢、装甲钢和钢轨，对于汽车及飞机制造业有着特殊的意义。

2. 钒的化合物

钒的化合物中，主要为 +5 氧化态，但也可以还原成 +4、+3、+2 等低氧化态。化合物中以钒(Ⅴ)为最稳定，其次是钒(Ⅳ)化合物，其他则都不稳定。

五氧化二钒（V_2O_5）是钒的重要化合物之一，呈橙黄色至红棕色，无味，有毒。在约650℃熔融，冷却时呈橙色针状晶体。它在迅速结晶时会因放出大量热而发光。V_2O_5微溶于水，溶液呈黄色，是两性偏酸性氧化物，易溶于碱溶液而生成钒酸盐，在强碱性溶液中则能生成正钒酸盐；另一方面，V_2O_5也具有微弱的碱性，能溶于强酸中。

V_2O_5用 H_2还原时，可制得一系列低氧化态氧化物，如深蓝色的二氧化钒（VO_2）、黑色的三氧化二钒（V_2O_3）、黑色粉末状的一氧化钒（VO）等。

V_2O_5是一种重要的催化剂，可用于接触法合成三氧化硫、芳香烃的磺化反应等工艺中。

三、铬及其化合物

1. 铬

铬属于周期系ⅥB 族元素。其价层电子构型为 $3d^54s^1$，最高氧化态为 +6，具有 d 区元素多种氧化态的特征。铬在自然界的主要矿物是铬铁矿，其组成为 $FeO \cdot Cr_2O_3$或 $FeCr_2O_4$。

铬是银白色有光泽的金属，含杂质时脆而硬，纯铬有延展性。铬具有较强的金属键，熔点和沸点都非常高，熔点 1 857℃，沸点 2 672℃，密度 7.20 g/cm^3。

铬的化学性质比较活泼，能慢慢地溶于稀盐酸、稀硫酸中生成蓝色溶液。该溶液与空气接触很快会变成绿色，这是由于先生成的蓝色 Cr^{2+} 被空气中的氧气进一步氧化成绿色的 Cr^{3+}。

$$Cr + 2HCl \xlongequal{} CrCl_2 + H_2\uparrow$$

$$4CrCl_2 + 4HCl + O_2 \xlongequal{} 4CrCl_3 + 2H_2O$$

铬与浓硫酸反应，生成二氧化硫和硫酸铬（Ⅲ）。

$$2Cr + 6H_2SO_4(\text{浓}) \xlongequal{} Cr_2(SO_4)_3 + 3SO_2\uparrow + 6H_2O$$

铬不溶于浓硝酸，这是因为其表面能形成致密的氧化物薄膜而呈钝态。在高温下，铬能与卤素、硫、氮、碳等直接化合。

铬有良好的光泽，抗腐蚀性也强，故常用来镀在其他金属的表面上。大量的铬用于制造合金，如含铬 12% 的钢称为“不锈钢”，有极强的耐腐蚀性能。

2. 铬的化合物

铬的化合物中，最常见的是 Cr(Ⅲ)和 Cr(Ⅵ)的化合物。

(1) 铬(Ⅲ)化合物

1) 三氧化二铬和氢氧化铬。Cr_2O_3为绿色晶体，微溶于水，熔点 2 435℃，具有 $\alpha-Al_2O_3$结构。Cr_2O_3呈两性，不仅溶于酸，且能溶于强碱。

$$Cr_2O_3 + 3H_2SO_4 \xlongequal{} Cr_2(SO_4)_3 + 3H_2O$$

$$Cr_2O_3 + 2NaOH \xlongequal{} 2NaCrO_2(\text{亚铬酸钠}) + H_2O$$

Cr_2O_3不仅是冶炼铬的原料，而且可用做油漆的颜料——“铬绿”，也可用来作有机合成的催化剂。

氢氧化铬是灰蓝色的胶状沉淀，在溶液中存在以下平衡：

$$\underset{\text{紫色}}{Cr^{3+}} + 3OH^- \rightleftharpoons \underset{\text{灰蓝色}}{Cr(OH)_3} \rightleftharpoons H_2O + HCrO_2 \rightleftharpoons H^+ + \underset{\text{绿色}}{CrO_2^-} + H_2O$$

加酸时，平衡向生成 Cr^{3+} 的方向移动，加碱时，平衡向生成 CrO_2^- 的方向移动，可见氢氧化铬与氢氧化铝相似，具有两性。

2）铬(Ⅲ)盐和亚铬酸盐。最重要的铬(Ⅲ)盐是硫酸铬和铬矾。将 Cr_2O_3 溶于冷浓硫酸中，即可得到紫色的 $Cr_2(SO_4)_3 \cdot 18H_2O$，此外还有绿色的 $Cr_2(SO_4)_3 \cdot 6H_2O$ 和桃红色的无水 $Cr_2(SO_4)_3$。硫酸铬(Ⅲ)与碱金属的硫酸盐可以形成铬矾，如铬钾矾 $[K_2SO_4 \cdot Cr_2(SO_4)_3 \cdot 24H_2O]$。

在碱性介质中，Cr(Ⅲ)有较强的还原性，因此，亚铬酸盐可被 H_2O_2 或 Na_2O_2 氧化，生成 Cr(Ⅵ)酸盐。

$$2CrO_2^- + 3H_2O_2 + 2OH^- = 2CrO_4^{2-} + 4H_2O$$

$$2CrO_2^- + 3Na_2O_2 + 2H_2O = 2CrO_4^{2-} + 6Na^+ + 4OH^-$$

而在酸性介质中 Cr^{3+} 的还原性就弱得多，只有过硫酸铵、高锰酸钾等很强的氧化剂才能将 Cr(Ⅲ)氧化成 Cr(Ⅵ)。

亚铬酸盐在碱性介质中转化成 Cr(Ⅵ)盐的性质很重要，工业上从铬铁矿生产铬酸盐的主要反应就是利用此性质。

(2) 铬(Ⅵ)化合物

工业上和实验室中常用的铬(Ⅵ)化合物是它的含氧酸盐——铬酸盐和重铬酸盐。其中以重铬酸钾（俗称红矾钾，$K_2Cr_2O_7$）和重铬酸钠（俗称红矾钠，$Na_2Cr_2O_7$）最为重要。

1）铬酸盐。常见的是铬酸钠和铬酸钾，均为黄色晶状固体。碱金属和铵的铬酸盐易溶于水，碱土金属铬酸盐的溶解度从 Mg 到 Ba 依次锐减，见表 4—4—1。

表 4—4—1　　碱土金属铬酸盐的溶解度

$MgCrO_4$	$CaCrO_4$	$SrCrO_4$	$BaCrO_4$
72 (18℃)	2.3 (19℃)	0.123 (15℃)	0.00035 (18℃)

注：每 100 g 水中铬酸盐溶解的克数

铅、银的铬酸盐难溶于水，在铬酸盐的溶液中，加入铅盐或钡盐溶液就得到铬酸铅（铬黄）和铬酸钡（柠檬黄）的沉淀。

$$Pb^{2+} + CrO_4^{2-} = PbCrO_4 \downarrow \text{（铬黄）}$$

$$Ba^{2+} + CrO_4^{2-} = BaCrO_4 \downarrow \text{（柠檬黄）}$$

铬黄、柠檬黄在工业上用做黄色颜料。实验室里常用以上反应来检验 CrO_4^{2-} 的存在。

2）重铬酸盐。重铬酸钠和重铬酸钾均为大粒的橙红色晶体。在所有的重铬酸盐中，以钾盐在低温下的溶解度最低，且不含结晶水，可通过重结晶法制得极纯的盐，用做基准的氧化试剂。在工业上 $K_2Cr_2O_7$ 大量用于鞣革、印染、颜料等方面。

$K_2Cr_2O_7$ 的溶液中加入浓硫酸，可以析出橙红色针状的 CrO_3 晶体。

$$K_2Cr_2O_7 + H_2SO_4 = K_2SO_4 + 2CrO_3 \downarrow + H_2O$$

CrO_3易潮解，有毒，遇热不稳定，是一种强氧化剂，溶在水中生成铬酸（H_2CrO_4）。铬酸是强酸，酸度接近于硫酸。

重铬酸盐在酸性溶液中是强氧化剂。在冷溶液中$K_2Cr_2O_7$可以氧化H_2S、H_2SO_3及HI；加热时，可以氧化HBr和HCl。这些反应中，$Cr_2O_7^{2-}$的还原产物都是Cr^{3+}的盐。

$$Cr_2O_7^{2-} + 6I^- + 14H^+ \xlongequal{\quad} 2Cr^{3+} + 3I_2 + 7H_2O$$

$$Cr_2O_7^{2-} + 3SO_3^{2-} + 8H^+ \xlongequal{\quad} 2Cr^{3+} + 3SO_4^{2-} + 4H_2O$$

在分析化学中常用$K_2Cr_2O_7$来测定铁。

$$K_2Cr_2O_7 + 6FeSO_4 + 7H_2SO_4 \xlongequal{\quad} 3Fe_2(SO_4)_3 + Cr_2(SO_4)_3 + K_2SO_4 + 7H_2O$$

实验室中所用的洗液，是重铬酸钾饱和溶液和浓硫酸的混合物（5 g$K_2Cr_2O_7$的热饱和溶液中加入100 mL浓H_2SO_4），叫铬酸洗液，有强氧化性，可用来洗涤化学玻璃器皿，以除去器壁上沾附的油脂层。洗液经使用后，棕红色逐渐转变成暗绿色，当全部变成暗绿色时，说明Cr(Ⅵ)已完全转化成为Cr(Ⅲ)，洗液已失效。

重铬酸钾也可将乙醇氧化，利用此反应可检测司机酒后开车。

$$2K_2Cr_2O_7 + 3CH_3CH_2OH + 8H_2SO_4 \xlongequal{\quad} 3CH_3COOH + 2Cr_2(SO_4)_3 + 2K_2SO_4 + 11H_2O$$

在铬酸钾或重铬酸钾的水溶液中，都存在着CrO_4^{2-}和$Cr_2O_7^{2-}$的平衡：

$$\underset{\text{橙红}}{Cr_2O_7^{2-}} + H_2O \rightleftharpoons 2HCrO_4^- \rightleftharpoons \underset{\text{黄色}}{2CrO_4^{2-}} + 2H^+$$

加酸可使平衡向左移动，CrO_4^{2-}浓度降低，$Cr_2O_7^{2-}$浓度升高；加碱可使平衡向右移动。因此溶液的pH决定着溶液中CrO_4^{2-}与$Cr_2O_7^{2-}$浓度的比值。

除了加酸、加碱可使此平衡移动外，若向溶液中加入Ba^{2+}、Pb^{2+}或Ag^+，由于这些离子与CrO_4^{2-}反应均生成溶度积较低的铬酸盐，也都能使平衡向右移动。

$$Cr_2O_7^{2-} + 2Ba^{2+} + H_2O = 2H^+ + 2BaCrO_4\downarrow\text{（黄色）} \qquad K_{sp}^{\ominus} = 1.2\times10^{-10}$$

$$Cr_2O_7^{2-} + 2Pb^{2+} + H_2O \xlongequal{\quad} 2H^+ + 2PbCrO_4\downarrow\text{（黄色）} \qquad K_{sp}^{\ominus} \xlongequal{\quad} 1.8\times10^{-14}$$

$$Cr_2O_7^{2-} + 4Ag^+ + H_2O \xlongequal{\quad} 2H^+ + 2Ag_2CrO_4\downarrow\text{（砖红色）} \qquad K_{sp}^{\ominus} \xlongequal{\quad} 1.1\times10^{-12}$$

实验室中常利用Ba^{2+}、Pb^{2+}、Ag^+来检验CrO_4^{2-}的存在。

【课堂思考】 *为什么在重铬酸钾（$K_2Cr_2O_7$）溶液中加入Pb^{2+}，会生成黄色的$PbCrO_4$沉淀？*

四、锰及其化合物

锰属于元素周期表ⅦB族元素，其价层电子构型为$3d^54s^2$。锰的主要矿物有软锰矿（$MnO_2\cdot xH_2O$）和黑锰矿（Mn_3O_4），还有水锰矿［MnO(OH)］。

1. 锰

金属锰外形似铁，致密的块状锰是银白色的，粉末状锰为灰色，熔点1 244℃，沸点1 962℃，密度7.11～7.44 g/cm³。

锰在空气中氧化燃烧时生成Mn_3O_4，在高温下可直接与氯、碳、磷等非金属作用。金属锰易溶于稀酸中，生成Mn^{2+}。

$$Mn + 2H^+ \xlongequal{\quad} Mn^{2+} + H_2\uparrow$$

纯锰的用途不多，但它的合金非常重要。其中含Mn 12%～15%、Fe 83%～87%、Cr 2%的锰钢很坚硬，抗冲击，耐磨损，可用来制造钢轨、钢甲和破碎机等。锰还可代替镍制造不锈钢等。

2. 锰的化合物

锰原子可形成氧化数为+2、+3、+4、+5、+6、+7等的化合物，其中以+2、+4、+6、+7氧化数的化合物最常见。

（1）锰(Ⅱ)化合物

Mn^{2+}在酸性介质中较稳定，要实现由Mn^{2+}到MnO_4^-的转化，需要采用强氧化剂如$NaBiO_3$、PbO_2、$K_2S_2O_8$等与之作用。

$$2Mn^{2+}+5PbO_2+4H^+ = 2MnO_4^- +5Pb^{2+}+2H_2O$$

该反应可用于鉴定溶液中微量的Mn^{2+}。若Mn^{2+}存在，则溶液由无色（Mn^{2+}）变为紫红色（MnO_4^-）。

在碱性介质中，Mn^{2+}却易被氧化。向Mn^{2+}的溶液中加入OH^-时，先得到白色的$Mn(OH)_2$沉淀。

$$Mn^{2+}+2OH^- = Mn(OH)_2\downarrow$$

而$Mn(OH)_2$在碱性溶液中极不稳定，与空气接触即被氧化成棕色的$MnO(OH)_2$或$MnO_2\cdot H_2O$。

$$2Mn(OH)_2+O_2 = 2MnO(OH)_2$$

这个反应在水质分析中用于测定水中的溶解氧。

多数Mn(Ⅱ)盐如硫酸锰、硝酸锰、卤化锰等强酸盐均易溶于水。在水溶液中，Mn^{2+}以淡红色的$[Mn(H_2O)_6]^{2+}$水合离子存在。从溶液中结晶出来的锰(Ⅱ)盐，是带有结晶水的粉红色晶体。

可溶性Mn(Ⅱ)盐中以硫酸锰最稳定，是常用的化工原料。

（2）锰(Ⅳ)化合物

Mn(Ⅳ)通常以MnO_2的形式存在。MnO_2是一种不溶于水的黑色粉末，在酸性介质中具有强氧化性。如它与浓HCl作用可得到氯气，实验室常以此反应制备少量氯气。

$$MnO_2+4HCl（浓）\xlongequal{\triangle} MnCl_2+Cl_2\uparrow+2H_2O$$

在碱性介质中，若有氧化剂存在，MnO_2可以被氧化成锰（Ⅵ）化合物，因此MnO_2也有一定程度的还原性。

$$MnO_2+2MnO_4^- +4OH^-（浓） = 3MnO_4^{2-}+2H_2O$$

MnO_2用途很广，是一种广泛应用的氧化剂，也是一种催化剂，还可用于制造干电池，是制备锰的其他化合物的主要原料。

（3）锰(Ⅵ)化合物和锰(Ⅶ)化合物

锰(Ⅵ)的化合物中，比较稳定的是锰酸盐，如锰酸钾（K_2MnO_4）。

绿色的锰酸根（MnO_4^{2-}）仅存在于强碱性溶液中，在酸性或中性溶液中，均会发生歧化反应而变为紫色的MnO_4^-和棕色的MnO_2固体。

$$3MnO_4^{2-}+4H^+ = 2MnO_4^- +MnO_2+2H_2O$$

锰(Ⅶ)化合物中，最主要的是高锰酸钾（$KMnO_4$），它是深紫色晶体，有金属光泽，其水溶液呈紫红色。

将固体$KMnO_4$加热至200℃以上，会分解放出氧气，这是实验室制取氧气的一个简便方法。

$$2KMnO_4 \xlongequal{\triangle} K_2MnO_4 + MnO_2 + O_2\uparrow$$

$KMnO_4$易溶于水，其水溶液不很稳定，在酸性溶液中会缓慢分解，析出棕色的 MnO_2，并放出氧气。

$$4MnO_4^- + 4H^+ \xlongequal{\quad} 4MnO_2 + 2H_2O + 3O_2\uparrow$$

在中性或弱碱性溶液中也存在 MnO_4^- 的分解，只是这种分解速率更慢。由于光对 MnO_4^- 的分解起催化作用，故 $KMnO_4$溶液应保存在棕色瓶中。

$KMnO_4$是最常用、最重要的氧化剂之一，它的还原产物因介质酸碱性的不同而不同。

在酸性介质中，$KMnO_4$是很强的氧化剂，可以将 Fe^{2+}、I^-、Cl^- 等氧化，自身被还原为 Mn^{2+}，在分析化学上，常利用此反应测定铁的含量。

$$MnO_4^- + 5Fe^{2+} + 8H^+ \xlongequal{\quad} Mn^{2+} + 5Fe^{3+} + 4H_2O$$

在微酸性、中性、微碱性溶液中，MnO_4^- 被还原为 MnO_2：

$$2MnO_4^- + 3SO_3^{2-} + H_2O \xlongequal{\quad} 2MnO_2\downarrow + 3SO_4^{2-} + 2OH^-$$

在强碱性溶液中，MnO_4^- 被还原为 MnO_4^{2-}：

$$2MnO_4^- + SO_3^{2-} + 2OH^- \xlongequal{\quad} 2MnO_4^{2-} + SO_4^{2-} + H_2O$$

高锰酸钾广泛应用于容量分析中，测定一些金属离子（如 Ti^{3+}、Fe^{2+} 等）及 H_2O_2、草酸盐、甲酸盐等，是一种常用的化学试剂。它的 0.1% 的稀溶液可用于水果与餐具的消毒和杀菌，5% 的 $KMnO_4$溶液可治疗轻度烫伤。

锰的各种氧化态的氧化物及相应水合物归纳如下：

MnO	Mn_2O_3	MnO_2	MnO_3	Mn_2O_7
氧化锰	三氧化二锰	二氧化锰	锰酸酐	高锰酸酐
碱性	弱碱性	两性	酸性	酸性

与上述氧化物相对应的水合物：

碱性增强 ←

$Mn(OH)_2$　$Mn(OH)_3$　$Mn(OH)_4$　H_2MnO_4　$HMnO_4$

→ 酸性增强

→ 氧化性增强

【课堂思考】　Mn^{2+}、Mn^{3+}、MnO_4^{2-}、MnO_4^- 离子各是什么颜色？为什么 $KMnO_4$溶液应保存在棕色瓶中？

阅读材料

硬水及其软化

一、硬水和软水

水是日常生活中必不可少的物质，是一种重要溶剂。由于天然水长期与土壤、矿物及空气接触，溶解了许多杂质，所以通常含有 Ca^{2+}、Mg^{2+} 等阳离子及 HCO_3^-、CO_3^{2-}、Cl^-、

SO_4^{2-}、NO_3^- 等阴离子。工业上根据水中 Ca^{2+}、Mg^{2+} 的含量的不同，将天然水分为两种——硬水和软水。

含有较多 Ca^{2+} 和 Mg^{2+} 的天然水称为硬水；只含少量或完全不含 Ca^{2+} 和 Mg^{2+} 的水称为软水。

硬水分为暂时硬水和永久硬水两种。含有钙、镁酸式碳酸盐的硬水称为暂时硬水。暂时硬水可以用煮沸的办法使它软化，即酸式碳酸盐分解，生成碳酸盐沉淀除去。

$$Ca(HCO_3)_2 \xlongequal{\triangle} CaCO_3\downarrow + CO_2\uparrow + H_2O$$

$$Mg(HCO_3)_2 \xlongequal{\triangle} MgCO_3\downarrow + CO_2\uparrow + H_2O$$

含有钙、镁硫酸盐或氯化物的硬水称为永久硬水。永久硬水只能用蒸馏或化学净化等方法使其软化，不能用煮沸的方法软化。

二、硬水的危害

一般硬水可以饮用，且由于 $Ca(HCO_3)_2$ 的存在而有一种蒸馏水所没有的醇厚的新鲜味道。硬水对生活和生产都有一定程度的危害。如硬水不宜用于洗涤，因为肥皂中的可溶性脂肪酸可与 Ca^{2+}、Mg^{2+} 形成不溶性的硬脂酸钙［$(C_{17}H_{35}COO)_2Ca$］和硬脂酸镁［$(C_{17}H_{35}COO)_2Mg$］，既浪费肥皂，又污染衣物。又如蒸汽锅炉若长期使用硬水，锅炉内壁会结有坚实的“锅垢”（主要成分为 $CaSO_4$、$CaCO_3$、$MgCO_3$ 及部分铁、铝盐等），由于锅垢不易传热，不仅浪费燃料，而且会因受热不均引发锅炉变形，甚至爆炸。

三、硬水的软化

工业上硬水的软化，比较早的是用石灰—纯碱法，即水中加入石灰乳和纯碱，使水中的钙、镁可溶性盐转变为难溶盐而除去，以达到软化的目的。

$$Ca(HCO_3)_2 + Ca(OH)_2 = 2CaCO_3\downarrow + 2H_2O$$

$$Mg(HCO_3)_2 + Ca(OH)_2 = MgCO_3\downarrow + CaCO_3\downarrow + 2H_2O$$

$$Ca(HCO_3)_2 + Na_2CO_3 = 2NaHCO_3 + CaCO_3\downarrow$$

$$MgSO_4 + Na_2CO_3 = MgCO_3\downarrow + Na_2SO_4$$

$$CaSO_4 + Na_2CO_3 = CaCO_3\downarrow + Na_2SO_4$$

这种方法的优点是成本较低，但操作复杂，且软化效果较差。

现在比较新的、经济有效的方法是离子交换软化法。此法是用离子交换树脂进行软化的。离子交换树脂是一种带有可交换离子的高分子化合物。它分为阳离子交换树脂（用 R^-H^+ 表示）和阴离子交换树脂（用 R^+OH^- 表示）。

当待净化的硬水流经阳离子交换树脂层时，水中的阳离子（Ca^{2+}、Mg^{2+}）被树脂吸附。

$$2R^-H^+ + Ca^{2+} = R_2Ca + 2H^+$$

$$2R^-H^+ + Mg^{2+} = R_2Mg + 2H^+$$

树脂上可交换的阳离子 H^+ 进入水中，当水经过阳离子交换树脂层进入阴离子交换树脂层时，水中的阴离子 Cl^-、HCO_3^-、SO_4^{2-} 等被阴离子交换树脂吸附。

$$2R^+OH^- + SO_4^{2-} = R_2SO_4 + 2OH^-$$

$$R^+OH^- + Cl^- = RCl + OH^-$$

树脂上可交换的 OH^- 进入水中，并与水中的 H^+ 结合成水。这样处理过的水中只含有 H^+ 和 OH^-，称为去离子水，可用于高压锅炉及人体注射。

离子交换树脂使用一段时间后，当树脂中的 H^+ 和 OH^- 被 Ca^{2+}、Mg^{2+} 及 Cl^-、SO_4^{2-} 等全部代替，便失去交换能力，必须进行处理，使它再生。再生时可用一定浓度的强酸（如 HCl）和强碱（如 NaOH）分别将树脂所吸附的阳、阴离子置换出来，使树脂重新获得交换能力，实际上再生反应是交换反应的逆过程。

$$R_2Ca + 2HCl \xlongequal{} 2RH + CaCl_2$$

$$R_2SO_4 + 2NaOH \xlongequal{} 2ROH + Na_2SO_4$$

离子交换树脂具有再生能力，可以反复使用，设备简单，操作方便，软化效果好。

第五单元　化学热力学初步

在物理变化和化学变化的过程中总是伴随着能量的变化。热力学就是不需知道物质的内部结构，只从能量观点出发研究各种形式的能量相互转化规律的科学。热力学有三条基本定律：分别称为热力学第一定律、第二定律和第三定律。将热力学三条基本定律应用于化学过程或物理化学过程中就形成了化学热力学。化学热力学主要解决两大问题：一是化学过程中能量转化的衡算；二是判断化学反应的方向和限度。化学热力学主要是从宏观方面来研究物质在化学变化及其相关的物理化学变化过程中伴随发生的能量变化、化学反应的方向及反应进行的限度等基本问题，推导出有用的结论以指导生产实践。热力学不考虑个别质点的单独行为，不研究系统的微观结构和变化机理，也不考虑时间因素。

课题一　基本概念和术语

学习目标

1. 掌握热力学基本概念，如体系、环境、状态函数、热力学能、过程和途径、热、功等。
2. 了解气体体积功的计算方法。

一、体系与环境

用热力学方法研究问题时，首先要确定研究对象，并且把研究对象与周围其余部分划分出来，这种被划分出来的研究对象称为**系统**，也称**体系**。系统以外并与系统相联系的周围部分则构成**环境**或外界。例如，我们研究 HCl 和 NaOH 在水溶液中的反应，这个溶液就是我们研究的系统，而溶液以外的其他部分（例如反应的容器、溶液上方的空气等）都是环境。系统与环境之间可以存在一个明显的物理分界面，也可以是一个虚拟的分界面。

按照系统和环境之间物质和能量的交换情况不同，可将系统分为以下三类。

1. 敞开系统

敞开系统和环境之间，既有物质交换，又有能量交换。例如，一杯正在加热的水，设水为系统。水吸收环境的热，系统和环境之间发生了能量交换；受热后水蒸气进入环境，系统和环境之间发生了物质交换。即系统损失了一定量的物质，而另一方面从环境得到了一定的能量。

2. 封闭系统

封闭系统和环境之间，没有物质交换，只有能量交换。如上述加热的水杯加上盖子，就不会有水蒸气蒸发掉，所以系统和环境之间没有物质交换，只有水吸收环境的热能，系统和环境之间发生了能量交换。这时系统和环境之间是有边界的。封闭系统是热力学研究最多的系统。

3. 孤立系统

孤立系统和环境之间，既没有物质交换，也没有能量交换。例如，带盖子的保温水箱，箱内外既无物质交换，也无能量交换。应当指出，真正的孤立系统并不存在。因为系统与环境之间的能量交换是绝对不可避免的，我们只能尽量使这种能量交换减少到可以忽略不计的程度。有时，为了研究问题的方便，可以把所研究的对象连同与它相关联的环境看做一个整体，作为孤立系统来处理。

二、状态与状态函数

系统的状态是系统所有宏观性质的综合表现。也就是说，一个系统的物理和化学等宏观性质都确定了，则称为一个**状态**。

为了描述一个系统的热力学状态，必须确定描述系统热力学状态的一系列物理量，它们与系统的状态有着一一对应的关系。当这些物理量都有确定值时，系统就处于一定状态；当这些物理量发生变化时，系统的状态也发生变化。这些物理量就是系统的**状态函数**。例如，理想气体的状态，可用其压力 p、体积 V、温度 T 和物质的量 n 来描述。当这些性质都有确定值时，气体的状态就被确定了。反之，系统状态确定后，它的所有性质都有确定值。换言之，系统的状态函数均随状态的确定而确定，与达到此状态的经历无关；同样，状态函数的变化值只与终态和始态有关，与体系经历的具体过程无关。

【课堂思考】 当体系从某一状态出发，经历一系列变化，又重新回到原来的状态，这种变化过程称为循环过程。试问循环过程体系的状态函数变化值为多少？

系统中各状态函数之间是互相制约的。例如，对于理想气体来说，如果知道了它四个状态函数（压力、体积、温度、物质的量）中的任意三个，就能用理想气体状态方程式确定第四个状态函数。

三、热力学能

热力学能是指系统内所有粒子除整体势能和整体动能之外，全部能量的总和，用符号 U 表示。热力学能由以下三个部分组成：

1. 分子运动的动能，包括平动、振动、转动等，是温度的函数。
2. 分子间相互作用力产生的势能，是体积的函数。
3. 分子内部的能量，是分子内部各种微粒运动的能量与微粒间相互作用的能量之和，在体系无化学反应和相变化的情况下，此部分能量不变。

系统处于一定状态时，热力学能具有一定的值。当系统从一个状态变化到另一个状态时，热力学能的改变量只取决于系统的始态和终态，而与其变化的途径无关，因此，热力学能是体系的状态函数。在一定条件下，系统的热力学能与系统中物质的量成正比，即热力学能具有加和性。

由于系统内部微观粒子的运动及其相互作用很复杂，无法知道一个系统热力学能的绝对数值，但系统状态变化时，热力学能的改变量（ΔU）可以从过程中系统和环境所交换的热和功的数值来确定。

四、过程和途径

1. 过程

当外界条件发生变化时，系统的状态就会发生变化，系统的这种变化就称为**过程**。过程前的状态称为始态，过程后的状态称为终态。在热力学中常见的变化过程有以下几种。

恒温过程：在环境温度恒定下，系统始、终态温度相同且等于环境温度的过程，即 $T_1 = T_2 = T_{外} =$ 常数。

恒压过程：在环境压力恒定下，系统始、终态压力相同且等于环境压力的过程，即 $p_1 = p_2 = p_{外} =$ 常数。

恒容过程：系统的体积保持不变的过程，即 $V =$ 常数。

绝热过程：系统与环境之间没有热传递的过程。

可逆过程：在热力学中，可逆过程是一个非常重要的概念。系统从一种状态变化到另一种状态后，能够通过原来过程的反方向变化使系统和环境同时复原，而不留下任何影响的过程称为**可逆过程**，反之则称为**不可逆过程**。一般地，可逆过程是以无限小的变化进行的，在过程中系统始终处于非常接近平衡的状态，整个过程由一系列连续的近似平衡的过程所构成。在反方向过程中，用同样的程序，循着原过程逆向进行，可以使系统和环境同时完全恢复到原来的状态。可逆过程是一种理想过程，是一种科学的抽象。在热力学中，一些重要的热力学函数的改变量，只有通过可逆过程才能求得。

2. 途径

系统从始态变化到终态的具体过程称为**途径**。

系统状态发生变化时，由一始态变到一终态，可采取不同的途径。例如一系统由始态（298 K，100 kPa）变到终态（398 K，150 kPa），可采取两种途径（见图 5—1—1）：先经等温过程，再经等压过程；先经等压过程，再经等温过程。

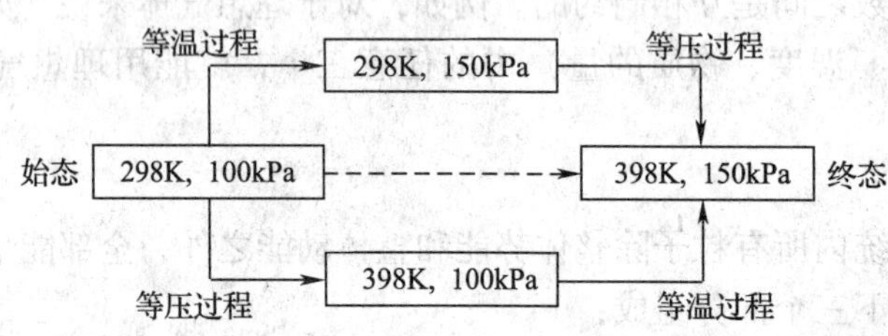

图 5—1—1　系统变化的途径

根据状态函数的性质，尽管两种途径是不同的，系统状态函数变化的数值却是相同的。

五、热和功

系统处于一定状态时，具有一定的热力学能。当其状态发生变化时，系统与环境之间可能发生能量的交换，这种能量交换往往是以热和功的形式进行的。

1. 热

由于温度不同而在系统与环境之间传递的能量，称为**热**。当两个温度不同的物体相互接触时，高温物体温度会下降，低温物体温度则上升，在两者之间发生能量的交换，最后达到温度一致。即热能会自发地从高温物体传递到低温物体，具有一定的方向性。

在热力学中，主要讨论三种热。体系发生化学反应时吸收或放出的热，称为**化学反应热**；体系发生相变化时吸收或放出的热，称为**相变热或潜热**；体系仅仅发生物理变化时吸收或放出的热，称为**显热**。

热用符号 Q 来表示，其 SI 单位为 J 或 kJ。一般规定，系统吸收热，Q 为正值；系统放出热，Q 为负值。

2. 功

当系统状态发生变化时，在系统与环境之间除热以外的其他各种形式的能量传递都称为**功**，以符号 W 表示。系统对环境做功，$W<0$；环境对系统做功，$W>0$。功的种类有很多，例如电池中，在电动势的作用下输送电荷所做的电功，气体发生膨胀或压缩所做的体积功等。

热力学上，把系统反抗外压体积变化时所做的功称为**体积功**（或称膨胀功），体积功是一个重要的概念。如果体系只做体积功，则系统向环境做的功为：

$$\delta W = -p_{外}\,\mathrm{d}V \tag{5—1—1}$$

对其积分：

$$W = -\int_{V_1}^{V_2} p_{外}\,\mathrm{d}V \tag{5—1—2}$$

式中，$p_{外}$ 为环境的压强，单位为 Pa，V 为系统的体积，单位为 m^3，W 为过程发生后体系向环境做的体积功，单位为 $Pa \cdot m^3 = J$。下面讨论几种热力学过程中体积功的计算。

（1）恒压过程

对于恒压过程：

$$W = p_{外}(V_2 - V_1) = -p\Delta V \tag{5—1—3}$$

式中，p 为体系的压强，V_2、V_1 分别为始、终态的体积，ΔV 为终态与始态的体积之差。

（2）恒温可逆过程

对于恒温可逆过程（理想气体）：

$$W = -\int_{V_1}^{V_2} p_{外}\,\mathrm{d}V = -\int_{V_1}^{V_2} p\mathrm{d}V = -\int_{V_1}^{V_2} \frac{nRT}{V}\mathrm{d}V = -nRT\ln\frac{V_2}{V_1} = -nRT\ln\frac{p_1}{p_2} \tag{5—1—4}$$

可以证明，气体的恒温膨胀过程中，可逆过程的功最大，或者说恒温可逆膨胀时，系统对环境做最大功；反之，在恒温可逆压缩过程中，环境对系统做最小功。

（3）恒容过程

对于恒容过程，$\Delta V = 0$，所以体积功 $W = 0$，即恒容过程不做体积功。

系统只有在发生状态变化时才能与环境发生能量的交换，所以热和功不是系统的性质。

【例 5—1—1】 某系统中的气体在恒定的 3×10^6 Pa 外压下膨胀，体积变化为 $1.2\times10^{-3}\ m^3$，计算系统做的功。又若向真空膨胀（自由膨胀），体积变化仍为 $1.2\times10^{-3}\ m^3$，系统所做的功又是多少?

解　已知 $p_{外_1} = 3\times10^6$ Pa，$\Delta V = 1.2\times10^{-3}\ m^3$，$p_{外_2} = 0$，则：

$$W_1 = -p_{外_1}\Delta V = -3\times10^6\ \mathrm{Pa}\times1.2\times10^{-3}\ \mathrm{m^3} = -3.6\times10^3\ \mathrm{J}$$

W_1 为负值，表示系统对环境做 3.6×10^3 J 的功。

$$W_2 = -p_{外_2}\Delta V = -0\times1.2\times10^{-3}\ \mathrm{m^3} = 0\ \mathrm{J}$$

即系统向真空膨胀不做功。

答：系统所做的功分别是 3.6×10^3 J 和 0 J。

课题二　热力学第一定律及应用

学习目标

1. 理解热力学第一定律，掌握其数学表达式。
2. 掌握焓、焓变、热容、恒容热、恒压热等概念。
3. 了解热力学第一定律的应用。

一、热力学第一定律

化学反应的进行总是伴随着新物质的生成和系统能量的变化。但是，所有化学反应都遵循两个基本定律，即质量守恒定律和能量守恒定律。

1. 热力学第一定律的表述

在任何过程中，能量既不能凭空创造，也不能自行消灭，只能从一种形式转化为另一种形式，在转化过程中，能量的总值不变。这个规律称为**热力学第一定律**。换言之，在孤立系统中，能量的形式可以转化，但是能量的总值不变。因此，热力学第一定律就是能量守恒定律。

在热力学中，热力学第一定律的通常说法是：系统处于确定状态时，其热力学能就具有唯一的确定值。系统发生变化时，其热力学能的变化只取决于系统的始态和终态，而与变化的路径无关。

化学反应中，常伴随着热的传递，往往也伴随着做功。一般条件下进行的化学反应，只做体积功，体积功用符号 W 表示；体积功以外的功，叫做非体积功（如电功）或者有用功，非体积功用符号 W'表示。在此，我们只考虑体积功。

2. 热力学第一定律的数学表达式

根据能量守恒与转化定律，在任何过程中，封闭体系热力学能的增加值 ΔU，一定等于体系从环境吸收的热 Q 与从环境得到的功 W 之和，即：

$$\Delta U = Q + W \tag{5—2—1}$$

式中，W 是总功，即体积功与非体积功之和。

【例 5—2—1】　某系统在初始状态具有热力学能为 U_1，在一个状态变化过程中，系统吸收了 600 J 的热能，同时又对环境做了 450 J 的功，求系统的热力学能变化和终态的热力学能 U_2。

解　由题意得知，$Q = 600\ \text{J}$，$W = -450\ \text{J}$

所以　$\Delta U = Q + W = 600\ \text{J} - 450\ \text{J} = 150\ \text{J}$

又因　$U_2 - U_1 = \Delta U$

所以　$U_2 = U_1 + \Delta U = U_1 + 150\ \text{J}$

答：系统的能量变化为 150 J；终态的热力学能为 $U_1 + 150\ \text{J}$。

二、焓

在科学研究和生产实践中，人们会遇到体系与环境进行热交换的不同过程，大多数过程为恒容或恒压条件下进行的，下面主要讨论这两种过程中热的计算。

1. 恒容热

系统在恒容且不做非体积功的条件下与环境交换的热，称为**恒容热**，用 Q_V表示。下标“V”表示恒容过程。

根据热力学第一定律，对于不做非体积功的恒容过程：

$$Q_V = \Delta U \tag{5—2—2}$$

此式表明系统在恒容且不做非体积功的条件下与环境交换的热在数值上等于系统的热力学能的变化值。

2. 恒压热与焓

系统在恒压且不做非体积功的条件下与环境交换的热，称为**恒压热**，用 Q_p表示。下标“p”表示恒压过程。

对于不做非体积功的恒压过程，体系对外做功：

$$W = -p\Delta V = -p(V_2 - V_1)$$

根据热力学第一定律：

$$\Delta U = Q_p + W = Q_p - p(V_2 - V_1)$$

$$U_2 - U_1 = Q_p - p(V_2 - V_1)$$

$$Q_p = (U_2 + pV_2) - (U_1 + pV_1)$$

令

$$H = U + pV \tag{5—2—3}$$

则

$$Q_p = H_2 - H_1 = \Delta H \tag{5—2—4}$$

因为 U、p、V 都是体系的状态函数，故 $U + pV$ 必然是体系的状态函数，它的改变量仅仅取决于体系的始态和终态，这个新的状态函数称为热焓，简称**焓**，用符号 H 表示，其单位为 J 或 kJ。ΔH 为过程的焓变。

式（5—2—4）表明：在恒压不做非体积功的过程中，体系吸收的热量等于体系的焓变。

焓本身没有明确的物理意义，不能把它误解为“体系中所含的热量”，同时由于我们不能确定内能的绝对值，所以也不可能确定焓的绝对数值，但根据式（5—2—3）可以确定过程的焓变，即：

$$\Delta H = \Delta U + \Delta pV \tag{5—2—5}$$

从上面恒容及恒压条件下的热计算中也可以看出，尽管热不是体系的状态性质，而是过程的函数，但是在特定的条件下，过程的热却可变成一个定值，此定值仅仅取决于体系的始态和终态，因此可以通过始末状态之间的任意过程求得，这就为人们计算特定过程的热带来了极大的方便。

3. 相变焓

所谓**相**是指体系内性质完全相同的均匀部分，相与相之间有明显的界面隔开。例如0℃、正常压力下液态水与冰平衡共存，液态水是一相——液相，冰是另一相——固相，虽然两者的化学性质相同但其物理性质不同。物质从一种相态转变为另一种相态称为**相变**。在两相平衡状态下物质发生的相变过程为**可逆相变**。相变过程中吸收或放出的热即为相变热。

由于大多数相变过程是一定量的物质在恒温恒压且不做非体积功的条件下发生，所以，相变热在数值上等于相变过程的焓变（相变焓）。

1mol 物质在恒定的温度及该温度平衡压力下由 α 相变为 β 相时的焓变，称为**摩尔相变焓**（或摩尔相变热），用符号 $\Delta_{\alpha}^{\beta}H_{m}$ 表示，单位为 J/mol 或 kJ/mol。

即：

$$Q_p = \Delta_{\alpha}^{\beta}H = n\Delta_{\alpha}^{\beta}H_{m}$$

汽化与凝结、熔化与凝固、升华与凝华互为逆过程。在相同条件下，这些互为逆过程的状态变量绝对值相等，正、负符号相反。

所以在相同的温度和压力下，对于同一物质：

$$\Delta_{l}^{g}H_{m} = -\Delta_{g}^{l}H_{m}$$

$$\Delta_{s}^{l}H_{m} = -\Delta_{l}^{s}H_{m}$$

$$\Delta_{s}^{g}H_{m} = -\Delta_{g}^{s}H_{m}$$

式中，$\Delta_{l}^{g}H_{m}$ 为摩尔汽化焓，$\Delta_{s}^{l}H_{m}$ 为摩尔熔化焓，$\Delta_{s}^{g}H_{m}$ 为摩尔升华焓。

对纯物质的两相平衡系统，温度一旦确定，则该温度下的平衡压力也就确定。所以摩尔相变焓仅仅是温度的函数。对于一种物质，热力学手册上往往给出 101. 325 kPa 或 100 kPa 及其平衡温度下的摩尔相变焓，其他任意温度及其平衡压力下的摩尔相变焓可利用状态函数的性质计算。

三、热容

1. 恒容热容和恒压热容

在无相变化及化学变化的条件下，一定量的物质，温度上升 1 K 时所吸收的热量，称为该物质的**热容**，以符号 C 表示，单位为 J/K。如果取 1 kg 物质为单位，其热容称为**比热容**，单位是 J/K · kg；若物质的量为 1 mol，则称为**摩尔热容**，其单位为 J/K · mol。因为热容本身也随温度而变化，所以应当用导数形式来定义：

$$C = \frac{\delta Q}{\mathrm{d}T} \tag{5—2—6}$$

因为热不是状态函数，其值随系统变化过程而异，所以热容也因过程不同而有不同的数值。因此热容又分为恒容热容和恒压热容。

1 mol 物质在恒容过程中的热容称**恒容摩尔热容**，用符号 C_V 表示，其定义为：

$$C_{V,\mathrm{m}} = \frac{\delta Q_V}{\mathrm{d}T} \tag{5—2—7}$$

1 mol 物质在恒压过程中的热容称**恒压摩尔热容**，用符号 C_p，其定义为：

$$C_{p,\mathrm{m}} = \frac{\delta Q_p}{\mathrm{d}T} \tag{5—2—8}$$

根据热力学第一定律，当体系只做体积功而无非体积功时，体系在恒容条件下所吸收的热等于内能的增加，因此式（5—2—7）可变为：

$$C_{V,\mathrm{m}} = \frac{\Delta U}{\mathrm{d}T} \tag{5—2—9}$$

式（5—2—9）表明，恒容热容在数值上等于在指定的恒容条件下，体系温度上升 1 K 时内能的增加值。

类似的，恒压热容也可变为：

$$C_{p,\mathrm{m}} = \frac{\Delta H}{\mathrm{d}T} \tag{5—2—10}$$

即恒压热容在数值上等于在指定的恒压条件下，体系温度上升 1 K 时焓的增加值。

2. 热容与温度间的关系

气体、液体及固体的热容都与温度有关（与温度的影响相比，压力对于热容的影响很小，当压力改变不很大的情况下，通常可以忽略这种影响），其值随温度的升高而逐渐增大。但是，热容与温度的关系不是用一简单的数学式所能表示的，一般采用经验公式来表示。常用的经验公式有下列两种形式：

$$C_{p,\mathrm{m}} = a + bT + cT^2 + \cdots \tag{5—2—11}$$

或

$$C_{p,\mathrm{m}} = a + bT + \frac{c'}{T^2} + \cdots \tag{5—2—12}$$

式中，a、b、c、c'…是经验常数，由各种物质本身的特性及温度范围决定，常用物质的这些数据都可以由热力学手册中查得。

在使用上述热容的经验公式时，应当注意以下几个问题：

（1）从参考书或热力学手册上查阅到的数据通常都是指恒压摩尔热容，在具体计算时，应乘上相应的物质的量。

（2）所查到的常数值只能在指定的温度范围内使用，如果超出指定温度范围太远，就不能使用。

（3）从不同的书或手册上查到的经验公式或常数值有时可能不尽相同，但在多数情况下其计算结果差不多是相符的。在高温下不同公式之间的偏差可能较大。

【课堂思考】 已知水的恒压摩尔热熔 $C_{p,\mathrm{m}} = 75.3$ J/K · mol，若将 300 mol 的水从373 K 冷却到 293 K，求系统放出多少热量。

四、热力学第一定律对理想气体的应用

下面我们应用热力学第一定律数学表达式计算理想气体系统在恒温、恒容、恒压、绝热等过程中体系吸收的热、所做的功以及系统的热力学能和焓的变化值。

1. 恒温过程

恒温过程是指系统在变化过程中，温度自始至终保持恒定不变。根据理想气体模型，理想气体的热力学能和焓仅仅是温度的函数，与系统的体积、压力变化无关，即温度恒定时：

$$\Delta H = \Delta U = 0$$

根据热力学第一定律：

$$Q = -W$$

这表明，理想气体恒温膨胀过程中系统吸收的热全部消耗在对环境做功上，从而保持了系统热力学能不改变。千万不可误认为恒温就没有热量变化。

2. 恒容过程

恒容过程是指系统在变化过程中，体积自始至终保持恒定不变，$\Delta V = 0$。由于系统的体积没有改变，故系统不做体积功。

$$W = 0$$

由式（5—2—7）和式（5—2—9）得（温度不高，温度变化不大时，C_V、C_p 可视为常数）：

$$\Delta U = Q_V = C_V \Delta T = nC_V(T_2 - T_1)$$

因此，理想气体在恒容过程中吸收的热全部转化为系统的内能。

3. 恒压过程

恒压过程是系统在变化过程中，压力自始至终保持恒定不变，而且系统的压力始终和外压相同，因此：

$$W = p\Delta V = -p(V_2 - V_1)$$

由式（5—2—8）和式（5—2—10）得：

$$\Delta H = Q_p = C_p \Delta T = C_p(T_2 - T_1)$$

因此，理想气体在恒压过程中吸收的热全部转化为系统的焓变。

4. 绝热过程

绝热过程是系统在变化过程中与环境没有热量交换，即：

$$Q = 0$$

由热力学第一定律：

$$\Delta U = Q + V = W$$

表明系统对环境做功，其内能降低。

【例5—2—2】 某一理想气体的体积为 $0.20\ m^3$，压力为 5.0×10^5 Pa，在温度保持不变时，自始至终反抗 1.0×10^5 Pa 的外压膨胀到达平衡，求该过程的 Q、W、ΔU 和 ΔH。

解　已知 $V_1 = 0.20\ m^3$，$p_1 = 5 \times 10^5$ Pa，$p_{外} = p_2 = 1.0 \times 10^5$ Pa

系统变化时，温度保持不变，所以：

$$\Delta U = 0$$

$$\Delta H = 0$$

$$Q = -W$$

对于理想气体恒温过程，$p_1V_1 = p_2V_2$，所以：

$$V_2 = \frac{p_1V_1}{p_2} = \frac{5 \times 10^5\ Pa \times 0.20\ m^3}{1.0 \times 10^5\ Pa} = 1\ m^3$$

由此，$W = -p_{外}(V_2 - V_1) = -1.0 \times 10^5\ Pa(1\ m^3 - 0.20\ m^3) = -8.0 \times 10^6\ J$

W 为负值表示系统膨胀时对外做功。

$$Q = -W = 8.0 \times 10^6\ J$$

Q 为正值，表示系统吸热。

答：Q 为 8.0×10^6 J，W 为 -8.0×10^6 J，ΔU 和 ΔH 为0。

可见，对于理想气体的恒温过程，如果体积增大，则对外做体积功，所需的能量从外界吸收热量来补充，保持本身的热力学能不变；如果体积缩小，则是外界对系统做功，系统本身得到了能量，这个能量又以热的形式向外界放出，从而维持本身的热力学能不变。

【课堂思考】 某理想气体的 $C_V = 12.47$ J/K · mol。如果有 10 mol 此种气体，在恒容下从 273 K 加热到 373 K，计算此过程的 Q、W、ΔU 和 ΔH。

课题三　热　化　学

学习目标

1. 掌握化学反应热效应的概念，熟悉热化学方程式的写法。

2. 掌握标准摩尔生成焓、标准摩尔燃烧焓等概念，并会利用标准摩尔生成焓、标准摩尔燃烧焓计算化学反应的热效应。

3. 理解盖斯定律，并能进行有关化学反应热效应的计算。

化学反应总是伴有热量的吸收或放出，这种能量变化对化学反应来说是十分重要的。把热力学理论和方法应用到化学反应中，讨论和计算化学反应的热量变化的学科称为**热化学**。

热化学对实际工作有很大的意义，例如确定化工设备的设计和生产程序，常常需要有关热化学的数据，计算平衡常数，热化学的数据更是不可缺少的。

一个化学反应之所以能吸热或放热，从热力学定律的观点来看，是因为不同物质有着不同的内能，反应产物的总内能通常与反应物的总内能是不同的。所以发生反应时总是伴随有能量的变化，这种能量变化是以热的形式与环境交换的，因此，热化学实际上是热力学第一定律在化学反应过程中的应用。

一、化学反应的热效应

化学反应过程中，反应物的化学键要断裂，又要生成一些新的化学键以形成产物。化学反应的热效应就是要反映出这种由化学键的断裂和生成所引起的热量变化。

在研究没有非体积功的反应体系中，**化学反应的热效应**可以定义为：当生成物的温度恢复至与反应物的温度相同时，化学反应过程中吸收或放出的热量。化学反应热效应一般称为**反应热**，单位是 J 或 kJ。热力学规定：反应热为正，表示该反应是吸热反应；反应热为负，表示该反应是放热反应。

大多数的反应是在恒容或恒压条件下进行的。在恒容过程中完成的化学反应的热效应称为**恒容反应热**；在恒压过程中完成的化学反应的热效应称为**恒压反应热**。

根据式（5—2—2）和式（5—2—4），对于任一化学反应有：

$$Q_V = \Delta U \qquad (5—3—1)$$

$$Q_p = \Delta H \qquad (5—3—2)$$

根据式（5—2—5），恒压时：

$$\Delta H = \Delta U + p\Delta V \qquad (5—3—3)$$

对不同的化学反应来说，ΔH 和 ΔU 的差也是不同的。如果反应中只有液体和固体，则 ΔV 的变化很小，因此 $p\Delta V$ 与反应热相比可以忽略不计，这时 $\Delta H \approx \Delta U$ 。如果反应中有气体，则 ΔV 就可能比较大。在反应过程中，始态（反应物）和终态（产物）的 T、p 相同，因此反应中的 ΔV 是由气态物质的量的变化引起的。

在科学实验和化工生产中，多数化学反应只在恒压条件下进行，通常所说的化学反应热效应或反应热，指的是恒压热效应。因此，化学反应的热效应常用 ΔH 来表示。

二、热化学方程式

1. 化学反应进度

反应进度就是表征化学反应进展程度的物理量。当化学反应由起始至某时刻时，反应进度等于物质的量的变化与化学计量数的比。即：

$$\xi = \pm \frac{\Delta n_B}{\nu_B} = \pm \frac{n_{B(t)} - n_{B(0)}}{\nu_B} \tag{5—3—4}$$

式中，ξ 表示化学反应进度，单位为 mol；“+”表示用生成物物质的量的变化表示反应进度，“-”表示用反应物物质的量的变化表示反应进度；$n_{B(0)}$ 表示化学反应中 B 物质的起始物质的量，单位为 mol；$n_{B(t)}$ 表示化学反应进行到 t 时刻时 B 物质的物质的量，单位为 mol；ν_B 表示在化学反应方程式中 B 物质的化学计量系数。

可见，化学反应进度表示的是化学反应进行的程度，它既可以反映出反应物随时间消耗的程度，也能反映出产物随时间增加的程度，是一个反应体系动态程度的体现。对同一化学反应方程式，无论用哪个组分来表征，化学反应进度的数值都是一样的，但化学反应进度的量值与反应计量方程式的写法有关。例如，当体系中有 1 mol N_2与 3 mol H_2反应生成 2 mol NH_3时，不同写法的方程式，计算出来的反应进度（ξ）是不同的。

$$N_2 + 3H_2 = 2NH_3 \qquad \xi = 1\ \text{mol}$$

$$2N_2 + 6H_2 = 4NH_3 \qquad \xi = 0.5\ \text{mol}$$

2. 热力学标准状态的规定

关于**标准状态**，化学热力学上有严格的规定：气体物质的标准状态是在分压等于 100 kPa下，具有理想气体行为的纯气体的状态，它是一个假想态；固体和液体的标准状态分别为 100 kPa 压强下的纯固体和纯液体。

标准状态经常简称为标准态。因为所有物质处于标准态时的压强均规定为 100 kPa，所以该压强也称标准压强，用 $p^{\ominus}$表示。另外，标准态对温度没有规定，因此在使用标准数据时应说明温度。

3. 热化学方程式

热化学方程式是表示物质发生的化学反应及其伴随的热效应的方程式。在书写时，除写出普通的化学方程式以外，还要在方程式后面加写反应热的量值，注明反应的温度和压强等条件。例如：

$$2H_2(g) + O_2(g) \xlongequal{\quad} 2H_2O(g) \qquad \Delta_r H_m^{\ominus}(T) = -483.6\ \text{kJ/mol}$$

$\Delta_r H_m^{\ominus}$（T）即表示上述化学反应的**标准摩尔反应热（焓）**。其中 r 有反应之意，m 指反应进度 $\xi = 1$ mol 时的反应热，$^{\ominus}$代表标准状态，T 为反应进行的温度，若未标明，表示温度为 298.15 K。

如果改变某一反应物或产物的物态，则反应的热效应亦会相应发生改变，所以写热化学方程时必须注明物态。气态用（g）表示，液态用（l）表示，固态用（s）表示。如果固态的晶型不同，则需注明晶型，如 C（石墨）、C（金刚石）等。如果是溶液中溶质参加反应，则需要注明溶剂，如水溶液就用（aq）表示。

另外，ΔH 是一状态函数的变化，当反应逆向进行时，反应热应当与正向反应的反应热数值相等且符号相反。

同时还应注意的是，反应进度的量值与反应方程式的写法有关，故 $\Delta_r H_m^\ominus$（T）也与反应方程式的写法有关。

三、标准摩尔生成焓和标准摩尔燃烧焓

1. 标准摩尔生成焓及应用

化学热力学规定，某温度下，由处于标准状态的各种元素的最稳定的单质生成标准状态下单位物质的量（1 mol）某纯物质的恒压热效应，叫做这种温度下该纯物质的**标准摩尔生成焓**，或简称标准生成热，用符号 $\Delta_f H_m^\ominus$ 表示，其单位为 kJ/mol。当然处于标准状态下的各元素的最稳定的单质在任意温度下其标准生成热为零。物质在 298.15 K 时的标准摩尔生成函数值可从热力学手册中查到。

标准摩尔生成焓的符号 $\Delta_f H_m^\ominus$ 中，f 表示生成之意。例如在 298.15 K 时：

$$C(石墨) + O_2(g) \xlongequal{\quad} CO_2(g) \quad \Delta_f H_m^\ominus(298.15\ K) = -393.5\ kJ/mol$$

C（石墨）和 O_2（g）都是最稳定单质，由它们化合生成 1 mol CO_2（g）的标准摩尔焓变是 −393.5 kJ/mol，所以，CO_2（g）的标准摩尔生成焓 $\Delta_f H_m^\ominus$（298.15 K）为 −393.5 kJ/mol。

由于焓是状态函数，其数值与具体的途径无关。因此，根据物质的标准摩尔生成焓可以计算任何一个反应的标准摩尔反应焓。

$$\Delta_r H_m^\ominus = \sum \nu_j \Delta_f H_m^\ominus(生成物) - \sum \nu_i \Delta_f H_m^\ominus(反应物) \qquad (5—3—5)$$

式中，ν_i、ν_j 表示化学反应方程式中反应物和生成物前面的系数。任何化学反应的反应热等于生成物的标准摩尔生成焓的总和减去反应物的标准摩尔生成焓的总和。

【例 5—3—1】 已知 298.15 K 时，CO_2（g）、CO（g）、H_2O（g）的标准摩尔生成焓分别为：$\Delta_f H_m^\ominus$（CO_2，g）= −393.5 kJ/mol、$\Delta_f H_m^\ominus$（CO，g）= −110.5 kJ/mol、$\Delta_f H_m^\ominus$（H_2O，g）= −241.8 kJ/mol。计算反应 CO_2（g）+ H_2（g）══CO（g）+ H_2O（g）的标准摩尔反应焓。

解
$$\begin{aligned}\Delta_r H_m^\ominus &= \sum \nu_j \Delta_f H_m^\ominus(生成物) - \sum \nu_i \Delta_f H_m^\ominus(反应物)\\ &= \Delta_f H_m^\ominus(H_2O,\ g) + \Delta_f H_m^\ominus(CO,\ g) - \Delta_f H_m^\ominus(CO_2,\ g) - 0\\ &= -241.8\ kJ/mol - 110.5\ kJ/mol - (-393.5\ kJ/mol) - 0\\ &= 41.2\ kJ/mol\end{aligned}$$

答：该反应的标准摩尔反应焓为 41.2 kJ/mol。

2. 标准摩尔燃烧焓及应用

化学热力学规定，在 100 kPa 的压强下，1 mol 物质被完全燃烧氧化时的反应热叫做该物质的**标准摩尔燃烧热（焓）**，简称标准燃烧热，用符号 $\Delta_c H_m^\ominus$ 表示，其中 c 有燃烧之意，单位为 kJ/mol。所谓完全氧化是指化合物中的 C 变为 CO_2（g），H 变为 H_2O（l），N 变为 N_2（g），S 变为 SO_2（g），Cl 变为 HCl（aq）。

和标准生成热数据相似，标准燃烧热也提供了一套用来求算有机反应热效应的数据。如果说标准生成热是以反应起点即各种单质为参照物的相对值，那么标准燃烧热则是以完全氧化产物为参照物的相对值，即各种完全氧化产物的标准燃烧热为 0。表 5—3—1 给出了一些常见有机化合物的标准摩尔燃烧焓数值。

标准燃烧热对于绝大部分有机化合物特别有用，因绝大部分有机物不能由元素直接化合而成，生成热无法测得，而绝大部分有机物均可燃烧，其燃烧热却比较容易通过实验测得，因此经常用燃烧热来计算这类化合物的反应热。

表 5—3—1　　部分有机化合物的标准摩尔燃烧焓（298.15 K）

物质	$\Delta_c H_m^{\ominus}$(kJ/mol)	物质	$\Delta_c H_m^{\ominus}$(kJ/mol)	物质	$\Delta_c H_m^{\ominus}$(kJ/mol)
甲烷	-890.31	甲醇	-726.51	甲苯	-3 908.69
乙烷	-1 559.84	乙醇	-1 366.8	苯甲酸	-3 226.87
丙烷	-2 219.90	乙酸	-874.54	苯酚	-3 053.48
甲醛	-570.78	苯	-3 276.5	蔗糖	-5 640.87

根据物质的标准摩尔燃烧焓计算某反应的标准摩尔反应焓的计算方法为：

$$\Delta_r H_m^{\ominus} = \sum \nu_i \Delta_c H_m^{\ominus}（反应物）- \sum \nu_j \Delta_c H_m^{\ominus}（生成物） \qquad (5—3—6)$$

式中，ν_i、ν_j 表示化学反应方程式中反应物和生成物前面的系数。任何化学反应的反应热等于反应物的标准摩尔燃烧焓的总和减去生成物的标准摩尔燃烧焓的总和。

【例 5—3—2】　已知（COOH）$_2$（s）、CH_3OH（l）、（$COOCH_3$）$_2$（s）的标准摩尔燃烧焓分别为：$\Delta_c H_m^{\ominus}$（（COOH）$_2$，s）= -246.0 kJ/mol、$\Delta_c H_m^{\ominus}$（CH_3OH，l）= -726.51 kJ/mol、$\Delta_c H_m^{\ominus}$（（$COOCH_3$）$_2$，s）= -1 678 kJ/mol。计算反应（COOH）$_2$（s）+2CH_3OH（l）$\xlongequal{\quad}$（$COOCH_3$）$_2$（s）+2H_2O（l）的标准摩尔反应焓。

解

$$\begin{aligned}\Delta_r H_m^{\ominus} &= \sum \nu_i \Delta_c H_m^{\ominus}(反应物) - \sum \nu_j \Delta_c H_m^{\ominus}(生成物)\\ &= \Delta_c H_m^{\ominus}((COOH)_2, s) + 2\Delta_c H_m^{\ominus}(CH_3OH, l) - \Delta c H_m^{\ominus}((COOCH_3)_2, s) - 0\\ &= -246.0\ kJ/mol + 2\times(-726.51\ kJ/mol) - (-1\ 678\ kJ/mol) - 0\\ &= -21.02\ kJ/mol\end{aligned}$$

答：该反应的标准摩尔反应焓为 -21.02 kJ/mol。

四、盖斯定律

化学反应的热效应可以用实验方法测得，但许多化学反应由于速率过慢，测量时间过长，因热量散失而难以测准反应热，也有一些化学反应由于条件难以控制，产物不纯，也难以测准反应热。于是，如何通过热化学方法计算反应热，成为化学家们关注的问题。

1840 年前后，科学家盖斯在总结了大量实验结果的基础上，提出了“**盖斯定律**”。其内容为：“一个化学反应不论是一步完成还是分成几步完成，其热效应总是相同的。”意即：反应热只与反应的始态和终态有关，而与所经历的具体途径无关。

由热力学第一定律知，热本来是与具体途径有关，但假若过程满足以下两个限制条件时，热效应之值就变得只由始终态决定而与途径无关。

1. 过程中只有体积功而没有其他功。

2. 过程在恒容或恒压条件下进行。

根据式（5—2—2）和式（5—2—4），盖斯定律实质上是热力学理论在化学反应中的具体应用。

盖斯定律的发现奠定了整个热化学的基础，它的重要意义与作用在于能使热化学方程式像普通代数方程式那样进行运算，从而可以根据已经准确测定了的反应热，来计算难以测定或根本不能测定的反应热，即可以根据已知的反应热，计算出未知的反应热。

【例 5—3—3】　在 100 kPa 和 298.15 K 下，C（s）+O_2（g）$\xlongequal{\quad}$$CO_2$（g）$\Delta_r H_{m,1}$ =

$-393.5\ kJ/mol$；CO（g）$+\frac{1}{2}O_2$（g）$\rightarrow CO_2$（g）$\Delta_r H_{m,2} = -283.0\ kJ/mol$。试计算 C（s）$+ \frac{1}{2}O_2$（g）$\rightarrow$CO（g）在相同条件下的反应热 $\Delta_r H_{m,3}$。

解　由于 C（s）$+\frac{1}{2}O_2$（g）$=\!=\!=$CO（g）可由 C（s）$+O_2$（g）$\rightarrow CO_2$（g）减去 CO（g）$+\frac{1}{2}O_2$（g）$=\!=\!= CO_2$（g）得到，所以：

$$\begin{aligned}\Delta_r H_{m,3} &= \Delta_r H_{m,1} - \Delta_r H_{m,2} \\ &= -393.5\ kJ/mol - (-283.0\ kJ/mol) \\ &= -110.5\ kJ/mol\end{aligned}$$

【课堂思考】　已知 298.15 K 时，下列反应的热效应：

（1）CO（g）$+\frac{1}{2}O_2$（g）$=\!=\!= CO_2$（g）　　$\Delta_r H_m = -283\ kJ$

（2）H_2（g）$+\frac{1}{2}O_2$（g）$=\!=\!= H_2O$（l）　　$\Delta_r H_m = -285.8\ kJ$

（3）C_2H_5OH（l）$+3O_2$（g）$=\!=\!=2CO_2$（g）$+3H_2O$（l）　$\Delta_r H_m = -1\ 370\ kJ$

则反应 2CO（g）$+4H_2$（g）$=\!=\!= H_2O$（l）$+C_2H_5OH$（l）的 $\Delta_r H_m$ 等于多少？

阅读材料

化学反应的热效应与温度间的关系——基尔霍夫公式

我们知道，化学反应的热效应同反应体系的压强和温度有关，一般情况下，压力对于反应热的影响很小可以忽略。那么温度对于反应热的影响，即一个等温等压下的化学反应在只改变反应温度时其反应热如何变化？

基尔霍夫于 1858 年提出：

$$\left(\frac{\partial \Delta H}{\partial T}\right)_p = \Delta C_p$$

式中，ΔC_p 代表产物与反应物的恒压热容之差。此式可根据热力学第一定律加以证明，称做基尔霍夫公式。它描述了一个等温等压化学反应的热效应对反应温度的依赖关系：即产物与反应物的恒压热容之差越大，反应热对于温度的变化就越敏感；若一个反应不引起恒压热容的变化或变化很小时，反应热将不随温度而改变。

实　验

化学反应热效应的测定

一、实验目的

1. 了解测定化学反应热效应的一般原则和方法。
2. 熟悉台秤、温度计和秒表的正确使用方法。

二、实验原理

反应热效应的测量方法很多，本实验采用普通的保温杯和精密温度计作为简单量热计来测量。假设反应物在量热计中进行的化学反应是在绝热条件下进行的，即反应体系（量热计）与环境不发生热量传递。这样，从反应体系前后的温度变化和量热器的热容及有关物质的质量和比热容等，就可以计算出反应的热效应。实验以锌粉和硫酸铜溶液发生置换反应为例。

$$Zn + CuSO_4 \xlongequal{} ZnSO_4 + Cu$$

该反应是一个放热反应，所以实验热效应计算式为：

$$\Delta H^{\ominus} = \frac{(V \cdot \rho \cdot c + c_p)\Delta T}{n \times 1\ 000}$$

式中，$\Delta H^{\ominus}$——反应热效应，kJ/mol；

V——溶液的体积，mL；

ρ——溶液的密度，g/cm³；

c——溶液的比热容，J/g · K；

c_p——量热计的热容量，J/K；

ΔT——溶液反应前后的温差，K；

n——体积为 V 的溶液中硫酸铜的物质的量，mol。

量热计的热容是指量热计温度升高 1 K 所需要的热量。在测定反应热之前，应先测定量热计的热容。在量热计中加入一定量（如 50 g）的冷水，测得其温度为 T_1，加入相同量的热水（加入前测得热水温度为 T_2），混合均匀后，测得体系（混合水）的温度为 T_3。已知水的比热容为 4.18 J/g · K，则量热计的热容可根据下列式子求得：

$$\text{冷水得热} = (T_3 - T_1) \times 50 \times 4.18$$

$$\text{热水失热} = (T_2 - T_3) \times 50 \times 4.18$$

$$\text{量热计得热} = (T_3 - T_1) \times c_p$$

$$\text{热水失热} = \text{冷水得热} + \text{量热计得热}$$

三、实验仪器和试剂

1. 仪器

简易量热计、精密温度计、移液管（50 mL）、台秤、秒表、洗耳球、烧杯。

2. 试剂

锌粉（化学纯）、$CuSO_4$溶液（0.200 mol/L）。

四、实验步骤

1. 测量量热计的热容（c_p）

（1）按图 5—3—1 装配简易量热计。

（2）用移液管取 50 mL 蒸馏水，小心打开量热计的保温盖，将水放入干燥的量热计中，加上盖后缓缓摇动量热计，5 min 后开始记录温度，读数精确到 0.1℃，然后每隔 20 s 记录一次，直至两次温度读数相同，表示体系温度已达平衡，此温度为 T_1。

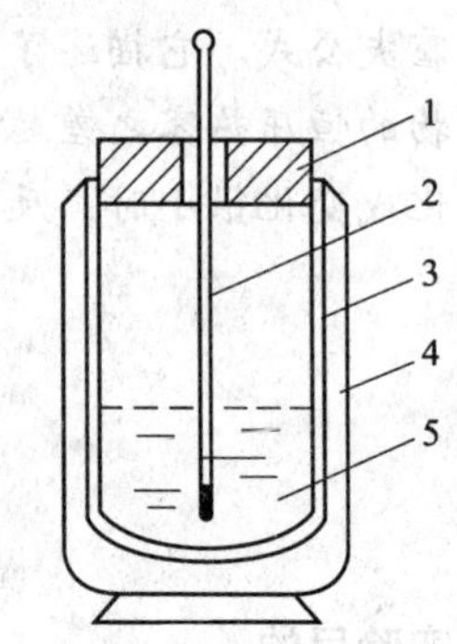

图 5—3—1　简易量热计装置

1—保温盖　2—精密温度计　3—真空隔热层　4—杯外壳　5—反应溶液

用移液管取 50 mL 蒸馏水，注入 100 mL 小烧杯中，加热到高于冷水温度 20℃，停止加热，静置 1 min，用同一支温度计测量其温度，然后每隔 20 s 记录一次，直至三次温度读数不变，此温度为 T_2。

（3）迅速将烧杯中热水倒入量热计中，加盖，同时立即记录温度计读数。然后每隔20 s 记录一次，直至三次温度相同，此温度为 T_3。

（4）数据记录

室温＿＿＿＿＿＿；大气压力＿＿＿＿＿＿。

测定温度 T_1：

t(s)	0	20	40	60	80	100	120
T_1(K)							

测定温度 T_2：

t(s)	0	20	40	60	80	100	120
T_2(K)							

测定温度 T_3：

t(s)	0	20	40	60	80	100	120
T_3(K)							

2. 锌与硫酸铜置换反应热的测定

（1）倒出量热计中水后，用蒸馏水将量热计漂洗两次，用吸水纸擦干量热计。

（2）在台秤上称 2.5 g 锌粉。

（3）用移液管移取 0.200 mol/L 硫酸铜溶液 100 mL 于量热计中，加保温盖，5 min 后开始记录温度，然后每隔 20 s 记录一次，直至三次温度相同，该温度为 T_4。记录数据如下：

t(s)	0	20	40	60	80	100	120
T_4(K)							

（4）打开量热计保温盖，小心、迅速地将锌粉倒入硫酸铜溶液中，盖好，记录温度，每隔 20 s 记录一次，直至最高温度后三次温度相同，该最高温度为 T_5。记录数据如下：

t(s)	0	20	40	60	80	100	120
T_5(K)							

五、实验数据处理

1. 量热计热容测定

冷水温度，T_1(K)	
热水温度，T_2(K)	
冷热水混合后温度，T_3(K)	
热水降低温度（K）	
冷水升高温度，T_2(K)	
量热计热容，c_p(J/K)	

2. 锌与硫酸铜置换反应反应热测定

硫酸铜溶液温度，T_4(K)	
反应后溶液温度，T_5(K)	
反应后溶液升高温度（K）	
溶液体积（mL）	
反应生成铜的物质的量，n(mol)	
反应的热效应，$\Delta_r H_m^{\ominus}$(kJ/mol)	
相对误差（%）	

注：假设溶液的比热容近似等于水的比热容；溶液的密度近似等于水的密度 $\rho = 1$ g/mL。

【课堂思考】

已知在恒压下，上述置换反应的标准摩尔反应焓 $\Delta_r H_m^{\ominus} = 218.7$ kJ/mol。计算实验的误差，并思考造成本实验误差的原因，提出改进措施。

课题四　热力学第二定律

学习目标

1. 了解自发过程的共同特征，了解热力学第二定律的文字表述。

2. 了解熵的物理意义，理解熵增大原理。

3. 理解吉布斯函数，掌握吉布斯函数判据。

4. 理解标准摩尔熵和标准摩尔生成吉布斯函数的概念，掌握化学变化过程标准摩尔反应熵、标准摩尔反应吉布斯函数的有关计算。

5. 了解化学反应等温方程式，能用来判断反应的方向和限度。

化学反应中的能量转化都遵循热力学第一定律，但化学反应未必都能自发进行。在给定条件下，化学反应能否自发进行，热力学第一定律不能回答这个问题，需要热力学第二定律来解决。

一、自发过程

在自然界中，自发过程都有确定的方向及限度。所谓**自发过程**就是在一定条件下不需任何外力作用就能自动进行的过程。例如，热的传导是从高温物体自发地传向低温物体，水是从高处自发地流向低处，气体也总是从高压处自发地向低压处扩散。它们在没有外力作用的条件下，都能自发地进行。反应自发进行的方向，就是指在一定条件下（定温、定压）不需要借助外力做功而能自动进行的反应方向。

自发过程的反方向过程是不会自动进行的。如果要使水从低处往高处流，必须使用抽水机，消耗环境输入的功才能实现。要迫使热反向流动，就需要借助于制冷机，制冷机可从冷的物体以热的形式将能量取出，传给热的物体，使冷的物体越冷，热的物体越热。

通过长期实践，人们发现隔离体系的自发过程总是向着微观粒子分散度增大的方向进行。由此，引入了另外一个热力学状态函数——熵。

二、熵与熵变

1. 熵

熵是系统内物质微观粒子的混乱度（或无序度）的度量，用符号S表示。

熵值小的状态对应于混乱度小或较有序的状态，熵值大的状态对应于混乱度大或较无序的状态。混乱度是有序度的反义词，即组成物质的质点在一个指定空间区域内排列和运动的无序程度。系统的熵值越大，系统内微观粒子的混乱程度越大。显然，熵与热力学能、焓都是系统的一种性质，是状态函数。状态一定，熵值一定。同样，熵也具有加和性，熵值与系统中物质的量成正比。

利用熵的物理意义，可以定性地估计各种物理和化学过程的熵变。

（1）物质的量n：n增加，熵增大。

（2）相变化：$S_{气}>S_{液}>S_{固}$。

（3）p、V、T变化：p升高，熵减小；V增大或T升高，熵增大。

（4）化学变化：增加分子数的反应（指气相），熵增大；反之，熵减小。

因此，状态函数熵取决于体系的物质种类、数量和物理状态。

资料卡——标准熵

根据熵的定义和低温实验获得的规律，可以推得热力学第三定律。热力学第三定律可以表述为：在0 K时，任何纯净的完整晶态物质的熵为零。即：

$$\lim_{T\to 0} S(T)=0$$

如果知道某物质从0 K到指定温度下的热力学数据，如热容、相变热等，可求出此温度下的熵值，称为该物质的规定熵（或绝对熵）。单位物质的量的绝对熵叫摩尔熵。标准状态下的摩尔熵称为标准摩尔熵，以符号$S_m^{\ominus}(T)$表示，其单位为J/K · mol。物质在298.15 K时的标准摩尔熵可从热力学手册中查到。

2. 熵变

熵体现了体系的混乱度，那么熵变在宏观上又与什么有关呢？体系在温度T时，进行一无限小的可逆过程，吸收（或放出）微热 δQ_R，并引起无限小的熵变 dS。则 δQ_R 除以吸热（或放热）时的温度 T 等于体系的熵变，即：

$$dS = \frac{\delta Q_R}{T} \tag{5—4—1}$$

式（5—4—1）就是熵变的定义式。其中下标 R 表示可逆过程，$\frac{\delta Q_R}{T}$ 称为可逆过程的热温商。因此也可以说，可逆过程的热温商在数值上就等于体系的熵变。

若体系由状态 A 经某一过程变化到状态 B，则按状态函数的特性，体系的熵变可以写成：

$$\Delta S = S_B - S_A \tag{5—4—2}$$

由于熵是状态函数，无论过程是否可逆，体系的熵变都可以用式（5—4—2）表示。因此，对于一个化学反应的标准摩尔熵变 $\Delta_r S_m^{\ominus}$ 等于生成物标准摩尔熵的总和减去反应物的标准摩尔熵的总和。即：

$$\Delta_r S_m^{\ominus} = \sum \nu_j S_m^{\ominus}(\text{生成物}) - \sum \nu_i S_m^{\ominus}(\text{反应物}) \tag{5—4—3}$$

式中 ν_i、ν_j 表示化学反应方程式中反应物和生成物前面的系数。

因为每一种物质的熵都随温度升高而增加，因此化学反应的熵变也与温度有关。但大多数情况下生成物增加的熵与反应物增加的熵差不多，所以反应的熵变随温度无明显变化，在近似计算中可以采用标准摩尔熵变。

3. 熵增原理

在现实生活中容易列举许多自发过程都是熵（混乱度）增加的过程，而无法找到熵减少的自发过程。例如，往一杯水中滴加几滴墨水，墨水就会自发地扩散到整杯水中，而这个过程永远不能自发地逆向进行；又如将密闭容器用隔板分割成 3 个独立空间，分别注入 N_2、H_2 和 O_2 气体，隔板打开后，三种气体将很快相互混合。达到一种全体均匀的平衡状态，无论再等多少时间，系统也不会自发地恢复到三种气体独立存在的状态。这是因为，混合过程是混乱度增大的过程，充分混合达到平衡时，系统的混乱程度最大，也就是熵值最大的状态。

这一自发过程的热力学准则，又称为**熵增加原理**。即：

$$\left.\begin{aligned} &\Delta S_{\text{孤立}} > 0 \quad \text{自发过程} \\ &\Delta S_{\text{孤立}} = 0 \quad \text{平衡状态} \\ &\Delta S_{\text{孤立}} < 0 \quad \text{非自发过程} \end{aligned}\right\} \tag{5—4—4}$$

这里，ΔS 表示系统的熵变，下标"孤立"表示孤立系统。

三、热力学第二定律

热力学第二定律和热力学第一定律一样是人类经验的总结，它在理论上的发展给人们提供了判断过程自发方向和限度的普遍标准。热力学第二定律有多种表述方法，其中常被人们引用的是下面两种说法。

1. 开尔文说法

不可能从单一热源吸热使之全部变为功而不引起其他变化。开尔文的说法又可表述为：第二类永动机不可能实现。所谓第二类永动机就是一种能从单一热源（如大气、海洋、地面）吸热，并将其全部变为功而无其他影响的机器。实践证明这类机器是不可能造成的。

2. 克劳修斯说法

热不可能自动地从低温物体传递给高温物体。这种表述指明了热传导的不可逆性。

克氏与开氏的说法都是指出某种自发过程的逆过程是不能自动进行的，这两种说法是完全等效的。

3. 隔离体系中，自发过程向着熵增大的方向进行

第三种说法判断自发过程的方向和限度，其优点在于熵是状态函数，它的变化可以通过计算，但是用熵来判断过程的自发方向，其条件是隔离系统，而在实际生产当中所遇到的系统，往往是封闭系统的恒压过程，所以需要引出新的状态函数——吉布斯函数。

四、吉布斯函数及其判据

1. 吉布斯函数

1875 年，美国物理化学家吉布斯提出一个把焓和熵结合在一起的热力学函数——自由能，现称之为**吉布斯自由能**或**吉布斯函数**，用符号 G 表示。

吉布斯函数的定义式为：

$$G = H - TS \tag{5—4—5}$$

从定义式可以看出，吉布斯函数是系统的一种性质。由于 H、T、S 都是状态函数，所以吉布斯函数也是系统的状态函数。

对于恒温过程：

$$\Delta G = \Delta H - T\Delta S \tag{5—4—6}$$

2. 吉布斯函数判据

通过热力学第一定律和热力学第二定律可以证明，吉布斯函数与自发过程间存在着如下关系。

在恒温恒压、只做体积功的条件下：

$$\left.\begin{array}{ll}\Delta G<0 & \text{自发过程，过程能向正方向进行}\\ \Delta G=0 & \text{平衡状态}\\ \Delta G>0 & \text{非自发过程，过程能向逆方向进行}\end{array}\right\} \tag{5—4—7}$$

此关系式就可作为恒温恒压、只做体积功条件下，判断化学反应自发性的一个标准。

从热力学可以导出，如果化学反应在恒温恒压条件下，除做体积功外，还做非体积功 W'，则吉布斯函数判据就变为：

$$\left.\begin{array}{ll}-\Delta G>-W' & \text{自发过程}\\ -\Delta G=-W' & \text{平衡状态}\\ -\Delta G<-W' & \text{非自发过程}\end{array}\right\} \tag{5—4—8}$$

此式的意义是在恒温恒压下，一个封闭系统对外所能做的最大非体积功（即有用功如电功、表面功等）等于其吉布斯函数的减少。

一个自发过程的进行，因有内在的推动力，无须施加外功。如果给以适当的条件，可以对外做功。即自发过程具有对外做功的能力。吉布斯提出，判断反应自发性的正确标准是它做有用功的能力。在恒温恒压下，如果某一反应无论在理论或实际上都可用来做有用功，则该反应是自发的；如果必须从外界吸收功才能使某一反应进行，则该反应就是非自发的。

3. 化学反应中 $\Delta_r G_m^{\ominus}$（T）的计算

在某一温度下，各物质处于标准态时化学反应的摩尔吉布斯函数的变化，叫做**标准摩尔吉布斯函变**，以符号 $\Delta_r G_m^{\ominus}$（T）表示。对 298.15 K 时的标准摩尔吉布斯函数变，T 可以省略。这里介绍两种计算 $\Delta_r G_m^{\ominus}$ 的方法。

（1）由标准摩尔生成吉布斯函数计算

在指定温度下，在标准状态时，由指定单质生成单位物质的量的纯物质时反应的吉布斯函数变，叫做该物质的**标准摩尔生成吉布斯函数**。而任何指定单质的标准摩尔生成吉布斯函数为零。物质在 298.15 K 时的标准摩尔生成吉布斯函数值可从热力学手册中查到。

根据吉布斯函数是状态函数且具有加和性的特点，与标准摩尔焓变的计算类似，反应的标准摩尔吉布斯函数变等于生成物标准摩尔生成吉布斯函数的总和减去反应物标准摩尔生成吉布斯函数的总和。

【例 5—4—1】 计算 298.15 K 时反应 $H_2(g) + Cl_2(g) = 2HCl(g)$ 的标准摩尔吉布斯函数变 $\Delta_r G_m^{\ominus}$。已知 298.15 K 时，$\Delta_f G_m^{\ominus}(HCl,\ g) = -95.30$ kJ/mol。

解 $\qquad H_2(g) + Cl_2(g) = 2HCl(g)$

$\Delta_f G_m^{\ominus}$(kJ/mol) $\quad 0 \qquad 0 \qquad -95.30$

$$\begin{aligned}\Delta_r G_m^{\ominus} &= 2\Delta_f G_m^{\ominus}(HCl,\ g) - \Delta_f G_m^{\ominus}(H_2,\ g) - \Delta_f G_m^{\ominus}(Cl_2,\ g)\\ &= 2\times(-95.30) - 0 - 0\\ &= -190.60\ \text{kJ/mol}\end{aligned}$$

答：反应的标准摩尔吉布斯函数变 $\Delta_r G_m^{\ominus} = -190.60$ kJ/mol。

（2）利用物质的 $\Delta_r H_m^{\ominus}$(298.15 K) 和 $\Delta_r S_m^{\ominus}$(298.15 K) 的数据求算

根据式（5—4—6），对于恒温下的化学反应：

$$\Delta_r G_m^{\ominus} = \Delta_r H_m^{\ominus} - T\Delta_r S_m^{\ominus} \qquad (5—4—9)$$

因此，通过物质的 $\Delta_r H_m^{\ominus}$(298.15 K) 和 $\Delta_r S_m^{\ominus}$(298.15 K) 的数据可求算 $\Delta_r G_m^{\ominus}$（298.15 K）。

【例 5—4—2】 试计算下列反应在 298.15 K 时的 $\Delta_r G_m^{\ominus}$，并判断此条件下反应能否自发进行。

$$H_2O(g) + CO(g) = CO_2(g) + H_2(g)$$

有关物质在 298. 15 K 时的热力学数据如下：

物质	H_2 (g)	CO_2 (g)	H_2O (g)	CO (g)
$\Delta_f H_m^{\ominus}$(kJ/mol)	0	−393.5	−241.8	−110.5
$S_m^{\ominus}$(J/K · mol)	130.5	213.8	188.7	197.9

解
$$\begin{aligned}\Delta_r H_m^{\ominus} &= \Delta_f H_m^{\ominus}(CO_2,\ g) + \Delta_f H_m^{\ominus}(H_2,\ g) - \Delta_f H_m^{\ominus}(H_2O,\ g) - \Delta_f H_m^{\ominus}(CO,\ g)\\ &= -393.5 + 0 - (-241.8) - (-110.5) = -41.2\ \text{kJ/mol}\end{aligned}$$

$$\begin{aligned}\Delta_r S_m^{\ominus} &= S_m^{\ominus}(CO_2,\ g) + S_m^{\ominus}(H_2,\ g) - S_m^{\ominus}(H_2O,\ g) - S_m^{\ominus}(CO,\ g)\\ &= 213.8 + 130.5 - 188.7 - 197.9 = -42.3\ \text{J/K}\cdot\text{mol}\end{aligned}$$

$$\begin{aligned}\Delta_r G_m^{\ominus} &= \Delta_r H_m^{\ominus} - T\Delta_r S_m^{\ominus}\\ &= -41.2 - 298.15\times(-42.3)\times10^{-3} = -28.59\ \text{kJ/mol} < 0\end{aligned}$$

答：此反应在此条件下可自发进行。

【课堂思考】 反应 $CaCO_3$（s）══CaO（s）$+CO_2$（g）在 101.3 kPa、298.15 K 时能否自发进行？若不能进行，计算此反应自发进行的最低温度。有关物质在 298.15 K 时的力学数据如下：

物质	$CaCO_3$（s）	CaO（s）
$\Delta_f H_m^{\ominus}$(kJ/mol)	−1 206.9	−635.1
$S_m^{\ominus}$(J/K·mol)	92.9	213.8

*4. $\Delta_r G_m$ 与 $\Delta_r G_m^{\ominus}$ 的关系——化学反应等温方程式

化学反应系统并非都处于标准态，因此，任意状态下反应的自发性判断标准是 $\Delta_r G_m$，而不是 $\Delta_r G_m^{\ominus}$。任意态（或称指定态）时反应过程的吉布斯函数变 $\Delta_r G_m$，会随着系统中反应物和生成物的分压（对于气体）或浓度（对于水合离子或分子）的改变而改变。

对于一般的反应式：

$$aA + bB \rightleftharpoons gG + dD$$

若该反应是气体反应，$\Delta_r G_m$ 与 $\Delta_r G_m^{\ominus}$ 之间的关系可由化学热力学推导得出：

$$\Delta_r G_m(T) = \Delta_r G_m^{\ominus}(T) + RT\ln\prod_B[p(B)/p^{\ominus}]^{\nu(B)} \qquad (5—4—10)$$

式中，R 为摩尔气体常数；p（B）为参与反应的物质 B 的分压力；$p^{\ominus}$为标准压力，热力学规定为 100 kPa；$\prod$为连乘算符；ν（B）为化学反应式中参加反应的物质前的系数。如对于反应：

$$2CO(g) + O_2(g) = 2CO_2(g)$$

$$\Delta_r G_m(T) = \Delta_r G_m^{\ominus}(T) + RT\ln\frac{[p(CO_2)/p^{\ominus}]^2}{[p(O_2)/p^{\ominus}][p(CO)/p^{\ominus}]^2}$$

对于水溶液中的离子反应，或有水合离子（或分子）参与的多相反应，由于此类物质变化的不是气体的分压 p，而是相应的水合离子（或分子）的浓度 c，根据化学热力学的推导，此时各物质的 $p(B)/p^{\ominus}$将换成 $c(B)/c^{\ominus}$。$c^{\ominus}$为标准浓度，规定 $c^{\ominus}$为 1 mol/dm^3，或 1 mol/L。即：

$$\Delta_r G_m(T) = \Delta_r G_m^{\ominus}(T) + RT\ln\prod_B[c(B)/c^{\ominus}]^{\nu(B)} \qquad (5—4—11)$$

若有纯的固态或液态物质参与反应，则不必列入式子中。

习惯上将$\prod_B[p(B)/p^{\ominus}]^{\nu(B)}$或 $\ln\prod_B[c(B)/c^{\ominus}]^{\nu(B)}$称为**反应商** J，$p(B)/p^{\ominus}$或 $c(B)/c^{\ominus}$称为相对分压（或相对浓度），故可将式（5—4—10）和式（5—4—11）写为：

$$\Delta_r G_m(T) = \Delta_r G_m^{\ominus}(T) + RT\ln J \qquad (5—4—12)$$

式（5—4—10）~式（5—4—12）称为**化学反应等温方程式**。

显然，若所有参与反应的物质的分压和浓度均处于标准状态时，则 $J=1$，$\ln J=0$。这时，任意态变成了标准态，$\Delta_r G_m(T) = \Delta_r G_m^{\ominus}(T)$。

在一般情况下，只有根据化学反应等温方程求出指定态下 $\Delta_r G_m(T)$ 是否小于零，才能判断此条件下反应的自发性。

课题五　化 学 平 衡

学习目标

1. 掌握可逆反应和化学平衡的概念。

2. 明确实验平衡常数和标准平衡常数的意义，能用热力学数据计算化学反应平衡常数和平衡组成。

3. 了解反应商在化学反应方向与限度判断中的应用。

4. 会分析温度、压力、浓度、惰性组分等对化学平衡的影响。

对于化学反应，我们不仅需要知道反应在给定条件下能否自发进行，而且还需要知道在该条件下反应可以进行到什么程度，采取哪些措施可以提高产率等，这些都是化学平衡理论要解决的问题。

一、可逆反应与化学平衡

有些化学反应如实验室制备氧气时，氯酸钾在催化剂二氧化锰的作用下受热分解生成氯化钾和氧气。而在同样条件下，氯化钾和氧气不能反应生成氯酸钾。

$$2KClO_3 \xlongequal{MnO_2} 2KCl + 3O_2\uparrow$$

像这样几乎只能向一个方向进行的反应叫做**不可逆反应**。

但许多化学反应具有可逆性。例如，乙醇和乙酸在一定条件下反应生成乙酸乙酯和水。在同样条件下，乙酸乙酯和水也可发生水解生成乙醇和乙酸。像这样一种化学反应，在相同的条件下，反应物之间可以相互作用生成生成物（正反应），同时生成物之间也可以相互作用生成反应物（逆反应），这样的反应就叫**可逆反应**。

对于可逆反应，在化学反应开始的瞬间，正方向的速率最大而逆方向的速率为零。随着时间的延长，反应物被消耗，正方向的速率不断减小；同时，生成物不断产生，逆方向的速率逐渐增大。当反应进行到一定程度时，系统中反应物与生成物的浓度（或压力）便不再随时间而改变，也就是达到了平衡状态。宏观上的平衡是由于微观上仍持续进行着正、逆反应的速率相互抵消所致。系统的这种表面上静止的状态叫做**化学平衡状态**，简称化学平衡。显然，化学平衡是一种动态平衡。可逆反应的方程式中用可逆符号“$\rightleftharpoons$”来表示，而不用等号。例如，工业上合成氨的反应为一可逆反应，表示为：

$$N_2 + 3H_2 \underset{催化剂}{\overset{高温、高压}{\rightleftharpoons}} 2NH_3$$

二、化学平衡常数

1. 实验平衡常数

总结许多化学反应结果得出，在一定温度下任何一个可逆反应，无论从正反应开始或是从逆反应开始，无论反应起始时反应物浓度的大小，最后都能达到化学平衡状态。这时，各物质浓度相对稳定，生成物平衡浓度幂的乘积与反应物平衡浓度幂的乘积之比是一个常数，这个常数称为**化学平衡常数**，用 K 表示。

对于化学反应：

$$aA + bB \rightleftharpoons gG + dD$$

平衡常数表达式具有下面的一般形式：

$$K_p = \frac{p(G)^g p(D)^d}{p(A)^a p(B)^b} \tag{5—5—1}$$

$$或 \quad K_c = \frac{c(G)^g c(D)^d}{c(A)^a c(B)^b} \tag{5—5—2}$$

K_p 和 K_c 分别称为压力平衡常数和浓度平衡常数。

也就是说，平衡常数表达式中，分子为反应式右边各生成物达到平衡时的分压（或浓度）之积，分母为反应式左边各反应物达到平衡时的分压（或浓度）之积，且各物质的分压（或浓度）以其在化学反应方程式中的化学计量数为幂。K_p 和 K_c 具有量纲，但通常不给出其单位，而要求表达式中各物质的压力采用大气压（atm）为单位，浓度采用摩尔浓度（mol/L 或 mol/dm^3）为单位。

2. 标准平衡常数

平衡常数的表达式最初是由实验数据总结归纳出来的，但实际上它也可以从化学热力学的等温方程式推导得出。

热力学上规定平衡常数表达式中有关物质的浓度（或分压）都要分别除以其标准态，此时的平衡常数称**标准平衡常数**，也称热力学平衡常数。如前所述，溶液的标准态 $c^\ominus$ 为 1 mol/L，气体分压的标准态 $p^\ominus$ 为 100 kPa。

对于理想气体反应系统，如反应：

$$aA(g) + bB(g) \rightleftharpoons gG(g) + dD(g)$$

标准平衡常数的表达式为：

$$K^\ominus = \frac{[p(G)/p^\ominus]^g\,[p(D)/p^\ominus]^d}{[p(A)/p^\ominus]^a\,[p(B)/p^\ominus]^b} \tag{5-5—3}$$

对于溶液反应系统，如反应：

$$aA(aq) + bB(aq) \rightleftharpoons gG(aq) + dD(aq)$$

标准平衡常数的表达式为：

$$K^\ominus = \frac{[c(G)/c^\ominus]^g\,[c(D)/c^\ominus]^d}{[c(A)/c^\ominus]^a\,[c(B)/c^\ominus]^b} \tag{5—5—4}$$

对于气液混相反应：

$$aA(aq) + bB(g) \rightleftharpoons gG(aq) + dD(g)$$

标准平衡常数的表达式为：

$$K^\ominus = \frac{[c(G)/c^\ominus]^g\,[p(D)/p^\ominus]^d}{[c(A)/c^\ominus]^a\,[p(B)/p^\ominus]^b} \tag{5—5—5}$$

标准平衡常数 $K^\ominus$ 与实验平衡常数 K 有区别，它没有浓度平衡常数和压力平衡常数之分，可以看出它是是无量纲的量，故被广为采用。

为了简化书写，本书直接用“$[p(B)]$”表示 $p(B)/p^\ominus$（称相对压力）；用“$[c(B)]$”表示 $c(B)/c^\ominus$（称相对浓度）。如式（5—5—3）和式（5—5—4）可分别简写为：

$$K^{\ominus}=\frac{[p(\mathrm{G})]^{g}[p(\mathrm{D})]^{d}}{[p(\mathrm{A})]^{a}[p(\mathrm{B})]^{b}} \text{ 和 } K^{\ominus}=\frac{[c(\mathrm{G})]^{g}[c(\mathrm{D})]^{d}}{[c(\mathrm{A})]^{a}[c(\mathrm{B})]^{b}}$$

3. 书写和应用平衡常数应注意的事项

(1) 写入平衡常数表达式中的各物质的浓度或分压，必须是在系统达到平衡时的浓度或分压。

(2) 在化学平衡表达式中，固体和纯液体的浓度可视为常数，不表示在表达式中。如对于反应：

$$Fe_3O_4(s)+4CO(g)\rightleftharpoons 3Fe(s)+4CO_2(g)$$

其标准平衡常数表达式为：

$$K^{\ominus}=\frac{[p(CO_2)]^4}{[p(CO)]^4}$$

(3) 同一可逆反应的平衡常数，随反应方程式中各物质的计量系数不同而改变。例如：

$$2SO_2+O_2\rightleftharpoons 2SO_3$$

$$K^{\ominus}=\frac{[p(SO_3)]^2}{[p(SO_2)]^2[p(O_2)]}$$

$$SO_2+\frac{1}{2}O_2\rightleftharpoons SO_3$$

$$K^{\ominus}=\frac{[p(SO_3)]}{[p(SO_2)][p(O_2)]^{\frac{1}{2}}}$$

***4. 标准吉布斯函变与平衡常数**

以气相反应为例，根据式（5—4—10），当气相反应达到平衡时，$\Delta_r G_m(T)=0$，即：

$$0=\Delta_r G_m^{\ominus}(T)+RT\ln\prod_B[p(\mathrm{B})]^{\nu(\mathrm{B})}$$

由平衡常数的表达式可知，$\prod_B[p(\mathrm{B})]^{\nu(\mathrm{B})}$ 即为 $K^{\ominus}$，因此：

$$\Delta_r G_m^{\ominus}(T)=-RT\ln K^{\ominus} \qquad (5—5—6)$$

式（5—5—6）给出了平衡常数 $K^{\ominus}$ 与 $\Delta_r G_m^{\ominus}(T)$ 之间的关系。$K^{\ominus}$ 与 $\Delta_r G_m^{\ominus}(T)$ 是温度 T 的函数，所以应用式（5—5—6）时，必须注明温度。

通过上述讨论可知，$K^{\ominus}$ 数值决定于反应的本性和温度，而与压力或组成无关。对于一个给定的反应，$K^{\ominus}$ 只是温度的函数。$\Delta_r G_m^{\ominus}(T)$ 的代数值越大，$K^{\ominus}$ 值越小，反应向正方向进行的程度越小；$\Delta_r G_m^{\ominus}(T)$ 的代数值越小，则 $K^{\ominus}$ 值越大，反应向正方向进行的程度越大，说明该反应进行越彻底。

资料卡——利用反应商判断化学反应的方向和限度

将式（5—5—6）代入（5—4—11）得：

$$\Delta_r G_m(T)=-RT\ln K^{\ominus}+RT\ln J \qquad (5—5—7)$$

式中，$K^{\ominus}$ 为化学反应的标准平衡常数，J 为反应商。上式可作为恒温恒压且不作非体积功时，可逆化学反应方向和限度的判据。

$K^{\ominus}>J$，$\Delta_r G_m(T)<0$，反应正向自发进行；$K^{\ominus}=J$，$\Delta_r G_m(T)=0$，反应处于平衡状态；$K^{\ominus}<J$，$\Delta_r G_m(T)>0$，反应逆向自发进行。

三、化学平衡常数的应用

化学反应达到平衡状态时，反应物和生成物的浓度都不再随时间而改变，这时反应物已经最大限度地转化为生成物。根据这个关系可以计算有关物质的浓度、平衡常数和平衡转化率。

【例 5—5—1】 合成氨反应在 500℃建立平衡，此时 $p(NH_3)=3.53\times10^6$ Pa，$p(N_2)=4.13\times10^6$ Pa，$p(H_2)=12.36\times10^6$ Pa，求 500℃时该反应的热力学平衡常数 $K^{\ominus}$ 与实验平衡常数 K_p。

解　　$N_2(g) + 3H_2(g) \rightleftharpoons 2NH_3(g)$

平衡压力（$\times10^6$ Pa）4.13　　12.36　　3.53

则

$$K^{\ominus}=\frac{[p(NH_3)]^2}{[p(N_2)][p(H_2)]^3}=1.63\times10^{-5}$$

$$K_p=\frac{p^2(NH_3)}{p(N_2)\,p^3(H_2)}=1.598\times10^{-15}$$

答：该反应的热力学平衡常数为 1.63×10^{-5}，实验平衡常数为 1.598×10^{-15}。

【例 5—5—2】 在一个 10 L 的密闭容器中，以一氧化碳与水蒸气混合加热时，存在以下平衡，$CO(g)+H_2O(g)\rightleftharpoons CO_2(g)+H_2(g)$。在 800℃时，若 $K_p=1$，用 2 mol CO 及 2 mol H_2O 互相混合，加热到 800℃，求平衡时各种气体的浓度以及 CO 转化为 CO_2 的平衡转化率。

解　设达到平衡时 $CO_2(g)$、$CO(g)$ 的浓度为 x mol/L

	$CO(g)$	$+H_2O(g)$	$\rightleftharpoons CO_2(g)$	$+H_2(g)$
初始浓度（mol/L）	2/10	2/10	0	0
平衡浓度（mol/L）	$0.2-x$	$0.2-x$	x	x

则：

$$\frac{x^2}{(0.2-x)^2}=1$$

解得：$x=0.1$ mol/L

平衡时各物质的浓度为：$c(CO_2)=c(H_2)=c(CO)=c(H_2O)=0.1$ mol/L

平衡转化率　　$\alpha=\frac{0.1}{0.2}\times100\%=50\%$

答：平衡时各物质的浓度均为 0.1 mol/L，平衡转化率为 50%。

资料卡——平衡转化率与平衡产率

平衡转化率是指反应达到平衡时，反应中已消耗的某反应物的量与反应起始时该反应物的量之比，用 α 表示。即：

$$\alpha=\frac{\text{平衡时已消耗的某反应物的量}}{\text{起始时该反应物的量}}\times100\%$$

平衡产率是指反应达到平衡时，反应生成某指定产物所消耗某反应物的物质的量与进行反应所用该反应物的物质的量之比，用 α 表示。即：

$$\alpha = \frac{\text{生成某指定产物所消耗某反应物的量}}{\text{起始时该反应物的量}} \times 100\%$$

【例 5—5—3】　已知铁在高温下的氧化反应：

$$2Fe(s) + O_2(g) \rightleftharpoons 2FeO(s)$$

在 1 000 K 时，$\Delta_r G_m^{\ominus} = -400.82$ kJ/mol，求：

（1）$K^{\ominus}$；

（2）FeO（s）的分解压。

解（1）根据式（5—5—6）：

$$\Delta_r G_m^{\ominus} = -RT\ln K^{\ominus}$$

$$K^{\ominus} = \exp(-\Delta_r G_m^{\ominus}/RT) = \exp\left(-\frac{-400\ 820\ \text{J/mol}}{8.314\ \text{J/mol}\cdot\text{K} \times 1\ 000\ \text{K}}\right) = 8.658 \times 10^{20}$$

（2）根据标准平衡常数的表达式：

$$K^{\ominus} = \frac{p^{\ominus}}{p(O_2)} = 8.658 \times 10^{20}$$

$$p(O_2) = \frac{101.325\ \text{kPa}}{8.658 \times 10^{20}} = 1.17 \times 10^{-19}\ \text{kPa}$$

这说明，1 000 K 时 FeO(s) 表面 O_2 的平衡分压是 1.17×10^{-19} kPa。若 O_2 分压低于此值，则 FeO(s) 将要分解。

答：标准平衡常数为 8.658×10^{20}，FeO(s) 的分解压为 1.17×10^{-19} kPa。

资料卡——固体的分解压

对于纯固体，在一定的温度下，能分解出气体物质，平衡时气体物质的压强称为固体物质的分解压。分解压只是温度的函数，并随温度的升高而增大。当分解压等于外压时，固体发生剧烈分解。分解压等于 101.325 Pa 时的温度称为该物质的分解温度。

四、化学平衡移动

研究化学平衡的目的，既不是等待一个平衡状态的出现，也不是维持平衡状态不变，而是要了解各种外界因素对化学平衡状态的影响，使平衡向着更加有利的方向进行移动。

化学平衡只是可逆反应在一定条件下的一种相对的、暂时的稳定状态。如果影响平衡的外界条件（如浓度、压力、温度等）发生变化，原来的平衡状态就会被破坏，各物质浓度就会发生变化，使正、逆反应速率不再相等，直到在新的条件下，反应又达到新的平衡状态。像这样因外界条件的改变，使原有的化学平衡被破坏，直至建立起新的化学平衡的过程，叫做**化学平衡的移动**。

1. 浓度对化学平衡的影响

在其他条件不变的情况下，当化学反应达到平衡时，改变任何一种反应物或生成物的浓度，都会引起化学平衡的移动。

例如，在一个小烧杯里混合 10 mL 0.01 mol/L 的 $FeCl_3$溶液和 10 mL 0.1 mol/L 的 KSCN（硫氰化钾）溶液，溶液立即变成血红色。将此溶液平均分到 3 支试管中，然后在第 1 支试管里加入 0.5 mL 1 mol/L $FeCl_3$溶液，在第 2 支试管里加入 0.5 mL 1 mol/L KSCN 溶液，观察这 2 支试管里溶液颜色的变化，并和第 3 支试管相比较。

氯化铁与硫氰化钾起反应，生成氯化钾和血红色的硫氰化铁，这个反应的化学平衡可表示为：

$$FeCl_3 + 3KSCN \rightleftharpoons 3KCl + Fe(SCN)_3 \text{（血红色）}$$

从上面实验可以看到，在平衡混合物里，当加入氯化铁溶液或硫氰化钾溶液以后，溶液的颜色都变深了，这说明生成了更多的硫氰化铁。由此可见，增大任何一种反应物的浓度都会使化学平衡向正反应方向移动。

浓度对化学平衡的影响可概括为：对于任何可逆反应，在其他条件不变的情况下，增大反应物的浓度（或减小生成物的浓度），都可以使平衡向着正反应的方向移动；增大生成物的浓度（或减小反应物的浓度），都可以使平衡向着逆反应的方向移动。

在工业生产上往往采用增大容易取得的或成本较低的反应物浓度的方法，使成本较高的原料得到充分利用。例如，在硫酸工业中，常用过量的空气使二氧化硫充分氧化，以生成更多的三氧化硫。同样也可以采取将生成物不断从反应体系中分离出来的方法，使反应更好地向正反应方向进行。例如，在合成氨的反应中，就是将生成的氨不断地从反应的混合气体中分离出来。

2. 压力对化学平衡的影响

对于有气体参加的可逆反应，当处于化学平衡状态时，如果改变压力，无论气态反应物还是气态生成物的浓度都会随之发生改变，改变压力也就会使化学平衡发生移动。例如，用注射器吸入一定体积的 NO_2和 N_2O_4混合气体，然后用橡皮塞将细管端加以封闭，反复推拉活塞，我们将会看到混合气体的颜色发生变化。

NO_2和 N_2O_4在一定条件下，处于化学平衡状态。即：

$$\underset{\text{（红棕色）}}{2NO_2(g)} \rightleftharpoons \underset{\text{（无色）}}{N_2O_4(g)}$$

当活塞往外拉时，混合气体的颜色先变浅又逐渐变深。先变浅是因为注射器内体积增大，气体的压强减小，浓度也减小，导致颜色变浅；逐渐变深是因为化学平衡向着生成 NO_2的逆反应方向移动，生成了更多的 NO_2。当活塞往里推时，混合气体的颜色先变深又逐渐变浅。先变深是因为注射器内体积减小，气体的压力增大，浓度也增大，导致颜色变深；逐渐变浅是因为化学平衡向着生成 N_2O_4的正方向移动，生成了更多的 N_2O_4。

压力对化学平衡的影响可概括为：对于任何有气体参加的可逆反应，在其他条件不变的情况下，增大压力，化学平衡向着气体分子总数减少的方向移动；减小压力，化学平衡向着气体分子总数增加的方向移动。

在有些可逆反应里，反应前后气体分子总数没有变化。例如：

$$2HI \rightleftharpoons H_2 + I_2(g)$$

$$N_2 + O_2 \underset{\text{放热}}{\overset{\text{吸热}}{\rightleftharpoons}} 2NO$$

因此，化学反应前后气体分子总数不变的反应，无论增大或减小压力，化学平衡都不发生移动。

固态或液态物质的体积，受压力的影响很小，可以忽略不计。因此，平衡混合物都是固体或液体时，改变压力，化学平衡一般不发生移动。

3. 惰性介质对化学平衡的影响

所谓惰性介质是指存在于反应体系中，但不参加反应的气体物质。在温度、压力一定时，惰性介质虽然不参加反应，不影响标准平衡常数，但其加入却影响平衡组成。由于总压力不变，引入惰性介质相当于降低反应系统的压力，从而使平衡发生移动。

例如，在合成氨工艺中，氨的合成（$N_2 + 3H_2 \rightleftharpoons 2NH_3$）是物质的量减少的反应，由于反应原料气中含有少量的甲烷和氩气，在原料气的不断循环使用过程中，这些气体不断的在系统中积累，相当于降低了反应系统的压力，影响了氨的产率。为此在合成氨工艺中要定时将尾气部分排放，以降低其中惰性组分的含量。

4. 温度对化学平衡的影响

化学反应总是伴随着能量的变化。对于可逆反应来说，正反应是放热反应，其逆反应必为吸热反应。例如：

$$2NO_2 \underset{吸热}{\overset{放热}{\rightleftharpoons}} N_2O_4 + Q$$

（红棕色）（无色）

如图5—5—1所示，在2个连通着的烧瓶中，装有 NO_2 与 N_2O_4 达到平衡的混合气体。用夹子夹住橡皮管，把1个烧瓶放进热水里，把另1个烧瓶放入冰水（或冷水）里，观察混合气体颜色的变化，并与常温时盛有相同混合气体的烧瓶中的颜色进行对比。

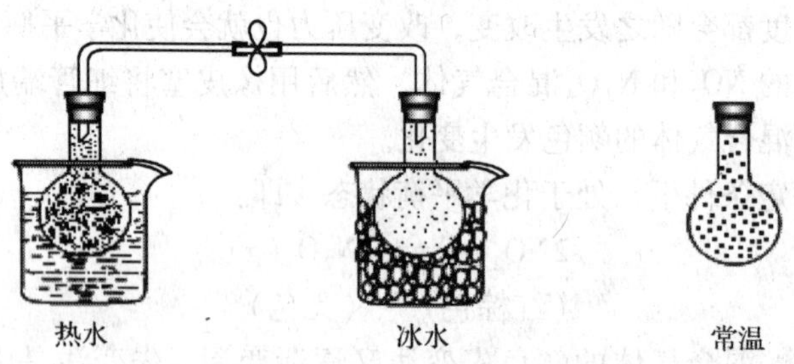

图5—5—1　温度对化学平衡的影响

可以发现，放入热水中的烧瓶内的混合气体的颜色变深了，而放入冰水（或冷水）中的烧瓶内的混合气体的颜色变浅了，这是因为在不同的温度下，平衡发生了移动。变深是 NO_2 浓度增大了，平衡向逆反应方向发生了移动；变浅是因为 NO_2 浓度减小了，平衡向正反应方向发生了移动。

温度对化学平衡的影响可总结为：对于任何可逆反应，在其他条件不变的情况下，升高温度，化学平衡向吸热反应方向移动；降低温度，化学平衡向放热反应方向移动。

资料卡——温度对化学平衡的影响

由式（5—4—9）和式（5—5—6）可得：

$$\ln K^{\ominus} = \frac{-\Delta_r H_m^{\ominus}}{RT} + \frac{\Delta_r S_m^{\ominus}}{R} \qquad (5—5—8)$$

设某一可逆反应，在温度 T_1 时其标准平衡常数为 $K_1^{\ominus}$，在温度 T_2 时其标准平衡常数为 $K_2^{\ominus}$，$\Delta_r H_m^{\ominus}$ 和 $\Delta_r S_m^{\ominus}$ 随温度变化很小可以不考虑，则：

$$\ln \frac{K_2^\ominus}{K_1^\ominus} = -\frac{\Delta_r H_m^\ominus}{R}\left(\frac{1}{T_2} - \frac{1}{T_1}\right) \quad (5—5—9)$$

上式表明了温度对化学平衡的影响。如果是放热反应，$\Delta_r H_m^\ominus < 0$，温度升高时（$T_2 > T_1$），则 $K_2^\ominus < K_1^\ominus$，即平衡常数随温度的升高而减小，平衡向左移动；如果是吸热反应，$\Delta_r H_m^\ominus > 0$，温度升高时（$T_2 > T_1$），则 $K_2^\ominus > K_1^\ominus$，即平衡常数随温度的升高而增大，平衡向右移动。式（5—5—8）、式（5—5—9）称为范特霍夫等压方程式。

综合浓度、压强、温度等外界因素的变化对化学平衡的影响，可概括成一个结论：如果改变影响平衡的一个条件（如浓度、压强或温度等），平衡就向着能够减弱这种改变的方向移动，这个原理称为**勒夏特列原理**，也叫**平衡移动原理**。

需要指出，催化剂在可逆反应过程中，能同时、同等程度地改变正、逆反应的速率，因此，它对化学平衡的移动没有影响，但它能改变反应达到平衡所需的时间。

【课堂思考】 试利用化学反应等温方程式、式（5—5—6）或范特霍夫等压方程式，分析浓度、压力、温度对化学平衡移动的影响。

第六单元 电解质溶液

大多数无机化学反应是在水溶液中进行的，参加反应的物质主要是酸、碱、盐，它们都是电解质。电解质溶液在工农业生产、医药卫生等方面都有着广泛的应用。

课题一 电解质的电离

学习目标

1. 了解电解质溶液电离理论。
2. 掌握电离平衡和电离常数的概念。
3. 掌握电离度的概念，了解影响弱电解质电离度的因素。
4. 熟悉离子反应的概念，掌握离子反应方程式的写法。

很多无机化学反应都是在水溶液中进行的，参与这些反应的物质主要是酸、碱和盐。掌握酸碱反应的本质和规律是基础化学的重要内容。

一、电解质及其强弱

1. 电解质

在水溶液或熔融状态下能部分或全部形成离子而导电的化合物叫**电解质**，例如 H_2SO_4、NaOH、NaCl、NH_4Cl 等；非电解质是在水溶液和熔化状态时都不能形成离子也不导电的化合物，例如酒精、蔗糖、甘油等绝大多数的有机化合物。

2. 电解质的电离

导电现象是由于带电粒子做定向移动引起的。电解质在水溶液中或熔化状态之所以能导电，是因为在此状态下存在着可以自由移动的粒子。

大多数的盐类物质以及强碱都是离子化合物。在干燥的晶体中，阴、阳离子只能在晶格结点上震动，不能够自由移动，所以晶体不导电。当晶体受热熔化时，离子吸收了能量，完全能够克服阴阳离子之间的引力，解离为自由移动的离子；如果把它们放入水中，受极性的水分子吸引和碰撞，阴、阳离子间的吸引也会减弱，并逐渐脱离晶体表面进入溶液，成为能够自由移动的水和离子，如图 6—1—1 所示。

具有强极性键的共价化合物是以分子状态存在的。如气态和液态的氯化氢中，只有分子而没有离子。当氯化氢（HCl）溶于水时，在水分子的作用下，HCl 分子会被极化，继而极性键断裂，形成可以自由移动的水合氯离子和水合氢离子。

这种电解质在水溶液中或熔融状态时，解离为自由移动离子的过程叫做**电离**。可表示为（为了简便，本书仍用普通离子的符号来表示水合离子）：

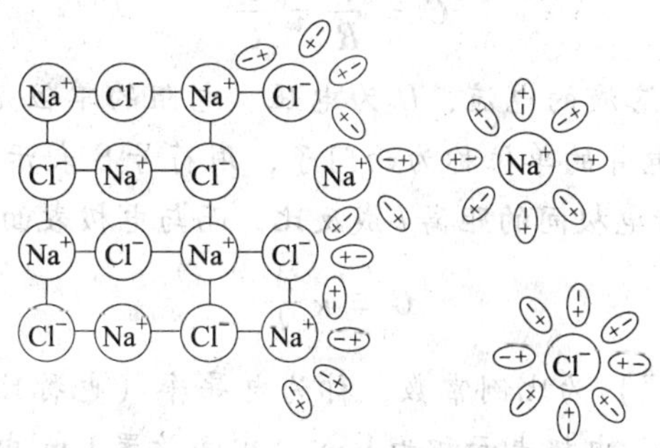

图 6—1—1　NaCl 溶解示意图

$$NaCl = Na^+ + Cl^-$$

$$HCl = H^+ + Cl^-$$

当电解质的熔融液或水溶液接通电源时，离子就会做定向运动。阳离子向负极移动，阴离子向正极移动，于是就产生了导电现象。

非电解质一般是由弱极性键形成的化合物，本身不具有离子；在水溶液中，与水分子间的作用力较弱，不能发生电离。所以它们在熔化状态和水溶液中都不导电。

某些化合物（如二氧化硫、二氧化碳等）本身并不能电离，但其溶液具有导电性，这是由它们与水反应生成了电解质（如亚硫酸、碳酸等）。因此，不能称其是电解质。

【课堂思考】　金属导电和盐酸溶液导电的机理一样吗?

3. 强电解质和弱电解质

相同条件下，不同电解质在水溶液中的电离程度是不相同的。

通常把在水溶液中完全电离的电解质叫做**强电解质**。强电解质的电离是不可逆的，不存在电离平衡。常用的强酸、强碱及绝大多数的盐都是强电解质，例如 NaCl 和 HCl。从结构上看，强电解质都是离子型化合物和强极性共价键形成的化合物。

在水溶液中只有部分电离的电解质，叫做**弱电解质**。弱电解质的电离是可逆的，电离方程式中用“$\rightleftharpoons$”表示。例如：

$$HF \rightleftharpoons H^+ + F^-$$

$$NH_3 \cdot H_2O \rightleftharpoons NH_4^+ + OH^-$$

因此，水溶液中，弱电解质是以分子和离子（严格来说是水合离子）两种形式存在的，一定条件下，它们可以建立起电离平衡。

弱酸如 CH_3COOH、HF、HClO、H_2S、HCN、H_2CO_3，弱碱如 $NH_3 \cdot H_2O$ 和极个别的盐 $HgCl_2$、Hg_2Cl_2、$Hg(CN)_2$等是弱电解质。从结构上看，除 HF 外，它们多为弱极性共价型化合物。

资料卡——电解质溶液导电能力的表征

如前所述，电解质溶液的导电是由于离子定向移动的结果。金属的导电能力通常用电阻 R 来衡量，而电解质溶液导电能力的大小，常用电导 G 来表示。电导是电阻的倒数。根据欧姆定律：

$$G = \frac{1}{R} = \frac{I}{U}$$

式中，I 为通过电解质溶液的电流，U 为电压。电阻的单位是欧姆（Ω），因而电导 G 的单位为 Ω^{-1}。在SI制中电导的单位称为西门子，用符号S表示，$1S = 1\ \Omega^{-1}$。研究表明，电解质溶液的电导与两平行电极间的距离 l 成反比，而与电极表面积 A 成正比，即：

$$G = \kappa \frac{A}{l}$$

式中，κ（读作“卡帕”）为比例常数，称为电导率（也称比电导）。电导率的物理意义就是电极之间距离为1 m，电极表面积为1 m^2，中间放置1 m^{3}电解质溶液的电导，即电导率是指单位体积电解质溶液的电导。电导率的单位为S/m。

二、电离度和电离常数

1. 电离平衡

在一定条件下，弱电解质电离成离子的速率与离子重新结合成分子的速率相等时，电离过程就达到了平衡状态，叫做**电离平衡**。

电离平衡与化学平衡一样，也是动态平衡。平衡时两个相反过程的速率相等，溶液里离子的浓度和分子的浓度都保持不变；当外界条件（如浓度、温度等）发生变化时，原平衡就会被打破而发生移动，建立新的平衡。

2. 电离度

不同的弱电解质在水里的的电离程度是不同的，有的电离程度大，有的电离程度小。电离程度的大小，可以电离度来表示。

当弱电解质在溶液里达到电离平衡时，已经电离的电解质分子数占原来总分子数（包括已电离的和未电离的）的百分数，称为**电离度**。电离度用 α 来表示。

$$\alpha = \frac{\text{已电离的电解质分子数}}{\text{溶液中原有电解质的分子总数}} \times 100\%$$

例如，25℃时，0.1 mol/L的乙酸溶液中，每10 000个乙酸分子里有134个电离成离子，它的电离度 $\alpha = \frac{134}{10\ 000} \times 100\% = 1.34\%$。

不同的弱电解质，其电离度不同，见表6—1—1，因此电离度可以定量地表示弱电解质的相对强弱。在温度相同、溶液浓度相同时，电解质的电离度越小，该电解质越弱；反之，电解质越强。

表6—1—1　　一些弱电解质的电离度（298 K，0.1 mol/L）

电解质	化学式	电离度（%）	电解质	化学式	电离度（%）
乙酸	CH_3COOH	1.34	次氯酸	$HClO$	0.054 8
氢氟酸	HF	7.44	氢氰酸	HCN	0.007
甲酸	$HCOOH$	4.21	氨水	$NH_3 \cdot H_2O$	1.34

电解质电离度的大小，主要取决于电解质的本性，同时也与电解质的浓度和温度有关。

表6—1—2列举了不同浓度的乙酸溶液中HAc的电离度。实验证明，在相同的温度下溶液越稀，电离度越大。所以弱电解质的电离度随溶液的浓度降低而增大。这是因为溶液浓

度越低，单位体积内离子数目就越少，离子相互碰撞结合成分子的机会也就越少，电离度也就越大。因此使用电解质电离度的时候要指明溶液的浓度。

表 6—1—2　　不同浓度的乙酸溶液中 HAc 的电离度（298 K）

溶液浓度（mol/L）	0.2	0.1	0.01	0.005	0.001
电离度（%）	0.593	1.34	4.24	5.58	12.4

温度对电解质的电离度也有影响，当电解质分子电离成离子时，一般需要吸收热量，所以温度升高，平衡一般就会向电离的方向移动，从而使电解质电离度增大。因此，表示弱电解质的电离度时，还应当指出该电解质溶液的温度。如果不注明温度，通常指 25℃。

3. 电离常数

电离平衡是化学平衡的一种，电离平衡服从化学平衡的一般规律。在一定温度下，当电离达到平衡时，各种离子浓度的乘积与溶液中未电离分子浓度的比值是一个常数，这个常数叫做**电离平衡常数**，简称电离常数，符号为 $K_i^{\ominus}$。

例如，对弱酸 HAc：

$$HAc \rightleftharpoons H^+ + Ac^-$$

$$K_i^{\ominus} = \frac{[c(H^+)][c(Ac^-)]}{[c(HAc)]}$$

式中 $[c_B]$ 表示物质 B 的相对浓度。

对弱碱 $NH_3 \cdot H_2O$：

$$NH_3 \cdot H_2O \rightleftharpoons NH_4^+ + OH^-$$

$$K_i^{\ominus} = \frac{[c(NH_4^+)][c(OH^-)]}{[c(NH_3 \cdot H_2O)]}$$

推而广之，一定温度下，任意的一元弱酸 HA 和一元弱碱 BOH，都存在着电离平衡。

$$HA \rightleftharpoons H^+ + A^-$$

$$K_{HA}^{\ominus} = \frac{[c(H^+)][c(A^-)]}{[c(HA)]} \qquad (6—1—1)$$

$$BOH \rightleftharpoons B^+ + OH^-$$

$$K_{BOH}^{\ominus} = \frac{[c(B^+)][c(OH^-)]}{[c(BOH)]} \qquad (6—1—2)$$

其中，$K_{HA}^{\ominus}$ 为一元弱酸 HA 的电离常数，$K_{BOH}^{\ominus}$ 为一元弱碱 BOH 的电离常数。弱酸、弱碱的电离常数通常用 $K_a^{\ominus}$、$K_b^{\ominus}$ 分别表示。

电离常数是表示弱电解质电离程度的特征常数。K 值越大，电离程度越大。对同类型的弱酸弱碱，可以用 K 比较它们的相对强弱。例如 298K 时：

$$K_{HClO}^{\ominus} = 3.2 \times 10^{-8}$$

$$K_{HAc}^{\ominus} = 1.8 \times 10^{-5}$$

说明 HClO 是比 HAc 更弱的酸。

通常认为，$K_i^{\ominus} < 10^{-4}$ 的电解质是弱电解质，$K_i^{\ominus} < 10^{-7}$ 的为极弱电解质，$K_i^{\ominus}$ 在 $10^{-3} \sim 10^{-2}$ 的为中强电解质。

与其他化学平衡常数一样，$K_i^{\ominus}$ 只与温度有关而与电解质的浓度无关。但是，温度对

$K_i^{\ominus}$ 的影响不显著，常温下可以忽略温度对 $K_i^{\ominus}$ 的影响。

4. 电离度和电离常数的关系

$K_i^{\ominus}$ 和 α 都能表示弱电解质的电离程度，两者有着怎样的关系？以一元弱酸 HA 为例讨论。

设有一元弱酸 HA 的总浓度为 $c$mol/L，则：

$$\begin{array}{lccc} & HA & \rightleftharpoons & H^+ + A^- \\ \text{起始浓度} & c & & 0 \quad 0 \\ \text{平衡浓度} & c\ (1-\alpha) & & c\alpha \quad c\alpha \end{array}$$

$$K_a^{\ominus} = \frac{[c(H^+)][c(A^-)]}{[c(HA)]} = \frac{[c]\alpha^2}{1-\alpha}$$

当弱电解质的电离度很小（$\alpha \leqslant 5\%$ 或 $\frac{[c]}{K_a^{\ominus}} > 380$）时，可以认为 $1-\alpha \approx 1$，则：

$$\alpha = \sqrt{\frac{K_a^{\ominus}}{[c]}} \qquad (6\text{—}1\text{—}3)$$

同理，对于一元弱碱 BOH：

$$\alpha = \sqrt{\frac{K_b^{\ominus}}{[c]}} \qquad (6\text{—}1\text{—}4)$$

式（6—1—3）和式（6—1—4）表明，在一定温度下，溶液越稀，弱电解质的电离度越大，这个关系称为**稀释定律**。对相同浓度的不同电解质来说，由于 α 与 $K_i^{\ominus}$ 的平方根成正比，因此，$K_i^{\ominus}$ 越大，α 也越大。应当注意的是 $K_i^{\ominus}$ 和 α 两者有区别，$K_i^{\ominus}$ 是化学平衡常数的一种，α 是转化率的一种，二者都受温度的影响，但 $K_i^{\ominus}$ 基本与浓度无关。因此，与 α 相比，$K_i^{\ominus}$ 更方便于弱电解质相对强弱的比较。

【课堂思考】“0.2 mol/L HAc 溶液中的 H^+ 浓度是 0.1 mol/L HAc 溶液中的 H^+ 浓度的 2 倍”这句话对吗？

三、离子反应方程式

1. 离子反应和离子反应方程式

电解质溶于水后就全部或部分电离成了离子，电解质在溶液里的反应实质上就是离子之间的反应，这样的反应称为**离子反应**。例如硝酸银溶液和氯化钠溶液反应生成白色氯化银沉淀的反应。

$$AgNO_3 + NaCl = AgCl\downarrow + NaNO_3$$

如果把易溶和易电离的物质写成离子的形式，把难溶物质、难电离物质或气体用分子式表示，上式可以改写为：

$$Ag^+ + NO_3^- + Na^+ + Cl^- = AgCl\downarrow + Na^+ + NO_3^-$$

上式看出，实际发生反应的是 Ag^+ 和 Cl^- 结合生成 AgCl 沉淀，反应前后 Na^+ 和 NO_3^- 都没有变化，可以从方程式中消去，可得下面的方程式。

$$Ag^+ + Cl^- = AgCl\downarrow$$

这种用实际参加反应的离子符号和化学式来表示离子反应的式子，称为**离子方程式**。

离子方程式的意义和一般的化学反应方程式不同，它不仅表示一定物质之间的某个具体反应，而且能表示同一类型的反应。上述式子除了表示了硝酸银和氯化钠的反应外，还表示了任何能电离生成 Ag^{+} 的物质，遇到任何能电离成 Cl^{-} 的物质都能生成 AgCl 沉淀。例如氯化钾、盐酸与硝酸银的反应。

2. 离子方程式的书写

以硫酸钠溶液与氯化钡溶液的反应为例，说明离子方程式的书写方法。

第一步，写出反应的化学方程式。

$$BaCl_2 + Na_2SO_4 \xlongequal{\quad} 2NaCl + BaSO_4\downarrow$$

第二步，把易电离的物质写成离子形式，把难溶物质、难电离物质或气体等仍用分子式表示。

$$Ba^{2+} + 2Cl^{-} + 2Na^{+} + SO_4^{2-} \xlongequal{\quad} 2Na^{+} + 2Cl^{-} + BaSO_4\downarrow$$

第三步，删去方程式两边不参加反应的离子。

$$Ba^{2+} + SO_4^{2-} \xlongequal{\quad} BaSO_4\downarrow$$

第四步，检查方程式两边各元素的原子个数和离子电荷数是否相等。

资料卡——离子反应进行的条件

溶液中离子间的反应是有条件的，只要具备下述三个条件之一，离子反应就能进行：生成难溶物质、生成易挥发物质、生成水或其他弱电解质。

课题二　溶液的酸碱性

学习目标

1. 了解酸碱的电离理论、质子理论，了解路易斯酸碱概念。
2. 掌握一元弱酸（碱）的氢离子浓度及 pH 计算。
3. 了解酸碱指示剂的变色原理及变色范围。

一、酸碱的认识

人们对于酸碱的认识经历了一个由浅入深、由表及里、由现象到本质的过程。最初的直观认识是酸有酸味，能使石蕊试液变红；碱有涩味、滑腻感，能使红色石蕊变蓝。随着科学的发展，人们对酸碱的性质、组成和结构的认识不断深入，相继提出了不同的酸碱理论。

1. 酸碱电离理论

1884 年阿伦尼乌斯提出了酸碱电离理论，其对酸碱的定义是：在水溶液中，电离时生成的阳离子全部是氢离子的化合物叫酸；电离时生成的阴离子全部是氢氧根离子的化合物叫碱。

在电离理论中，酸碱反应的实质是 H^{+} 和 OH^{-} 反应生成水。例如，水溶液中 NaOH 和 HCl 的反应，实质上是 NaOH 电离出的 OH^{-} 和 HCl 电离出的 H^{+} 之间的反应。

酸碱电离理论使人类对酸碱的认识实现了从现象到本质的飞跃，它解释了酸碱反应的实质，也解释了酸碱反应中和热都相等的实验事实。但该理论也有局限性，它把酸碱仅限于含氢离子和氢氧根离子的物质，且把酸碱及酸碱反应仅限于水溶液体系，对非水体系和无溶剂体系的酸碱反应无法解释。如气相中氯化氢和氨的反应不能解释，也不能解释一些不含氢离子和氢氧根离子物质的酸碱性。

2. 酸碱质子理论

（1）酸碱的定义

1923 年丹麦化学家布朗斯特和英国化学家劳莱分别提出了酸碱质子理论。质子理论对酸碱的定义是：凡能给出质子的物质都是酸，凡能接受质子的物质都是碱，既能给出质子又能结合质子的物质是两性物质。即酸是质子的给予体，碱是质子的接受体，习惯上酸碱也称为质子酸、质子碱。

$$酸 \rightarrow 质子 + 碱$$

在酸碱质子理论中，质子酸可以是中性分子，也可以是阳离子或阴离子。例如分子酸 HCl、H_3PO_4、H_2CO_3、H_2S、HF、CH_3COOH、NH_3、H_2O，阴离子酸 HCO_3^-、HS^-、HSO_4^-、HPO_4^{2-}，阳离子酸 $[Cu(H_2O)_4]^{2+}$、$[Fe(H_2O)_6]^{3+}$ 等，它们都能给出质子。

$$HCl = H^+ + Cl^-$$

$$NH_3 = H^+ + NH_2^-$$

$$HCO_3^- = H^+ + CO_3^{2-}$$

$$[Cu(H_2O)_4]^{2+} = H^+ + [Cu(H_2O)_3(OH)]^+$$

同样，质子碱也可以是中性分子、阳离子或阴离子。例如分子碱 NH_3、H_2O、CH_3NH_2，阴离子碱 OH^-、Cl^-、HCO_3^-、HS^-、HSO_4^-、HPO_4^{2-}、NH_2^- 等；阳离子碱 $[Cu(H_2O)_3(OH)]^+$ 等，它们都能接受质子。

$$NH_3 + H^+ = NH_4^+$$

$$NH_2^- + H^+ = NH_3$$

$$CO_3^{2-} + H^+ = HCO_3^-$$

$$[Cu(H_2O)_3(OH)]^+ + H^+ = [Cu(H_2O)_4]^{2+}$$

既能给出质子，又能结合质子的物质是两性物质，例如 NH_3、H_2O、HCO_3^-、HS^-、HSO_4^- 都是两性物质。因此，判断一种分子或离子是酸还是碱，要结合具体反应来进行。在酸碱质子理论中没有盐的概念。

（2）共轭酸碱

根据酸碱质子理论，酸给出质子生成相应的碱，而碱结合质子后又生成相应的酸，酸与碱之间的这种依赖关系称为**共轭酸碱**关系。相应的一对酸碱被称为**共轭酸碱对**。例如，HAc 是 Ac^- 的共轭酸，而 Ac^- 是 HAc 的共轭碱，HAc 和 Ac^- 是共轭酸碱对。

通式表示如下：

$$酸 \rightarrow H^+ + 碱$$

在酸碱质子理论中，酸与碱的关系不是孤立的，根据共轭酸碱关系可知：酸中有碱，碱可变酸，知酸便知碱，知碱便知酸。

（3）酸碱的强度

酸碱的强度是指酸给出质子的能力和碱接受质子能力的强弱。

酸给出质子的能力越强，其酸性越强；碱接受质子的能力越强，其碱性越强。强酸所对应的共轭碱为弱碱，同样，弱酸所对应的共轭碱是强碱。即酸性越强，其共轭碱的碱性越弱；酸性越弱，其共轭碱的碱性越强。例如，强酸 HCl 给出 H^+，其共轭碱 Cl^- 是弱碱；弱酸 HCN 给出 H^+，其共轭碱 CN^- 是强碱。

（4）酸碱反应的实质

根据酸碱质子理论，酸给出质子生成相应的碱，而碱接受质子后又生成相应的酸，所以酸碱反应涉及两个共轭酸碱对。如氯化氢和氨反应如下。

$$HCl + NH_3 = NH_4^+ + Cl^-$$

HCl 给出质子是酸，氨接受质子是碱。当 HCl 与 NH_3 反应时，HCl 把质子传递给了 NH_3，本身就变成了共轭碱 Cl^-；NH_3 接受了质子变成了共轭酸 NH_4^+。可见在质子理论中，酸碱反应的实质是质子的传递反应，即质子在两个共轭酸碱对之间的传递。

根据酸碱质子理论，水的离解、酸与碱的离解、盐的水解和酸碱中和反应等都是质子传递反应。

酸碱质子理论扩大了酸碱的范围，且把离解、水解和中和等反应都概括为质子传递反应。质子论既适用于水溶液体系，也适用于非水溶液和无溶剂体系，是酸碱电离理论的发展。但它把酸碱仅限于质子的给出和接受，对于无质子参加的酸碱反应则不能解释，因此酸碱质子理论仍具有局限性。

【课堂思考】 下述反应中的共轭酸碱对分别是什么？

（1）$NH_4^+ + H_2O = NH_3 + H_3O^+$

（2）$NH_3 + H_2O = NH_4^+ + OH^-$

（3）$H_2O + H_2O = H_3O^+ + OH^-$

3. 酸碱电子理论

1923 年路易斯提出了酸碱电子理论。酸碱电子理论对酸碱的定义是：凡能接受电子对的物质称为酸；凡能给出电子对的物质称为碱。即酸是电子对的接受体，碱是电子对的给予体，习惯上酸碱也称为路易斯酸、路易斯碱。

路易斯酸可以是分子、离子或原子，如 H^+、Fe^{3+}、Fe、Ag^+、BF_3 等。

路易斯碱可以是离子或分子，如：X^-、OH^-、NH_3、CO、H_2O 等。

在酸碱电子理论中，酸碱反应的实质是酸与碱反应形成配位键，生成酸碱配合物。

碱 + 酸→酸碱配合物

$$OH^- + H^+ \rightarrow [HO \rightarrow H]$$

$$NH_3 + HCl \rightarrow [H_3N \rightarrow H]^+ + Cl^-$$

$$F^- + BF_3 \rightarrow [F \rightarrow BF_3]^-$$

$$4NH_3 + Cu^{2+} \rightarrow [Cu \leftarrow (NH_3)_4]^{2+}$$

这些反应的本质是路易斯酸接受了路易斯碱的电子对，生成酸碱配合物。在酸碱电子理论中，一种物质究竟属于酸还是属于碱，应该在具体的反应中确定，在反应中接受电子对的是酸，给出电子对的是碱。

酸碱电子理论以电子对的给出或接受来说明酸碱反应，不受溶剂的限制，但是不易确定酸碱的相对强弱，也有不足之处。

二、水的电离

水是最重要的溶剂，也是一种极弱的电解质，如果用精密仪器检验，会发现水也有微弱的导电性，说明水也有微弱的电离。

$$H_2O \rightleftharpoons H^+ + OH^-$$

实验测定，在 298 K 时，1 L 纯水中有 10^{-7} mol 水分子电离，所以：

$$K_w^\ominus = [c(H^+)][c(OH^-)] = 1.0 \times 10^{-14} \qquad (6—2—1)$$

即水中 H^+ 的相对浓度与 OH^- 的相对浓度的乘积是一个常数，称水的**离子积常数**，简称水的离子积，常用 $K_w^\ominus$ 表示。水的离子积不仅适用于纯水，也适用于其他水溶液。无论是中性、酸性还是碱性的水溶液里，都同时存在着 H^+ 和 OH^-，水的离子积也不因溶解其他物质而改变，H^+ 浓度和 OH^- 浓度的乘积都等于 1.0×10^{-14}。由于水的离解是吸热反应，所以温度升高有利于水的离解，因此水的离子积随温度升高会明显地增大。在室温下，可以不考虑温度的影响。

三、溶液的酸碱性与 pH

1. 溶液的酸碱性

溶液的酸碱性与溶液中的 $c(H^+)$ 和 $c(OH^-)$ 的大小有关。25℃时，溶液的酸碱性与 $c(H^+)$ 和 $c(OH^-)$ 的关系为：

$c(H^+) > c(OH^-)$ 或 $c(H^+) > 1.0 \times 10^{-7}$ mol/L　　溶液呈酸性

$c(H^+) = c(OH^-) = 1.0 \times 10^{-7}$ mol/L　　溶液呈中性

$c(H^+) < c(OH^-)$ 或 $c(H^+) < 1.0 \times 10^{-7}$ mol/L　　溶液呈碱性

2. 溶液的 pH

在稀溶液中 $c(H^+)$ 很小，使用它表示溶液的酸碱性很不方便。采用 $[c(H^+)]$ 的负对数来表示溶液的酸碱性强弱，叫做溶液的 **pH**。

$$pH = -\lg[c(H^+)] \qquad (6—2—2)$$

pH 越小，$c(H^+)$ 越大，溶液的酸性越强。溶液的酸碱性与 pH 的关系为：pH = 7 为中性溶液，pH < 7 为酸性溶液，pH > 7 为碱性溶液。

同样，也可以用 pOH 来表示溶液的酸碱性。

$$pOH = -\lg[c(OH^-)]$$

25℃水溶液中：

$$K_w^\ominus = [c(OH^-)][c(H^+)] = 1.0 \times 10^{-14}$$

所以

$$pH + pOH = 14.00$$

【课堂思考】　pH = 1.00 与 pH = 3.00 的盐酸溶液等体积混合后溶液的 pH 等于 4.00 吗？

四、一元弱酸（弱碱）pH 的计算

设有一种一元弱酸 HA 溶液，总浓度为 c mol/L，则：

$$HA \rightleftharpoons H^+ + A^-$$

	HA	H^+	A^-
起始浓度	c	0	0
平衡浓度	$c - c(H^+)$	$c(H^+)$	$c(A^-)$

$$K_a^\ominus = \frac{[c(H^+)][c(A^-)]}{[c(HA)]} = \frac{[c(H^+)][c(A^-)]}{[c] - [c(H^+)]}$$

因为 $[c(H^+)] = [c(A^-)]$，所以：

$$K_a^{\ominus}=\frac{[c(H^+)]^2}{[c]-[c(H^+)]}$$

若弱酸的电离常数极小，而浓度又不是很稀，如 $[c]/K_a^{\ominus}\geqslant 400$ 时：

$$[c]-[c(H^+)]\approx[c]$$

则：

$$[c(H^+)]=\sqrt{[c]K_a^{\ominus}} \qquad (6—2—3)$$

同理可得，一元弱碱溶液 OH^- 浓度的计算公式：

$$[c(OH^-)]=\sqrt{[c]K_b} \qquad (6—2—4)$$

对多元酸，如果溶液中的 H^+ 主要来自第一级电离，近似计算 $[c(H^+)]$ 时，可把它当一元弱酸来处理。

【例题 6—2—1】 已知 $K_{HAc}^{\ominus}=1.8\times10^{-5}$，计算 0.1 mol/L HAc 溶液的 pH。

解 $[c]/K_a^{\ominus}\geqslant 400$

$$[c(H^+)]=\sqrt{[c]K_{HAc}^{\ominus}}=\sqrt{0.1\times1.8\times10^{-5}}=1.34\times10^{-3}$$

$$pH=-\lg[c(H^+)]=-\lg(1.34\times10^{-3})=2.87$$

答：HAc 溶液的 pH 为 2.87。

【课堂思考】

1. 0.1 mol/L $NH_3\cdot H_2O$ 溶液的 pH 是多少（$K_{NH_3\cdot H_2O}^{\ominus}=1.8\times10^{-5}$）？

2. 成人胃液（pH = 1.4）的 $c(H^+)$ 是婴儿胃液（pH = 5.0）的 $c(H^+)$ 多少倍？

五、酸碱指示剂

酸碱指示剂是借助于颜色的改变来指示溶液 pH 的物质，它们在不同的 pH 溶液中能显示不同的颜色，可以根据它们在某溶液中显示的颜色来粗略判断溶液的 pH。

1. 酸碱指示剂的变色原理

酸碱指示剂一般是有机弱酸或有机弱碱，它们在水溶液中存在电离平衡和共轭酸碱体系，因其共轭酸碱结构的不同，颜色也不相同。当溶液中 $c(H^+)$ 发生变化时，其主要存在形式发生变化，而使溶液的颜色发生明显的变化。以石蕊有机弱酸指示剂（以 HIn 表示）为例，它在溶液中有如下电离平衡：

$$\underset{\text{酸式结构(红色)}}{HIn} \rightleftharpoons H^+ + \underset{\text{碱式结构(蓝色)}}{In^-}$$

其中 HIn 是酸色成分，具有的颜色（红色）为酸色；In^- 是碱色成分，具有的颜色（蓝色）为碱色。溶液的 pH 发生变化时，上述平衡发生移动，酸色成分和碱色成分浓度发生变化，从而使指示剂的颜色发生改变，显示出不同的颜色。

2. 酸碱指示剂的变色范围

指示剂发生颜色的变化与溶液中的氢离子浓度有密切的关系，在一定的 pH 范围内，可以看到颜色的变化。仍以石蕊为例说明指示剂变色与溶液 pH 的关系。

$$\underset{\text{红色}}{HIn} \rightleftharpoons H^+ + \underset{\text{蓝色}}{In^-}$$

达到解离平衡时：

$$K_{HIn}^{\ominus}=\frac{[c(H^+)][c(In^-)]}{[c(HIn)]}$$

此时溶液：

$$pH=pK_{HIn}^{\ominus}+\lg\frac{[c(In^-)]}{[c(HIn)]}$$

$[c(In^-)]/[c(HIn)]=1$ 时，$pH=pK_{HIn}^{\ominus}$称为指示剂的**理论变色点**。

实际上，人的眼睛对颜色变化的敏感程度是有限的。一般地，把人眼能看到的指示剂颜色变化的 pH 范围（$pH=pK_{HIn}^{\ominus}\pm1$）称为酸碱指示剂的变色范围。

常用酸碱指示剂及其变色范围见表 6—2—1。

表 6—2—1　　几种常见指示剂的变色范围

指示剂	pH 变色范围		
	酸色	中间色	碱色
甲基橙	<3.1 红色	3.1～4.4 橙色	>4.4 黄色
石蕊	<5.0 红色	5.0～8.0 紫色	>8.0 蓝色
酚酞	<8.0 无色	8.0～10.0 粉红	>10.0 玫瑰红

资料卡——pH 试纸

pH 试纸可用于粗略测定溶液的 pH。

pH 试纸是波义耳在一次偶然的机会中发现的。在一次紧张的实验中，放在实验室内的紫罗兰被溅上了浓盐酸，爱花的波义耳急忙把冒烟的紫罗兰用水冲洗了一下，然后插在花瓶中。过了一会波义耳发现深紫色的紫罗兰变成了红色。这一奇怪的现象促使他进行了许多花木与酸碱相互作用的实验。由此他发现了大部分花草受酸或碱作用都能改变颜色，其中以石蕊地衣中提取的紫色浸液最明显，它遇酸变成红色，遇碱变成蓝色。利用这一特点，波义耳用石蕊浸液把纸浸透，然后烤干，这就制成了实验中常用的酸碱试纸——石蕊试纸。

一般的 pH 分析试纸是用定量甲基红加定量溴甲酚绿加定量百里酚蓝的混合指示剂浸渍中性白色试纸晾干后制得的，可以反映 pH4.5～9.0 的变异范围。甲基红的变色范围是 pH4.2（红）～6.2（黄），溴甲酚绿的变色范围是 pH3.6（黄）～5.4（绿），百里酚蓝的变色范围是 pH6.7（黄）～7.5（蓝）。

课题三　盐类的水解

学习目标

1. 了解盐类水解的概念。
2. 掌握盐类的水解平衡及规律。

3. 了解影响盐类水解平衡的因素。

酸与碱发生中和反应生成盐，而盐的水溶液并不都是中性的。如 NaAc 的水溶液呈碱性，NH_4Cl 的水溶液呈酸性，只有少数盐的溶液才是中性的，例如 NaCl 溶液呈中性。

一、盐类的水解

为什么盐的水溶液会显不同的酸碱性呢？这是因为盐电离出的离子与水离解出的 H^+ 或 OH^- 作用后，生成弱酸或弱碱，使 $c(H^+)$ 或 $c(OH^-)$ 发生改变，水的离解平衡发生移动，导致了溶液中 $c(H^+)$ 和 $c(OH^-)$ 不再相等，所以盐的溶液表现出不同的酸碱性。这种盐的离子与溶液中水离解出的 H^+ 或 OH^- 作用产生弱电解质的反应称为**盐类水解**。由于生成盐的酸或碱的强弱不同，有弱酸强碱盐、弱碱强酸盐、弱酸弱碱盐、强酸强碱盐等，水解情况也有所不同。

二、盐类的水解平衡及规律

1. 弱酸强碱盐

以 NaAc 为例。NaAc 在水溶液中完全离解（1），离解出的 Ac^- 与水离解（2）出的 H^+ 结合生成弱酸 HAc（3）。由于 $c(H^+)$ 的减少，使水的离解平衡向右移动。

$$NaAc \rightleftharpoons Na^+ + Ac^- \quad (1)$$

$$H_2O \rightleftharpoons OH^- + H^+ \quad (2)$$

$$H^+ + Ac^- \rightleftharpoons HAc \quad (3)$$

整理得 NaAc 的水解方程：

$$Ac^- + H_2O \rightleftharpoons HAc + OH^- \quad (4)$$

当此体系处于平衡时，溶液中 $c(H^+) < c(OH^-)$，因此溶液呈碱性。根据式（4）：

$$K_h^{\ominus} = \frac{[c(HAc)][c(OH^-)]}{[c(Ac^-)]} = \frac{K_w^{\ominus}}{K_a^{\ominus}} \quad (6\text{—}3\text{—}1)$$

式（6—3—1）中 $K_h^{\ominus}$ 称为盐的**水解常数**。

组成盐的酸越弱（$K_a^{\ominus}$ 越小），$K_h^{\ominus}$ 越大，相应盐的水解程度也越大，产生的 OH^- 越多，该盐溶液的碱性就越强。

资料卡——盐的水解度

盐的水解程度除了用水解常数表示外，也可以用水解度（h）来表示。其定义式为：

$$h = \frac{\text{已水解盐的浓度}}{\text{盐的起始浓度}} \times 100\%$$

【例题 6—3—1】 计算 0.10 mol/L NaAc 溶液的 pH 和 h，已知 $K_{HAc}^{\ominus} = 1.76 \times 10^{-5}$。

解：忽略水解离出的 OH^-，可以认为 $c(OH^-) = c(HAc)$

设溶液中的 $c(OH^-)$ 为 x mol/L。

	$Ac^- + H_2O \rightleftharpoons$	$HAc +$	OH^-
起始浓度	c	0	0
平衡浓度	$c-x$	x	x

$$K_h^{\ominus} = \frac{K_w^{\ominus}}{K_a^{\ominus}} = \frac{[c(HAc)][c(OH^-)]}{[c(Ac^-)]} = \frac{x^2}{0.10 - x}$$

由于 $K_h^{\ominus} = \frac{K_w^{\ominus}}{K_a^{\ominus}} = \frac{1.0 \times 10^{-14}}{1.76 \times 10^{-5}} = 5.68 \times 10^{-10}$ 很小，所以 $0.10 - x \approx 0.10$

则：

$$x = \sqrt{0.10 \times K_h^{\ominus}} = \sqrt{0.10 \times 5.68 \times 10^{-10}} = 7.5 \times 10^{-6}$$

$$pOH = -\lg[c(OH^-)] = -\lg(7.5 \times 10^{-6}) = 5.1$$

$$pH = 14 - pOH = 14 - 5.1 = 8.9$$

$$h = \frac{已水解盐的浓度}{盐的起始浓度} \times 100\% = \frac{7.5 \times 10^{-6}}{0.10} \times 100\% = 0.0075\%$$

答：溶液的 pH 为 8.9，水解度为 0.0075%。

2. 强酸弱碱盐

以 NH_4Cl 为例。NH_4Cl 在水溶液中完全离解，离解出的 NH_4^+ 与水离解出的 OH^- 结合，生成弱碱氨水。由于 OH^- 的减少，使水的离解平衡向右移动。

$$NH_4Cl \rightleftharpoons NH_4^+ + Cl^- \quad (1)$$

$$H_2O \rightleftharpoons OH^- + H^+ \quad (2)$$

$$NH_4^+ + OH^- \rightleftharpoons NH_3 \cdot H_2O \quad (3)$$

整理得 NH_4Cl 的水解平衡方程式：

$$NH_4^+ + H_2O \rightleftharpoons NH_3 \cdot H_2O + H^+ \quad (4)$$

当此体系处于平衡时，溶液中 $c(H^+) > c(OH^-)$，因此溶液呈酸性。

同样，可推得其水解平衡常数为：

$$K_h^{\ominus} = \frac{K_w^{\ominus}}{K_b^{\ominus}} \quad (6\text{—}3\text{—}2)$$

【课堂思考】 试推导一元弱碱强酸盐溶液中 H^+ 离子浓度的近似计算公式：

$$[c(H^+)] = \sqrt{K_h^{\ominus}[c(盐)]} = \sqrt{\frac{K_w^{\ominus}}{K_b^{\ominus}}[c(盐)]}$$

3. 弱酸弱碱盐

以 NH_4Ac 为例：

$$NH_4Ac \rightleftharpoons NH_4^+ + Ac^-$$

$$H_2O \rightleftharpoons OH^- + H^+$$

$$H^+ + Ac^- \rightleftharpoons HAc$$

$$NH_4^+ + OH^- \rightleftharpoons NH_3 \cdot H_2O$$

整理得：

$$NH_4^+ + Ac^- + H_2O \rightleftharpoons HAc + NH_3 \cdot H_2O$$

可以推导，其水解平衡常数为：

$$K_h^{\ominus} = \frac{K_w^{\ominus}}{K_a^{\ominus} K_b^{\ominus}} \quad (6\text{—}3\text{—}3)$$

由此可见：弱酸弱碱盐的水解常数与 K_a 与 K_b 之积成反比，因 K_a 与 K_b 数值较小，所以

K_h通常较大，即弱酸弱碱盐的水解倾向大，水解比较彻底。

【课堂思考】　根据式（6—3—3），怎样判断弱酸弱碱盐水溶液的酸碱性？

4. 强碱强酸盐

强碱强酸盐的阴、阳离子都不能与水解离出的 OH^- 和 H^+ 作用，不能破坏水的解离平衡。因此，它们不水解，其水溶液为中性。

三、影响盐类水解的因素

影响盐类水解平衡的因素有盐的本性、盐的浓度、溶液的温度和溶液的酸碱度等。

1. 盐的本质

盐类水解的程度主要取决于盐类本身的性质。如果盐类水解后生成的酸或碱很弱，且难溶于水，则平衡就向着水解方向移动，水解程度就越大。例如，Al_2S_3在水中水解后，生成难溶的 $Al(OH)_3$和 H_2S 气体，所以它们的水解程度很大，几乎完全水解。

$$2Al^{3+} + 3S^{2-} + 6H_2O \rightleftharpoons 2Al(OH)_3 \downarrow + 3H_2S \uparrow$$

这类盐的阴、阳离子都发生水解，不能在水溶液中存在，只能用干法制取。而有些物质可利用盐类水解生成的沉淀来制备，例如由 $TiCl_4$水解制备 TiO_2。

2. 盐的浓度

盐的浓度越小，水解程度就越大，将溶液稀释有利于盐的水解。例如，将硅酸钠的溶液稀释，可以促使部分硅酸沉淀，溶液成为白色混浊液。

3. 酸度

水解反应常使溶液呈现酸性或碱性，如向盐溶液中加入酸（或碱），可以改变水解程度。例如在配制 Sn^{2+}、Fe^{3+}、Bi^{3+}、Hg^{2+}溶液时，由于水解生成沉淀，不能得到所需的溶液：

$$SnCl_2 + H_2O \rightleftharpoons Sn(OH)Cl \downarrow + HCl$$

因此，在配制此类溶液时，通常是将它们溶于较浓的酸中，然后再用水稀释到所需的浓度。

【课堂思考】　配制氯化铁溶液时为什么不能用蒸馏水而用稀盐酸？

资料卡——同离子效应与盐效应

在弱电解质溶液中，加入同弱电解质具有相同离子的强电解质，使弱电解质的电离平衡向生成弱电解质分子的方向移动，弱电解质电离度降低，这种现象称为同离子效应。

往弱电解质的溶液中加入与弱电解质没有相同离子的强电解质时，由于溶液中离子总浓度增大，离子间相互牵制作用增强，使得弱电解质解离的阴、阳离子结合形成分子的机会减小，从而使弱电解质分子浓度减小，离子浓度相应增大，解离度增大，称这种现象为盐效应。

当然，往弱电解质溶液中加入含有与该弱电解质具有相同离子的强电解质时，在产生同离子效应的同时也会产生盐效应，但相对于同离子效应而言，盐效应对解离度的影响可以忽略不计。

4. 温度

由于中和反应是放热反应，其逆反应——盐类水解是吸热反应。一般情况下，加热促进水解。例如，在洗涤物品时，加热碱水（Na_2CO_3溶液），使得 Na_2CO_3 水解程度增大，溶液中的 OH^- 增大，去污能力强，就是这个道理。

课题四　缓冲溶液

学习目标

1. 掌握缓冲溶液的概念、组成。
2. 了解缓冲作用机理与应用。
3. 会进行简单缓冲溶液 pH 的计算。

一、缓冲溶液及其组成

1. 缓冲溶液

缓冲溶液是一种能够抵抗外加少量强酸、强碱及加水稀释的影响，而保持本身 pH 基本不变的溶液。缓冲溶液所起的作用称为缓冲作用。

2. 缓冲溶液的组成

缓冲溶液中含有抗酸成分和抗碱成分，通常把这两种成分称为缓冲对。常见缓冲对有如下类型：

弱酸—弱酸盐　HAc－NaAc

弱碱—弱碱盐　$NH_3 \cdot H_2O - NH_4Cl$

多元弱酸酸式盐—相应次级盐　$NaH_2PO_4 - Na_2HPO_4$、$NaHCO_3 - Na_2CO_3$

二、缓冲作用原理

缓冲溶液为什么具有缓冲作用呢？现以 HAc－NaAc 体系为例讨论。

HAc 是弱电解质，在溶液中只有少量的解离：

$$HAc \rightleftharpoons H^+ + Ac^-$$

NaAc 是强电解质，在溶液中完全解离：

$$NaAc = Na^+ + Ac^-$$

由于大量的 Ac^- 的存在，必然会降低 HAc 的解离度（同离子效应），于是在 HAc 和 NaAc 的混合体系中存在着大量未解离的 HAc 和 Ac^-（来自 NaAc）；这是该缓冲溶液的两个主要成分。此外溶液中还有大量的 Na^+（无缓冲作用）和少量的 H^+（参与 HAc 的解离平衡）。

当在此缓冲溶液中加入少量强酸（如 HCl）时，溶液中大量的 Ac^- 将与加入的 H^+ 结合成 HAc，使 HAc 的解离平衡向左移动，结果使溶液中的 $c(H^+)$ 不会显著增大，溶液的 pH 也几乎没有变化。Ac^-（或 NaAc）是缓冲溶液的抗酸成分。

当在此缓冲溶液中加入少量强碱（如 NaOH）时，溶液中的 H^+ 便与 OH^- 结合成 H_2O，使溶液中的 $c(H^+)$ 稍有降低，这时溶液中大量存在着的 HAc 会立即解离出 H^+ 来补充溶液中减少的 H^+，使 HAc 解离平衡向右移，结果使溶液中的 $c(H^+)$ 几乎没有降低，溶液的 pH 基本不变。HAc 是缓冲溶液的抗碱成分。

若在此缓冲溶液中加少量水稀释，由于溶液稀释，$c(H^+)$ 降低，同时 Ac^-浓度也减少，同离子效应减弱，HAc 的离解度增大，使溶液中 H^+浓度几乎不变，因而溶液的 pH 也基本不变。这就是缓冲溶液具有缓冲能力的原因。

当然，如果向缓冲溶液中加入过多的酸或碱时，缓冲溶液的抗酸成分或抗碱成分将被消耗尽，缓冲溶液就会失去缓冲作用，溶液的 pH 也会发生明显变化，所以缓冲溶液的缓冲作用是有一定限度的。

【课堂思考】 $NaH_2PO_4-Na_2HPO_4$缓冲溶液的缓冲作用原理是怎样的？

三、缓冲溶液的 pH

以 $HA-A^-$缓冲溶液为例讨论。设 HA 浓度为 $c(HA)$，A^-浓度为 $c(A^-)$，则：

	HA	$\rightleftharpoons$	H^+	$+A^-$
起始浓度	$c(HA)$		0	$c(A^-)$
平衡浓度	$c(HA)-c(H^+)$		$c(H^+)$	$c(A^-)+c(H^+)$

由于弱酸 HA 的解离度很小，再加上 A^-产生的同离子效应，使 HA 解离出的 $c(H^+)$ 更小，故：

$$c(HA)=c(HA)-c(H^+)\approx c(HA);c(A^-)=c(A^-)+c(H^+)\approx c(A^-)$$

$$K_a^\ominus=\frac{[c(H^+)][c(A^-)]}{[c(HA)]}$$

$$[c(H^+)]=K_a^\ominus\frac{[c(HA)]}{[c(A^-)]}$$

$$pH=pK_a^\ominus+\lg\frac{[c(A^-)]}{[c(HA)]}$$

即：

$$pH = pK_a^\ominus+\lg\frac{[c(盐)]}{[c(酸)]} \tag{6—4—1}$$

同理，弱碱及其盐组成的缓冲溶液 pOH 计算式为：

$$pOH = pK_b^\ominus+\lg\frac{[c(盐)]}{[c(碱)]} \tag{6—4—2}$$

或

$$pH=pK_w^\ominus-pOH=pK_w^\ominus-pK_b^\ominus-\lg\frac{[c(盐)]}{[c(碱)]} \tag{6—4—3}$$

由缓冲溶液的 pH 或 pOH 计算公式可以看出：缓冲溶液的 pH 或 pOH 主要由弱酸或弱碱的 $K_a^\ominus$ 或 $K_b^\ominus$ 决定，还与缓冲比 $[c(盐)]/[c(酸)]$ 或 $[c(盐)]/[c(碱)]$ 有关。

【例题 6—4—1】 若在 90.00 mL 的 HAc－NaAc 缓冲溶液（其中 HAc 和 NaAc 的浓度皆为 0.10 mol/L）中，加入 10 mL 0.010 mol/L 的 NaOH 溶液，溶液的 pH 是多少？（$K_{HAc}^\ominus=1.76\times10^{-5}$）

解　根据公式 $pH=pK_a^\ominus+\lg\frac{[c(盐)]}{[c(酸)]}$：

未加入 NaOH 之前，$pH=4.75+\lg\frac{0.10}{0.10}=4.75$。

加入 NaOH 之后，c（HAc）$=0.10\times0.90-0.010\times0.10=0.089$（mol/L）

c（Ac^-）$=0.10\times0.90+0.010\times0.10=0.091$（mol/L）

$$pH=pK_a^{\ominus}+\lg\frac{[c(盐)]}{[c(酸)]}=4.75+\lg\frac{0.091}{0.089}=4.76$$

答:溶液的 pH 为 4.76

【课堂思考】 若在 90.0 mL 0.10 mol/L 的 NaCl 溶液中，加入 10 mL 0.010 mol/L 的 NaOH 溶液，溶液的 pH 是多少？

四、缓冲溶液的配制及应用

1. 缓冲溶液的配制

在实际工作中，经常会配制一定的缓冲溶液。配制缓冲溶液时应注意以下几点：

（1）所选择的缓冲溶液，不能与反应系统中的其他物质发生副反应。

（2）选择一个合适的缓冲对，使其中弱酸或弱碱的 $pK_a^{\ominus}$ 或 $pK_b^{\ominus}$ 尽可能与所需溶液的 pH 或 pOH 相等或相近，偏离的数值不应超过缓冲溶液的缓冲范围。

（3）若 $pK_a^{\ominus}$ 或 $pK_b^{\ominus}$ 与所需溶液的 pH 或 pOH 不相等时，利用缓冲溶液的计算公式，依所需溶液的 pH 或 pOH 调整缓冲比［c(盐)］/［c(酸)］或［c(盐)］/ c(碱)］，使溶液的 pH 或 pOH 达到要求。

（4）缓冲溶液的缓冲能力主要与弱酸（或弱碱）及其盐的浓度有关。配制溶液时要注意考虑溶液的总浓度和缓冲比。

总之，配制一定 pH 的缓冲溶液，首先要选择适当的缓冲对，然后要有一定的总浓度，保证缓冲溶液有足够的抗酸成分和抗碱成分，最后还应尽量使缓冲比接近于 1。

2. 缓冲溶液的应用

缓冲溶液在工农业生产、科研工作、化学分析等方面的应用非常广泛。

化学分析中离子的分离、化工生产中产品的提纯过程经常用到缓冲溶液。例如，镁盐中杂质 Al^{3+} 的除去，就是利用 NH_3-NH_4Cl 的缓冲溶液控制溶液的酸度，使 Al^{3+} 形成 Al（OH）$_3$ 沉淀，而 Mg^{2+} 不沉淀留在溶液中，达到分离目的。

缓冲溶液对生物生命作用更为重要。如 $H_2PO_4^--HPO_4^{2-}$ 及 $H_2CO_3-HCO_3^-$ 把人体血液的 pH 总是保持在 7.35 ~7.45，若 pH 升高或降低，都会发生疾病，严重时危及生命。

土壤也是含有许多缓冲对的缓冲体系，维持土壤 pH 范围在 5 ~8，以适应农作物的正常生长需要。

课题五　沉淀与溶解平衡

学习目标

1. 了解沉淀及沉淀溶解平衡的基本概念。
2. 掌握溶度积规则。
3. 熟悉溶度积规则的应用。

在科学实验和化工生产中，经常利用沉淀的生成和溶解进行物质的制备、分离、提纯及分析鉴定。如何判断沉淀反应是否发生，沉淀能否溶解，怎样使沉淀更加完全，以及使溶液中特定离子沉淀等，都是实际工作中常常遇到的问题。

一、沉淀—溶解平衡

任何难溶物质，在水中或多或少总是要溶解的，绝对不溶的物质是不存在的。

以固体 AgCl 在水中的溶解为例：

$$AgCl\ (s) \rightleftharpoons Ag^{+} + Cl^{-}$$

在水分子的作用下，AgCl 固体上的部分 Ag^{+} 和 Cl^{-} 离开固体表面进入水中，这个过程叫**溶解**。与此同时，已溶解的 Ag^{+} 和 Cl^{-} 在溶液中不停地运动，当碰撞到未溶解的固体时，会重新回到固体表面上去，这个过程叫做**沉淀**（或结晶）。在一定的温度下，当溶解速率与沉淀速率相等时，未溶解的固体和溶液中的离子之间，便建立了难溶电解质的沉淀—溶解平衡，简称**沉淀平衡**。

沉淀平衡也是一个动态平衡，与化学平衡一样，也服从化学平衡规律。此时，溶液的浓度不再改变，为饱和溶液。

二、溶度积及其规则

1. 溶度积

上例中，当沉淀达到平衡时，溶液中的 Ag^{+} 离子和 Cl^{-} 离子浓度不再改变，其相对浓度的积是一个常数，即：

$$[c(Ag^{+})][c(Cl^{-})] = K_{sp}^{\ominus}(AgCl) \qquad (6—5—1)$$

式中 $K_{sp}^{\ominus}$ 叫做溶度积常数，简称**溶度积**。[ ] 表示溶解平衡时离子的相对浓度。$K_{sp}^{\ominus}$ 的大小主要决定于难溶电解质的本性，也与温度有关，而与离子浓度无关。在一定温度下，$K_{sp}^{\ominus}$ 的大小可以反映物质的溶解能力和生成沉淀的难易。

一般地，在一定温度下，难溶电解质 A_mB_n 在饱和溶液中建立下列沉淀—溶解平衡：

$$A_mB_n\ (固体) \rightleftharpoons mA^{n+} + nB^{m-}$$

$$K_{sp}^{\ominus} = [c(A^{n+})]^m[c(B^{m-})]^n$$

例如：

$$Mg(OH)_2(固) \rightleftharpoons Mg^{2+} + 2OH^{-}$$

$$K_{sp}^{\ominus} = [c(Mg^{2+})][c(OH^{-})]^2$$

$$Ca_3(PO_4)_2(固) \rightleftharpoons 3Ca^{2+} + 2PO_4^{3-}$$

$$K_{sp}^{\ominus} = [c(Ca^{2+})]^3[c(PO_4^{3-})]^2$$

2. 溶度积规则

在难溶电解质的溶液中，各离子浓度系数次方之积称为离子积（Q_i）。根据难溶物质的溶度积与离子积，可以判断难溶电解质溶液中沉淀的生成、溶解情况。下面以 AgCl 为例讨论。

（1）当 $Q_i = [c(Ag^{+})][c(Cl^{-})] < K_{sp}^{\ominus}$（AgCl）时，是不饱和溶液，这时没有沉淀析出。如果加入少量 AgCl，应能继续溶解。

（2）当 $Q_i = [c(Ag^{+})][c(Cl^{-})] = K_{sp}^{\ominus}$（AgCl）时，是饱和溶液，无沉淀析出，溶液中已溶解的物质与未溶解的固态物质处于动态平衡。

（3）当 $Q_i=[c(Ag^+)][c(Cl^-)]>K_{sp}^{\ominus}$（AgCl）时，溶液为过饱和溶液，AgCl 就以沉淀的形式析出，直至溶液饱和。

【例题 6—5—1】 c（$CaCl_2$）$=0.02$ mol/L 的溶液与 c（Na_2CO_3）$=0.02$ mol/L 的溶液等体积混合，是否有沉淀生成?

解：混合后，$[c(Ca^{2+})]=0.01$ mol/L，$[c(CO_3^{2-})]=0.01$ mol/L

$$Q_i=[c(Ca^{2+})][c(CO_3^{2-})]=1\times10^{-4}$$

查表：$K_{sp}^{\ominus}(CaCO_3)=2.8\times10^{-9}$

$$Q_i>K_{sp}^{\ominus}(CaCO_3)$$

答：有 $CaCO_3$ 沉淀生成。

【课堂思考】 0.010 mol/L $SrCl_2$ 溶液 2 mL 和 0.10 mol/L K_2SO_4 溶液 3 mL 混合后有无沉淀生成？已知 $K_{sp}^{\ominus}(SrSO_4)=3.81\times10^{-7}$。

三、溶度积规则的应用

1. 利用溶度积求难溶化合物的溶解度

【例题 6—5—2】 已知 25℃时，AgCl 的溶度积为 $K_{sp}^{\ominus}(AgCl)=1.8\times10^{-10}$，求 AgCl 的溶解度。

解：离解平衡时：$[c(Ag^+)][c(Cl^-)]=K_{sp}^{\ominus}(AgCl)$

在纯 AgCl 饱和溶液中，$[c(Ag^+)]=[c(Cl^-)]$

$$c(Ag^+)=\sqrt{K_{sp}^{\ominus}(AgCl)}=\sqrt{1.8\times10^{-10}}=1.34\times10^{-5}(\text{mol/L})$$

换算为质量浓度，AgCl 的溶解度为：

$$1.34\times10^{-5}\times143.3=1.9\times10^{-3}\ (\text{g/L})$$

答：AgCl 的溶解度为 1.9×10^{-3}g/L。

【课堂思考】 在室温下，$BaSO_4$ 的溶度积为 1.07×10^{-10}，则每升饱和溶液中所溶解的 $BaSO_4$ 为多少克？

2. 判断分步沉淀的顺序

在几种离子共存的溶液中，加入某种沉淀剂后，几种离子都有可能产生沉淀。但由于溶液中各离子浓度不同，与沉淀剂生成难溶化合物的溶度积大小不同，沉淀形成的先后顺序可能不同，离子积先达到溶度积的先产生沉淀，或者说哪种离子产生沉淀时所需的沉淀剂的量最少，则该种离子先析出沉淀。这种利用溶度积的大小不同进行先后沉淀的方法称分步沉淀。

【例题 6—5—3】 在 0.010 mol/L I^- 和 0.010 mol/L Cl^- 的混合溶液中滴加 $AgNO_3$ 溶液时，哪种离子先沉淀？当第二种离子刚开始沉淀时，溶液中第一种离子的浓度为多少？

解 I^- 沉淀时：

$$c(Ag^+)=\frac{K_{sp}^{\ominus}(AgI)}{[c(I^-)]}=\frac{8.5\times10^{-17}}{0.010}=8.5\times10^{-15}\ (\text{mol/L})$$

Cl^- 沉淀时：

$$c(Ag^+)=\frac{K_{sp}^{\ominus}(AgCl)}{[c(Cl^-)]}=\frac{1.8\times10^{-10}}{0.010}=1.8\times10^{-8}\ (\text{mol/L})$$

由于生成 AgI 沉淀所需 $c(Ag^+)$ 比生成 AgCl 沉淀所需 $c(Ag^+)$ 小得多，所以先生成

AgI 沉淀。当 $c(Ag^+)$ 为 $8.5\times10^{-15}\sim1.8\times10^{-8}$ mol/L 时，生成 AgI 沉淀；当 $c(Ag^+)$ 大于 1.8×10^{-8} mol/L 时，AgCl 沉淀开始析出。

当 AgCl 刚沉淀时，$c(Ag^+)$ 为 1.8×10^{-8} mol/L，此时溶液中 $c(I^-)$ 为：

$$c(I^-)=\frac{K_{sp}^{\ominus}(AgI)}{[c(Ag^+)]}=\frac{8.5\times10^{-17}}{1.8\times10^{-8}}=4.7\times10^{-9}\ (mol/L)$$

答：I^- 先沉淀，Cl^- 开始沉淀时，I^- 的浓度为 4.7×10^{-9} mol/L。

在一定温度下，$K_{sp}^{\ominus}$ 为一常数，故溶液中没有一种离子的浓度等于 0，即没有一种沉淀反应是绝对完全的。一般当离子浓度小于等于 10^{-5} mol/L 时，可以认为沉淀完全。此例中 AgCl 开始沉淀时，I^- 已经沉淀完全，即在此例中 I^- 和 Cl^- 可以用 $AgNO_3$ 溶液分步沉淀。

3. 判断沉淀能否转化

在一种有沉淀的溶液中加入另一沉淀剂，使沉淀物转化为更难溶的化合物，这种现象称**沉淀转化**。例如含有 AgCl 沉淀的溶液中加入 SCN^- 时，AgCl 沉淀会转化为 AgSCN 沉淀。这是由 AgCl 和 AgSCN 的 $K_{sp}^{\ominus}$ 大小决定的。

$$K_{sp}^{\ominus}(AgCl)=1.8\times10^{-10}$$

$$K_{sp}^{\ominus}(AgSCN)=1.0\times10^{-12}$$

可见，AgSCN 是比 AgCl 更难溶的物质，在 AgCl 沉淀中加 SCN^- 溶液时，AgCl 沉淀会转化为 AgSCN 沉淀。

$$AgCl(固体)+SCN^- \rightleftharpoons AgSCN(固体)+Cl^-$$

发生沉淀转化的条件是加入沉淀剂后，与被沉淀的离子的离子积应大于其 $K_{sp}^{\ominus}$。随着沉淀转化，离子积减小，最后等于 $K_{sp}^{\ominus}$，沉淀转化结束。

课题六　配位化合物及其解离平衡

学习目标

1. 掌握与配合物组成有关的概念。
2. 了解配合物的结构。
3. 掌握配合物稳定常数的意义及应用。

配位化合物简称配合物，是一类组成复杂、特点多样、应用广泛的化合物。配位化合物化学已渗透到其他学科领域，形成一些边缘学科。配合物在湿法冶金、金属腐蚀、环境保护、化学分析以及医药、印染等工业中都有着十分重要的作用。

一、配位化合物及其组成

1. 配位化合物定义

配位化合物是含有由中心离子（或原子）和一定数目的中性分子或阴离子通过形成配位共价键结合而形成的复杂结构单元的化合物。

例如，在 $CuSO_4$溶液中逐滴滴加氨水，开始生成浅蓝色的 $Cu(OH)_2$沉淀。但当加入过量的氨水时，发现浅蓝色沉淀消失，生成深蓝色的透明溶液。在此溶液中加入乙醇，则有深蓝色的晶体析出。

实验证明，最后得到的溶液中主要含有复杂的阳离子 $[Cu(NH_3)_4]^{2+}$（深蓝色）和阴离子 SO_4^{2-}，几乎检查不出游离的 Cu^{2+} 和 NH_3的存在。实际上，$CuSO_4$和过量的氨水发生了如下反应。

$$CuSO_4 + 4NH_3 = [Cu(NH_3)_4]SO_4$$

离子方程式为：

$$Cu^{2+} + 4NH_3 = [Cu(NH_3)_4]^{2+}$$

其中，Cu^{2+} 和 NH_3分子是通过配位键结合起来的。

2. 配位化合物组成

配合物一般都有一种成分作为整个配合物的核心，这个核心叫中心离子或中心原子（接受电子对），也称配合物的形成体。在中心离子周围结合着几个中性分子或带负电荷的离子（提供电子对），这些分子或离子叫做**配位体**。配位体和中心离子结合比较紧密，共同构成配合物的内界（即配离子）。不在内界的其他离子，距中心较远，构成配合物的外界。例如：

$[Cu(NH_3)_4]SO_4$
中心离子　配体　配位数
内界　外界
配合物

$K_3[Fe(CN)_6]$
中心离子　配体　配位数
外界　内界
配合物

配合物的内界和外界一般是通过离子键结合的，而内界是由中心离子和配位体通过配位键相结合的，书写时通常把这一部分放到方括号内。方括号以外部分为外界，如 SO_4^{2-}、K^+。

配合物的中心离子（或中心原子），一般为带正电荷的金属离子或原子。中心离子多为过渡元素的离子，如 Cu^{2+}、Zn^{2+}、Co^{2+}等，而一些具有高氧化数的非金属元素，如 SiF_6^{2-}中的 Si^{4+}、PF_6^-中的 P^{5+}等，也是较常见的中心离子。也有不带电荷的中性原子作中心离子的。

配合物中的配位体，可以是中性分子，如 NH_3、H_2O 等，也可以是阴离子，如 Cl^-、CN^-、OH^-等。配位体中直接与中心原子配位的原子称为配位原子。如 NH_3中的 N 原子，H_2O 原子和 OH^-中的 O 原子以及 CO、CN^-中的 C 原子等。一般常见的配位原子主要是周期表中电负性较大的非金属元素原子 F、O、Cl、N、S、C 等。

资料卡——单齿配位体和多齿配位体

配位体可分为单齿配位体和多齿配位体（也称单基配体和多基配体）。单齿配位体中只含有一个配位原子且与中心离子只形成一个配位键，其组成比较简单，如 NH_3、OH^-、CN^-、SCN^-等。多齿配位体含有两个或两个以上的配位原子，它们与中心离子可形成多个配位键，这些配位体必须弯曲成环才可与中心原子或离子配位，其组成常较复杂，此种配位体常称为螯合剂，例如 $K_2[Zn(C_2O_4)_2]$、ZnY^{2-}等。螯合物的稳定性一般都较强，这是由于环状结构形成而产生的，环数越多，其稳定性越强。

配合物中，直接和中心离子（或原子）配位的原子的数目称为该中心离子（或原子）的配位数。一般中心离子的配位数为偶数，而最常见的配位数为 2、4、6，如 $[Ag(NH_3)_2]^+$、$[Fe(CN)_6]^{3-}$、$[Cu(NH_3)_4]^{2+}$的配位数分别为 2、6、4。

【课堂思考】 配合物的组成有何特征？

3. 配合物的命名

对整个配合物的命名与一般无机化合物的命名相同，称为某化某、某酸某和某某酸等。由于配离子的组成较复杂，有其特定的命名原则，搞清楚配离子的名称后，再按一般无机酸、碱和盐的命名方法写出配合物的名称。

配离子按下列顺序依次命名：阴离子配体→中性分子配体→“合”→中心离子（氧化数有变化的中心离子用罗马数字标明氧化数）。若有几种阴离子配体，命名顺序是：简单离子→复杂离子→有机酸根离子；若有几种中性分子配体，命名顺序是：NH_3→H_2O→有机分子。各配体的个数用数字一、二、三…写在该种配体名称的前面。例如：

$K_4[Fe(CN)_6]$　　六氰合铁（Ⅱ）酸钾

$H[AuCl_4]$　　四氯合金（Ⅲ）酸

$[CoCl_2(NH_3)_3(H_2O)]Cl$　　氯化二氯三氨一水合钴（Ⅲ）

$[PtCl(NO_2)(NH_3)_4]CO_3$　　碳酸一氯一硝基四氨合铂（Ⅳ）

$[Ni(CO)_4]$　　四羰基合镍

二、配位化合物的稳定性

1. 配位化合物的解离平衡

一般来说，配合物的配离子和外界是以离子键结合的，与强电解质相似，在水溶液中完全解离为配离子和外界离子。如 $[Cu(NH_3)_4]SO_4$的解离：

$$[Cu(NH_3)_4]SO_4 = [Cu(NH_3)_4]^{2+} + SO_4^{2-}$$

解离出的配离子在水溶液中则和弱电解质相似，会发生部分解离：

$$[Cu(NH_3)_4]^{2+} \rightleftharpoons Cu^{2+} + 4NH_3$$

上述反应的逆反应叫**配位反应**，当解离反应和配位反应的速率相等时，达到了平衡状态，称为**配位解离平衡**。

2. 稳定常数

配位解离平衡也是一个动态平衡。

$$Cu^{2+} + 4NH_3 \rightleftharpoons [Cu(NH_3)_4]^{2+}$$

$$K^{\ominus}_{稳} = \frac{c[Cu(NH_3)_4^{2+}]}{c(Cu^{2+})c^4(NH_3)} \qquad (6—6—1)$$

为简化书写，式中 c（B）均表示物质的相对浓度。

$K^{\ominus}_{稳}$称为配合物的**稳定常数**，又称形成常数。其数值越大，说明生成配离子的倾向越大，而解离的倾向越小，配离子越稳定。因此配离子的稳定常数是配离子的一种特征常数。

【课堂思考】 除了用 $K^{\ominus}_{稳}$来表示配离子的稳定性外，也可从配离子的解离程度来表示其稳定性：

$$K^{\ominus}_{不稳} = \frac{c(Cu^{2+})c^4(NH_3)}{c[Cu(NH_3)_4^{2+}]}$$

式中 $K^{\ominus}_{不稳}$ 为配合物的不稳定常数或解离常数。试分析配合物的稳定常数和不稳定常数在表示配离子稳定性时有何区别？二者有何关系？

在溶液中，配离子的生成一般都是分步进行的，因此溶液中存在着一系列的配位平衡，每一步都有相应的稳定常数，称为逐级稳定常数。如 $[Cu(NH_3)_4]^{2+}$ 的形成就有四级。

$$Cu^{2+} + NH_3 \rightleftharpoons [Cu(NH_3)]^{2+} \qquad K_1^{\ominus} = 1.4 \times 10^4$$

$$[Cu(NH_3)]^{2+} + NH_3 \rightleftharpoons [Cu(NH_3)_2]^{2+} \qquad K_2^{\ominus} = 3.17 \times 10^3$$

$$[Cu(NH_3)_2]^{2+} + NH_3 \rightleftharpoons [Cu(NH_3)_3]^{2+} \qquad K_3^{\ominus} = 7.76 \times 10^2$$

$$[Cu(NH_3)_3]^{2+} + NH_3 \rightleftharpoons [Cu(NH_3)_4]^{2+} \qquad K_4^{\ominus} = 1.39 \times 10^2$$

将上述反应加和到一起，得总反应为：

$$Cu^{2+} + 4NH_3 \rightleftharpoons [Cu(NH_3)_4]^{2+}$$

由于在实际工作中，一般总是加入过量的配位剂，这时金属离子绝大部分处在最高配位数状态，其他较低级配离子很少，可以忽略不计。

3. 配位平衡的计算

【例题 6—6—1】 计算在 NH_3 的浓度为 1.0 mol/L 的 0.10 mol/L $[Cu(NH_3)_4]^{2+}$ 溶液中的 Cu^{2+} 的浓度，已知 $K^{\ominus}_{稳} = 4.8 \times 10^{12}$。

解　设 $c(Cu^{2+}) = x$

$$[Cu(NH_3)_4]^{2+} \rightleftharpoons Cu^{2+} + 4NH_3$$

起始浓度　0.10　0　1.0

平衡浓度　$0.10 - x$　x　$1.0 + 4x$

因为
$$K^{\ominus}_{稳} = \frac{c[Cu(NH_3)_4]^{2+}}{c(Cu^{2+})c^4(NH_3)}$$

所以
$$K^{\ominus}_{稳} = \frac{0.10 - x}{x \cdot (1.0 + 4x)^4} = 4.8 \times 10^{12}$$

因为 $K^{\ominus}_{稳}$ 很大，$0.10 - x \approx 0.10$，$1.0 + 4x \approx 1.0$

解得 $x = 2.1 \times 10^{-15}$

答：Cu^{2+} 的浓度为 2.1×10^{-15} mol/L。

三、配位化合物的应用

由于配合物的独特性质，在生物化学、农业化学、药物化学及化学工程中都有广泛用途。

1. 医药中的应用

EDTA 是多种重金属中毒的解毒剂，若人体因铅的化合物中毒，可以肌肉注射 EDTA 溶液解毒，它使 Pb^{2+} 以配离子的形式进入溶液而从人体中排出去。EDTA 还可以除去人体中的放射性同位素，特别是钚。铂类配合物抗癌药物在化疗中的使用，也取得一定的疗效。

2. 分析检验中的应用

配合物在分析化学中占有重要地位。它可以用做显色剂、萃取剂、滴定剂、掩蔽剂等。

例如，用 EDTA 测定水中 Ca^{2+}、Mg^{2+} 时，Fe^{3+}、Al^{3+} 有干扰，常加入三乙醇胺，使之与 Fe^{3+}、Al^{3+} 形成稳定的螯合物而将其掩蔽起来。又如，丁二铜肟与 Ni^{2+} 在氨性溶液中生成鲜红色的难溶螯合物，分析化学中利用这一特征反应鉴定 Ni^{2+} 的存在。

3. 工农业中的应用

配合物在工业领域中的应用有着重要的意义，在化工合成中的配合催化、无机高分子材料、电镀、医药、染料等方面，应用广泛。如在电镀液中加入适当的配位体，使其与金属离子生成较难还原的配离子，减慢金属离子的结晶速度，以便得到光滑、均匀、致密的镀层。又如镀锌时常用氨三乙酸—氯化铵电镀液。冶金工业中，在 CN^- 存在下 Au 可以被氧化成 $[Au(CN)]^{2+}$，溶于水。利用这个反应可以将 Au 从矿石中浸取出来，再用锌粉使其还原为金。此外，配合物在环境治理、硬水软化等方面都有重要应用。

实 验

沉淀平衡与配位平衡

一、实验目的

1. 了解难溶电解质沉淀、溶解及转化的条件。
2. 了解配位离子的形成及性质。
3. 探讨影响沉淀平衡与配位平衡的因素。

二、实验原理

某一难溶电解质在一定条件下，沉淀能否生成或溶解，可以根据溶度积规则来判断。当离子积 Q_i 大于溶度积 $K_{sp}^{\ominus}$ 时，溶液为过饱和溶液，沉淀就会生成。利用同离子效应，生成更难溶的沉淀、生成弱电解质或生成配离子等方法，可使沉淀转化或溶解。例如：

$$CaCO_3\text{（沉淀）} + 2H^+ \xlongequal{} Ca^{2+} + CO_2 + H_2O \quad (1)$$

$$Ag_2CrO_4\text{（沉淀）} + 2Cl^- \xlongequal{} 2AgCl\text{（沉淀）} + CrO_4^{2-} \quad (2)$$

$$AgCl\text{（沉淀）} + 2NH_3 = [Ag(NH_3)_2]^+ + Cl^- \quad (3)$$

在反应（3）体系中，金属离子与配合剂结合成较为稳定的配离子 $[Ag(NH_3)_2]^+$。同沉淀平衡一样，配位平衡也是动态平衡（4）。

$$Ag^+ + 2NH_3 \rightleftharpoons [Ag(NH_3)_2]^+ \quad (4)$$

当向反应（4）的体系中加入 I^- 时，配离子解离出的 Ag^+ 会和 I^- 反应成更难溶的沉淀 AgI，从而使 $[Ag(NH_3)_2]^+$ 解离。

$$[Ag(NH_3)_2]^+ \rightleftharpoons Ag^+ + 2NH_3$$

$$Ag^+ + I^- \xlongequal{} AgI\downarrow$$

三、实验仪器和试剂

1. 仪器

玻璃试管、滴管。

2. 试剂

0.1 mol/L $Pb(NO_3)_2$ 溶液、0.1 mol/L KI 溶液、0.1 mol/L 盐酸、6 mol/L 氨水、0.1 mol/L

氨水、0.1 mol/L K_2CrO_4溶液、0.1 mol/L 氯化钠溶液、0.1 mol/L 硝酸银溶液、蒸馏水、固体$CaCO_3$。

四、实验步骤

1. 沉淀的生成

往试管中加入2滴0.1 mol/L $Pb(NO_3)_2$溶液，加水稀释至1 mL，再加入3滴0.1 mol/L KI溶液。观察现象，写出离子方程式。

2. 沉淀的溶解

取黄豆粒大小的固体$CaCO_3$，放入试管中，加入1 mL水，$CaCO_3$是否溶解？再滴入0.1 mol/L盐酸溶液，震荡。观察现象，解释原因，写出离子方程式。

3. 沉淀的转化

在试管中加入3滴0.1 mol/L K_2CrO_4溶液，加水稀释至1 mL，再加入3滴0.1 mol/L硝酸银溶液，观察沉淀的颜色。然后逐滴加入0.1 mol/L氯化钠溶液，充分震荡。观察沉淀颜色的变化，解释原因，写出离子方程式。

4. 沉淀平衡与配位平衡

取两支试管，分别加入1 mL 0.1 mol/L氯化钠溶液，然后各逐滴加入0.1 mol/L硝酸银溶液至产生白色沉淀。再分别加入6 mol/L氨水，直到白色沉淀完全溶解。向其中一支试管中逐滴加入0.1 mol/L KI溶液。观察现象，写出相关反应方程式和离子方程式。

【课堂思考】

1. 为什么不溶于水的碳酸钙可以溶于盐酸？

2. 为什么往$[Ag(NH_3)_2]Cl$溶液中加入碘化钾溶液会有黄色沉淀生成？

阅读材料

人体血液的缓冲作用

人体血液不会因为进入少量酸性和碱性的物质而使其pH超出7.35~7.45，原因是血液中含有缓冲物质，如$H_2CO_3-NaHCO_3$、$NaH_2PO_4-Na_2HPO_4$等。在此结合有关生物与化学的知识对$H_2CO_3-NaHCO_3$在维持血液pH稳态中所起的作用加以说明。

有关电离反应如下：

$$H_2CO_3 \rightleftharpoons H^+ + HCO_3^- \text{（双向，可逆）} \quad (1)$$

$$NaHCO_3 = Na^+ + HCO_3^- \quad (2)$$

由于(2)式完全电离，有大量的HCO_3^-存在，对(1)式电离产生同离子效应，使HCO_3^-和H^+结合成H_2CO_3，也就是说(2)式的结果抑制了(1)式H_2CO_3的电离，因此血液中存在大量的H_2CO_3和HCO_3^-，而H^+浓度很小。

当血液中进入少量酸（例如乳酸、磷酸等）时，由于血液中存在大量HCO_3^-，能和进入的酸中的H^+结合成电离度很小的H_2CO_3，使血液中氢离子浓度几乎没有升高，因此血液pH并不明显降低。

当血液中进入少量碱时，此时血液中的H^+与进入碱中的OH^-结合成难电离的H_2O，当

血液中的 H^+ 稍有降低时，血液中存在的 H_2CO_3，就立即电离出 H^+ 来补充血液中减少的 H^+，使血液 pH 并不明显升高。

正是因为 H_2CO_3 和 HCO_3^- 的大量存在，才会使血液的 pH 不会因为少量碱、酸的进入而造成明显升降。

第七单元　电化学基础

课题一　氧化还原反应

学习目标

1. 理解氧化数、氧化剂与还原剂、氧化还原反应等概念。
2. 掌握氧化数的确定方法。
3. 了解氧化还原反应方程式的配平方法。

电化学是研究电能与化学能相互转化规律的科学。电化学所涉及的内容非常广泛，本单元主要介绍氧化还原反应、原电池、电极电势、电解及应用、金属的腐蚀与防护等知识。

一、氧化数

1. 氧化数的概念

氧化数是指某元素一个原子的表观电荷数。其数值取决于原子形成分子时得失的电子数或偏移的电子数。在化学反应中，当原子的价电子失去或偏离它时，此原子具有正氧化数；当原子获得电子或有电子偏向它时，此原子具有负氧化数。

2. 氧化数的确定

（1）任何形态的单质中元素的氧化数为零。如：Na、Ca、H_2、Cl_2、O_2、P_4等物质中，Na、Ca、H、Cl、O、P 的氧化数都为零。

（2）单原子离子的氧化数等于它所带的电荷数，多原子离子中，各元素氧化数的代数和等于该离子所带的电荷数。如：H^+、Mg^{2+}、F^-中 H、Mg、F 的氧化数分别为 +1、+2、-1。OH^-中 O 的氧化数为 -2，H 的氧化数为 +1，所以 OH^-带一个单位负电荷。

（3）在共价化合物中，共用电子对偏向于电负性较大的原子，在两原子上的形式电荷就是它们的氧化数。如 H_2O 中 H 和 O 原子的形式电荷数分别为 +1 和 -2，所以 H 和 O 的氧化数分别为 +1 和 -2。

（4）在有些化合物中，元素的氧化数有可能是分数。如在 Fe_3O_4 中，Fe 的氧化数为 $+\frac{8}{3}$。

（5）氢在化合物中的氧化数一般为 +1，如 HBr、NH_3等；但在活泼金属的氢化物中，氢的氧化数为 -1，如 NaH、CaH_2等。氧在化合物中的氧化数一般为 -2，如 H_2O，CaO 等；但在过氧化物中，氧的氧化数为 -1，如 H_2O_2、Na_2O_2等。氟在化合物中的氧化数都为 -1。

（6）在化合物中各元素氧化数的代数和等于零。

根据以上原则，可以确定物质中任一元素的氧化数。

【例 7—1—1】　求 $K_2Cr_2O_7$中 Cr 的氧化数。

解 设Cr的氧化数为x，已知O的氧化数为-2，K的氧化数为$+1$。则：

$$2\times(+1)+2\times x+7\times(-2)=0$$

$$x=+6$$

答：Cr的氧化数为+6。

二、氧化还原反应

在化学反应中，凡反应前后元素的氧化数发生变化的反应称为**氧化还原反应**。元素的氧化数升高（失去电子或共同电子对偏离）的反应称为**氧化反应**；元素的氧化数降低（得到电子或共用电子对偏向）的反应称为**还原反应**。

例如：锌和硫酸铜溶液发生的置换反应，反应前后铜元素和锌元素的氧化数发生了变化，因此该反应是氧化还原反应。其中锌失去2个电子，氧化数升高，发生了氧化反应；铜离子得到2个电子，氧化数降低，发生了还原反应。

失去$2e^-$，氧化数升高，氧化反应

$$\overset{0}{Zn}+\overset{+2}{Cu}\longrightarrow \overset{+2}{Zn}+\overset{0}{Cu}\uparrow$$

得到$2e^-$，氧化数降低，还原反应

三、氧化剂和还原剂

氧化还原反应的本质是电子的得失或偏移，元素氧化数的变化是电子得失或偏移的结果。

氧化剂是指在氧化还原反应中氧化数降低的物质。氧化剂具有氧化性，它在反应中因获得电子或共用电子对偏向而被还原。氧化剂被还原后的物质称为还原产物。

还原剂是指在氧化还原反应中氧化数升高的物质。还原剂具有还原性，它在反应中因失去电子或共用电子对偏离而被氧化，还原剂被氧化后的物质称为氧化产物。例如：

失去$2e^-$，氧化数升高，被氧化

$$\overset{0}{Zn}+2\overset{+1}{H}Cl\longrightarrow \overset{+2}{Zn}Cl_2+\overset{0}{H_2}\uparrow$$

得到$2e^-$，氧化数降低，被还原

还原剂　氧化剂　　氧化产物　还原产物

常见的氧化剂一般是一些活泼的非金属和含有高氧化数元素的物质，因为这些物质在氧化还原反应中易得到电子，如Cl_2、Br_2、I_2、O_2、$KMnO_4$、$K_2Cr_2O_7$、HNO_3等。

常见的还原剂一般是一些活泼的金属和含有低氧化数元素的物质，因为这些物质在氧化还原反应中易失去电子，如K、Na、Ca、Mg、Zn、Al、H_2S、Na_2SO_3、H_2等。

有些含有中间氧化数元素的物质既可以做氧化剂又可以做还原剂，如SO_2、H_2O_2、CO、$FeCl_2$等。

【课堂思考】 试分析下列反应中被氧化和被还原的元素，氧化剂和还原剂，氧化产物和还原产物。

(1) $4HCl+MnO_2 = MnCl_2+2H_2O+Cl_2\uparrow$

(2) $2HCl+Zn = ZnCl_2+H_2\uparrow$

四、氧化还原反应方程式的配平

氧化还原反应方程式一般较复杂，而且反应式中的物质较多，各物质的化学计量系数也较大，很难直接配平这类方程式。所以，通常采用氧化值升降法配平这类方程式。

1. 配平原则

（1）氧化剂中元素氧化数降低的总数与还原剂中元素氧化数升高的总数相等。

（2）方程式两边各种元素的原子总数相等。

2. 配平步骤

（1）写出未配平的反应式。例如：

$$Cu + HNO_3(稀) \longrightarrow Cu(NO_3)_2 + NO\uparrow + H_2O$$

（2）找出有关元素氧化数的变化值。

氧化数升高2

$$\overset{0}{Cu} + H\overset{+5}{N}O_3(稀) \longrightarrow \overset{+2}{Cu}(NO_3)_2 + \overset{+2}{N}O\uparrow + H_2O$$

氧化数降低3

（3）根据元素氧化数升高的总数和降低的总数相等的原则，求出氧化数升高与降低的最小公倍数，在相应的化学式之前乘以适当的系数。

氧化数升高2×3

$$3\overset{0}{Cu} + H\overset{+5}{N}O_3(稀) \longrightarrow 3\overset{+2}{Cu}(NO_3)_2 + 2\overset{+2}{N}O\uparrow + H_2O$$

氧化数降低3×2

（4）配平反应前后氧化数没有变化的元素的原子个数，并将箭头符号改成等号。

$$3Cu + 8HNO_3 = 3Cu(NO_3)_2 + 2NO\uparrow + 4H_2O$$

【例 7—1—2】 配平高锰酸钾与浓盐酸反应的化学反应方程式。

解　按步骤（1）：

$$KMnO_4 + HCl \longrightarrow MnCl_2 + KCl + Cl_2\uparrow + H_2O$$

按步骤（2）：

氧化数升高1×2

$$K\overset{+7}{Mn}O_4 + 2H\overset{-1}{Cl} \longrightarrow \overset{+2}{Mn}Cl_2 + KCl + \overset{0}{Cl_2}\uparrow + H_2O$$

氧化数降低5

按步骤（3）：

氧化数升高1×2×5

$$2K\overset{+7}{Mn}O_4 + 10H\overset{-1}{Cl} \longrightarrow 2\overset{+2}{Mn}Cl_2 + 2KCl + 5\overset{0}{Cl_2}\uparrow + H_2O$$

氧化数降低5×2

按步骤（4）：

$$2KMnO_4 + 16HCl = 2MnCl_2 + 2KCl + 5Cl_2\uparrow + 8H_2O$$

除使用氧化值升降法配平氧化还原反应方程式以外，还可以采用待定系数法和离子—电子法来配平氧化还原反应方程式，在这里不再阐述。

课题二　原电池和电极电势

学习目标

1. 了解原电池的组成，掌握电池符号的书写规则。

2. 掌握电极反应、电池反应的写法。

3. 掌握电极电势的概念和能斯特方程，能进行电极电势和电池电动势的计算。

4. 能用电极电势比较氧化剂、还原剂的相对强弱，推断氧化还原反应进行的次序，判断标准条件与非标准条件下氧化还原反应的方向和程度。

电化学研究的主要对象是电化学体系，所谓电化学体系是指电池，它由电极和电解质溶液构成。根据电化学反应的条件和结果的不同，通常把电化学体系（电池）分为三类：第一类是在两电极的外电路中连接用电器后，能自发地将电能输送到外电路，对外做电功，如锌锰干电池；第二类是把两个电极与直流电源相连，使电流通过体系并促使电化学反应发生，如工业镀铬装置；第三类是电化学反应能自发进行，但不能对外做电功，如电极材料（金属）的破坏，这种体系称为腐蚀电池。

一、原电池

1. 原电池的组成

在一个 200 mL 烧杯中放入 1 mol/L $ZnSO_4$溶液 150 mL 和锌片，另一个 200 mL 烧杯中放入 1 mol/L $CuSO_4$溶液 150 mL 和铜片，将两烧杯的溶液用一个充满电解质溶液的盐桥（由饱和了 KCl 的琼脂装入 U 形玻璃管中制成）联通起来，用金属导线将两金属片及检流计串联起来，组成如图 7—2—1 所示的装置。

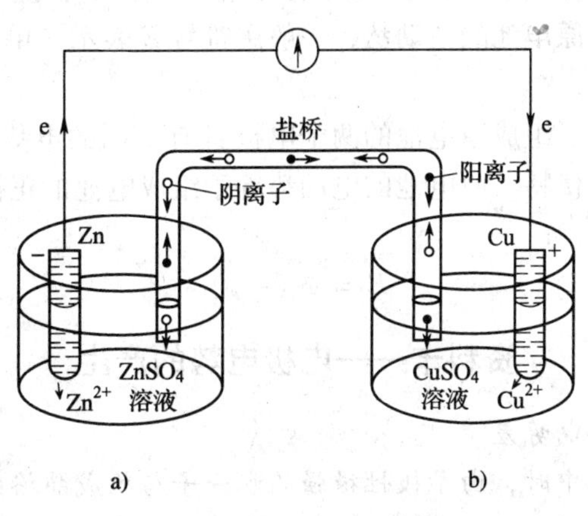

图 7—2—1　Cu－Zn 原电池示意图

在这个装置中可以观察到，锌片不断溶解，铜不断沉积在铜片上，电流计指针发生了偏转。这说明装置中发生了化学反应并产生了电流（电能）。这种借助氧化还原反应使化学能转变为电能的装置，叫做**原电池**。

在上述原电池中，锌片和$ZnSO_4$溶液构成锌电极，铜片和$CuSO_4$溶液构成铜电极。锌极上的锌失去电子变成Zn^{2+}进入溶液，留在锌极上的电子通过导线流到铜极，即电子在导线中流动的方向是从锌极流向铜极，锌极构成原电池的负极；$CuSO_4$溶液中的Cu^{2+}在铜电极上得到电子而析出金属铜，铜极构成原电池的正极。

负极　　$Zn - 2e^- \Longrightarrow Zn^{2+}$（氧化反应）

正极　　$Cu^{2+} + 2e^- \Longrightarrow Cu^{2+}$（还原反应）

电池反应　　$Zn + Cu^{2+} \Longrightarrow Zn^{2+} + Cu$

在上述铜锌原电池中有两个半电池，烧杯中的$ZnSO_4$溶液和锌片组成一个半电池，另一烧杯中的$CuSO_4$溶液和铜片组成另一个半电池，两个半电池用盐桥连接。为了方便，原电池装置可用符号来表示。

例如，铜锌原电池可表示为：

$$(-)Zn \mid ZnSO_4(c_1) \parallel CuSO_4(c_2) \mid Cu(+)$$

书写时，负极写在左边，正极写在右边。"|"表示两相之间的界面。"‖"表示盐桥。电极物质为溶液时，要注明其浓度，当溶液浓度为1 mol/L时，可省略不写；若是气体要注明其分压。如果半电池中需插入惰性电极，惰性电极在电池符号中要表示出来。例如$Pt \mid Fe^{+3}(c_1), Fe^{+2}(c_2)$。

2. 氧化还原电对

在氧化还原反应中，氧化剂与它的还原产物、还原剂与它的氧化产物所组成的体系称为**氧化还原电对**。如在上述Cu－Zn原电池反应中存在两个电对：Zn^{2+}与Zn、Cu^{2+}与Cu。

书写电对时，氧化型物质写在左侧，还原型物质写在右侧，中间用斜线"/"隔开，即写为"氧化型/还原型"。如上述电对分别表示为：Zn^{2+}/Zn，Cu^{2+}/Cu。

二、电极电势

1. 电极电势的概念

在铜锌原电池中，为什么电子从Zn原子转移给Cu^{2+}离子？说明在两个电极之间有电势差的存在，这个电势差叫**原电池的电动势**，一般用符号E表示，单位是伏特（简称伏），用符号V表示。

电势差的存在，说明了组成原电池的两个电极具有不同的电势，这个电势叫**电极电势**，用符号φ表示，单位也是伏特。原电池的电动势等于组成电池的正极的电极电势减去负极的电极电势。

$$E = \varphi_+ - \varphi_- \qquad (7—2—1)$$

资料卡——电极电势的产生

一、金属—液体接界电势差

当金属如锌片浸入水中时，由于极性很强的水分子与构成晶格的锌离子相互吸引而发生水化作用，结果使一部分锌离子脱离锌片表面形成水化离子进入水中。一个锌离子进入水中时，就有两个电子留在金属锌片上，这时锌片上由于电子过剩而带负电，水中锌离子较多而带正电，从而形成双电层。随着锌片的不断溶解，其逆过程锌离子受锌片上负电荷的吸引而沉积逐步加速，当溶解与沉积速度相等时达到平衡，即此时两相界面上的双电层也趋于稳定，如图7—2—2所示。

双电层之间所产生的电势差即为电极电势，其值与金属性质、电解质溶液的浓度及温度有关。对于 $Zn-Zn^{2+}$ 溶液体系，实验表明金属带负电，溶液带正电，整个体系为电中性。

二、液体接界电势差

相互接触的两个组成不同或浓度不同的电解质溶液相之间存在的相间电势差叫液体接界电势。形成液体接界电势的原因是：由于两溶液相的组成或浓度不同，溶质粒子会自发地从浓度高的相向浓度低的相迁移，并最终在两液相接界面的两侧形成双电层，产生电势差。

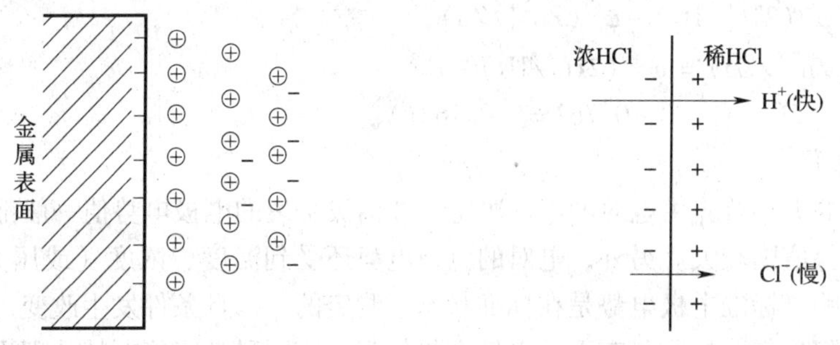

图7—2—2　金属的电极电势　　　　图7—2—3　液体接界电势示意图

如图7—2—3所示，当不同浓度的HCl接触时，接触处会存在浓度梯度，HCl从浓度高的一侧向浓度低的一侧扩散。H^+ 扩散速度比 Cl^- 快很多，从而在界面上形成左侧有剩余负离子，右侧有剩余正离子的双电层。两侧带电后，静电作用对 H^+ 通过界面产生一定的阻碍作用，结果 H^+ 的扩散速度逐渐降低；相反，Cl^- 扩散速度加大。最后达到稳定状态，H^+ 和 Cl^- 的扩散速度相等，界面电势差也达到稳定。如果两个溶液相的电解质不同，那么问题将更加复杂，但基本原理仍然相同。

液体接界电势一般不大，在30 mV左右。但液体接界电势是一个不稳定、难以计算和测定的数值，所以在电化学体系中包含液体接界电势时，往往使体系的电化学参数的数量值失去热力学意义。因此多数情况下，使用盐桥使之降低到可以忽略的程度。盐桥一般用饱和的KCl溶液加入少量琼脂配制而成。由于使用高浓度的KCl溶液，在溶液—盐桥接界处电流几乎全部由 K^+ 和 Cl^- 运输，K^+ 和 Cl^- 的迁移速度几乎相同，因此每种溶液—盐桥的接界电势差均很小；另外，两个溶液—盐桥的电势差的方向恰好相反，又能抵消一部分。因此整体的液体接界电势可降低至几毫伏左右，基本可忽略。

三、接触电势

两种金属相接触时，在界面上产生的电势差称为接触电势。这是因为不同金属的电子逸出能力不同，当两种金属相互接触时，相互逸入的电子数目不相等，形成双电层所致。其数值一般很小，可以忽略不计。

2. 标准电极电势

在标准状态下，即溶液浓度为1 mol/L，气体分压为100 kPa，测量温度为298.15 K时，测得的电池电动势为**标准电动势**，用符号 $E^{\ominus}$ 表示；测得的两电极的电极电势为**标准电极电**

势，用符号 $\varphi^{\ominus}$表示。$\varphi^{\ominus}$和 $E^{\ominus}$的单位为 V 或 mV。

但是，对任何一个电极而言，其电极电势的绝对值是无法测量的，而只能测得由两个电极组成电池的电动势。如果选择某种电极作为标准，规定它的电极电势为零，将该电极与待测电极组成一个原电池，则通过测定该电池的电动势，就可求出待测电极的电极电势的相对值。1953 年，国际纯粹与应用化学联合会建议采用标准氢电极作为标准电极，规定标准氢电极的电极电势为零。

例如，用标准锌电极与标准氢电极组成原电池测量锌电极的标准电极电势，电池符号为：

$$(-)Zn \mid Zn^{2+}(1\ mol/L) \parallel H^{+}(1\ mol/L) \mid H_2(100\ kPa) \mid Pt(+)$$

若测得电池的电动势为 0.762 V，可求得锌电极的标准电极电势。

因为 $E^{\ominus} = \varphi^{\ominus}(2H^{+}/H_2) - \varphi^{\ominus}(Zn^{2+}/Zn)$

所以 $\varphi^{\ominus}(Zn^{2+}/Zn) = \varphi^{\ominus}(2H^{+}/H_2) - E^{\ominus}$

$= 0 - 0.762 = -0.762(V)$

3. 能斯特方程

电极电势值的大小首先由电对的本性决定。如活泼金属的电极电势值一般都较小，活泼非金属的电极电势值则较大。另外，电对的电极电势还受到温度、浓度（或压力）、溶液的酸度等因素的影响。标准电极电势是在标准状态下测定的，一旦条件发生改变，电极电势值也随之改变。如何确定非标准状态下的电极电势值呢？德国科学家能斯特从理论上推导出电极电势与反应温度、反应物浓度（或压力）、溶液的酸度之间的定量关系式，称为**能斯特方程式**。

对任一电极的电极反应：

$$p\,\text{氧化型} + ne^{-} \rightleftharpoons q\,\text{还原型}$$

能斯特方程式为：

$$\varphi_{\text{电对}} = \varphi^{\ominus}_{\text{电对}} + \frac{RT}{nF}\ln\frac{[c(\text{氧化型})]^{p}}{[c(\text{还原型})]^{q}} \qquad (7—2—2)$$

式中 $\varphi_{\text{电对}}$——非标准状态下电极的电极电势，V；

$\varphi^{\ominus}_{\text{电对}}$——电对的标准电极电势，V；

R——摩尔气体常数，8.314 J/K·mol；

T——热力学温度，K；

n——电极反应中电子转移的物质的量，mol；

F——法拉第常数，96 485 C/mol；

［c（氧化型）］［c（还原型）］——氧化型物质和还原型物质的相对浓度；

p、q——电极反应中氧化型物质和还原型物质的计量系数。

在 298.15 K 时，将上述数据代入式（7—2—2）中，自然对数换为常用对数，得：

$$\varphi_{\text{电对}} = \varphi^{\ominus}_{\text{电对}} + \frac{0.059\,2}{n}\lg\frac{[c(\text{氧化型})]^{p}}{[c(\text{还原型})]^{q}} \qquad (7—2—3)$$

使用能斯特方程时应注意以下几点：

（1）在能斯特方程中，当氧化型、还原型物质的浓度均为 1 mol/L 时，$\varphi_{\text{电对}} = \varphi^{\ominus}_{\text{电对}}$，所以能斯特方程可以表示非标准状态及标准状态下的电对的电极电势。

（2）有气体参加电极反应时，将其相对于标准状态的压力代入浓度项，例如：

$$Cl_2 + 2e^- \rightleftharpoons 2Cl^-$$

能斯特方程式为：

$$\varphi(Cl_2/2Cl^-) = \varphi^{\ominus}(Cl_2/2Cl^-) + \frac{0.059\,2}{2}\lg\frac{[p(Cl_2)]}{[c(Cl^-)]^2}$$

(3) 有纯固体或纯液体参与电极反应时，则它们的浓度在能斯特方程中不体现。例如：

$$AgI(s) + e^- \rightleftharpoons Ag(s) + I^-$$

能斯特方程为：

$$\varphi(AgI/Ag) = \varphi^{\ominus}(AgI/Ag) + 0.059\,2\lg\frac{1}{[c(I^-)]}$$

(4) 在电极反应中，除氧化型、还原型物质外，还有 H^+ 或 OH^-，则其浓度也应包含在能斯特方程中，即 $[c(\text{氧化型})]^p/[c(\text{还原型})]^q$ 表示在电极反应中氧化型一侧各物质浓度系数次方的乘积与还原型一侧各物质浓度系数次方的乘积之比。例如：

$$MnO_4^- + 8H^+ + 5e^- \rightleftharpoons Mn^{2+} + 4H_2O$$

能斯特方程为：

$$\varphi(MnO_4^-/Mn^{2+}) = \varphi^{\ominus}(MnO_4^-/Mn^{2+}) + \frac{0.059\,2}{5}\lg\frac{[c(MnO_4^-)][c(H^+)]^8}{[c(Mn^{2+})]}$$

(5) 严格讲，由于溶液中离子的相互牵制，能斯特方程中的离子浓度应为离子活度，但对一般的稀溶液可用浓度代替活度。

资料卡——离子活度

为了定量描述电解质溶液中离子间的牵制作用，引入活度的概念。单位体积电解质溶液中，表观所含的离子浓度称为活度，也称有效浓度，用 α 表示。活度与浓度 c 的关系为：

$$\alpha = fc$$

式中 f 称为活度系数，它反映了电解质溶液中离子相互牵制作用的大小，溶液越浓，离子电荷越高，离子间的牵制作用越大，f 就越小，活度和浓度间的差距越大，反之亦然。当溶液浓度极稀时，离子间作用极其微弱，f 接近于1，此时活度与浓度基本趋于一致。

【例7—2—1】 在298.15 K时，金属铜和 $c(Cu^{2+}) = 0.1$ mol/L的铜离子溶液组成电极，试求此电极的电极电势。

解 铜电极的电极反应为：$Cu^{2+} + 2e^- \rightleftharpoons Cu$

查附录四知：$\varphi^{\ominus}(Cu^{2+}/Cu) = +0.345$ V

$$\varphi(Cu^{2+}/Cu) = \varphi^{\ominus}(Cu^{2+}/Cu) + \frac{0.059\,2}{2}\lg[c(Cu^{2+})]$$

$$= 0.345 + \frac{0.059\,2}{2}\lg 0.1$$

$$= 0.315(V)$$

答：此电极的电极电势为0.315 V。

三、电极电势的应用

1. 判断氧化剂和还原剂的强弱

标准电极电势数值的大小，标志着电对氧化态得电子能力或还原态失电子能力的强弱，即氧化剂的氧化能力和还原剂的还原能力的强弱，所以，根据标准电极电势的大小可以判断氧化剂和还原剂的相对强弱。

【例7—2—2】 比较 $Cl_2/2Cl^-$、Fe^{2+}/Fe、Ag^+/Ag 三个电对中氧化型物质氧化能力和还原型物质还原能力大小的次序。

解 查附录四知各电对标准电极电势为：

$$Cl_2 + 2e^- \rightleftharpoons 2Cl^- \qquad \varphi^{\ominus}(Cl_2/2Cl^-) = 1.36\ V$$

$$Fe^{2+} + 2e^- \rightleftharpoons Fe \qquad \varphi^{\ominus}(Fe^{2+}/Fe) = -0.441\ V$$

$$Ag^+ + e^- \rightleftharpoons Ag \qquad \varphi^{\ominus}(Ag^+/Ag) = 0.799\ V$$

$\varphi^{\ominus}$值越大，说明该电对的氧化型夺取电子的能力越强，其氧化型的氧化能力越强，是较强的氧化剂；反之，$\varphi^{\ominus}$值越小，说明该电对的还原型失去电子的能力越强，其还原型的还原能力越强，是较强的还原剂。

所以，上述电对氧化型物质氧化能力的顺序为：$Cl_2 > Ag^+ > Fe^{2+}$；还原型物质还原能力的顺序为：$Fe > Ag > Cl^-$

答：氧化能力的顺序为 $Cl_2 > Ag^+ > Fe^{2+}$，还原能力的顺序为 $Fe > Ag > Cl^-$。

2. 判断氧化还原反应进行的方向

因为任何一个氧化还原反应理论上都可以设计成一个原电池，原电池的电动势 $E = \varphi^+ - \varphi^-$，所以可根据 E 的值来判断氧化还原反应进行的方向。如果 $E > 0$ 反应正向进行；$E < 0$ 反应逆向进行。

【例7—2—3】 试分别判断反应 $MnO_2 + 4HCl \xlongequal{} MnCl_2 + Cl_2\uparrow + 2H_2O$ 在标准状态下和 $c(HCl) = 12\ mol/L$，$p(Cl_2) = 100\ kPa$，$c(Mn^{2+}) = 1\ mol/L$ 时，反应进行的方向。

解 查附录四知：

$$MnO_2 + 4H^+ + 2e^- \rightleftharpoons Mn^{2+} + 2H_2O \qquad \varphi^{\ominus}(MnO_2/Mn^{2+}) = 1.23\ V$$

$$Cl_2 + 2e^- \rightleftharpoons 2Cl^- \qquad \varphi^{\ominus}(Cl_2/2Cl^-) = 1.36\ V$$

$$E^{\ominus} = \varphi^{+\ominus} - \varphi^{-\ominus}$$

$$= 1.23 - 1.36 = -0.13(V) < 0$$

所以标准状态下，该反应自发向左进行。

当 $c(HCl) = 12\ mol/L$ 时，$c(H^+) = c(Cl^-) = 12\ mol/L$

$$\varphi(MnO_2/Mn^{2+}) = \varphi^{\ominus}(MnO_2/Mn^{2+}) + \frac{0.059\ 2}{2}\lg\frac{[c(H^+)]^4}{[c(Mn^{2+})]}$$

$$= 1.23 + \frac{0.059\ 2}{2}\lg 12^4 = 1.36(V)$$

$$\varphi(Cl_2/2Cl^-) = \varphi^{\ominus}(Cl_2/2Cl^-) + \frac{0.059\ 2}{2}\lg\frac{[p(Cl_2)]}{[c(Cl^-)]^2}$$

$$= 1.36 + \frac{0.059\ 2}{2}\lg\frac{1}{12^2} = 1.30(V)$$

$$E = \varphi(MnO_2/Mn^{2+}) - \varphi(Cl_2/2Cl^-)$$

$$= 1.36 - 1.30 = 0.06(V) > 0$$

所以反应自发向右进行。

答：标准状态下，反应自发向左进行；另一种状态下，反应自发向右进行。

3. 判断氧化还原反应发生的次序

某溶液中含有 Br^- 与 I^-，当向溶液中通入氯气时，哪种离子先被氯气氧化呢？可根据标准电极电势来判断。

查附录四得：$\varphi^{\ominus}(Cl_2/2Cl^-)=1.36\ V$，$\varphi^{\ominus}(Br_2/2Br^-)=1.065\ V$，$\varphi^{\ominus}(I_2/2I^-)=0.534\ V$

把 Cl_2 通入 Br^- 与 I^- 混合溶液中，因为：

$$\varphi^{\ominus}(Cl_2/2Cl^-)-\varphi^{\ominus}(I_2/2I^-)>\varphi^{\ominus}(Cl_2/2Cl^-)-\varphi^{\ominus}(Br_2/2Br^-)$$

所以，Cl_2 首先氧化 I^-。

一般地，当把一种氧化剂加入到同时含有几种还原剂的溶液中，氧化剂首先与最强的还原剂（$\varphi^{\ominus}$ 值最小）发生反应；反之，如果把一种还原剂加入到同时含有几种氧化剂的溶液中，还原剂首先与最强的氧化剂（$\varphi^{\ominus}$ 值最大）发生反应。

4. 判断氧化还原反应进行的程度

一般用平衡常数的大小来衡量一个化学反应进行的程度。氧化还原反应的平衡常数可以通过两个电对的标准电极电势求出。

【例 7—2—4】 计算铜锌原电池反应的平衡常数。

解 $Zn+Cu^{2+}=\!=\!=Zn^{2+}+Cu$

反应开始时：$\varphi(Zn^{2+}/Zn)=\varphi^{\ominus}(Zn^{2+}/Zn)+\dfrac{0.059\,2}{2}\lg[c(Zn^{2+})]$

$$\varphi(Cu^{2+}/Cu)=\varphi^{\ominus}(Cu^{2+}/Cu)+\frac{0.059\,2}{2}\lg[c(Cu^{2+})]$$

随着反应的进行，溶液中 $c(Cu^{2+})$ 逐渐降低，$c(Zn^{2+})$ 不断增大。当 $\varphi(Zn^{2+}/Zn)=\varphi(Cu^{2+}/Cu)$ 时，反应达到平衡状态，即：

$$\varphi^{\ominus}(Zn^{2+}/Zn)+\frac{0.059\,2}{2}\lg[c(Zn^{2+})]=\varphi^{\ominus}(Cu^{2+}/Cu)+\frac{0.059\,2}{2}\lg[c(Cu^{2+})]$$

$$\frac{0.059\,2}{2}\lg\frac{[c(Zn^{2+})]}{[c(Cu^{2+})]}=\varphi^{\ominus}(Cu^{2+}/Cu)-\varphi^{\ominus}(Zn^{2+}/Zn)$$

$$\lg\frac{[c(Zn^{2+})]}{[c(Cu^{2+})]}=\frac{2\{\varphi^{\ominus}(Cu^{2+}/Cu)-\varphi^{\ominus}(Zn^{2+}/Zn)\}}{0.059\,2}$$

因为 $K^{\ominus}=\dfrac{[c(Zn^{2+})]}{[c(Cu^{2+})]}$，所以：

$$\lg K^{\ominus}=\frac{2\{\varphi^{\ominus}(Cu^{2+}/Cu)\varphi^{\ominus}(Zn^{2+}/Zn)\}}{0.059\,2}=\frac{2[0.345-(-0.762)]}{0.059\,2}=37.4$$

$$K^{\ominus}=2.51\times10^{37}$$

$K^{\ominus}$ 值很大，说明反应进行得很完全。

答：该反应的平衡常数为 2.51×10^{37}。

在 298.15 K 时，任一氧化还原反应的平衡常数和对应电对的 $\varphi^{\ominus}$ 的关系可用下式表示：

$$\lg K^{\ominus}=\frac{n\{\varphi^{\ominus}(\text{氧})-\varphi^{\ominus}(\text{还})\}}{0.059\,2} \tag{7—2—4}$$

式中，n 为两个半电池反应得失电子数的最小公倍数，$\varphi^{\ominus}$（氧）、$\varphi^{\ominus}$（还）分别为发生氧化反应的电对和发生还原反应的电对的标准电极电势。

可见，氧化还原反应的平衡常数 $K^{\ominus}$ 值的大小由氧化剂和还原剂两电对的标准电极电势差决定，电势差越大，$K^{\ominus}$ 值越大，反应进行越完全。

【课堂思考】 铁棒放在 0.010 0 mol/L $FeSO_4$ 中，锰棒放在 0.010 0 mol/L $MnSO_4$ 溶液中，二者构成原电池，试写出原电池符号和电池反应方程式，并求出该电池的电动势。

阅读材料

化学电源

化学电源是可以将化学能转化为电能的装置。理想的化学电源应具有电容量大、输出功率范围广、工作温度限制小、使用寿命长、安全、可靠、廉价等优点。当然完美的化学电源是不存在的，人们根据不同用途选择不同的化学电源。

化学电源按其工作性质可分为一次电池、二次电池和燃料电池三大类。一次电池又称为原电池或干电池，二次电池又称为可充电电池或蓄电池，它们都是将化学能储存在电池中，因而是能量储存装置，而燃料电池则是能量转化装置。

一次电池是人们最早使用的电池，这类电池只能一次性使用，不可通过充电的方式使其复原，即反应是不可逆的。它的特点是小型、廉价、携带方便、使用简单，不需要维修。但放电电流不大，一般用于低功率到中功率放电，多用于仪器及各种电子器件。常用的一次电池有碱性锌锰电池、锌—氧化汞电池、锌—氧化银电池等。其中，碱性锌锰电池是目前市场占有率最高的一次电池。

二次电池的应用已有 100 多年的历史。1859 年布兰特研制出了第一个铅酸蓄电池，开始了人们对二次电池的使用。该电池仍是目前使用最广泛的二次电池。二次电池在放电时通过化学反应产生电能，充电时则使电池恢复到原来状态，即将电能以化学能的形式重新储存起来，从而实现电池电极的可逆充放电反应，可循环使用。常用的蓄电池有：铅酸电池、镍镉电池、镍铁电池、镍氢电池和锂电池等。

二次电池要注意避免过放电和过充电，因为二次电池的反应可逆性是相对的、有条件的，过充电和过放电可能会导致电池容量的不可逆降低，直至电池报废。

铅酸蓄电池如图 7—2—4 所示，简化的电池表示为：

$$(-)Pb \mid H_2SO_4(aq) \mid PbO_2(+)$$

锂电池是日本索尼公司 1990 年开发推出的新型可充电电池，在此基础上人们很快又研制出性能更好的锂离子二次电池。锂离子电池以嵌有锂的过渡金属氧化物如 $LiCoO_2$、$LiNiO_2$、$LiMn_2O_4$ 等作为正极，以可嵌入锂化合物的各种碳材料如天然石墨、合成石墨、微珠碳、碳纤维等作为负极。电解质一般采用 $LiPF_6$ 的碳酸乙烯酯、碳酸丙烯酯与低黏度碳酸二乙基酯等碳酸烷基酯混合的非水溶剂体系。该类电池内所进行的不是一般电池中的氧化还原反应，而是 Li^+ 在充放电时在正、负极之间的转移，电池充电时，锂离子从正极中脱嵌，到负极中嵌入，放电时反之。与同样大小的镍镉电池、镍氢电池相比，锂离子电池电量储备最大、质

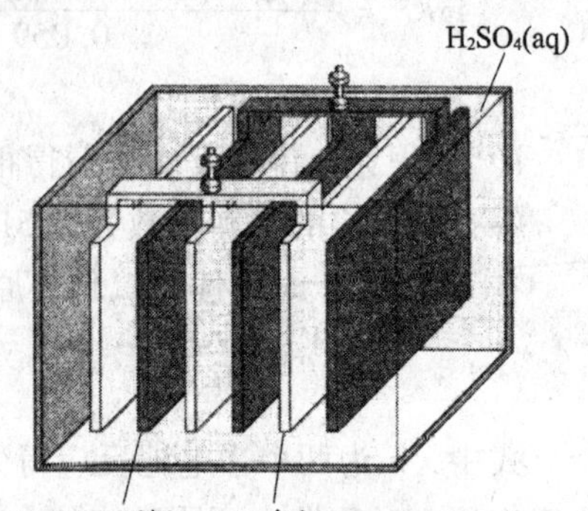

图 7—2—4 铅酸蓄电池示意图

量最轻、寿命最长、充电时间最短，且自放电率低、无记忆效应，因此非常适合用于笔记本电脑、手机、数码相机等小型便携式精密仪器。

燃料电池不同于一般的电池，电极活性物质由外部连续供给。燃料电池多采用高度分散的贵金属Pt或Ni等作为电极材料或电极催化材料。燃料电池的负极称“燃料电极”，燃料可以是气态 H_2、NH_3、CO、CH_3OH 等；正极称“氧化剂电极”，氧化剂一般用空气中的氧气；电解质可以是液态或固态。目前，燃料电池正朝民用化方向发展。

实 验

原电池电动势的测定

一、实验目的

1. 了解用补偿法测定电动势的原理。
2. 掌握电极电势、可逆电池、盐桥等概念。
3. 学会测量原电池的电动势。

二、实验原理

一个电极的电势大小与溶液中有关离子的活度、温度及电极本身的性质有关。电极电势的绝对值是不能测定的，但是可以测定其相对值。将标准氢电极的电极电势规定为零，并将其作为负极与待测电极组成原电池，此电池的电动势即为待测电极的电极电势，由于氢电极使用不方便且极易中毒，故常用甘汞电极作为参比电极。

本实验采用补偿法测定电动势。如图7—2—5所示，由工作电源 *WAB* 回路的电阻上产生电位降，抽出其一部分与待测电池进行抵消，在完全抵消时原电池内电流为零。这就是补偿法测定电动势的原理。

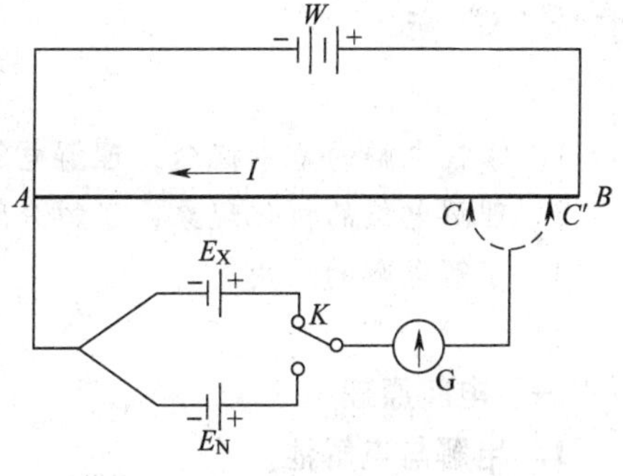

图7—2—5 原电池电动势测定原理图

E_X—待测电池的电动势 E_N—标准电池的电动势

K—电键 *G*—检流计 *W*—工作电源

AB—均匀精密电阻 *CC′*—电阻接触点

三、实验仪器和试剂

1. 仪器

直流电位差计（1台）、直流复射式检流计或数字检流计（1台）、标准电池（1只）、工作电源（1只）、甘汞电极、银电极、铜电极、盐桥、烧杯、导线。

2. 试剂

KCl、$AgNO_3$、$CuSO_4$。

四、实验步骤

本实验测定以下两个原电池的电动势：

a：$(-)Hg(l) \mid Hg_2Cl_2(s) \mid KCl(饱和) \parallel CuSO_4(0.100\ mol/L) \mid Cu(s)(+)$

b：$(-)Hg(l) \mid Hg_2Cl_2(s) \mid KCl(饱和) \parallel AgNO_3(0.100\ mol/L) \mid Ag(s)(+)$

测电动势时，将待测的电池两极接入电位差计。其他部件（如标准电池、工作电源、检流计、盐桥等）也按要求接入电位差计。

先用标准电池标定，然后把电位差计转换开关转向未知档，测定待测电池电动势，同时记下室温。

注意事项：标准电池的使用要特别注意，它不可以当做电源用；不允许有大于 10^{-4} A 的电流通过；正负极不能接错；标准电池不能倒置、倾倒或者摇动；每隔一年左右，需要重新校正其电动势一次，具体可参看仪器说明书。

五、实验数据处理

用测得的电池 a 及 b 的电动势值和饱和甘汞电极的电极电势，分别计算铜电极和银电极的电极电势。

【课堂思考】

1. 盐桥的作用是什么？在测定电池 b 时，如用电池 a 用过的盐桥，需用洗瓶将盐桥的两端淋洗干净，同时注意切勿将浸入饱和 KCl 溶液的一端再浸入 $AgNO_3$ 溶液中，这是为什么？

2. 补偿法测电池电动势的基本原理是什么？为什么用伏特表不能准确测定原电池电动势？

3. 在测量电动势过程中，若检流计光点总是往一个方向偏转（数字检流计一直升高或降低），可能是什么原因？

课题三　电解及其应用

学习目标

1. 掌握电解的基本概念，理解电解池的工作原理。
2. 理解电极的极化现象，了解分解电压的概念。
3. 了解电解的应用。

一、电解原理

1. 电解与电解池

对一些不能自发进行的氧化还原反应，如 $H_2O(l) = H_2(g) + \frac{1}{2}O_2(g)$，$\Delta_r G_m^{\ominus}(298.15\ K) = 237.19\ kJ/mol > 0$（反应不能自发进行），但外加电压可迫使其发生反应，将电能转化成化学能。这种利用外加电压使氧化还原反应进行的过程称为**电解**。实现电解过程的装置称为**电解池**。

在电解池中，与直流电源正极相连的电极是阳极，与负极相连的电极是阴极。阳极发生氧化反应，阴极发生还原反应。由于阳极电势高，阴极电势低，电解液中正离子向阴极移动，负离子向阳极移动，当离子到达电极上时会分别发生氧化和还原反应，称为**离子放电**。

例如，以铂为电极，电解 0.1 mol/L 的 NaOH 溶液（见图 7—3—1）。电解时，H^+ 移向阴极，OH^- 移向阳极，分别放电。

阴极反应：$4H_2O + 4e^- = 2H_2(g) + 4OH^-$

阳极反应：$4OH^- - 4e^- \xlongequal{\quad} 2H_2O + O_2(g)$

总反应：$2H_2O \xlongequal{\quad} 2H_2(g) + O_2(g)$

2. 分解电压

在如图7—3—1所示的装置中，若用可变电阻 R 调节外加电压，用电流计指示在一定外加电压下通过电解池的电流，可作出如图7—3—2所示的电流—电压曲线。

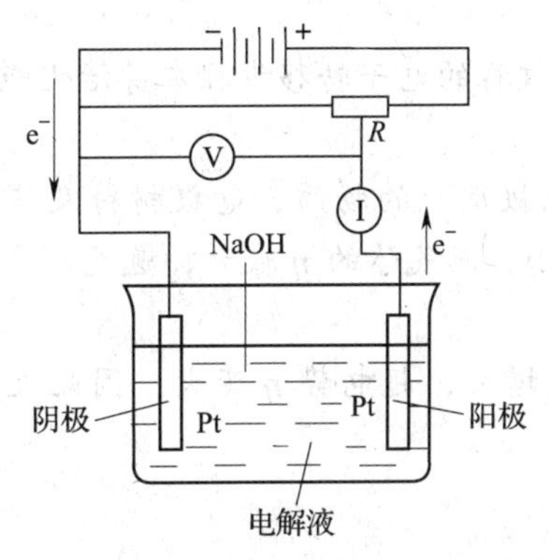

图7—3—1　电解NaOH溶液示意图

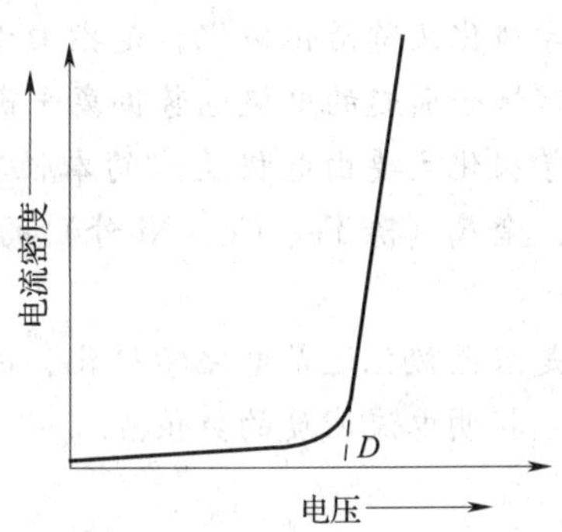

图7—3—2　分解电压示意图

当外加电压很小时，电流很小，电压逐渐增加到1.23 V时，电流仍然很小，电极上看不出有 H_2、O_2 气析出。当电压增加到约1.70 V时，电流开始剧增，以后电流随电压增加直线上升，同时在两极上有明显的气泡产生，电解顺利进行。使电解能顺利进行所需的最低电压称为**分解电压**，图7—3—2中 D 点的电压即为分解电压。产生分解电压的原因是由于电解时，在阴极上析出的 H_2 和阳极上析出的 O_2，分别被吸附在铂片上，形成了氢电极和氧电极，组成原电池。

$$(-)Pt \mid H_2[p(H_2)] \mid NaOH(0.1\ mol/L) \mid O_2(g)[p(O_2)] \mid Pt(+)$$

在298.15 K，$c=0.1$ mol/L的条件下，当 $p(H_2) = p(O_2) = p^{\ominus}$ 时，该原电池的电动势 E 经计算为1.23 V，此电池电动势称为理论分解电压，其方向和外加电压相反。要使电解顺利进行，外加电压必须克服这一反向的电动势。可见，分解电压是由于电解产物在电解时形成某种原电池，产生反向电动势而引起的。

当外加电压稍大于理论分解电压（1.23 V）时，电解似乎应能进行，但实际上的分解电压为1.70 V。超出理论分解电压的原因，除因内电阻引起的电压降外，主要是电极极化。

资料卡——电极极化和超电势

电极上无电流通过时，电极处于平衡状态，其电极电势为平衡电极电势。随着电极上电流密度的增加，电极电势就会偏离平衡电极电势。电流通过电极时，电极电势偏离平衡电极电势的现象称为电极的极化。此时的电极电势称为不可逆电极电势或极化电极电势。

在某一电流密度下，极化电极电势 $\varphi_{极化}$ 与平衡电极电势 $\varphi_{平衡}$ 之差的绝对值称为超电势或过电势，用 η 表示，即：

$$\eta = \left| \varphi_{极化} - \varphi_{平衡} \right|$$

电极极化产生的根本原因在于电极反应的速率总是小于电极上电荷转移的速率。如果是阳极，则电极上电子流出速率快，造成阳极正电荷积累，阳极的电极电势变正；如果是阴极，则电子流入的速率快，造成阴极负电荷的积累，阴极的电极电势变负。根据导致电极反应速率慢的原因，可将极化分为浓差极化和电化学极化。

浓差极化是指电极发生反应时，由于传质速率慢，电极附近溶液的浓度和本体溶液浓度存在差别，导致电极反应缓慢，电极电势偏离平衡电极电势。用搅拌和升温的方法可以减小浓差极化。

电化学极化又称活化极化，是指由于电极反应过程的电子转移步骤本身活化能高，导致电极反应缓慢而引起的电极电势偏离平衡电极电势。

电化学极化主要由电极反应的本性决定，如电极反应的物质、电极材料及其表面状态等。例如，金属（除 Fe、Co、Ni 外）的 η 一般很小，而气体的 η 较大，氢气、氧气的 η 更大。

不论是浓差极化还是电化学极化，随电流密度增大，超电势 η 变大，因此表示 η 的数值时，必须指明电流密度的数值。

3. 电解产物

电解熔融盐的情况比较简单。但在电解盐类水溶液时，在电极上发生反应的可能不止一种物质。当溶液中存在多种在电极上发生反应的物质时，就有一个反应先后顺序的问题。

（1）阴极反应

阴极上发生的是还原反应，在阴极上析出电势越高，其氧化态越先还原析出。

例如，298.15 K 时，用不活泼电极电解 1 mol/L $AgNO_3$ 的中性水溶液，阴极上可能析出氢气或金属银。若阴极上析出银（超电势较小，可忽略），其析出电势为 0.799 V；若阴极上析出氢气，其析出电势为 $-0.414\ V-\eta$。

银的析出电极电势比氢气的高许多，即使氢气没有超电势，银的析出也比较容易，实际上氢气还有超电势，析出氢气就更困难了。随着银的析出，阴极的电极电势逐渐变低，当其等于氢气的析出电势时，氢气也就会析出。因此在阴极上，各种离子是按其析出电极电势由高到低的次序先后析出的。

一般地，在阴极上电解活泼金属（电极电势比 Al 小的金属）的盐溶液时，H^+ 放电生成 H_2；电解其他金属的盐溶液时，相应的金属离子放电，析出金属。

（2）阳极反应

阳极上发生的是氧化反应，在阳极上析出电极电势越低者其还原态越先析出。电解时，各种离子或物质按析出电势由低到高的顺序先后放电进行氧化反应。

当阳极的电极材料是金属时，则一般是金属阳极首先被氧化成离子而溶解。在以 Pt 等惰性材料作为电极，溶液中含有 S^{2-}、Cl^-、Br^- 等时，优先析出的是 S、Cl_2、Br_2，由于 O_2 的超电势较高，所以一般不会析出 O_2（OH^- 放电析出 O_2 的电势一般大于 1.70 V）。但是如果溶液中含有 SO_4^{2-}、PO_4^{3-}、NO_3^- 等含氧酸根离子时，这些离子的析出电势很高，因而此时 OH^- 首先被氧化而析出 O_2。

二、电解的应用

把电解原理应用于工业生产，使电解合成、电解冶炼、电解精炼、电镀等工业得到了快速发展。我国在 20 世纪 80 年代应用电镀的方法对机械的局部破损进行修复，在铁路、航空、船舶和军事工业等方面均已推广应用。

1. 氯碱工业

如图 7—3—3 所示，在一个 U 形管中加入饱和食盐水，插入两根碳棒作电极，在两边管中滴入几滴酚酞指示剂，并用湿润的 KI－淀粉试纸检验阳极放出的气体。

通电后会发现：

（1）两极都有气体放出，在阳极放出的气体有刺激性气味，并能使湿润的 KI－淀粉试纸变蓝，证明是氯气；阴极放出的气体可证明是氢气。

（2）阴极附近的溶液变红，证明溶液中有碱性物质生成。

电解反应式如下：

阴极　$2H^{-}+2e^{-}=\!=\!=H_2\uparrow$

阳极　$2Cl^{-}-2e^{-}=\!=\!=Cl_2\uparrow$

总反应式　$2NaCl+2H_2O\xlongequal{电解}2NaOH+H_2\uparrow+Cl_2\uparrow$

此反应是氯碱工业的主要反应，用较廉价且资源丰富的氯化钠为主要原料可以生产烧碱、氯气、氢气等重要的化工原料。在上面的电解饱和食盐水的实验中，电解产物之间能发生化学反应，如 NaOH 溶液和 Cl_2 能发生反应生成 NaClO，H_2 和 Cl_2 混合遇火能发生爆炸。在工业生产中，为避免这几种产物混合，常采用离子交换膜法进行电解。

2. 电镀

应用电解原理在某些金属表面镀上一层其他金属或合金的过程叫**电镀**。电镀的目的主要是使金属增强抗腐蚀能力及表面硬度，并更加美观。镀层金属通常是一些在空气或溶液中不易起变化的金属（如 Cr、Zn、Ni、Ag）或合金。

电镀时，镀件作阴极，镀层金属作阳极，镀层金属的盐溶液作电镀液，通电后，溶液中的金属离子在阴极获得电子成为金属薄膜，均均地覆盖在待镀物件上。

如图 7—3—4 所示，在大烧杯中加入 1 mol/L 的 $ZnCl_2$ 溶液作电镀液，待镀的铁片作阴极，镀层金属锌作阳极，接通直流电源几分钟后，就可以看到镀件的表面被镀上了一层锌。

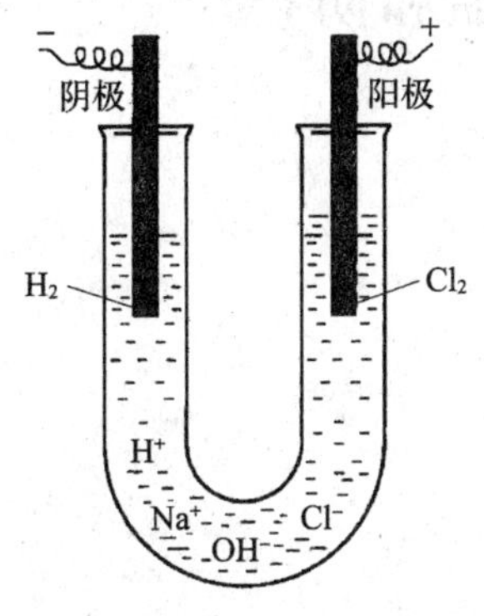

图 7—3—3　电解饱和食盐水实验装置示意图

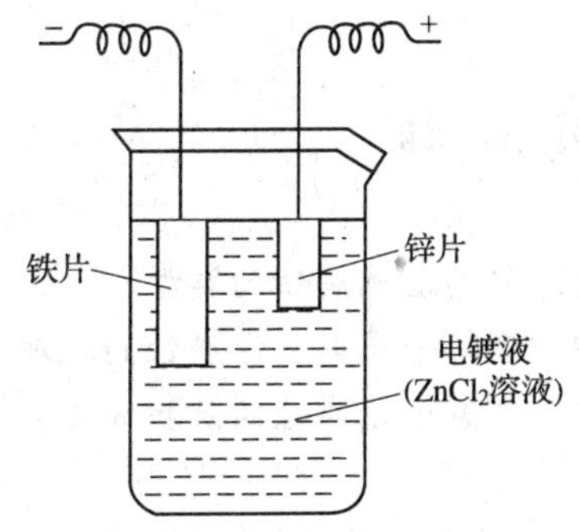

图 7—3—4　镀锌装置示意图

镀锌过程的主要反应为：

阳极　$Zn-2e^{-}=\!=\!=Zn^{2+}$

阴极　　$Zn^{2+}+2e^-$ ══ Zn

电镀的结果是阳极的锌（镀层金属）不断减少，阴极的锌（镀件上）不断增加，减少和增加的锌量相等。因此，电镀液里 $ZnCl_2$ 溶液的浓度保持不变。

实际上，电镀用的锌盐通常不能直接用简单锌离子的盐溶液。若用硫酸锌溶液作为电镀液，由于锌离子浓度较大，结果使镀层粗糙、厚薄不均匀，镀层与基体金属结合力差。若采用碱性锌酸盐溶液镀锌，则镀层较细致光滑。这种电镀液是由氧化锌、氢氧化钠和添加剂等配制而成的。

3. 电冶

金属活泼性在 Al 之前（包括 Al）的金属，它们的阳离子不易获得电子，很难用其他方法冶炼，在工业上常采用电解它们的熔融化合物来制取。应用电解原理从金属化合物中制取金属的过程叫**电冶**。例如电解熔融的 $MgCl_2$ 制取金属 Mg。

阳极　　$2Cl^- - 2e^-$ ══ $Cl_2\uparrow$　　（氧化反应）

阴极　　$Mg^{2+}+2e^-$ ══ Mg　　（还原反应）

电解总反应　　$MgCl_2 \xlongequal{电解} Mg + Cl_2\uparrow$

4. 精炼

用电解法精炼金属是指用该金属做阳极，在电解过程中能使阳极溶解，并在阴极上析出此金属，从而达到提纯金属的目的。例如粗铜的精制，电解槽的阳极是粗铜板，阴极是纯铜制成的薄板，$CuSO_4$ 溶液作电解液。电解时，阳极上的铜不断氧化成 Cu^{2+} 进入溶液，在阴极上 Cu^{2+} 不断地还原为纯铜而析出，用电解的方法可得到达 99.9% 的精铜。同时，粗铜中的 Zn、Pb、Fe 等杂质也与 Cu 一起以离子形式进入溶液，生成相应的二价离子，但它们在阴极上不能析出。粗铜中含有的贵重金属如 Au、Ag、Pt 等不能溶解，在阳极附近沉积，称为阳极泥。从阳极泥中可提取这些贵重金属。

【课堂思考】　在电解过程中，阴、阳离子分别在阳、阴两极上析出的先后顺序有何规律？请举例说明。

课题四　金属的腐蚀和防护

学习目标

1. 熟悉金属腐蚀的类型。
2. 理解金属电化学腐蚀的机理。
3. 了解金属腐蚀的防护方法。

一、金属的腐蚀

金属或合金和周围接触到的液体或气体等介质发生化学反应而使金属或合金受到破坏，这种现象称为**金属的腐蚀**。金属腐蚀的现象十分普遍，如钢铁的生锈，以及金属管道、金属设备、金属材料的腐蚀。

据估计，金属腐蚀造成的经济损失比水灾、火灾、风暴和地震等自然灾害的损失的总和还大，占国民生产总值的2% ~4%。每年因腐蚀损耗的钢材约为年产量的1/3，其中只有60% ~70%可以回收。因腐蚀引起的设备损坏、产物泄漏、环境污染以及爆炸、火灾等造成的间接经济损失更为严重。因此，了解金属腐蚀的规律，采用有效的防护方法尽可能减小腐蚀造成的破坏，是国民经济建设中需要解决的一个重大问题。

按照腐蚀机理，金属腐蚀可分为化学腐蚀和电化学腐蚀。

1. 化学腐蚀

金属与其周围的物质通过发生化学反应造成的腐蚀称为**化学腐蚀**。例如干燥空气中的O_2、H_2S、SO_2、Cl_2等物质与金属接触时，在金属表面生成相应的氧化物、硫化物、氯化物等，属于化学腐蚀。如果所生成的化合物的薄膜比较致密、结实，就会保护内层的金属不再进一步被腐蚀。例如铅、铬等被氧化而形成的氧化膜就属于此类；而如果形成化合物的薄膜疏松、易脱落，就没有保护内层金属的作用，如铁的氧化膜。

化学腐蚀的化学反应比较简单，仅仅是金属与氧化剂之间直接发生氧化还原反应。化学腐蚀在常温时较慢，其反应速率随温度升高而加快，高温时比较显著。

2. 电化学腐蚀

不纯的金属（或合金）与电解质溶液接触发生电化学反应（即产生了原电池作用）而引起的腐蚀，称为**电化学腐蚀**。

从原电池的反应原理可以知道，只要是两种互相接通的金属与其对应的盐溶液接触，就存在电势差，能形成原电池。容易失去电子的物质是原电池的负极而被溶解，另一种难失去电子的物质组成电池的正极。

例如钢铁在潮湿的空气里发生的腐蚀就是电化学腐蚀。钢铁中除含铁外，还含有 Si、Mn、C 等杂质。这些杂质都比铁不易失去电子，但都能导电，与铁构成原电池的两极，即铁是负极，另一组分是正极。当钢铁暴露在潮湿的空气中，它的表面会吸附水汽，形成一层极薄的水膜，这层水膜又溶有空气中的CO_2、SO_2、H_2S等气体，使水膜中H^+浓度增大，形成了电解质溶液。这样 Fe 单质和可导电的杂质与电解质溶液接触正好构成了原电池。由于杂质是极小的颗粒，又分散在钢铁各处，所以在钢铁表面同时形成了许多微小的原电池，从而发生电化学腐蚀。

其腐蚀过程有两种，一种是当水膜吸附了空气中的酸性气体而显酸性（$pH \approx 4$）时，即腐蚀是在酸性介质中进行。发生的电极反应如下：

负极　$Fe - 2e^- = Fe^{2+}$

　　　$Fe^{2+} + 2OH^- = Fe(OH)_2$

正极　$2H^+ + 2e^- = H_2\uparrow$

总反应式为　$Fe + 2H_2O = Fe(OH)_2 + H_2\uparrow$

腐蚀过程中有氢气放出，故称为析氢腐蚀，如图 7—4—1 所示。生成的$Fe(OH)_2$在空气中进一步被氧化成$Fe(OH)_3$，$Fe(OH)_3$脱水生成易脱落的铁锈Fe_2O_3。析氢腐蚀常发生在金属酸洗及金属容器盛装酸或酸性物质时，大气中或工业区空气中含有酸性气体（C、N、S的氧化物）及大气湿度大时也易发生析氢腐蚀。析氢腐蚀除了损坏金属外，还易产生氢脆（析出的H_2在金属组织中渗透而影响其强度，使其变脆）。

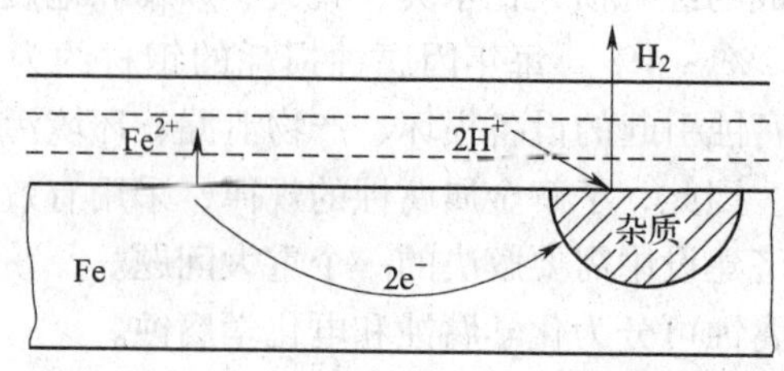

图 7—4—1　钢铁的电化学腐蚀示意图

另一种腐蚀过程是电解液（水膜）呈中性，但水膜中溶解有氧气，发生的电解反应为：

负极　　$2Fe - 4e^- = 2Fe^{2+}$

正极　　$O_2 + 2H_2O + 4e^- = 4OH^-$

总反应式为　　$2Fe + O_2 + 2H_2O = 2Fe(OH)_2$

$Fe(OH)_2$继续被氧化成 $Fe(OH)_3$。在腐蚀过程中，溶解在介质中的氧气参加了反应，称为吸氧腐蚀。吸氧腐蚀常发生在弱酸性或中性介质中，甚至有时在较强的酸性介质中，金属发生析氢腐蚀的同时也发生吸氧腐蚀。浸在液体中的金属在溶解氧较多时，以及金属管道或容器处于裸露状态或虽盛液体但与大气充分接触时，常发生严重的吸氧腐蚀。钢铁的腐蚀主要是吸氧腐蚀。

化学腐蚀和电化学腐蚀的本质，都是金属原子失去电子成为阳离子的氧化过程，在一般情况下这两种腐蚀往往同时发生。高温下主要是化学腐蚀。常温下在潮湿的环境中以电化学腐蚀最普遍，破坏作用也最强，所以金属的腐蚀主要是电化学腐蚀。

金属的腐蚀是一个复杂的氧化还原过程。腐蚀的程度决定于金属本身的性质、结构和周围介质的成分。介质对金属的腐蚀有很大影响。如金属在潮湿空气中比在干燥空气中容易腐蚀；埋在地下的铁管比地面上的容易腐蚀；介质的酸性越强，金属腐蚀越快；介质中含有较多的 Cl^- 或氧时，会加速金属的腐蚀。

二、金属的防护

防止金属腐蚀的方法很多。例如，可以根据不同目的选用不同的金属或非金属，使其组成耐腐蚀合金以防止金属的腐蚀；也可以采用油漆、电镀、喷涂或表面钝化等方式，使其形成金属覆盖层而与介质隔绝以防止腐蚀。

（1）合理选用耐腐蚀金属材料

材料选择不当，常常是造成腐蚀破坏的主要原因。正确选用对环境介质具有耐蚀性的材料，是腐蚀防护中最积极的措施。在炼制金属时加入其他组分，可提高耐蚀能力，如在炼钢时加入 Mn、Cr 等元素制成不锈钢。然而，不管何种金属材料，只是在一定介质和工作条件下才有较高的耐蚀性，在一切介质和任何条件下都耐蚀的材料是没有的。

（2）介质处理

由腐蚀理论可知，腐蚀介质的成分、浓度、温度、流速、pH 等均会影响金属材料的腐蚀形态和腐蚀速度。合理调整、控制这些因素就能有效地改善腐蚀环境，达到减缓腐蚀的目的。

（3）覆盖防护层

覆盖防护层是指在金属表面覆盖油漆、搪瓷、塑料、沥青等，将金属与腐蚀介质隔开。

例如，在需保护的金属表面用电镀或化学镀的方法镀上 Au、Ag、Ni、Cr、Zn、Sn 等金属，以保护内层金属。

（4）缓蚀剂法

在腐蚀介质中，加入少量能减小腐蚀速率的物质以防止腐蚀的方法叫做缓蚀剂法，所加的物质叫做缓蚀剂。如在石油工业中，H_2S 气体及 NaCl 溶液对管道及容器的腐蚀、酸洗除锈工艺中酸对被洗金属的腐蚀、工业用水中水对容器的腐蚀、金属切削工业中切削液对金属工件的腐蚀以及锅炉的腐蚀等常采用缓蚀剂法防腐。

缓蚀剂按作用原理分为氧化膜型、沉淀膜型和吸附膜型。氧化膜型缓蚀剂加入后使腐蚀金属表面生成具有保护性的氧化膜；沉淀膜型缓蚀剂则是使金属表面形成具有保护性的沉淀膜；吸附膜型缓蚀剂是一种既具有极性基团又具有非极性基团的物质，当它加入后，它的极性集团吸附于金属表面，而非极性集团则背向金属表面，从而形成吸附膜，使金属得到保护。

例如，在含有氧气的近中性水溶液中，硫酸锌对铁有缓蚀作用。这是因为锌离子能与阴极上经 $O_2 + 2H_2O + 4e^- \xlongequal{} 4OH^-$ 反应产生的 OH^- 生成难溶的氢氧化锌沉淀保护膜；聚磷酸盐六偏磷酸钠能与 Ca^{2+} 形成配离子，向金属阴极部分迁移，生成保护膜，因而对于含有一定钙盐的水，聚磷酸盐是一种有效的缓蚀剂。

（5）电化学保护

顾名思义，电化学保护是将被腐蚀金属通以极化电流，被腐蚀金属发生极化以减缓腐蚀的保护技术。根据极化产生原理的不同，电化学保护可分为阳极保护和阴极保护。

阳极保护法是用外电源，将被保护金属接电源阳极，在一定的介质和外电压作用下，使金属发生阳极极化，表面生成具有保护性的钝化膜，从而减缓金属的腐蚀。阳极保护只能用于可钝化体系中金属的保护，如对处于较浓硫酸介质中碳钢的保护。

阴极保护法是将被保护金属通以阴极电流，使金属发生阴极极化，从而达到减缓金属腐蚀的目的。根据使金属产生阴极极化的电流来源不同，阴极保护又分为牺牲阳极的阴极保护法和外加电流的阴极保护法。

牺牲阳极的阴极保护法是将较活泼金属或其合金连在被保护的金属上，使形成原电池的方法。较活泼金属作为腐蚀电池的阳极而被腐蚀，被保护的金属则得到电子作为阴极而达到保护的目的。一般常用的牺牲阳极材料有纯锌及锌合金、纯镁及镁合金、铝合金等。牺牲阳极法常用于保护海轮外壳、锅炉和海底设备。

外加电流的阴极保护法是指在外加直流电的作用下，用废钢或石墨等难溶性导电物质作为阳极，将被保护的金属作为电解池的阴极而进行保护的方法。

总之，根据不同的金属及其所处的不同环境，采取适当的防护措施，可以减缓或基本消除金属的腐蚀。

【课堂思考】 金属腐蚀的防护方法有哪些？试用电化学知识解释之。

第八单元　多相体系

课题一　液体与溶液

学习目标

1. 掌握液体的饱和蒸气压、沸点等概念。
2. 理解拉乌尔定律和亨利定律。
3. 理解稀溶液的依数性，并能解释有关现象。

液体与溶液是化工生产中经常涉及的问题，前面介绍了有关电解质溶液的内容。液体与溶液的基本知识，特别是非电解质溶液的基本规律是本课题讨论的主要内容。

一、液体的饱和蒸气压与沸点

1. 饱和蒸气压

在敞开的容器中，液体表面层分子会克服液体分子间的吸引力而逸出液体表面成为蒸气分子，这个过程称为**蒸发**。蒸发过程可以一直进行到全部液体都蒸发掉，如日常生活中晾晒衣服，化工生产中的干燥、蒸发操作。

在密闭容器中，液体的蒸发是有限度的。在一定温度下，液体分子以某种速率蒸发，同时蒸气分子与液面碰撞重新进入液体，这个过程称为凝聚。液体开始蒸发的瞬间，只有逸出液面的分子，而没有进入液体的分子。蒸发开始后，蒸气的压力逐渐增大，进入液体的分子也就逐渐增多，即凝聚速率增加。在温度不变时，最终在单位时间内从液体表面逸出的分子数等于进入液体的分子数，液体的蒸发速率与蒸气的凝聚速率相等，即达到一个平衡状态。此时蒸气的量不再增加，系统中液体与其蒸气共存，蒸气具有恒定的压力。与液体建立平衡的蒸气称为饱和蒸气，饱和蒸气的压力就称为**饱和蒸气压**，简称蒸气压。

蒸气压的大小取决于液体的本性，与液体的量无关。例如 20℃ 时，水的蒸气压为 2. 338 kPa，酒精的蒸气压为 5. 875 kPa。

蒸气压反映一定温度下液体分子向外逸出的趋势，即液体蒸发的难易程度。通常把蒸气压大的叫做易挥发物质，如乙醚、丙酮等；蒸气压小的叫难挥发物质，如甘油、乙二醇等。一般地说，液体的分子间作用力越小，液体越容易蒸发，其蒸气压越高。

液体的蒸气压总是随温度的升高而增大。图 8—1—1 表示了乙醚、乙醇、水的蒸气压与温度之间的关系。图中曲线是液体的蒸气压曲线，线上的每一点代表的是相应的液体与蒸气在平衡状态时的温度和压力。

2. 沸点

在敞开容器中加热液体时，汽化先在液体表面发生。随着温度的升高，液体的蒸气压将增大，当温度增加到蒸气压等于外界压力时，汽化不仅在液面上进行，并且也在液体内部发生。内部液体的汽化产生了大量气泡上升到液面，气泡破裂，逸出液体，这种现象叫做**沸腾**。液体在沸腾时的温度叫做液体的沸点，即液体的蒸气压等于外压时的温度称为液体的**沸点**。如在 101.325 kPa 压力下，水、乙醇和乙醚的沸点分别为 100℃、78.5℃、34.5℃。

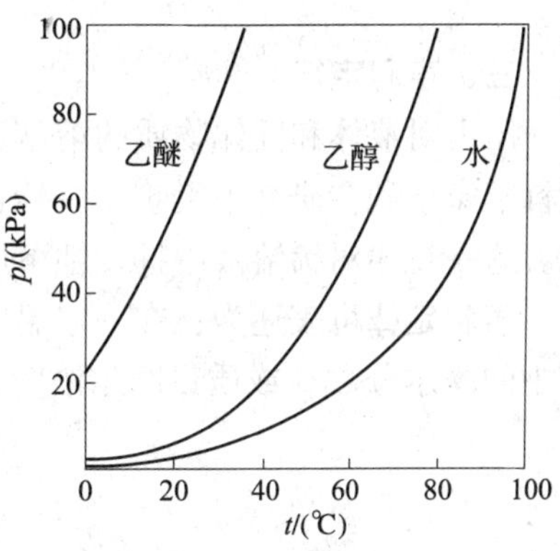

图 8—1—1 饱和蒸气压曲线

在沸腾过程中，液体所吸收的热量仅仅用来把液体转化为蒸气，液体温度仍保持恒定，直到液体全部汽化。

液体在一定的外压下有固定的沸点。增大外压可使液体的沸点升高，日常生活中使用的高压锅就是通过增加压力来提高锅内液体温度的；减小外压可使液体的沸点降低，例如我国西藏等高原地区气压低，液体的沸点也随之降低。

通常不指明外压时，液体的沸点是指压力为 101.325 kPa 下的沸点，称**正常沸点**。

【课堂思考】 在高海拔的山上鸡蛋不容易煮熟，为什么？

二、拉乌尔定律

实验表明，在纯溶剂中加入难挥发的非电解质作溶质时，所得溶液的蒸气压要比纯溶剂的低。即在一定温度下，溶有难挥发性溶质的溶液的蒸气压总低于纯溶剂的蒸气压。

1887 年，法国科学家拉乌尔根据许多实验数据总结出，在一定温度下，由难挥发性溶质组成的稀溶液，溶液的蒸气压 p_A 等于纯溶剂的蒸气压 p_A^* 与溶剂在溶液中的摩尔分数 x_A 的乘积。这就是**拉乌尔定律**，其数学表达式为：

$$p_A = p_A^* x_A \tag{8—1—1}$$

式中 p_A——稀溶液的蒸气压，Pa；

p_A^*——纯溶剂的蒸气压，Pa；

x_A——溶剂在溶液中的摩尔分数。

若溶液仅由溶剂 A 和溶质 B 组成时，则 $x_B = 1 - x_A$，故拉乌尔定律也可写成：

$$\Delta p = p_A^* - p_A = p_A^* - p_A^* x_A = p_A^*(1 - x_A) = p_A^* x_B$$

即稀溶液中溶剂蒸气压的降低值 Δp 与溶质 B 在溶液中的摩尔分数成正比，比例系数等于纯溶剂在同样温度下的饱和蒸气压，而与溶质的性质无关。拉乌尔定最初是由难挥发非电解质稀溶液总结出来的，但后来发现对于挥发性溶液也是正确的。

拉乌尔定律是溶液的最基本的经验定律之一。但必须强调指出，对大多数溶液来说，只有在浓度很低时，这个定律才适用。

资料卡——拉乌尔定律的微观解释

在一定温度下，纯溶剂的蒸气压为一定值。当纯溶剂（A）如水中溶入少量难挥发的溶质（B）后，由于溶液很稀，溶质分子所受的作用力并未因少量溶质的存在而改变，它从溶液中逸出的能力不变，只是由于溶质分子的存在，部分液体的表面被溶质分子所占据，从而使液面上溶剂（A）的蒸发速率按比例下降，因此，当一定温度下达到平衡时，溶剂（A）在气相中的压力也相应成比例地下降。

三、亨利定律

压力对液体和固体物质的溶解度影响很小，但对气体的溶解度影响较大。1903 年，英国科学家亨利在研究中发现，一定温度下气体在液体溶剂中的溶解度与该气体的压力成正比。这一规律对稀溶液中挥发性溶质也同样适用。

亨利定律可表述为：在一定温度下，稀溶液中挥发性溶质在气相中的平衡分压与其在溶液中的摩尔分数（或质量摩尔浓度、物质的量浓度）成正比。用公式表示如下：

$$\begin{cases} p_B = k_{x,B}x_B \\ p_B = k_{b,B}b_B \\ p_B = k_{c,B}c_B \end{cases} \tag{8—1—2}$$

式中 p_B——挥发性溶质在气相中的平衡分压，Pa；

x_B、b_B、c_B——挥发性溶质的摩尔分数、质量摩尔浓度、物质的量浓度；

$k_{x,B}$、$k_{b,B}$、$k_{c,B}$——亨利常数，单位分别为 Pa、Pa · kg/mol、Pa /mol · m^3。

亨利常数只与溶液的温度、溶质及溶剂的性质有关。

同拉乌尔定律一样，亨利定律只适用于稀溶液。一般温度较高，压力较小时，在稀溶液中应用亨利定律能得到正确的结果。

亨利定律只适用于溶质在气相和在溶液相中分子状态相同的情况。如果溶质分子在溶液中与溶剂分子形成了化合物，或者发生了聚合与电离，这时亨利定律就不适用了。

拉乌尔定律和亨利定律都是以稀溶液为例总结出来的规律。它们数学表达式的外形极为相似，但这两个定律有明显的区别：拉乌尔定律指出稀溶液中溶剂的蒸气压与溶剂在溶液中的摩尔分数成正比关系，而亨利定律则说明稀溶液中挥发性溶质的平衡分压与溶质在溶液中的摩尔分数成正比关系；拉乌尔定律中的比例系数为纯溶剂的饱和蒸气压，只与溶剂的性质、温度有关，而亨利常数不仅与溶剂性质、温度有关，还和溶质的性质有关。

资料卡——理想溶液

任一组分在全部浓度范围内都符合拉乌尔定律的溶液，称理想溶液。严格的理想溶液是不存在的。但是某些物质的混合物如旋光异构体的混合物、立体异构体的混合物以及紧邻同系物的混合物等都近似于理想溶液。

同理想气体模型用于气体一样，理想溶液为液态溶液的研究提供了一种简化的理论模型。

四、稀溶液的依数性

当溶质溶于溶剂形成溶液时，若溶质是不挥发的，那么，溶液将会出现四种现象：蒸气压下降、沸点升高、凝固点降低及渗透。溶液浓度很稀时，溶液这些性质的数值仅与溶液中溶质的质点数有关，而与溶质的种类（即本性）无关。人们把上述四种性质称为**稀溶液的依数性**。

稀溶液的依数性在非电解质稀溶液中表现出明显的规律。稀溶液的依数性定律是有限定律，即溶液越稀，定律越准确，对于电解质溶液及浓溶液则需校正。

1. 溶液的凝固点降低

纯物质的固态蒸气压等于它的液态蒸气压时的温度，称为该物质固态的**熔点**或液态的**凝固点**。物质的正常凝固点或熔点是指在压力为101. 325 kPa下，其液态和固态蒸气压相等时的温度。纯水的蒸气压或冰的蒸气压在0℃时都是0. 611 kPa，则0℃就是水的凝固点或冰的熔点。

在一定压力下，固体溶剂与溶液平衡时的温度为**溶液的凝固点**。如果在水中加入难挥发的溶质，根据拉乌尔定律，将引起溶液的蒸气压下降。例如在0℃时，水溶液的蒸气压必然低于冰的蒸气压。由于冰的蒸气压高于溶液的蒸气压，冰会融化成水，那么只有在更低的温度下（0℃以下的某一温度），才能使溶液的蒸气压与冰的蒸气压相等，该温度就是溶液的凝固点。

如图8—1—2所示为溶液、纯溶剂的液态和固态的蒸气压曲线。A点是液态纯溶剂蒸气压曲线与固态纯溶剂蒸气压曲线的交点（蒸气压为p_A^*），此时温度T_f'为纯溶剂的凝固点。由拉乌尔定律可知，在相同温度下，含有少量不挥发性溶质的溶液的蒸气压总是低于纯溶剂的蒸气压，所以，溶液的蒸气压曲线应在液态纯溶剂蒸气压曲线的下方，因此，溶液的蒸气压曲线与固态纯溶剂蒸气压曲线交于B（蒸气压都是p），此时温度为T_f，它表示溶液的凝固点。则：

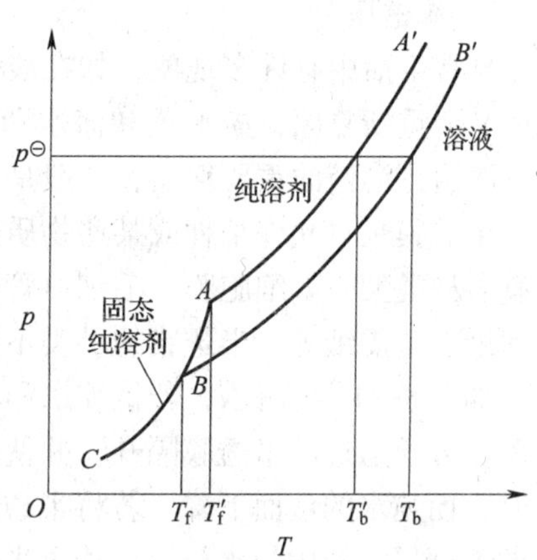

图8—1—2　溶液、纯溶剂的液态和固态的蒸气压曲线

$$\Delta T = T'_f - T_f$$

ΔT就是溶液凝固点的降低值。通过理论推导可得：

$$\Delta T = K_f b_B$$

式中，K_f称凝固点下降常数，其单位为K · kg/mol，它只与溶剂的性质有关；b_B是溶质B的摩尔质量浓度。根据上式就可以算出溶质的摩尔质量。表8—1—1列出了一些溶剂的K_f值。

表8—1—1　　几种溶剂的K_f值

溶剂	水	乙醇	苯	萘	酚	环己烷	樟脑
K_f（K · kg/mol）	1. 86	3. 90	5. 12	7. 0	7. 27	20	40

【课堂思考】　根据非电解质溶液凝固点降低规律，如何测定溶质的摩尔质量？

需要说明的是，和溶液能平衡共存的固相有两种，一种是纯溶剂的固相，另一种是溶剂和溶质形成的固溶体。只有当溶液与纯溶剂的固相平衡时，溶液的凝固点才会下降，固相产生固溶体时，溶液的凝固点未必降低。

溶液的凝固点下降具有广泛的应用。例如在寒冷的冬天，在汽车和坦克的散热水箱中加入甘油或乙二醇等物质作为防冻剂；氯化钠和水的混合物，温度可降低到－22℃，因此撒盐可及时除去积雪；氯化钙和冰的混合物，可得－55℃的低温，可用做冷却剂；植物在冬季时，细胞中可溶物强烈溶解，使细胞汁液的凝固点大大降低，从而能预防细胞冻裂，增强其耐寒性。

2. 溶液的沸点升高

液体的沸点是指液体的蒸气压等于外界压力时的温度。根据拉乌尔定律，在相同温度下，含有少量不挥发性溶质的溶液的蒸气压总是比纯溶剂低。因此，要使它等于外压就必须提高温度，这种关系从图 8—1—2 中可以看出，图中 T_b'为纯溶剂的沸点，T_b 为溶液的沸点。

通过理论推导可知，含有非挥发性溶质的稀溶液，其沸点升高程度与溶液中溶质 B 的质量摩尔浓度成正比：

$$\Delta T = T'_b - T_b = K_b b_B \quad (8\text{—}1\text{—}3)$$

其中，K_b 称沸点升高常数，它也只与溶剂的性质有关。

3. 渗透压

日常生活中有许多现象，如在淡水中游泳会感到眼睛胀痛，植物缺水其枝叶会枯萎，浇水后又会重新复原，淡水鱼和海水鱼不能互换生活环境等。这些现象都与细胞膜的渗透有关。渗透是溶液的重要性质，一般是通过半透膜进行渗透的。

半透膜是只允许某种或某些物质透过，而不允许另外一些物质透过的多孔性薄膜。半透膜有多种类型，如细胞膜、毛细血管壁、肠衣、萝卜皮等生物膜，以及人工合成的火棉胶、玻璃纸、羊皮纸等。半透膜的种类不同，通透性也不同。

如图 8—1—3 所示，若将纯水和非电解质稀溶液如蔗糖溶液用只允许水分子透过而不允许蔗糖分子透过的半透膜隔开，并使两液面高度相同。经过一段时间后就可看到溶液的液面上升，而纯水的液面下降。若将半透膜左侧的纯水换成较右侧浓度低的蔗糖溶液，则浓度较低的蔗糖稀溶液中的水分子会透过半透膜进入浓度较高的稀溶液，使较浓溶液的液面升高。这种溶剂分子透过半透膜由纯溶剂进入稀溶液或由浓度较低的稀溶液进入浓度较高的稀溶液的过程称为**渗透**。

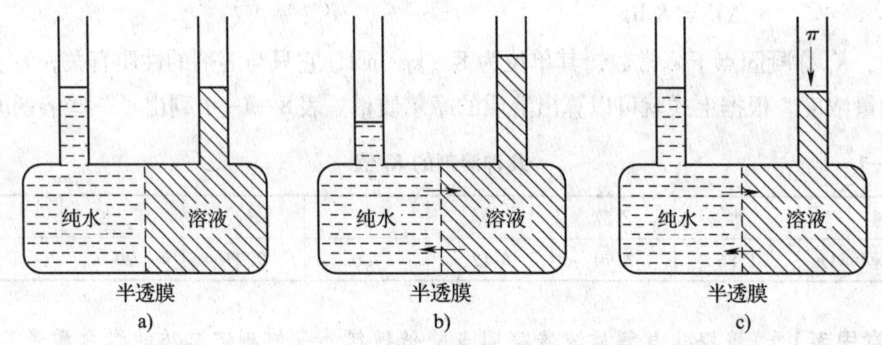

图 8—1—3　渗透现象与渗透压

a）渗透发生前　b）渗透现象　c）渗透压

渗透现象产生的原因是半透膜两侧单位体积内溶剂分子数目不相等。相同体积的纯水中的水分子数目比溶液中的多，因而在相同时间内，由纯水通过半透膜进入溶液的水分子数目要比由稀溶液进入纯水的水分子数多，其结果是水分子由纯水进入稀溶液，使稀溶液的液面升高。

随着溶液液面不断升高，静水压力也不断增大，它使溶液中的水分子通过半透膜进入纯水的速率增大，同时纯水中水分子进入溶液的速率减小。当压力增大到一定数值时，单位时间内膜两侧透过半透膜的水分子数目相等，达到渗透平衡，溶液液面停止上升。

如前所述，用半透膜把蔗糖溶液和纯水隔开后，必然要发生渗透，为了阻止渗透现象的发生，必须在稀溶液液面上施加一额外压力，这种恰好能阻止渗透进行而施加于稀溶液液面上的额外压力，称为稀溶液的**渗透压**，用符号 π 表示，如图 8—1—3c 所示。

由热力学理论可以推导出：

$$\pi = c_B RT \qquad (8—1—4)$$

式中 c_B——溶液中溶质的物质的量浓度，mol/L；

R——摩尔气体常数，8. 314 J/mol · K；

T——绝对温度，K。

上式表明，稀溶液的渗透压与溶质的物质的量浓度成正比。

渗透压的测定主要用于求大分子化合物的摩尔质量，它比其他方法灵敏得多。但对于一般溶质，因渗透压法相当困难，通常采用凝固点降低法测定其摩尔质量。

资料卡——反渗透

渗透现象产生的条件是半透膜的存在和膜两边存在渗透浓度差。渗透的方向是溶剂分子从溶剂一方通过膜进入溶液，或由稀溶液进入浓溶液。但是若在溶液一侧外加一个大于渗透压的压力时，水不仅不从溶剂向溶液中渗透，反而从溶液向纯溶剂中扩散，这种现象称为反渗透。反渗透在海水淡化、工业废水或污水处理和溶液浓缩等方面得到了广泛的应用。

课题二　相平衡和相图

学习目标

1. 掌握相、相平衡的概念，掌握水的相图。
2. 掌握双组分理想溶液的 $p-x$ 和 $T-x$ 图。
3. 了解部分互溶双液体系液—液平衡相图，了解简单低共熔体系的液—固平衡相图及其在结晶分离方面的应用。
4. 了解杠杆规则及其应用。

相平衡理论有着广泛的应用。化工生产过程中的分离操作，大多数都是利用相平衡原理的过程。最常见的蒸馏，涉及气液相间的转化，其理论基础是气液平衡；萃取是两个液相间的物质传递，要应用液液平衡；结晶是液固相间的物质传递，要应用液固平衡。相平衡是选择分离方法、设计分离装置以及实现最佳操作的理论依据。

一、相与相平衡

1. 相

物质的气、液、固三种聚集状态在一定条件下可以发生变化，即从一种状态变为另一种状态，如水结成冰、冰熔化为水就是常见的物质聚集状态的变化。

我们把系统内部具有完全相同的物理性质和化学组成的均匀部分称为相。在不同的相之间，有着明显的界面，可以用机械方法将它们分开。

如图 8—2—1 所示为 $H_2O-NaCl$ 体系，其中的 NaCl 水溶液，无论在何处取样，浓度都是一样的，物理性质（如密度、折光率等）也相同，这个水溶液是一相，称液相；同样，浮在水面上的冰是一相，称固相，液面上的空气和水蒸气是一相，称气相。

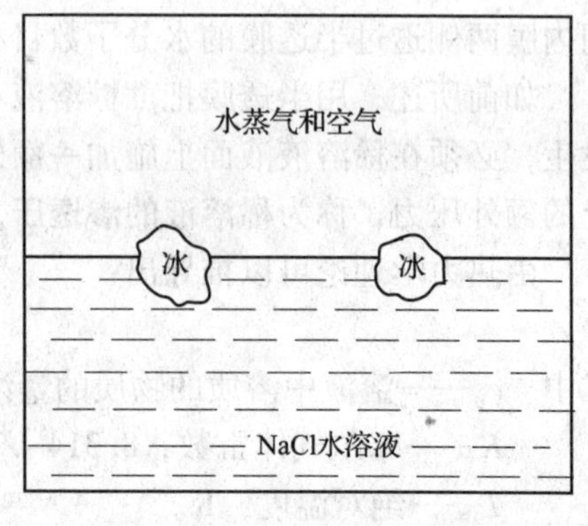

图 8—2—1 $H_2O-NaCl$ 体系

体系中所包含的相的总数称为**相数**。

【课堂思考】 图 8—2—1 所示体系的相数是多少？

一般地，气体混合物不论是由几种气体组成，都是均匀的，所以是一相；几种液体混合物，能够完全互溶的，是一相，如水和乙醇的溶液就是一相，不能完全互溶的，就不是一相，如水和油在一起，分成两个液层，就是两相；对于固体混合物，除了几种固体熔化后互相混合，凝固时能形成固态溶液的为一相（例如各种合金）外，通常一种固体便是一相，无论粉碎得多么细，也是一相，如糖和氯化钠混合时为两相。

2. 相平衡

物质从一个相转变到另一个相的过程，称为**相变过程**。如水加热蒸发转化为水蒸气、水蒸气降温冷凝为水、冰受热熔化转变为水等都属于相变过程，简称相变。

如果有两个以上的相共存，各相的组成和数量不随时间而改变，可认为这些相之间已达到平衡，称为**相平衡**。例如，在如图 8—2—1 所示的体系中，若 NaCl 水溶液及其上方的气相、冰的组成在一定条件下不随时间的变化而变化时，它们之间就达到了相平衡。

相平衡是在一定条件下的动态平衡，当外界条件改变（如图 8—2—1 所示的体系中升高温度）时，原来的相平衡就可能被打破而发生相变，以建立新的平衡。

二、单组分体系——水的相图

表示多相体系的状态随温度、压力、组成等性质变化而变化的图形称为**相图**。如图 8—2—2 所示是单组分体系——水的相图，它表示了温度、压力与水的三态之间的关系。

1. 两相平衡线

OA 曲线为水的饱和蒸气压曲线，代表水和水蒸气的两相平衡关系。*OA* 线上各点表示这个温度和对应的压力下，水和水蒸气可长久共存。*A* 点为临界点，对应的温度和压力即为临界温度和临界压力。

OB 线是冰的蒸气压曲线，线上各点表示在该温度和压力下，冰与水蒸气两相可长久共存。

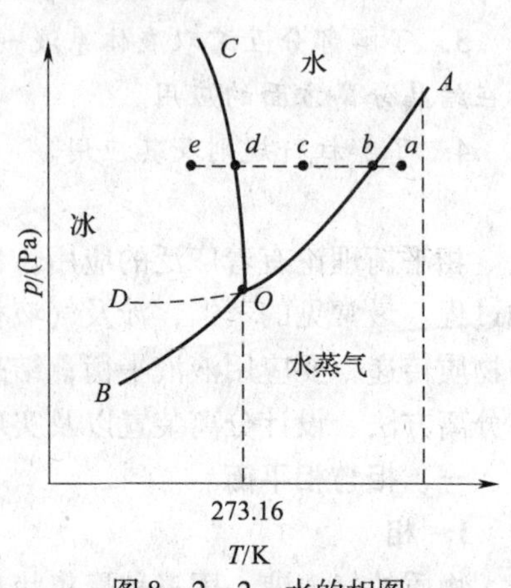

图 8—2—2 水的相图

OC 线是水的凝固曲线，线上各点是水和冰达平

衡时相应的压力和温度，这条线几乎与纵坐标平行，表明压力改变时水的凝固点变化不大。

三条曲线上的各点都代表两相处于平衡。如要维持两相共存的状态，不能同时独立地改变温度和压力，而只能沿着 *OA*、*OB*、*OC* 改变它们二者之一，即体系可以自由改变的量（称自由度）为1。

资料卡——亚稳态

在图 8—2—2 中，*OD* 线表示过冷水的饱和蒸气压曲线。过冷水的饱和蒸气压曲线和水的饱和蒸气压曲线实际上是一条曲线。*OD* 线落在冰的相区，说明在相应的温度、压力下冰是稳定的。在同样温度下过冷水的饱和蒸气压大于冰的饱和蒸气压可知，过冷水能自发地转变成冰。

过冷水与其饱和蒸气的平衡不是稳定平衡，但它又可以在一定时间内存在，故称为亚稳平衡。

2. 三相点

O 点是三条线的交点，表示冰、水、水蒸气三相共存时的温度和压力，所以 *O* 点称**三相点**，它表示物质处于气、液、固平衡共存的状态，当温度或压力稍有偏差，三相平衡即遭破坏。在三相点时，体系的自由度为0。

3. 单相区

三条曲线将平面分为三个区（或面）：*AOB* 是气相区，*AOC* 是液相区，*BOC* 是固相区。每个区中只存在水的一种状态，称为**单相区**。如在 *AOC* 区中，每一点相应的温度和压力下，水都呈液态。在单相区中，温度、压力可以在一定范围内同时改变而不引起状态变化，自由度为2。

在图 8—2—2 的固相区中，高于三相点压力的任意点，当升高温度时固体必须经过液相区变为液体再转变为蒸气。但低于三相点压力的点，恒压下升温时，体系可不经过液相区而直接从固态变为气态，此即为升华。碘、三氯化铁、萘等物质在常压下加热可升华就是这个道理。这些物质都可以用升华的办法提纯。

【课堂思考】 试分析图 8—2—2，说明水蒸气从状态点 *a* 降温至 *e* 时体系的状态变化。

三、双组分理想溶液的相图

若两种液体组分可以按任意比例相互混合成均匀单一液相体系，则该体系称为完全互溶的双液体系，若体系中任一组分在全部浓度范围内都符合拉乌尔定律，则此双液体系又称为理想完全互溶的双液体系，即双组分理想溶液。

描述理想完全互溶双液体系的相变化需要有三个变量：温度、压力、组成，其相图应为立体图。但为了方便起见，往往指定一个变量恒定不变，观察其他两个变量之间的关系。

1. 蒸气压—组成图

在一定温度下，设组分 A 和 B 可形成理想溶液，根据拉乌尔定律：

$$p_A = p_A^* x_A \quad p_B = p_B^* x_B$$

得：

$$p = p_A + p_B = p_A^* x_A + p_B^* x_B = p_A^* + (p_B^* - p_A^*) x_B \quad (8—2—1)$$

上式表明，平衡时的蒸气总压 p 与 x_B 呈线性关系，如图 8—2—3 所示。

由图 8—2- 3 可知，理想液态混合物的蒸气总压总是介于两纯液体的饱和蒸气压之间，即：

$$p_A^* > p > p_B^*$$

图 8—2—4 为甲苯—苯体系在 79. 6℃ 的蒸气压—组成图或 $p - x$ 图。图中左上方的直线是液相线，代表 79. 6℃ 下蒸气压随液相组成的变化关系，直线上方的区域为液相区（L）；右下方的曲线是气相线，代表气相组成与蒸气压的关系，气相线下方的区域为气相区（V）；液相线与气相线之间的区域是气—液平衡共存区域（L + V），当体系处于这个区域内，如在 79. 6℃、63 kPa 下，苯的摩尔分数为 0. 5 时（图中 o 点），体系分裂为气、液两相（x、y 两点）。

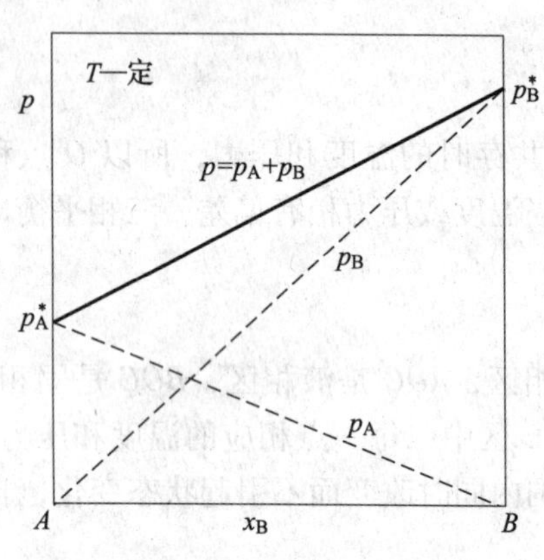

图 8—2—3　理想溶液的蒸气压与溶液组成之间的关系

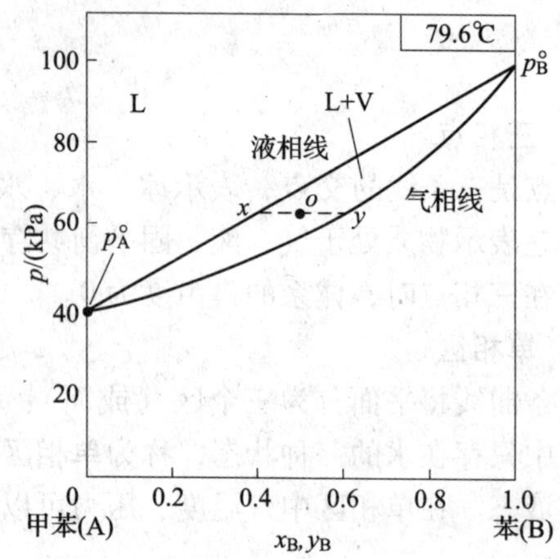

图 8—2—4　甲苯—苯体系的 $p - x$ 图

2. 沸点—组成图

在恒定压力下，表示双组分溶液沸点与组成关系的相图，叫**沸点—组成（$T - x$）图**。这种相图一般是在 $p = 101.325$ kPa 下通过测定体系沸腾时的温度和气液两相的平衡组成而绘制成的。图 8—2—5 是甲苯(A)—苯(B)的沸点—组成图。

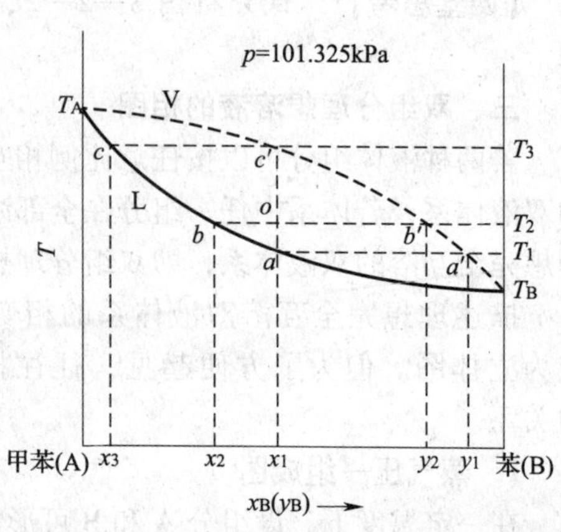

图 8—2—5　甲苯—苯的沸点—组成图

图中 T_A 及 T_B 分别为甲苯及苯的沸点。图中上边一条曲线 V 代表溶液的沸点与蒸气相组成的关系，称气相线，又称露点线（一定组成的气体冷却到达线上温度时即开始凝结，好像产生露水一样）。下边的一条曲线 L，代表溶液的沸点与液相组成的关系，称液相线，又称泡点线（一定组成的溶液加热到达线上温度时即沸腾起来）。

气相线以上为气相区，在此区域中只有蒸气相存在；液相线以下为液相区，在此区域只有液相存在。两线中间为气液两相平衡共存区域。如将组成为 x_1 的溶液，在 101.325 kPa 下加热，当温度达 T_1 时，体系状态在 a 点处，溶液开始沸腾，这时平衡蒸气的组成为 a' 处（蒸气相含苯为 y_1）；温度升高到 T_2 时，体系状态在 o 点处，经 o 点作横坐标的平行线，交 L 线于 b 点，交 V 线于 b' 点，液相含苯为 x_2，蒸气相含苯为 y_2。随着温度升高，体系状态点离气相线越来越近，离液相线越来越远，根据杠杆规则，溶液相中的甲苯越来越多，而蒸气相的苯越来越多，如果将气相冷凝下来就得到含苯较多的溶液，这就是化工单元操作——精馏的理论基础。

资料卡——杠杆规则

在图 8—2—5 中，当体系处于气液两相区 o 点时，经 o 点作横坐标的平行线，交 L 线于 b 点，交 V 线于 b' 点，b、b' 分别称液相点和气相点，表示气液平衡时液相和气相的组成。如以 o 点为支点，相点到支点的距离乘以该相的质量等于另一相的相点到支点的距离与它的质量相乘，这种关系称为杠杆规则。利用杠杆规则可计算固液、固固、液液以及气液两相平衡时两相的质量。

【课堂思考】 试分析图 8—2—4 和图 8—2—5，甲苯和苯相比哪一组分易挥发？对于一定温度和压力下的甲苯和苯平衡体系，你能根据相图指出气相中苯的含量高还是液相中苯的含量高吗？

四、部分互溶双液系液—液平衡相图

当两纯溶剂相混合时，若其性质相差很大，在某些温度下两者的互溶度都很小，只有当其中一组分浓度很小时，两液体才能形成均匀的一相，此类体系称为部分互溶双液系。

例如，水和苯胺形成的体系。当水和苯胺两种液体混合后，在温度较低时体系为两个相，温度较高时两溶剂互溶成为一个相，如图 8—2—6 所示。这样的体系称为有最高会溶温度的体系。

图中，DA_1B 段是苯胺在水中的溶解度随温度的变化曲线。EA_2B 段表示水在苯胺中溶解度随温度的变化曲线。曲线 DBE 形成了一个帽形区，在帽形区以外，体系是一相，即在此区域内温度和组成可以在一定范围内独立变化而不会有新相出现。在帽形区内，体系为两相共存区，体系只有温度或组成一个自由变量。当体系的物系点落在此区域内时，过物系点作水平线，与曲线 DBE 相交所得的两点为共轭两液相的相点。例如在约 373 K 时，物系点为 A_n 点，则相点分别是 A_1 和 A_2，两点对应的横坐标即为两相的组成。

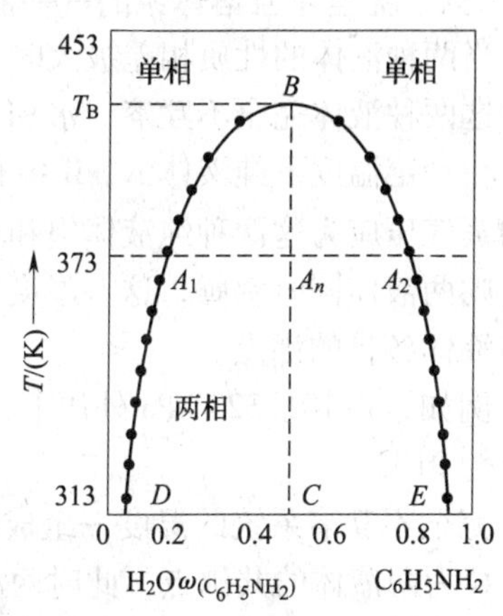

图 8—2—6 水—苯胺的溶解度图

资料卡——共轭溶液

在一定温度下，如将少量苯胺加入水中，完全溶解，形成苯胺在水中的不饱和溶液，此时体系为一相。继续加入苯胺，超过苯胺在水中的溶解度时，体系会出现两个液层：一层是苯胺在水中的饱和溶液，称为水层；另一层为水在苯胺中的饱和溶液，称为苯胺层。这两层平衡共存，称为共轭溶液。两液层的组成就是该温度下两组分的相互溶解度。若继续加入苯胺，体系又将会成为单相，形成水在苯胺中的不饱和溶液。

五、简单低共熔体系的液—固平衡相图

图 8—2—7 是水—硫酸铵（水—盐）体系在 101.325 kPa 下的相图。

图中 P 点是水的凝固点，PL 线是水的凝固点降低曲线。LQ 线是 $(NH_4)_2SO_4$ 的溶解度曲线，Q 点是在压力 101.325 kPa 下 $(NH_4)_2SO_4$ 饱和溶液可能存在的最高温度，如温度再高，液相就要消失而成为水蒸气和固体 $(NH_4)_2SO_4$，但如增大外压，LQ 线还可向上延长。

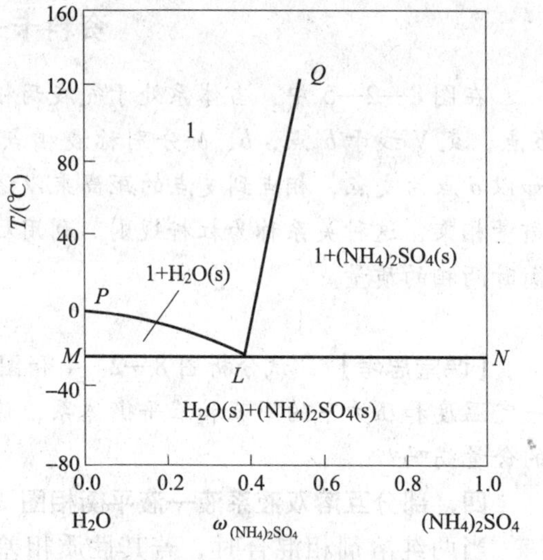

图 8—2—7　水—硫酸铵体系相图

状态为 L 点的溶液在冷却时析出低共熔混合物——冰和固体硫酸铵，称**低熔冰盐合晶**。L 点所对应的温度称**低共熔点**，通过 L 点的 MN 水平线是三相线。

结晶法分离盐类时，水—盐系统的相图是其主要的理论依据。

【课堂思考】　根据图 8—2—7，直接冷却质量分数为 30% 的硫酸铵水溶液能得到纯硫酸铵吗？如何操作才能获得纯硫酸铵？

*六、完全不互溶体系的气—液平衡相图

当两种液体的性质相差极大时，它们之间的相互溶解度非常之小，甚至测不出来，此时可说这两种液体完全不互溶。水和一些有机液体形成的系统就属于这一类。

在一定温度下纯液体 A、B 各有自己确定的饱和蒸气压 p_A^*、p_B^*，两不互溶液体共存时系统的蒸气压应为这两种纯液体饱和蒸气压之和，即 $p = p_A^* + p_B^*$。在一定温度下，当 p 等于外压，则两液体同时沸腾，这一温度称为共沸点。可见，在同一外压下，两液体的共沸点低于两纯液体各自的沸点。

例如，在 101.325 kPa 外压下，水的沸点为 100℃，氯苯的沸点为 130℃，水和氯苯的共沸点为 91℃。

完全不互溶系统的温度—组成图如 8—2—8 所示。四个区域的相平衡关系已于图中注明。G 为两液体的共沸点，此时两液相受热转变为气相时液体 A 和液体 B 的量根据杠杆规则是按线段 GL_2 和线段 L_1G 之比进行的。如果系统中两液体的量正好是这一比例（相当于图 8—2—8 中 G 点所对应的组成），系统受热离开三相线时是两液相同时消失而进入气相区。

如果系统中两液体的量大于这一比例（系统组成相当于图中 G 点所对应组成的左侧，如 R 点），在系统受热离开三相线时，由于液体 A 的量较多、液体 B 的量较少，故是液体 B 先行消失而成为液体 A 与气相两相平衡。

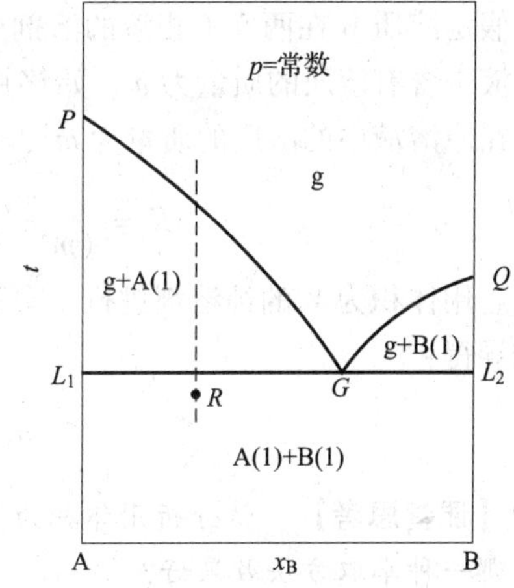

图 8—2—8　完全不互溶系统的温度一组成图

利用共沸点低于每一种纯液体沸点这个原理，可以把不溶于水的高沸点的液体和水一起蒸馏，使两液体在低于两者的沸点下共沸，以保证高沸点液体不致因温度过高而分解，达到提纯的目的。馏出物经冷却成为该液体和水，由于两者不互溶，所以很容易分开。这种方法称为水蒸气蒸馏。

水蒸气蒸馏的优点是可以使用较低的蒸馏温度，因而避免了一些有机物的高温分解，也避免了使用真空蒸馏（需要的设备较多，且不易操作）。一般来说，有机物分子量比水的分子量大得多，有机物的饱和蒸气压越大，分子量越大，水蒸气蒸馏的效率就越高，即消耗的水量越少。

随着真空技术的发展，实验室及生产中已广泛采用低压蒸馏的方法来提纯有机物。但是由于水蒸气蒸馏的设备操作简单，所以仍具有重要的意义。

七、分配定律与萃取

1. 分配定律

实验证明，在定温定压下，如果一个物质溶解在两个同时存在的互不相溶的液体里，达到平衡后，该物质在两相中浓度之比等于常数，此谓分配定律，其数学表达式为：

$$\frac{c_B^\alpha}{c_B^\beta}=K_c \qquad (8—2—2)$$

式中，c_B^α、c_B^β 分别为溶质 B 在溶剂相中的浓度。如果 B 在 α 及 β 相中的浓度较大，则用活度代替浓度；K 称为分配系数，与体系的温度、压力、溶质的本性和两种溶剂的性质等因素有关。

应用分配定律时应注意，如果溶质在任一溶剂中有缔合现象或解离现象，则分配定律仅能适用于在溶剂中分子形态相同的部分。

2. 萃取技术及其应用

（1）萃取的概念

对于液体混合物的分离，除可采用蒸馏的方法外，还可采用萃取的方法。所谓萃取就是利用原料液中各组分在两个互不相溶液相中的溶解度不同而使原料液混合物得以分离的方法。液—液萃取，也称溶剂萃取，简称萃取或抽提。在萃取过程中选用的溶剂称为萃取剂，由萃取剂和溶质组成的溶液叫萃取液；原来的溶液在萃取后称为萃余液。如果萃取过程中，萃取剂与原料液中的有关组分不发生化学反应，称为物理萃取，反之则称为化学萃取。

（2）萃取技术

应用分配定律可以从理论上计算被萃取物质的萃取量或萃余量，以确定有效萃取的次数和比较不同萃取方法的效果。

假定溶质 B 在两互不相溶的溶剂中没有缔合、解离、化学变化等作用。现有体积为 V_1 的溶液中含有溶质的质量为 m，始终用体积为 V_2 的纯溶剂萃取，则第一次萃取达到平衡后残留在原溶液中的溶质的质量为 m_1，由分配定律得：

$$K=\frac{m_1/V_1}{(m-m_1)/V_2} \text{或} m_1=m\frac{KV_1}{KV_1+V_2}$$

若用体积为 V_2 的纯溶剂进行 n 次萃取，第 n 次萃取后残留在原溶液中溶质的质量为 m_n，经推导得：

$$m_n=m\left(\frac{KV_1}{KV_1+V_2}\right)^n \tag{8—2—3}$$

【课堂思考】 试分析用体积为 V_2 的溶剂进行 n 次萃取与用体积 nV_2 的溶剂进行一次萃取，哪一种萃取方法效果好？

（3）应用

萃取在粗产品的提纯精制、药物的分离提纯、稀有元素和贵金属的分离和提取、含酚废水的处理等方面具有重要的应用价值。萃取的关键是选择一种优良的萃取剂。好的萃取剂首先在分配平衡时被萃取物质在其中应有较大的溶解度，其次对被萃取的溶液来说要互不相溶。

阅读材料

非理想溶液——乙醇与水混合体系的相图

在实际的双组分体系中，有些液体混合物的蒸气压会明显偏离拉乌尔定律。例如，将乙醛倒入装有戊烷的粗糙容器中，混合物会自动沸腾。这表明混合物两种液体之间的分子间作用力极不利于二者的均匀混合，使得混合物的蒸气压增大，更容易沸腾。这种非理想溶液的蒸气压高于拉乌尔定律预测值，即对拉乌尔定律产生正偏离。当这种正偏离足够大时，混合物的沸点曲线上将出现一个最低点，此时的混合物将在比任一纯组分沸点更低的温度下沸腾。

乙醇与水的混合物相图也出现了这种情况。如图 8—2—9 所示，乙醇与水的混合物最低沸点为 78.2℃，其对应的混合物组成为质量分数 95.6% 的乙醇。这种具有最低沸点的混合物叫做最低沸点恒沸物。蒸馏恒沸物时，气相的组成与液相的组成完全一样。对于理想溶液，可以利用分馏的方法浓缩易挥发组分直至得到高纯度的易挥发组分，对于具有正偏离的非理想溶液，情况有所不同。利用精馏方法可以将浓度较稀的乙醇水溶液逐步浓缩直至得到 95.6% 的乙醇溶液。由于这是恒沸物，无法利用精馏的方法进行进一步浓缩。要想得到无水乙醇，必须采用化学干燥法，例如用氧化钙进行干燥等。

如果非理想溶液中分子间作用力有利于组分间的结合，其蒸气压将低于拉乌尔定律预测值，即对拉乌尔定律产生负偏离。硝酸和水可以形成这种非理想溶液。溶液的沸点曲线上出现一个最高点，此时混合物的沸点高于任一纯组分的沸点，如图 8—2—10 所示。硝酸与水的混合物最高沸点为 121℃，其对应的混合物组成为质量分数 68% 的硝酸。这种具有最高沸点的混合物叫做最高沸点恒沸物。与最低沸点恒沸物相似，这种最高沸点恒沸物的存在对混合物的精馏也会产生影响。

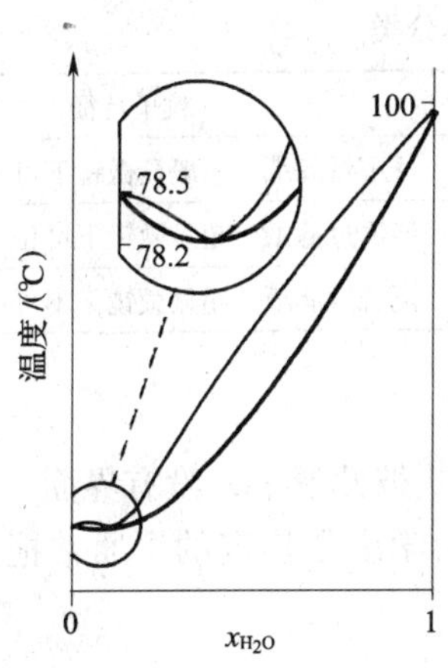

图 8—2—9　乙醇与水的混合物的相图

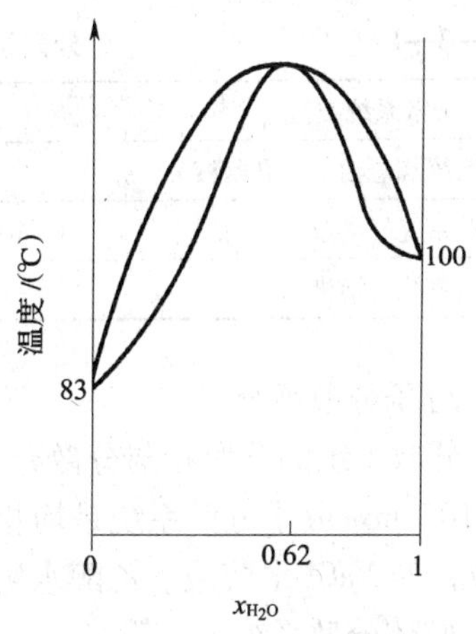

图 8—2—10　硝酸与水的混合物的相图

课题三　胶体化学

学习目标

1. 掌握分散体系的基本概念和不同分散体系的特点。
2. 了解胶体的结构和制备方法。
3. 熟悉并理解溶胶的光学性质、动力学性质、电学性质，了解其应用。
4. 了解影响胶体稳定性的因素及胶体的聚沉方法。

溶胶是物质的一种常见分散状态，是一种或几种物质以一定分散度分散于另一种物质中构成的分散体系。溶胶体系因其巨大的比表面积而具有许多独特性质。

胶体化学是研究溶胶分散体系物理化学性质的一门科学。它不仅和工农业生产有着密切的联系，而且和生命科学紧密相关，人体的血液、淋巴液、糖原溶液等都属于溶胶体系。在建筑材料（胶乳、油漆）、食品（牛奶、啤酒、豆浆）、环境（烟雾、除尘、水处理）等各领域都存在溶胶体系。另外，许多药物、消毒剂、杀虫剂等也是以溶胶形式生产和使用的。因此，研究溶胶极为重要。

一、分散系统的分类

一种或几种物质分散在另一种物质中所构成的系统称为**分散系统**，被分散的物质称为**分散相**，另一种分散其他物质的连续相物质称为**分散介质**。分散体系可分为均相分散系统和非均相分散系统。

根据分散体系的不同特征，分散体系有很多分类方式。

1. 按分散度分类

按分散相质点直径大小可分为三类，见表 8—3—1。

表 8—3—1 分散系统按分散相粒子大小分类

分散系统类型	粒子大小	粒子特征
粗分散系统（悬浊液、乳状液）	$>10^{-7}$ m	透不过滤纸，一般显微镜下可见
胶体分散系统（溶胶）	1×10^{-9} m ~ 1×10^{-7} m	能透过滤纸，超显微镜下可见
分子分散系统（溶液）	$<10^{-9}$ m	能透过滤纸，超显微镜下不可见

（1）分子分散系统

分子分散系统的分散相与分散介质以分子或离子形式彼此混溶，没有界面，分散相粒子小于 1×10^{-9}m。分子分散系统是均相分散系统，在热力学上是稳定的。通常把这种系统称为真溶液，如 NaCl 水溶液、乙醇水溶液。

（2）胶体分散系统

胶体分散系统是分散相粒子介于 1×10^{-9} m ~ 1×10^{-7} m 的系统，目测是均匀的，但实际上是高分散度的多相系统，具有很大的比表面积，胶体粒子有自动聚集的趋势，是热力学不稳定系统。如 NaCl 分散在苯中就形成了溶胶。

（3）粗分散系统

粗分散系统是分散相粒子大于 10^{-7} m 的系统，它也是多相分散系统，为热力学不稳定系统，目测是混浊不均匀体系，放置后会沉淀或分层，主要包括悬浊液、乳浊液，如泥水、牛奶等。

2. 按聚集状态分类

对胶体分散系统，可以按分散相和分散介质的聚集状态分类，见表 8—3—2。凡分散介质为气体的称为气溶胶；分散介质为液体的称为液溶胶；分散介质为固体的称为固溶胶。

表 8—3—2 按分散相和分散介质的聚集状态分类

分散相	分散介质	名称	实例
气 液 固	气	气溶胶	— 雾、云 烟、尘
气 液 固	液	液溶胶	泡沫 牛奶、原油 溶胶、悬浮体
气 液 固	固	固溶胶	泡沫塑料、面包 珍珠 合金、有色玻璃

3. 按胶体溶液的稳定性分类

（1）憎液溶胶

半径在 1 ~ 100 nm 之间的难溶物固体粒子分散在液体介质中形成的分散系统称为憎液溶胶，它有很大的相界面，易聚沉，是热力学上的不稳定体系，一旦将介质蒸发掉，再加入介质就无法再形成溶胶，是一个不可逆体系，如氢氧化铁溶胶、碘化银溶胶等。

（2）亲液溶胶

半径在胶体粒子范围内的大分子，溶解在一定的溶剂中，形成高分子溶液，称为亲液溶胶。这种溶液一旦将溶剂蒸发，大分子化合物凝聚，再加入溶剂，又可形成溶胶。亲液溶胶实际上是以分子分散在介质中的真溶液，只是大分子的大小达到胶粒范围，因此具有胶体的一些特性，在热力学上亲液溶胶是稳定、可逆的体系。

资料卡——溶胶的制备

在生产实践中常常需要制备胶体，如生产胶卷时，需要卤化银溶胶。通常制备胶体的方法有两类：一种是使较大的固体粒子变小的分散法；另一种是使分子或离子聚合成胶粒的凝聚法。

另外，制备溶胶还要满足两个条件：分散质在分散介质中溶解度很小，有合适的稳定剂。

二、胶体的性质

胶体是物质以一定的分散程度存在的一种状态，由于其中粒子分散程度很高，因此具有一些特殊的性质。

1. 溶胶的动力学性质

（1）布朗运动

1827 年，植物学家布朗用显微镜观察到悬浮在液面上的花粉粉末不断地作不规则的运动，这种现象叫做**布朗运动**。1903 年由于发明了超显微镜，用超显微镜可以观察到溶胶粒子也存在布朗运动，而且粒子越小，布朗运动越剧烈，其剧烈的程度随温度升高而增加。

【课堂思考】 溶胶粒子产生布朗运动的原因是什么？

在溶胶体系中，进行热运动的分散介质粒子不断从各个方向同时撞击胶体颗粒。每一瞬间撞击在胶体颗粒上的合力常常不为零，以致在不同时刻，这些合力将胶体颗粒推向不同方向，从而造成胶体颗粒的无秩序曲折运动。布朗运动的实质是质点的热运动，是胶体具有动力学稳定性的原因。由于胶体颗粒总是不停地进行布朗运动，从而能阻止胶体颗粒因重力作用而沉降。

（2）沉降和沉降平衡

溶胶体系中，胶体颗粒由于受自身的重力作用而下沉的过程，称为沉降。另一方面是胶体颗粒布朗运动所产生的扩散作用，它使质点在介质中均匀分布，这是两个相反的作用。扩散与沉降综合作用的结果，形成了下部浓、上部稀的浓度梯度，若扩散速率等于沉降速率，则系统达到动态的沉降平衡。

达到沉降平衡以后，容器中不同高度处溶胶的浓度是不同的，容器底部浓度最高，随着高度上升，溶胶浓度逐渐下降，这种浓度分布与地球表面大气随高度的分布十分相似。

2. 溶胶的光学性质

1869 年，丁达尔发现，若令一束会聚光通过溶胶，从侧面（即与光束垂直的方向）可以看到一个发光的圆锥体，这就是丁达尔效应（见图 8—3—1）。

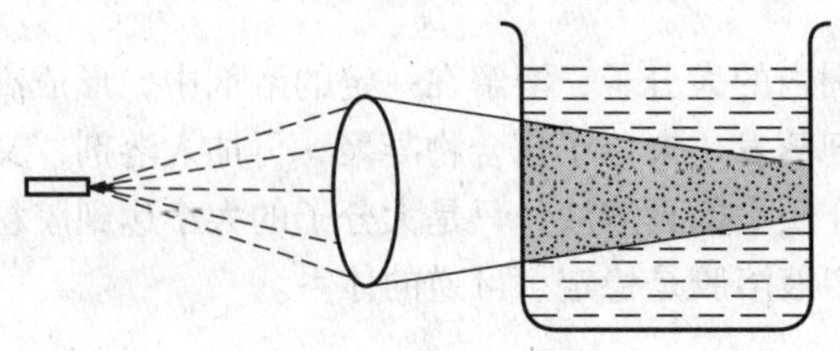

图 8—3—1　丁达尔效应

其他分散体系也会产生一些散射光，但远不如溶胶显著。丁达尔效应实际上已成为判别溶胶与分子溶液的最简便的方法。

3. 溶胶的电学性质

（1）电泳

在外加电场下，胶体粒子在分散介质中，向带异性电荷的电极做定向移动，这种现象称为**电泳**。根据粒子所带电荷正负号，溶胶可向阳极或阴极移动。

胶体的电泳证明了胶粒是带电的。这是由于胶体颗粒从介质中选择性地吸附了某种离子。吸附阴离子的胶粒带负电，如 As_2S_3 溶胶；吸附阳离子的胶粒带正电，如 $Fe(OH)_3$ 溶胶。

研究电泳现象不仅有助于了解溶胶粒子的结构及带电性质，在生产和科研实验中还有许多应用。例如，在医学上利用血清的“纸上电泳”可以协助诊断患者是否有肝硬化，利用电泳还可以分离人体血液等。

（2）电渗

在外加电场的作用下，分散体系中的分散介质通过多孔膜或极细的毛细管而定向移动的现象称为**电渗**。电渗表明分散体系中的分散介质也是带电的。

三、胶体的结构

溶胶的许多性质，如上述电化学性质等是与其内部结构相关的。根据大量的实验事实，人们提出了胶粒的扩散双电层结构。下面以 AgI 溶胶为例来说明胶体的结构。

在搅拌下将极稀的 $AgNO_3$ 溶液和 KI 溶液缓慢混合，并使 KI 过量，即可制得 AgI 溶胶。

$$AgNO_3 + KI = AgI(\text{胶核}) + KNO_3$$

在形成 AgI 胶体溶液过程中，多个 AgI 分子聚集在一起形成胶核，其数量可以在一定范围内波动，但应让胶粒的大小落在 100 nm 范围内（见图 8—3—2）。

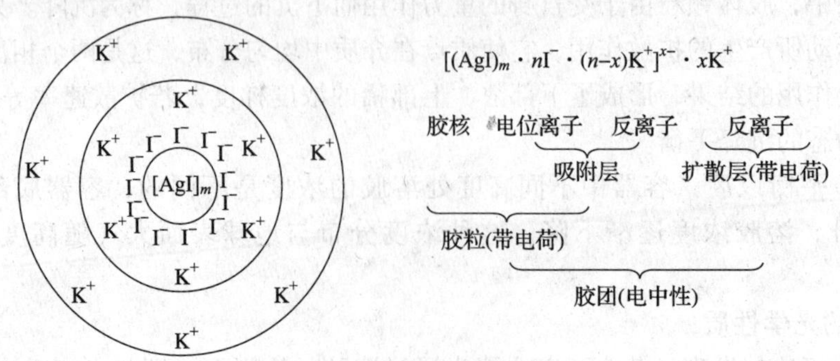

图 8—3—2　AgI 胶团结构示意图

由于胶核选择性地吸附与其本身组成相类似的过量的 I^-，使胶核带上负电荷，为第一吸附层。由于电荷异性相吸的原因，吸附的 I^- 外面有较多的 K^+ 与之靠近，形成第二吸附层。两层吸附层与胶核一起称为**胶粒**，因此胶粒是带电的。在吸附层外面，还有一部分 K^+ 疏散地分布在胶粒周围，形成一个**扩散层**，胶粒和扩散层组成**胶团**，整个胶团呈电中性。

如果保持其他条件都不变，而用略过量的 $AgNO_3$ 作稳定剂，则胶核优先吸附的是 Ag^+，而胶粒带正电。其胶团结构可写为：

$$[(AgI)_m \cdot nAg^+ \cdot (n-x)NO_3^-]^{x+} \cdot xNO_3^-$$

胶粒带电是溶胶具有特殊电学性质的原因。

四、胶体的稳定性和聚沉

1. 溶胶的稳定性

溶胶在热力学上是不稳定的，胶体之所以具有一定的稳定性，最主要的原因是胶粒带有电荷。一般情况下，同一胶体溶液中的胶粒带有同种电荷，因而相互排斥，使胶粒很难聚集成较大的粒子而沉降，此外，吸附层中的吸附离子能水化，使胶粒被水合外壳包围，也阻止了胶粒相互接近，因此胶体有一定的稳定性。另一方面由于溶胶的粒子小，布朗运动剧烈，因此在重力场中不易沉降，即具有动力稳定性。稳定的溶胶必须同时具备聚结稳定性和动力稳定性。

2. 胶体的聚沉

胶体的稳定性是相对的，有条件的。因为胶粒具有很大的表面积，有聚集成更大颗粒而沉降的倾向。胶粒聚集成较大的颗粒而沉降的过程叫**聚沉**（或称凝聚）。促使胶粒聚沉的方法很多，如加热、辐射、加入电解质等。

（1）电解质的聚沉作用

当电解质浓度很小时，由于电解质的加入将使胶核表面吸附更多离子，胶粒带电程度提高，胶粒之间的静电斥力增加而不易聚结，此时电解质对溶胶起稳定作用；当电解质浓度足够大时，电解质中与异电离子符号相同的离子把分散层中的异电离子挤入紧密层，中和了部分胶粒表面电荷，使胶粒带电量减少，同时扩散层变薄，胶粒之间的静电斥力减少，不足以克服其引力，结果胶粒合并变大，从而导致聚沉。

电解质聚沉能力的大小取决于与胶粒带相反电荷的离子的电荷，离子所带的电荷越高，聚沉作用越强。

（2）胶体体系的相互聚沉

两种带有相反电荷的溶胶适量混合，也会发生聚沉作用，称为相互聚沉。当两者按适当的比例混合，直至胶粒所带的电荷被完全中和时，溶胶会发生完全聚沉。

日常生活中用明矾净化饮用水就是正负溶胶相互聚沉的实际应用。因为天然水中含有许多负电性的污物胶粒，加入明矾［$KAl(SO_4)_2 \cdot 12H_2O$］后，明矾在水中水解生成 $Al(OH)_3$ 正溶胶，两者相互聚沉使水得到净化。

（3）加热聚沉

加热可以加速胶粒的运动，从而增加了胶粒相互碰撞的机会，同时也削弱了胶粒的溶剂化作用，使胶粒易聚集成较大的颗粒而聚沉。

（4）高分子化合物的聚沉作用

高分子化合物对溶胶稳定性的影响具有两重性，如果加入极少量的高分子化合物，可使溶胶迅速沉淀，沉淀呈疏松的棉絮状，这类沉淀称为絮凝物，这种作用称为高分子化合物的絮凝作用。能产生絮凝作用的高分子化合物称为高分子絮凝剂，例如聚丙烯酰胺等。高分子化合物产生絮凝作用的主要原因是长链的高分子化合物可以吸附许多个胶粒，以搭桥方式把它们抓拉到一起，导致絮凝。

但是，如果加入足够多的某些高分子化合物，由于高分子化合物吸附在胶粒表面上，完全覆盖了胶粒，使溶胶稳定性大大增加，实际上对溶胶起了保护作用。

【课堂思考】 在热水中水解 $FeCl_3$ 制备 $Fe(OH)_3$溶胶。请写出该胶团的结构式，并指明胶粒的电泳方向；试比较电解质 Na_3PO_4、Na_2SO_4、NaCl 对该溶胶的聚沉能力大小。

课题四 界面现象

学习目标

1. 了解表面和表面张力的概念，了解常见的界面现象。
2. 了解吸附现象，熟悉物理吸附和化学吸附的特点。
3. 掌握表面活性剂的概念，了解其应用。
4. 熟悉乳状液、乳化剂的概念，了解乳状液的类型与应用。

密切接触的两相之间的过渡区（约几个分子的厚度）称为**界面**，根据两相物质的状态不同，界面分为五种类型：气液、气固、液液、液固和固固界面。一般将有气体参与构成的界面称为**表面**，如气固界面和气液界面称为固体表面和液体表面。由于界面层的分子与体相中分子的受力状况不同，致使相界面层具有某些特殊的性质而产生各种界面现象。

界面化学是研究任何两相之间界面上发生的物理化学变化过程的学科。它所涉及的领域十分广泛，不仅与石油、食品、化工、制药、纺织等领域以及润湿、乳化、洗涤、防污、褪色、催化等技术过程密切相关，而且在高技术领域中也有重要作用。例如，农药在植物表面的润湿与铺展、相转移催化作用、活性炭的脱色作用以及食品制造中的研磨、乳化、增黏等过程都与界面现象有关。

一、物质的界面特性

任何两相界面上的分子所处的环境与体相中的分子不同，图 8—4—1 是气液平衡时分子在液体表面和内部受力情况示意图。

处于液体内部的分子所受周围分子的引力是对称的，彼此作用力互相抵消，所受合力为零，因此它在液体内部移动不必克服合力做功。但靠近表面的分子和表面上的分子的受力情况则与内部的分子大不相同，液体内部分子对它们的引力较大，而上方的气体分子对它们的引力较小，总的来说，表面层的分子受到垂直指向液体内部的拉力，因而在无其他作用力存在时，液体表面都有自动缩小的趋势。

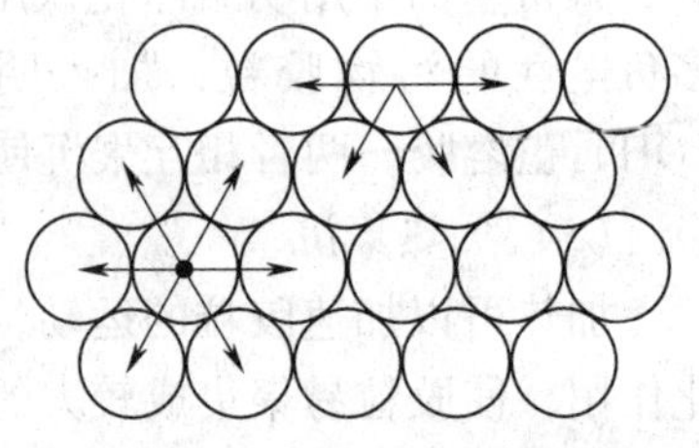

图 8—4—1 液体表面和内部分子受力情况示意图

若要扩大液体表面，即把一部分分子从液体内部移到表面时，就必须克服向内的拉力而做功，此功为表面功，即扩展表面而做的功。表面扩展完成以后，表面功转化为表面分子的能量，因此表面上的分子比内部分子具有更高的能量。

资料卡——分散度

一定量的物质，当其表面积较小时，表面特性不明显，但是当物质的粉碎程度即分散程度和多孔性增加时，表面现象十分突出。

物质的分散程度的大小可用分散度来表示，即物质分散成细小微粒的程度。分散度通常采用比表面积来衡量，比表面积越大，物质的分散程度越大。单位体积或单位质量的物质所具有的表面积，称为比表面积，分别用符号 α_V 或 α_m 表示：

$$\alpha_V = \frac{A}{V} \quad 或 \quad \alpha_m = \frac{A}{m}$$

例如，1 g 水形成一个球形水滴时，球的表面积为 $4.84\times10^{-4}\ m^2$，表面能为 3.5×10^{-5} J，数值很小；若将此 1 g 水分散成直径为 10^{-9} m 的微小质点，则总表面积为 600 m^2，表面能为 434 J。

1. 表面张力

如图 8—4—2 所示，可以通过皂膜实验观察表面张力。将金属架放在肥皂液中，框架上就有一层肥皂液，*CD* 是可以滑动的金属丝。在外力 *F* 的作用下，缓慢向外拉动一小段距离，当去掉外力 *F* 时，由于表面张力的存在，*CD* 会沿着皂膜的表面向内自动收缩。如果使 *CD* 不动，就需要外加作用力 *F*。则：

$$F = \sigma \times 2L \qquad (8—4—1)$$

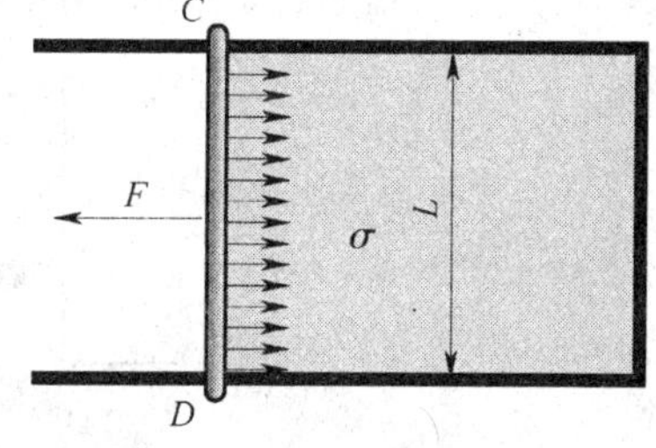

图 8—4—2　平液面表面张力示意图

式中 σ 为表面张力系数，简称表面张力（N/m）；*L* 为金属丝的长度（m）。

表面张力是垂直作用于液体表面单位长度线段上的表面收缩力，其方向对于平液面是沿着液面并与液面平行，对于弯曲液面则与液面相切。在一定浓度和压力下，多相系统表面张力越大，系统越不稳定，有自发减小表面张力的趋势。一是缩小物体的表面积，如水滴、汞滴能自动分散成球形小液滴；二是自发吸附周围介质中能降低其表面张力的其他物质粒子进入表面层，以降低表面张力。

表面张力是物质表面的一种性质，表面张力的大小与液体性质及液面外相邻物质的性质有关，表面张力一般随温度升高而降低。另外，表面张力还与压力以及液面中所含的杂质有关。一般地，易于蒸发的液体，如乙醇、乙醚等，分子间力小，表面张力就小；不容易蒸发的液体，如汞，分子间力大，表面张力也大。

2. 弯曲液面下的附加压力

弯液面下的压力与平液面不同。如用细管吹出肥皂泡后，必须封堵管口，泡才能存在，否则就自动收缩了。这是因为其弯曲液膜两边有压力差，这个压力差称为**附加压力**。附加压力的产生是由于表面张力作用于弯液面的缘故，它的大小受液体性质和环境因素的影响。

p0
f
A
B
Δp
p
a)
b)
c)

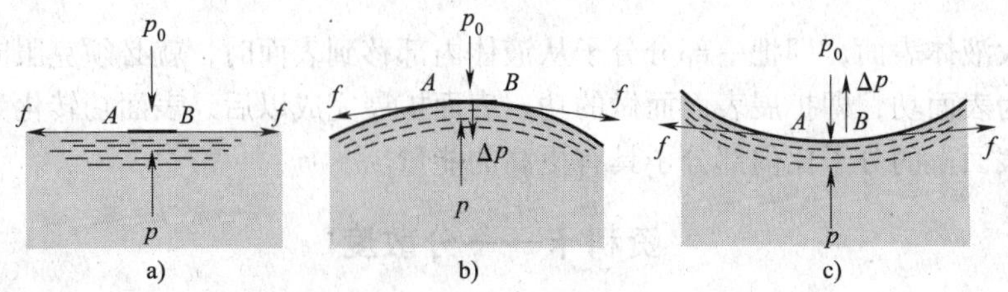

图 8—4—3　弯曲液面下的附加压力

a）平液面　b）凸液面　c）凹液面

如图 8—4—3 所示，当液面是平面的时候，表面张力平行于表面，合力为零。当液面是曲面的时候，表面张力和曲面相切，其合力指向曲面中心，因而对液体产生所谓的附加压力。一定温度下，弯曲球型液面的附加压力与液体的表面张力（σ）成正比，与曲率半径（r）成反比，其关系为：

$$\Delta p = \frac{2\sigma}{r} \qquad (8—4—2)$$

该式称为**拉普拉斯方程**。对于凸液面，r 为正值，附加压力 >0，附加压力指向液体内部；对于凹液面，r 为负值，附加压力 <0，其附加压力指向液体外部；平液面的 r 为 ∞，附加压力等于 0。

【课堂思考】　如图 8—4—4 所示，当玻璃毛细管插入水面后，管内水面会沿毛细管上升；而插入水银内时，管内水银面会下降（毛细管现象），试分析原因。

h1
H2O
h2
Hg
a)
b)

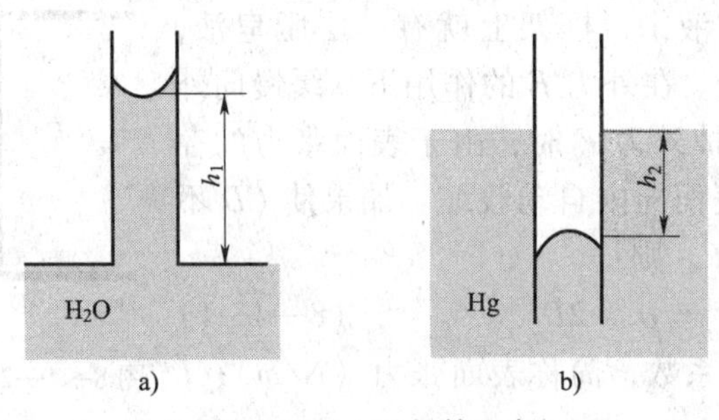

图 8—4—4　毛细管现象

a）液面上升　b）液面下降

通过上述讨论可知，表面张力的存在，是弯曲液面产生附加压力的根本原因。而毛细管现象则是弯曲液面具有附加压力的必然结果。掌握这些基本知识，可以解释许多现象。例如，锄地不但可以铲除杂草，而且可破坏土壤中存在的毛细管，防止土壤中的水份沿毛细管上升到地面而被蒸发掉。

二、表面活性剂

习惯上，把能显著降低溶液表面张力的物质称为**表面活性剂**。表面活性剂一般一端是非极性的碳氢链，与水的亲和力极小，称为疏水基；另一端则是极性基团（如—OH、$—NH_2$、—COOH、$—SO_3H$ 等），与水有很大的亲和力，称为亲水基，如图 8—4—5 所示。因此表面活性剂都是两亲分子。

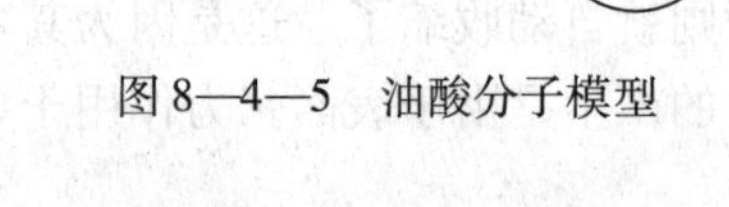

CH3(CH2)7CH═CH(CH2)7
COOH

图 8—4—5　油酸分子模型

当表面活性剂吸附在水表面时，采用极性基团向着水、非极性基团脱离水的表面定向排列。这种排列，使表面上不饱和的力场得到某种程度上的平衡，从而降低了表面张力。

资料卡——亲水亲油平衡值（HLB）

一般用亲水亲油平衡值（HLB）来表示表面活性物质的亲水和亲油能力的相对强弱。规定石蜡和十二烷基磺酸钠的 HLB 值分别为 0 和 40，其他表面活性物质 HLB 值由实验确定。HLB 值越大，亲水性越大；相反，HLB 值越小，亲油性越大，不同用途的表面活性剂要求不同的 HLB 值。

表面活性剂的种类很多，不同的表面活性剂常具有不同的作用。

1. 润湿作用

润湿作用是指表面活性剂能定向吸附在固—液界面上，降低固—液界面张力，改善润湿程度。在制药中，常需要改变液体对某种固体的润湿程度，增加接触面积，有利于药物的吸收。

2. 增溶作用

表面活性剂在水溶液中形成胶束后具有使不溶于水的有机物的溶解度显著增大的能力，且此时溶液呈透明状，胶束的这种作用称为**增溶**。能产生增溶作用的表面活性剂叫做增溶剂，被增溶的有机物称为被增溶物。

增溶和溶解有本质不同，溶解时溶质分散为分子或离子，溶液的依数性有较大值。而增溶是溶质进入表面活性剂的胶束内部，胶束膨胀使溶解度增加，并不增加溶质的微粒数，溶液的依数性不显著。

3. 起泡作用

泡沫是不溶性气体分散于液体中形成的分散系。能使泡沫稳定的物质称为起泡剂，起泡剂大多数是表面活性剂，肥皂便是一种。气体进入液体中被液膜包围形成气泡。表面活性剂富集于气液界面，以它的疏水基伸向气泡内，它的亲水基指向溶液，形成单分子层膜。这种膜的形成降低了界面的张力而使气泡处于较稳定的热力学状态。

制药工业中消泡较发泡重要。在发酵、中草药提取、蒸发过程中，大量泡沫带来的危害很大。常采用的化学消泡剂是一种表面活性很大而碳氢链较短（$C_5 \sim C_8$）的表面活性剂，因形成的新膜张力较小而使泡沫在挤压中破裂、消除。

与上述作用相关，在实际生产实践中，表面活性剂还具有助磨、乳化、去乳、分散、渗透，以及匀染、防锈、杀菌、消除静电等作用。以肥皂的去污作用为例，肥皂是一种阴离子型的表面活性物质，其分子在揉搓等作用下能渗透到油污和衣物之间，形成定向排列的肥皂分子膜，从而减弱了油污在衣物上的附着力，只要轻轻搓动，由于机械摩擦和水分子的吸引，很容易使油污从衣物上脱落、乳化，分散在水中，达到洗涤的目的。

三、乳状液

乳状液是由一种或几种液体以小液滴的形式分散在另一种与其互不相溶的液体中所形成的多相分散系统。小液滴的直径一般大于 10^{-7} m。由于液滴对可见光的反射和折射，大部分乳状液外观呈不透明或半透明的乳白色，如牛奶、含水石油、乳化农药等。

乳状液的应用非常广泛。如在高分子合成生产中的乳液聚合反应；金属切削要用乳状液作润滑冷却剂；农药杀虫剂也要制成乳状液或微乳状液，这样不仅使用方便、节省用量，而且还能充分发挥其药效。

1. 乳状液的类型

乳状液是多相分散系统，通常将以小液滴形式存在的液体称为内相（或分散相、不连续相），另一种液体称为外相（或分散介质、连续相）。乳状液的一相是水或水溶液，称为水相，用 W 表示；另一相是与水不相溶的有机液体，称为油相，用 O 表示。

因此，乳状液存在着两种不同类型。若外相为水、内相为油，即油滴在水相中分散的乳状液，称为水包油型乳状液，用 O/W 表示，如图 8—4—6 所示，例如牛奶、豆浆等；反之，若外相为油、内相为水，则称为油包水型，用 W/O 表示，例如天然原油等。

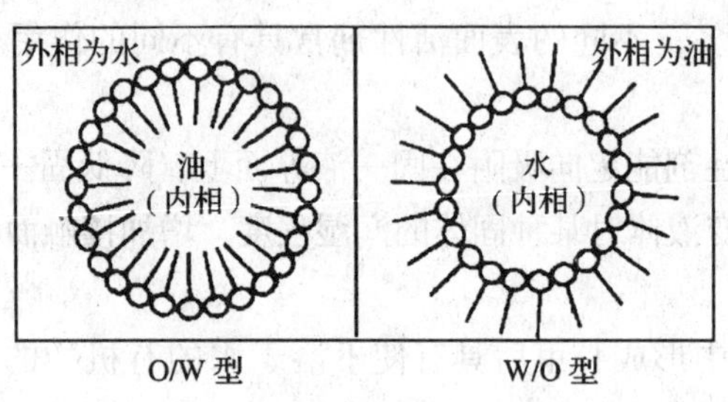

图 8—4—6　乳状液类型示意图

2. 乳化剂

直接把水和油混合在一起振荡，虽然可以使其相互分散，但静置后很快又分层，不能形成稳定的乳状液。为了形成稳定的乳状液，必须加入乳化剂。凡能促进乳状液形成并提高乳状液稳定性的物质均称为**乳化剂**。乳化剂的种类很多，可以是人工合成的表面活性剂，也可以是蛋白质、树胶、明胶、皂素、磷脂等天然产物。

乳化剂的乳化作用之所以能使乳状液稳定，主要是由于：

（1）乳化剂吸附在油水界面上，降低了界面张力。

（2）形成具有一定机械强度的界面膜，从而阻碍了液滴的聚结变大。

（3）用离子型表面活性剂为乳化剂时，乳状液中液滴常常带有电荷，在其周围可以形成双电层，由于同性电荷之间的静电斥力，阻碍了液滴之间的聚结，从而使乳状液稳定。

3. 乳状液的制备与破坏

工业生产中常用的乳化设备有机械搅拌器、胶体磨、均化器及超声波乳化器等。此外，乳化方法也很重要，要注意加料顺序、方式、混合时间等。

有时希望破坏乳状液，以使其中的水、油两相分离（层），就是所谓**破乳**。破乳可以用物理方法，例如用离心机分离牛奶中的奶油。另一类破乳方法是化学方法，如向乳状液中加入一类在油水界面有强烈吸附倾向而又不能形成牢固的界面膜的表面活性剂（称破乳剂），其原理是破坏乳化剂的乳化能力。例如用不能生成牢固保护膜的表面活性物质（如异戊醇）来顶替原乳液中的乳化剂，从而破坏乳化剂形成的界面膜，使乳状液失去稳定性。又如，用皂素作乳化剂时，若加入无机酸，皂类就变成脂肪酸而析出，乳状液因失去乳化剂的稳定作用而被破坏。

四、固体表面的吸附

在一定条件下，物质在相界面上发生自动富集的现象称为**吸附**。吸附可以发生在固—气、固—液、液—气等相界面上。具有吸附能力的物质称为**吸附剂**，被吸附的物质称为**吸附质**。例如，将活性炭加入充满溴气的集气瓶中，红棕色的溴气会逐渐消失，其原因是活性炭是吸附剂，溴气被吸附在了活性炭上。

固体表面吸附产生的原因是固体表面原子（或质点）受力不平衡，因而具有过剩的表面自由能，在表面积不变的情况下，表面层原子便有自发吸引其他物质而降低自身表面自由能的趋势。

固体表面吸附知识在生产实践和科学实验中应用较为广泛，如防毒、脱色、除臭、混合物分离（提纯）、污水处理、净化空气、多相催化等。

1. 吸附平衡

气体在固体表面的吸附也存在平衡。被固体表面吸附的气体分子会参与固体的热运动（振动），那些热运动动能足够大的吸附质分子，可克服吸附剂分子的吸引力而重新回到气体中。当解吸速度与吸附速度相等时，就达到了**吸附平衡**。

通常在与气体接触的固体表面上总保留着一些被吸附的气体分子，温度越低，压力越高，被吸附的分子一般也越多。

吸附作用的强弱常用吸附量来衡量。对于气—固吸附，单位质量的吸附剂所吸附气体的物质的量或体积（标准状态）称为吸附量，用 Γ 表示。

$$\Gamma = \frac{n}{m} \quad 或 \quad \Gamma = \frac{V}{m} \qquad (8—4—3)$$

式中 m——吸附剂的质量，kg；

n——吸附质的物质的量，mol；

V——吸附质的体积（标准状态），m^3。

吸附量同吸附剂、吸附质的性质有关。在一定的 T、p 下，被吸附物质的多少将随着吸附面积的增加而加大。因此，为了吸附更多的吸附质，要尽可能增加吸附剂的比表面积，许多粉末状或多孔性物质具有很大的比表面积，往往都具有良好的吸附性能。

2. 物理吸附与化学吸附

按照固体表面对吸附气体分子作用力性质的不同，可将吸附分为物理吸附和化学吸附两种类型。

固体表面与被吸附分子之间由于范德华力（分子间作用力）而产生的吸附称为**物理吸附**。物理吸附不稳定，它易于解吸，对吸附物质无选择性。

固体表面与被吸附分子之间由于化学键力的作用而产生的吸附称为**化学吸附**。化学吸附过程中，可以发生电子转移、原子重排、化学键的破坏与形成等过程。化学吸附具有选择性，即一种吸附剂只对某些物质才会发生吸附作用，其吸附热较大。物理吸附与化学吸附的区别见表 8—4—1。

表 8—4—1　　物理吸附与化学吸附的区别

特征	物理吸附	化学吸附
吸附力	范德华力	化学键力
吸附热	较小，近于液化热	较大，近于化学反应热
选择性	无选择性	有选择性
吸附稳定性	不稳定，易解吸	比较稳定，不易解吸
吸附层	单分子层或多分子层	单分子层
吸附速率	较快	较慢，温度升高速率增加

在一定条件下，物理吸附和化学吸附往往同时发生。例如氧在金属 W 表面上的吸附，有三种情况同时存在：有的氧是以原子状态被吸附（化学吸附），有的氧是以分子状态被吸附（物理吸附），还有一些氧是以分子状态被吸附在氧原子上面形成多层吸附。此外，在不同温度下，起主导作用的吸附可以发生变化。如氢在镍上的吸附，在低温时发生物理吸附，而高温时发生化学吸附。

3. 等温吸附

当吸附剂和吸附质确定后，固体对气体的吸附量是温度和气体压力的函数。为了便于找出规律，在吸附量、温度、压力这三个变量中，常常固定一个变量，测定其他两个变量之间的关系，这种关系可用曲线表示。在恒压下，反映吸附量与温度之间关系的曲线称为吸附等压线；吸附量恒定时，反映吸附的平衡压力与温度之间关系的曲线称为吸附等量线；在恒温下，反映吸附量与平衡压力之间关系的曲线称为吸附等温线。

上述三种吸附曲线中最重要、最常用的是吸附等温线。吸附等温线大致可归纳为五种类型，如图 8—4—7 所示，其中除第 I 种为单分子层吸附等温线外，其余四种皆为多分子层吸附等温线。

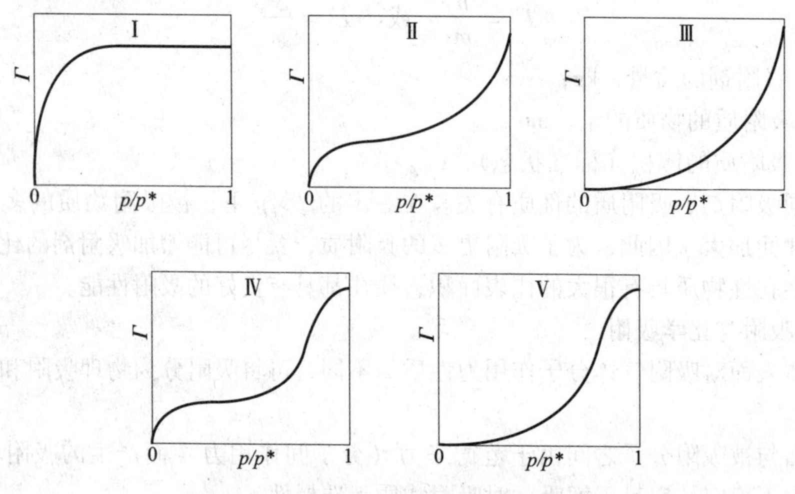

图 8—4—7　五种类型的吸附等温线

p—吸附平衡时的压力；p^*—吸附质的饱和蒸气压

由于吸附体系的复杂性和吸附情况的多样性（例如有些吸附还伴随有毛细孔内的凝结等现象），很难用一个简单的理论描述吸附现象。

（1）弗伦德立希吸附等温式

弗伦德立希总结了一些气体在吸附剂表面的吸附等温线实验结果后，提出如下经验公式：

$$\Gamma = kp^{\frac{1}{n}} \tag{8—4—4}$$

式中，Γ 为气体在固体表面的吸附量，单位为 m^3/kg；p 为气体的平衡压力，单位为 kPa；k 与 n 是与吸附剂、吸附质种类以及温度等有关的常数，n 一般大于 1。

弗伦因德立希公式不能说明吸附作用的机理，k 与 n 无明确的物理意义，但由于它简单方便，因而应用相当广泛。

（2）单分子层吸附理论——兰格缪尔吸附等温式

1916 年兰格缪尔提出固体对气体的单分子层吸附理论，其基本假设如下：

1）固体表面是均匀的。各处的吸附能力相同，吸附热是常数。

2）被吸附分子之间无相互作用力。因此气体的吸附和脱附（解吸）不受周围被吸附分子的影响。

3）吸附平衡是动态平衡。达到平衡时吸附速率和脱附（解吸）速率相等。

4）吸附是单分子层的吸附。每个吸附位置只能吸附一个分子，当固体表面上已盖满一层吸附分子后就不能再吸附其他分子。

若用 θ 表示固体表面被覆盖的分数（称覆盖率），一定温度下吸附达平衡时，单分子层的吸附等温式表示为：

$$\theta = \frac{bp}{1 + bp} \tag{8—4—5}$$

上式即为兰格缪尔吸附等温式。式中，b 为吸附作用的平衡常数，又称吸附系数；p 为吸附气体的平衡压力。

从兰格缪尔吸附等温线（见图 8—4—8）可以看出，当压强增大到一定程度，整个固体表面已差不多覆盖满一层吸附分子时，θ 已基本不变，吸附已接近饱和。

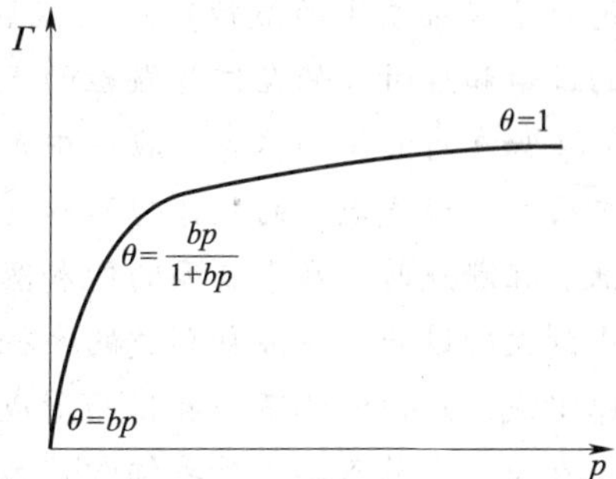

图 8—4—8　兰格缪尔吸附等温线示意图

另外，温度越低，也越有利于吸附，因为这时已被吸附的分子更不容易挣脱吸附剂分子的吸引力而逃逸到气体中。所以在 p 一定时，T 越小，θ 越大。

此外，由于很多固体对气体的吸附往往发生多分子层吸附，1938 年布诺、埃米、泰勒三人在兰格缪尔单分子层吸附模型的基础上，还提出了多分子层吸附理论，即所谓的 BET 吸附理论，在此不作介绍。

阅读材料

亚稳状态与新相生成

一、弯曲液面的饱和蒸气压

对于纯液体，在一定温度下有一定的饱和蒸气压。实验证明，若把液体分散成半径为 r 的小液滴后，液体的饱和蒸气压将会增加，其大小与液滴的半径有关。根据热力学原理可以推得：

$$\ln \frac{p_r^*}{p^*} = \frac{2\sigma M}{\rho RTr}$$

此式称为开尔文公式。式中，ρ、M 分别为液体的密度和摩尔质量；p^* 和 p_r^* 分别为平液面和弯曲液面的饱和蒸气压。

由此可见，弯曲液面的饱和蒸气压不仅与物质的本性、温度及压力有关，还与液面弯曲程度有关。

1. 对于液滴（凸面，$r>0$），其蒸气压大于平面下的蒸气压力，且液滴半径越小，蒸气压越大。如当液滴半径减小到 10^{-9} m 时，其饱和蒸气压几乎为平液面的 3 倍。

2. 对于气泡（凹面，$r<0$），液体在泡内蒸气压小于平面下的蒸气压力，且气泡半径 r 的绝对值越小，蒸气压越低。

上述结论对于固态物质也是适用的，即微小晶体在溶液中的溶解度比大块晶体更大一些，这是由于晶体表面曲率半径的变化导致表面能的变化所引起的。

二、亚稳状态与新相生成

过饱和蒸气、过饱和溶液、过热液体、过冷液体均为亚稳状态。如前所述，亚稳态即亚稳状态，是热力学不稳定状态，不能长期稳定存在，但在适当条件下能稳定存在一段时间。运用开尔文公式可解释这些现象。

例如，在蒸气中不存在任何可以作为凝结中心的粒子时，水蒸气可以达到很大的过饱和度而不会有水凝结出来。因为此时水蒸气的压力虽然对于水平液面的水来说已经是过饱和状态，但对于将要形成的小液滴来说尚未达饱和，因此小液滴难以形成。但是，如果这时有微小的粒子（如灰尘的微粒）存在，则使得凝聚水滴的初始曲率半径加大，蒸气就可以在较低的过饱和度时开始在这些微粒的表面上凝结出来。人工降雨就是基于这个原理而实现的。

又如在对液体加热时，液体中产生的小气泡内壁为凹形液面，曲率半径为负值，根据开尔文公式，小气泡中的液体饱和蒸气压小于平面液体的饱和蒸气压，而且气泡越小，蒸气压越低。在沸点时，水平液面的饱和蒸气压等于外压，而沸腾时形成的气泡需经过从无到有、从小到大的过程，但最初形成的半径极小的气泡使其蒸气压远小于外压，所以，小气泡开始难以形成，致使液体不易沸腾而形成过热液体，易发生暴沸。为降低过热程度，可在加热前事先在液体中放入沸石或毛细管作为气泡生成的“种子”。因为沸石等的内孔中已有许多曲率半径较大的气泡存在，加热时能绕过产生极微小气泡的困难阶级，而直接从中产生较大气泡，从而降低或避免液体的过热现象产生。

此外，过饱和溶液、过冷液体等亚稳状态都是由于新相不易形成所致，在过冷水中加入一点冰晶、在过饱和溶液中加入一点“晶种”都能加快体系的结晶速率即新相的形成速率，从而破坏亚稳状态。

运用开尔文公式还可以说明其他许多表面现象。例如在毛细管内，某液体若能润湿管壁，管内液面将呈凹面。在某温度下，蒸气对平液面尚未达到饱和，但对毛细管内凹面液体可能已经达到饱和，这时蒸气在毛细管内凝结为液体，这种现象称为毛细管凝结。硅胶是一种多孔性物质，具有很大的内表面，可自动吸附空气中的水蒸气，通过毛细管凝结原理使水蒸气液化，从而达到干燥空气的目的。

第九单元　化学动力学初步

一个特定的化学反应一般都涉及两个问题：一是关于化学反应的方向与限度的问题，属于化学热力学的研究范围；二是一定条件下化学反应的速率及变化的机理问题，属于化学动力学的研究范围。具体来说化学动力学主要研究各种因素，如浓度、压力、温度、催化剂等对化学反应速率的影响，以及化学反应是经过哪些具体步骤实现的，即反应机理的问题。

通过化学动力学的研究，可以知道如何控制反应条件以提高主反应的速率，抑制副反应的速率，增加产品产量，减少原料消耗，减少副产物，提高产品质量。化学动力学也研究如何避免危险品的爆炸、材料的腐蚀、产品的老化与变质等问题。所以化学动力学的研究有理论与实践上的重大意义。

课题一　化学反应速率及速率方程

学习目标

1. 掌握化学反应速率的表示方法，掌握平均反应速率、瞬时反应速率的概念。
2. 了解基元反应、复杂反应、速率常数、反应级数及半衰期的概念。
3. 掌握化学反应速率方程的书写。
4. 掌握质量作用定律及其适用范围。

一、化学反应速率

任何一个化学反应都是有一定速率的。有的化学反应进行得很快，如胶片感光、火药爆炸等；而有的化学反应进行得很慢，如塑料自然降解、钢铁腐蚀生锈等。由此可见，不同的化学反应进行的快慢程度不同。化学反应的速率就是衡量化学反应进行快慢程度的物理量。

1. 化学反应速率的表示方法

化学反应速率是指在一定条件下反应物转变为生成物的速率。对某一特定的化学反应，化学反应速率（v）可以用单位时间内反应物浓度的减少或生成物浓度的增加来表示。若反应物（生成物）的浓度用物质的量浓度（c，mol/L）来表示，时间用 t（s）来表示，则化学反应速率的表达式为：

$$\bar{v} = \pm \frac{\Delta c}{\Delta t} \tag{9—1—1}$$

由于反应速率只能是正值，上式中“+”表示用生成物浓度的变化表示反应速率，“-”表示用反应物浓度的变化表示反应速率；Δc 表示某物质在 Δt 时间内浓度的变化量；$\bar{v}$ 是用某物质在时间 Δt 内浓度变化表示的平均速率，在 SI 单位制中用 $mol/m^3 \cdot s$ 表示，习惯上用 $mol/dm^3 \cdot s$ 或 $mol/L \cdot s$ 等表示。

例如，对于化学反应 $2N_2O_5(g) \xlongequal{} 4NO_2(g) + O_2(g)$，在一定温度和体积下，反应起始时 N_2O_5（g）浓度为 1.15 mol/L，100 s 后测得 N_2O_5（g）浓度为 1.0 mol/L，则反应在 100 s 内的平均速率为：

$$v(N_2O_5) = -\frac{\Delta c}{\Delta t} = \frac{1.0 - 1.15}{100} = 1.5 \times 10^{-3}\ \text{mol/L} \cdot \text{s}$$

如果用生成物 NO_2（g）或 O_2（g）浓度的变化来表示平均速率，则为：

$$\overline{v}(NO_2) = \frac{\Delta c}{\Delta t} = \frac{(0.15 \times 4/2) - 0}{100} = 3.0 \times 10^{-3}\ \text{mol/L} \cdot \text{s}$$

$$\overline{v}(O_2) = \frac{\Delta c}{\Delta t} = \frac{(0.15 \times 1/2) - 0}{100} = 7.5 \times 10^{-4}\ \text{mol/L} \cdot \text{s}$$

由上述计算可知，在同一时间间隔内，用不同物质浓度的变化来表示同一个化学反应的速率，其数值可能是不同的，但它们反映的问题的实质却是相同的，因此，在表示化学反应速率时必须标明是用何种物质表示的。至于用哪一种物质浓度的变化来表示反应速率，其实没有关系。因为对一定的化学反应，一种物质浓度的变化必然会引起其他物质的浓度发生相应的变化，通常用容易测定的那一种物质浓度的变化来表示。

参加同一反应的各物质的反应速率表达式之间存在一定的关系。如上述三种物质表示的反应速率之间有如下关系：

$$\begin{aligned} &\overline{v}(N_2O_5):\overline{v}(NO_2):\overline{v}(O_2) \\ &= 1.5 \times 10^{-3}:3.0 \times 10^{-3}:7.5 \times 10^{-3} \\ &= 2:4:1 \end{aligned}$$

它们之间的数值比恰好等于反应方程式中各物质化学式前面的计量系数比。

【课堂思考】 对于化学反应 $aA + bB \xlongequal{} cC + dD$，试证明用不同的物质表示的速率间有如下关系：$\frac{1}{a}\overline{v}(A) = \frac{1}{b}\overline{v}(B) = \frac{1}{c}\overline{v}(C) = \frac{1}{d}\overline{v}(D)$。

2. 瞬时反应速率

上述讨论的均是某一时间段内化学反应的平均速率。但是在一个化学反应过程中，反应物的浓度在不断变化，因此每时每刻的反应速率都是不同的，时间间隔越小，越能反映出间隔内某一时刻的反应速率，所以用瞬时速率表示反应速率更能说明反应进行的真实情况。把某一时刻的化学反应速率称为瞬时反应速率。在恒容条件下，化学反应的瞬时速率 v 应为 Δt 趋近于零时反应物浓度的减少或生成物浓度的增加。

$$v = \pm \lim_{\Delta t \to 0} \frac{\Delta c}{\Delta t} = \pm \frac{dc}{dt} \qquad (9\text{—}1\text{—}2)$$

上式表示瞬时速率是某物质浓度随时间的变化率，即浓度对时间的一阶导数。

对于一个特定的化学反应，当用具体物质浓度的变化速率来表示化学反应速率时，由于反应式中物质的化学计量系数不同，计算得到的速率大小也不同。若用反应进度（ξ）随时间的变化来表示就不会如此，具体内容可参阅其他参考书。

二、速率方程

1. 基元反应和复杂反应

一般化学反应的计量式只能表示反应的始末状态，不能表示反应所经历的具体过程。从微观上看，一个化学反应往往要经过若干个简单的反应步骤，反应物分子才最后转化为产物分子。一步就能完成的简单反应称为**基元反应**。基元反应是组成一切化学反应的基本单元。

例如 H_2 和 I_2 反应生成 HI 的反应 $H_2(g)+I_2(g) \xlongequal{} 2HI(g)$ 就不是一步能完成的，而是分两步实现：

第一步 $I_2(g) \rightarrow 2I(g)$

第二步 $H_2(g)+2I(g) \rightarrow 2HI(g)$

上述每个简单的反应步骤，都是一个基元反应，总反应不是简单一步直接完成，而是由两个或两个以上的基元反应所组成的，称为**复杂反应**。

一个反应是基元反应还是复杂反应，需要借助实验，通过反应机理的研究才能确定，仅仅由反应方程式是不能确定的。

2. 质量作用定律

在一定温度下，增大反应物浓度，反应速率会加快，而且反应物浓度越大，反应速率越快，例如在空气中快要熄灭的火柴，在纯氧中会复燃。

挪威科学家古德堡和魏格在大量实验基础上，总结出了反应物浓度对反应速率影响的规律：在一定温度下，基元反应的速率与反应物浓度（以反应方程式中的计量系数为指数）的乘积成正比，该规律称为**质量作用定律**。它只适用于基元反应。

3. 化学反应的速率方程

化学反应速率与反应物浓度之间关系的数学表达式，称为反应速率方程式，简称速率方程。

根据质量作用定律，对于任一基元反应：

$$aA + bB \xlongequal{} cC + dD$$

其速率方程为：

$$v = kc^a(A)c^b(B) \tag{9—1—3}$$

式中 v——反应的瞬时速率；

k——化学反应速率常数；

a——反应式中 A 物质的化学计量系数；

b——反应式中 B 物质的化学计量系数；

$c(A)$——A 物质的瞬时浓度，mol/L；

$c(B)$——B 物质的瞬时浓度，mol/L。

实际上许多化学反应不是基元反应，而是复杂反应。假设下面反应是由两个基元反应完成的：

$$A_2 + B \xlongequal{} A_2B$$

第一步 $A_2 \rightarrow 2A$ 慢反应

第二步 $2A + B \rightarrow A_2B$ 快反应

对于总反应来说，决定反应速率的肯定是第一个基元反应，即这种前一步的产物做为后一步的反应物的连串反应的决定速率的步骤是反应速率最慢的一个基元反应。故速率方程是 $v = kc(A_2)$，而不会是 $v = kc(A_2)c(B)$。

应用化学反应速率方程时应注意以下问题：

（1）质量作用定律只适用于基元反应。对于复杂反应，速率方程应通过实验确定，不能根据方程式中反应物的计量关系来随意书写。

（2）有纯固体、纯液体参加的化学反应，若它们不溶于其反应介质，可将其浓度视为常数，在速率方程式中不表示。

（3）对气体反应，其速率方程通常用气体分压来表示。例如，反应 $C(s) + O_2(g) = CO_2(g)$，其速率方程为 $v = k \cdot p_{O_2}$。

4. 化学反应速率常数

对于任一基元反应，其速率方程如（9—1—3）式所示，其中 k 为化学反应速率常数。对于在一定温度下的指定反应，速率常数 k 为一定值，它代表参加反应的各有关组分的浓度皆为单位浓度时的反应速率，是反应本身的基本属性，也就是说，在相同的浓度条件下，可用速率常数的大小来比较化学反应的反应速率。k 值的大小与反应物浓度或压力的大小无关。化学反应速率常数是温度的函数，同一反应，温度不同，化学反应速率常数也不同。

另外，用不同反应组分的浓度随时间的变化率所表示的反应速率，其数值与相应的化学计量系数成正比。因此，化学反应速率常数也具有相同的对应关系，即：

$$\frac{1}{a}k_A = \frac{1}{b}k_B = \frac{1}{c}k_C = \frac{1}{d}k_D \qquad (9—1—4)$$

例如，对于某一基元反应：

$$A + 2B = 3D$$

由质量作用定律可知：

$$v_A = k_A c_A c_B^2 \qquad v_B = k_B c_A c_B^2 \qquad v_D = k_D c_A c_B^2$$

由于

$$v_A = \frac{1}{2}v_B = \frac{1}{3}v_D$$

所以

$$k_A = \frac{1}{2}k_B = \frac{1}{3}k_D$$

即不同的化学反应速率常数之比等于反应方程式中各物质的计量系数之比。因此，在化学计量系数不等，容易出现混淆时，k 的下标不可以忽略。

5. 反应分子数和反应级数

化学反应的分子数和级数是研究化学反应机理的重要概念。基元反应或复杂反应的基元步骤中发生化学反应所需要的微粒（分子、原子、离子或自由基）的数目，称为反应分子数。反应分子数只能对基元反应或复杂反应的基元步骤而言，非基元反应不能谈反应分子数，不能认为反应方程式中，反应物的计量数之和就是反应的分子数。

速率方程中，某反应组分浓度的方次数称为该反应物的反应级数或分级数，各反应物浓度方次之和，亦即各反应组分的反应级数之和称为该反应的级数，其值可以是正的也可以是负的，可以是整数、分数或零，而反应分子数只能为 1、2、3 等几个整数。反应级数表明浓度对反应速率的影响，反应级数越大，表示浓度对反应速率影响越大。

一般来说，基元反应中反应物的级数与其计量系数一致，几分子反应就是几级反应，如单分子反应为一级反应，双分子反应为二级反应。而对于复杂反应，各反应组分的级数的大小与其相应的计量系数毫无关系，需要通过实验获得数据，计算出反应级数，从而确定速率方程式。

例如，对于基元反应 $NO_2(g) + CO(g) = NO(g) + CO_2(g)$，其速率方程为：

$$v = kc_{CO}c_{NO_2}$$

所以该反应对 CO 是 1 级反应，对 NO_2 是 1 级反应，该反应为 2 级反应。

【课堂思考】 反应 $2Na(s) + 2H_2O(l) \xlongequal{} 2NaOH(aq) + H_2(g)$ 的速率方程为 $v = kc_{Na}^{0} = k$，则该反应为几级反应？反应速率与反应物浓度间有何关系？

资料卡——半衰期

半衰期也是衡量化学反应速率的一种尺度。所谓半衰期是指某反应物的浓度（c）达到其初始浓度 c_0 的一半，即 $\frac{c}{c_0} = \frac{1}{2}$ 时所消耗的时间。例如对于零级反应：

$$A \rightarrow P$$

其速率方程为 $v_A = -\frac{\Delta c_A}{dt} = kc_A^0 = k$，假设反应物 A 的初始浓度为 c_{A0}，经过 t 时刻后，反应物 A 的浓度由 c_{A0} 变到了 c_A，则：

$$c_A = c_{A0} - kt$$

其半衰期：

$$t_{1/2} = \frac{(c_{A0} - c_A)}{k} = \frac{\left(c_{A0} - \frac{c_{A0}}{2}\right)}{k} = \frac{c_{A0}}{2}$$

即对于零级反应，半衰期与反应物的起始浓度成正比。

阅读材料

化学反应动力学研究大师——谢苗诺夫

谢苗诺夫是前苏联杰出的化学家，也是前苏联化学界的学术带头人之一，还是前苏联建国后第一个获得诺贝尔奖的学者。

1917 年，年仅 21 岁的谢苗诺夫以优异的成绩毕业于彼得格勒大学数学力学系。1920 年到 1930 年，谢苗诺夫在列宁格勒技术物理研究所工作，被任命为列宁格勒化学物理所所长，同时，在列宁格勒工学院兼职任教，并从 1928 年起担任该学院的教授。1929 年，他被选为苏联科学院的通信院士，1932 年被选为正式院士。1944 年，苏联科学院化学物理所迁到了莫斯科，作为该所所长的谢苗诺夫也同时迁居莫斯科，并担任了以罗蒙诺索夫名字命名的国立莫斯科大学的教授。

谢苗诺夫非常成功地把研究工作、教学工作、科学团体的组织工作和社会活动紧密地结合起来，使四者互相促进、协同发展。1956 年，瑞典科学院和诺贝尔基金会为了表彰谢苗诺夫和英国化学家欣谢乌德在化学反应动力学和反应历程研究中所取得的成就，让他两人分享了该年度的诺贝尔化学奖。

谢苗诺夫把理论研究和应用研究统一起来，促进了科学的进步和技术的发展。他认为，化学理论研究应当和其他自然科学互相联系、渗透，要积极采用其他自然科学的理论方法，特别要注意积极采用数学和物理学的理论方法。他还指出，各种专家协同研究重大课题，对新技术革命和科学的未来具有重大意义。

作为一个世界著名的科学家，谢苗诺夫曾多次强调科学要为人类的幸福和社会的进步服务，主张防止把科学成果用于危害人类的安全。他在荣获诺贝尔奖时发表的演讲的最后，向全世界科学家们呼吁，“全世界科学家共同努力，要使科学为世界的进步利益和人类的幸福作出积极贡献。”

谢苗诺夫还是一位出色的教育家，他的教育思想和他的科学思想是一致的，主张理论联系实际。他要求他的学生和其他青年科技工作者，无论是做教学工作的还是做研究工作的，都不应把自己限制在课堂上或者实验室里，要做到理论联系实际，要努力解决国家和民族最急需、最紧迫的问题，要使科学成果迅速转化为直接生产力。

课题二　化学反应的基本理论

学习目标

1. 了解碰撞理论的理论要点。
2. 了解过渡状态理论的理论要点。
3. 了解活化分子、活化配合物的基本概念。

化学反应速率理论对研究化学反应历程具有重要的意义，从 19 世纪末开始，人们试图从分子微观运动的角度来解释化学反应动力学建立的速率方程，后来发展为两种理论——碰撞理论和过渡状态理论。作为分子动力学理论模型，它们只讨论基元反应。

一、碰撞理论

1918 年，路易斯提出了反应速率的碰撞理论。该理论认为，反应物分子间的相互碰撞是化学反应进行的先决条件。反应物分子的碰撞频率越高，反应速率越大。

下面以碘化氢气体的分解为例，对碰撞理论进行讨论：

$$2HI(g)=\!=\!=H_2(g)+I_2(g)$$

通过理论计算，浓度为 1.0×10^{-3} mol/L 的 HI 气体，在 973 K 时，分子碰撞次数约为 3.5×10^{28} 次/L · s。如果每次碰撞都发生反应，反应速率应约为 5.8×10^{4} mol/L · s。但实验测得，在这种条件下实际反应速率约为 1.2×10^{-8} mol/L · s。

以上数据说明，在为数众多的碰撞中，大多数碰撞并不引起反应，只有极少数碰撞是有效的。首先，分子无限接近时，要克服电子云之间的相互斥力，从而导致分子中的原子重排，即发生化学反应，这就要求分子具有足够的运动速率，即能量。将具备足够能量（碰撞后足以反应）的反应物分子组称为活化分子组。活化分子组的能量要求越高，活化分子组所占的比例就越少，有效碰撞次数所占的比例也就越小，反应速率也越慢。

具备足够的能量是有效碰撞的必要条件。但是并不是活化分子的每次碰撞都能发生反应，因为分子有一定的几何形状，有特定的空间结构，因此只有当活化分子组中的各个分子采取合适的取向进行碰撞时，反应才能发生。例如化学反应

$$NO_2 + CO = NO + CO_2$$

只有当 CO 分子中的碳原子与 NO_2 中的氧原子相碰撞时，才能发生重排反应，而碳原子与氮原子相碰撞的这种取向，则不会发生氧原子的转移（见图 9—2—1）。

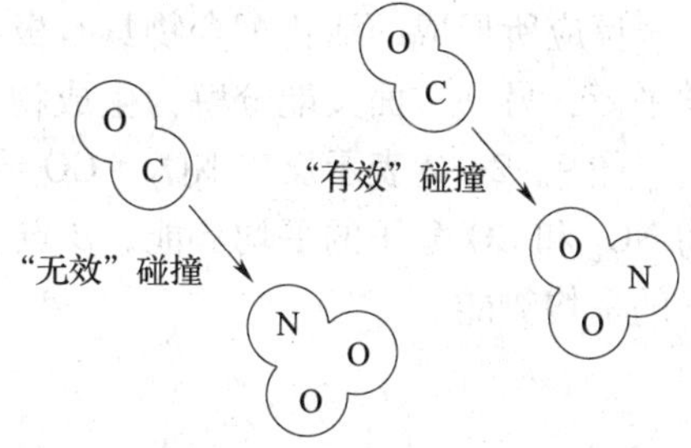

图 9—2—1　分子碰撞的不同取向

碰撞理论中的能量限制，称为活化能，用 E_a 表示，单位为 kJ/mol。每个分子的能量因碰撞而不断改变，因此活化分子组并不是固定不变的，但是由于当温度一定时分子的能量分布是不变的，故活化分子组的比例在一定温度下是固定的。

不同反应的活化能是不同的，不同类型的反应，活化能 E_a 相差很大，这在一定程度上影响着各类反应的反应速率，例如：

$2SO_2 + O_2 = 2SO_3$　　　$E_a = 251$ kJ/mol

$N_2 + 3H_2 \xlongequal{Fe} 2NH_3$　　　$E_a = 175.5$ kJ/mol

$HCl + NaOH = NaCl + H_2O$　　　$E_a \approx 20$ kJ/mol

碰撞理论比较直观，用于解释简单反应比较成功，但是对于分子结构复杂的反应，这个理论适应性则较差。这是由于碰撞理论把复杂的分子看做简单的刚性球体，反应物分子发生碰撞时，要么一碰撞立即发生反应，要么碰撞后立即分开，而不考虑分子的内部结构和运动规律。

二、过渡状态理论

随着原子结构和分子结构理论的发展，1935 年艾林在量子力学和统计力学发展的基础上，提出了化学反应速率的过渡状态理论，又称为活化配合物理论。它是从分子的内部结构与运动角度来研究化学反应速率问题的，其主要内容如下。

1. 反应物分子首先要形成一个中间状态的化合物

化学反应不只是通过分子间的简单碰撞就能完成的，当两个具有足够平均能量的反应物分子相互接近时，分子中的化学键要经过重排，能量要重新分配。反应过程要经过一个中间过渡状态，即反应物分子先形成活化配合物。在此过程中，原有的化学键尚未完全断开，新的化学键又未完全形成。例如化学反应：

$$CO(g) + NO_2(g) = CO_2(g) + NO(g)$$

其反应过程为：

$$O{-}N{-}O + C{-}O \rightleftharpoons O{-}N\cdots O\cdots C\cdots O \rightleftharpoons N{-}O + O{-}C{-}O$$

活化配合物
(过渡状态)

在上述反应中，当具有较高能量的 CO 和 NO_2 分子以适当的取向相互靠近到一定程度时，电子云相互重叠，形成一种活化配合物。在该活化配合物中，原有的 N—O 键部分断裂，而新的 C—O 键部分形成。

2. 形成的中间化合物，即活化配合物极不稳定

反应所形成的活化配合物具有极高的势能，极不稳定，它一方面很快与反应物建立热力学平衡，另一方面又能分解为生成物。

图 9—2—2 表示反应 $NO_2 + CO \xlongequal{} NO + CO_2$ 的反应历程—势能图。图中 A 点表示反应物 NO_2 和 CO 分子的平均势能，B 点表示活化配合物的势能，C 点表示生成物 NO 和 CO_2 分子的平均势能。

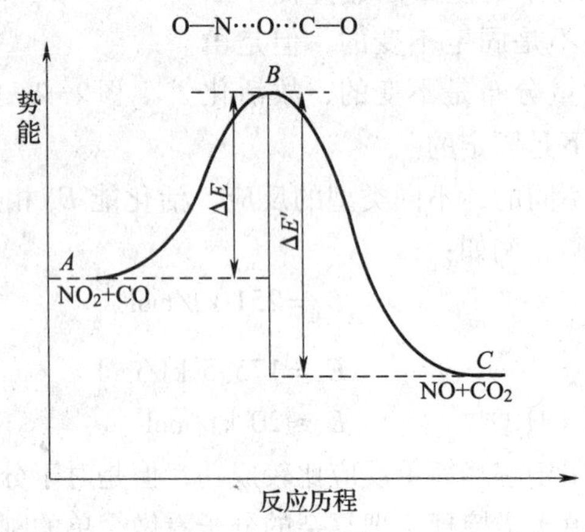

图 9—2—2　反应历程—势能图

由图 9—2—2 可见，反应物和生成物的能量都较低，由于反应过程中分子之间相互碰撞，分子的动能大部分转化为势能，因而活化配合物处于极不稳定的较高势能状态，也就是说反应物 NO_2 和 CO 分子必须越过能垒 B 才能经由活化配合物生成 NO 和 CO_2 分子。

图 9—2—2 中 ΔE 是反应物分子的平均势能与活化配合物的势能之差，$\Delta E'$ 是生成物分子的平均势能与活化配合物的势能之差。在过渡状态理论中，所谓活化能，其实质就是反应物分子翻越活化配合物的能垒，即 ΔE，而 $\Delta E'$ 为逆向反应的活化能。正逆反应的活化能差 $\Delta E'' = \Delta E - \Delta E'$，是反应的热效应 $\Delta_r H_m$（严格说为热力学能变 ΔU）。

很明显，无论是放热反应还是吸热反应，反应物分子都必须先爬过一个能垒，反应才能进行。另外如果正反应是经过一步即可完成的反应，则其逆反应也可经过一步完成，而且正逆两个反应经过同一个活化配合物中间体。同时，反应的活化能越大，能峰就越高，能越过能峰的反应物分子比例就越小，反应速率也就越慢；反应的活化能越小，则能峰越低，反应速率越快。

过渡状态理论原则上解决了碰撞理论不能解决的问题。但是分子结构的计算，目前仍停留在简单分子的水平上，对较复杂分子的结构则存在相当大的猜测成分，故反应速率理论的进一步完善，特别有待于结构理论的发展。

【课堂思考】　活化能在碰撞理论和过渡状态理论中有何异同？

课题三　化学反应速率的影响因素

学习目标

1. 掌握浓度、温度对化学反应速率影响的规律。
2. 掌握阿累尼乌斯方程的内容。
3. 能根据阿累尼乌斯方程计算化学反应速率常数和活化能。

影响化学反应速率的主要因素是反应物的性质，是内在因素，人类是不能改变这个因素的。但是，当一个化学反应确定之后，我们可以在尊重其客观规律的基础上通过改变外界条件来改变化学反应的速率，这些影响化学反应速率的外在因素主要有浓度、温度、催化剂等。

一、浓度对化学反应速率的影响

分别在两支试管中加入0.1 mol/L 的酸性高锰酸钾溶液4 mL，再取两支试管，分别加入2 mL 0.1 mol/L 的 $H_2C_2O_4$ 溶液和2 mL 0.2 mol/L 的 $H_2C_2O_4$ 溶液，并同时倒入两支盛有酸性高锰酸钾溶液的试管中，边振荡反应溶液边观察现象。

仔细观察试验，可以看出加入2 mL 0.2 mol/L 的 $H_2C_2O_4$ 溶液的试管比加入2 mL 0.1 mol/L 的 $H_2C_2O_4$ 溶液的试管褪色快，这说明前者的化学反应速率比较快。

大量实验事实表明，在一定温度下，增加反应物的浓度可以增大反应速率。这个现象可以用碰撞理论进行解释。因为在恒定的温度下，对某一化学反应来说，反应物中活化分子组的百分数是一定的。增加反应物浓度时，单位体积内活化分子组数目增多，从而增加了单位时间内在此体积中反应物分子有效碰撞的频率，故导致反应速率加大。

由此可以得出结论：在其他条件不变时，增加反应物的浓度，可以加快反应速率；反之，降低反应物的浓度，则减慢化学反应速率。

二、温度对化学反应速率的影响

温度对化学反应的影响特别显著。如夏季室温高，食物容易腐烂变质，但放在冰箱里的食物就能储存较长的时间。又如氢气和氧气的化合反应，在常温下几乎觉察不到，但如果将温度升高到600℃，它们反应迅猛剧烈，甚至还可能发生爆炸。对于大多数的反应，当温度升高，无论是放热反应还是吸热反应，其反应速率都会显著地增加。这是因为温度升高时，反应物分子的运动速率加快，反应物分子间碰撞频率增大，更重要的是温度升高，使反应物分子的能量增加，活化分子的百分数也随之增加，所以有效碰撞次数增大，反应速率加快。

1. 阿累尼乌斯方程

1884 年，范特霍夫根据实验数据归纳出一个经验规则：对一般的化学反应，在反应物浓度相同的情况下，温度每升高 10℃，反应速率增加到原来的 2 ~4 倍，称为范特霍夫规则。该规则仅在缺少动力学参数时粗略地估计温度对反应速率的影响，并非十分准确，而且其适用的温度范围也不大。

1889 年，瑞典化学家阿累尼乌斯根据实验结果提出了速率常数与温度之间较为准确的经验方程，该方程称为**阿累尼乌斯方程**。

$$k = k_0 e^{-E_a/RT} \qquad (9—3—1)$$

式中 E_a 为活化能，其单位为 J/mol，k_0 为给定反应的特征常数，称为指前因子或频率因子，是一个只由反应本性决定而与反应温度及系统中物质浓度无关的常数，与 k 具有相同的量纲，是反应的重要动力学参数之一。

2. 阿累尼乌斯公式的应用

从式（9—3—1）可以看出，温度增加，k 值变大，由于 k 与温度 T 成指数关系，因此温度的微小变化，将导致 k 值的较大变化。

将式（9—3—1）两边取自然对数：

$$\ln k = -\frac{E_a}{RT} + \ln k_0 \qquad (9—3—2)$$

或

$$\lg k = -\frac{E_a}{2.303RT} + \lg k_0 \qquad (9—3—3)$$

【例 9—3—1】 对于反应 C_2H_5Cl（g）$\Longrightarrow C_2H_4$（g）+ HCl（g），其指前因子 $k_0 = 1.6 \times 10^{14}$/s，$E_a = 246.9$ kJ/mol，求 700 K、710 K 和 800 K 时的速率常数 k。

解：根据阿累尼乌斯公式，当 $T = 700$ K 时：

$$\lg k = -\frac{E_a}{2.303RT} + \lg k_0 = -\frac{246.9 \times 1\,000}{2.303 \times 8.314 \times 700} + \lg(1.6 \times 10^{14})$$

$$k = 6.0 \times 10^{-5}/\text{s}$$

用同样的方法可求出温度为 710 K 和 800 K 时的速率常数：

$$k_{710} = 1.1 \times 10^{-4}/\text{s}$$

$$k_{800} = 1.2 \times 10^{-2}/\text{s}$$

由计算表明，温度升高 10 K 时，反应速率约增大到原来的 2 倍；温度升高 100 K 时，反应速率约增大到原来的 200 倍。

阿累尼乌斯方程适用于所有的基元反应、许多非基元反应甚至某些多相反应，或者说，随着反应温度的升高，反应的速率能连续变大的反应，阿累尼乌斯方程均可适用。

利用阿累尼乌斯公式可以计算化学反应的活化能。对于给定的化学反应，在一定的温度范围内，E_a 与 k_0 变化不大，可视为定值。假如在 T_1、T_2 时的速率常数分别为 k_1、k_2，将它们代入式（9—3—3）得：

$$\lg k_1 = -\frac{E_a}{2.303RT_1} + \lg k_0$$

$$\lg k_2 = -\frac{E_a}{2.303RT_2} + \lg k_0$$

两式相减得：

$$\lg \frac{k_2}{k_1} = \frac{E_a}{2.303R}\left(\frac{T_2 - T_1}{T_2 \cdot T_1}\right) \qquad (9—3—4)$$

可以看出温度变化相同时，活化能较大的反应，速率常数随温度的升高而增加的倍数较大，故升高温度有利于活化能较大的反应；对同一反应，温度变化相同时，因活化能基本不变，故在低温区速率常数随温度的升高而增加的倍数较大，因此在低温区改变温度对化学反应速率的影响比高温区内要大。

使分子活化的能量，主要来源于分子间的碰撞，称为热活化；此外还有电活化及光活化等。

【课堂思考】 两个不同的双分子气相反应，在 300 K 时它们的指前因子近似相等，反应 1 的活化能 $E_1=20\ kJ/mol$，反应 2 的活化能 $E_2=10\ kJ/mol$。两者速率常数之比 k_2/k_1 为多少？

阅读材料

阿累尼乌斯生平

阿累尼乌斯是瑞典化学家，他提出了电解质在水溶液中电离的阿累尼乌斯理论，研究了温度对化学反应速率的影响，得出阿累尼乌斯方程。由于在物理化学方面的杰出贡献，他被授予 1903 年诺贝尔化学奖。

阿累尼乌斯从小就喜欢数学，并充分表现出在数学和物理上的天赋，1876 年从学校毕业，进入乌普萨拉大学。在大学中，阿累尼乌斯对于当时的物理和化学教学不满。1881 年他进入斯德哥尔摩的瑞典科学院物理研究所工作，主要研究方向是电解质的导电性。

1891 年他进入皇家理工学院工作，1903 年被授予诺贝尔化学奖。1905 年诺贝尔物理研究所建立，阿累尼乌斯一直担任所长到 1927 年退休。

阿累尼乌斯的一生，给后人以很大的思想启迪。首先，在哲学上他是一位坚定的自然科学唯物主义者，他终生不信宗教，坚信科学。当 19 世纪的自然科学家们还在深受形而上学束缚的时候，他却能打破学科的局限，从物理与化学的联系上去研究电解质溶液的导电性，因而能冲破传统观念，独创电离学说。其次，他知识渊博，对自然科学的各个领域都学有所长，早在学生时代就已精通英、德、法和瑞典语等语言，这对他周游各国、广泛求师进行学术交流起了重大作用。另外，他热爱祖国，为报效祖国而放弃国外的荣誉和优越条件，在当今仍不失为科学工作者的楷模。

课题四　催化作用与催化剂

学习目标

1. 掌握催化剂的基本概念。
2. 掌握催化剂的通性。
3. 了解均相催化、多相催化及酶催化的基本概念和特点。

在一个反应系统中加入某物质，通过参加化学反应能明显地改变反应速率或者使化学反应在较低的温度环境下进行，而它在反应前后的数量和化学性质不变，这种物质称为**催化剂**。催化剂的这种改变反应速率的作用称为**催化作用**。

催化剂按其作用可分为两大类。能加快反应速率的催化剂称为正催化剂。例如，$SO_2(g)$ 氧化为 $SO_3(g)$ 时，常用 $V_2O_5(s)$ 作催化剂加快反应速率；$KClO_3$（s）加热分解制备 $O_2(g)$ 时，加入少量的 MnO_2 可使反应速率大大加快。凡是能减慢反应速率的催化剂称为负催化剂或阻化剂。阻化剂往往在反应中消耗掉而不能反复使用。例如，六亚甲基四胺作为负催化剂，降低钢铁在酸性溶液中腐蚀的反应速率，为防止塑料制品老化而加入的防老剂等。在某些反应中，产物本身就具有催化作用。例如在有 H_2SO_4 存在的情况下用 $KMnO_4$ 滴定 H_2O_2 溶液，开始时反应很慢，一旦有 Mn^{2+} 产生，反应会迅速地加快，最后由于 H_2O_2 的浓度太小，反应才逐渐变慢，这种作用常称为自动催化作用。

催化剂在现代化学工业中占有极其重要的地位，现在几乎有半数以上的化工产品，在生产过程里都采用催化剂。例如，合成氨生产采用铁催化剂，硫酸生产采用钒催化剂，乙烯的聚合以及用丁二烯制橡胶等三大合成材料的生产中，都采用不同的催化剂。据统计，有 80% ~85% 的化工生产过程使用催化剂（如氨、硫酸、硝酸的合成，乙烯、丙烯、苯乙烯等的聚合，石油、天然气、煤的综合利用等），其目的是加快反应速率，提高生产效率。在资源利用、能源开发、医药制造、环境保护等领域，催化剂也大有作为，科学家正在这些领域探索适宜的催化剂，以期在某些方面有新的突破。

一、催化作用的通性

1. 催化剂参与催化反应，但在反应终了时催化剂的化学性质及数量皆不变。所以在化工生产过程中催化剂可以反复循环使用。

2. 催化剂只能改变化学反应速率，缩短达到化学平衡的时间，而不能改变平衡的始末状态，即催化剂不能改变反应的可能性。

对于在一定的温度和压力下进行的指定反应，既然催化剂在反应前后没有变化，所以从热力学上看，催化剂的存在与否不会改变反应的始末状态，当然反应的 $\Delta_r H_m$ 等所有状态函数的增量均为定值。这表明催化剂不能使原来在热力学上不能进行的反应发生任何变化。它只能加速热力学认为可能进行的反应，对于热力学认为不能发生的化学反应，使用催化剂是徒劳的。同时在平衡系统中加入催化剂，反应的平衡常数及平衡转化率皆不发生变化。

3. 催化剂具有选择性，每种催化剂都有其使用的范围，只对某些特定的反应具有催化作用，不存在万能的催化剂。如五氧化二钒适用于二氧化硫的氧化，而铁催化剂适宜于合成氨等。另外，相同的反应如果使用不同的催化剂，也会得到不同的产物。如以乙醇为原料，在不同的条件下采用不同的催化剂可以得到不同的产物。

在科研及工业生产中常采用下式来定义催化剂的选择性，即：

$$\text{选择性} = \frac{\text{转化为目的产品的原料量}}{\text{原料总的反应量}} \times 100\%$$

4. 催化剂能加快反应速率是因为催化剂与反应物生成不稳定的中间化合物，改变了化学反应的途径，降低了反应的活化能（E_a），增加了活化分子组的百分数。

5. 加入催化剂后，正反应的活化能降低的数值与逆反应的活化能降低的数值是相等的，也就是说催化剂不仅加快正反应的速率，同时也加快逆反应的速率。

6. 催化剂在使用一定时间后，由于机械磨损、温度、外来化学物质等的影响，其化学结构、结晶状态及表面性质等将发生变化，使得其催化活性衰减，以致完全不能使用，这种现象称为催化剂的老化。

有时微量的杂质也可使催化剂完全失去催化作用，这种现象称为催化剂的中毒。中毒现象的本质是微量杂质和催化剂活性中心的某种化学作用，形成没有活性的物种。如 Pt 可催化 H_2、O_2 生成 H_2O，但气体中若含有极少量的 CO，就会使 Pt 催化剂中毒而失去活性。

在复杂反应中，催化剂中毒可能对其中一步的影响要甚于其他各步，因此有意识地添加某种毒物反而可以提高目的反应的选择性。例如由乙烯氧化制环氧乙烷，当催化剂银中含 0.005% 的 Cl 时，可以抑制生成 CO_2 和 H_2O 的副反应，使主反应的选择性相对提高，为此在原料乙烯中加入适量的有机氯化物。

二、均相催化

均相催化是催化剂与反应物同处于一均匀物相中的催化作用，有液相和气相均相催化之分。如乙醛的气相分解反应：

$$CH_3CHO(g) \rightarrow CH_4(g) + CO(g)$$

该反应的活化能为 190 kJ/mol，但当在反应体系中加入少许 I_2 蒸气，活化能降为 136 kJ/mol，反应速率可提高 3 700 倍。

在均相催化中，设原反应为 A→B，加入催化剂 M 后反应历程变为：

$$A + M \rightarrow AM$$

$$AM \rightarrow B + M$$

即反应物先与催化剂生成一不稳定的中间产物，然后中间产物再分解成产物，而催化剂得以再生。

均相催化常见的有酸碱催化作用、配位络合催化作用以及自由基引发的催化作用。相对而言，均相催化剂的活性中心比较均一，选择性高，副反应较少，但催化剂难以分离，而且回收和再生也较为困难。

三、多相催化反应

催化剂和反应物分属不同物相，催化反应在其相界面上进行的催化反应，称为多相催化反应，又叫做非均相催化反应。通常催化剂为多孔性固体，反应物为液体或气体。多相催化作用是现代化学工业中一个极其重要的问题。其中气固相的催化作用应用得尤为广泛。例如催化裂化、催化重整、催化加氢、脱氢、氨的合成等都是典型的气固相催化反应。

与均相催化反应不同，多相催化只能在两相界面上进行。发生多相催化反应的必要条件是至少有一种反应物分子被催化剂化学吸附而活化，从而使反应变得容易进行。据此推断，多相催化的反应机理可由下列 7 个连续的步骤组成。

1. 反应物向催化剂外表面扩散。
2. 在外表面的反应物进一步向催化剂内表面（孔内）扩散。
3. 反应物被催化剂化学吸附。
4. 反应物发生表面反应。
5. 产物在催化剂表面脱附。
6. 脱附的产物从催化剂内表面向外表面扩散。
7. 产物扩散到气相中。

其中步骤 1、2 和步骤 6、7 系纯物理过程，真正涉及化学变化的只有步骤 3、4、5。这

7 步是连续进行的，若其中某一步或某几步进行得很慢时，整个催化过程的速率便会被它或它们控制，所以反应的总速率就等于这一步或这几步的速率，这些步骤也被称为速率控制步骤。习惯上，若速率控制步骤为 1、2、6、7，则称为扩散控制，如果速率控制步骤为 3、4、5，则分别称为吸附控制、表面反应控制和脱附控制。

在工业生产或实验中，通常都要避免扩散控制，因为它会使催化剂的活性得不到充分的利用，从而降低转化率和选择性，也会使实验测得的反应速率方程不能反映催化的真实机理。避免扩散控制的方法是降低反应温度、加大气体相对于催化剂的运动速度和适当地减小催化剂的颗粒直径等。

四、酶催化反应

酶是生物体内特殊的催化剂，在新陈代谢活动中起着重要的作用。酶作为催化剂使用已经有了几个世纪的历史，但那时人们对酶的本性和功能并不了解，直到 20 世纪初，才证明所有的发酵过程均是由所用的酶促成的，因此酶也常被称为酵素。现已证明，酶是由长链氨基酸构成的蛋白质，作为催化剂，酶具有以下几个优点：

1. 催化效率高

例如 1 mol 乙醇脱氢酶在室温下 1 s 内可使 720 mol 乙醇转化为乙醛。而同样的反应，工业上用 Cu 作催化剂，在 200℃时 1 mol Cu 只能催化 0.1 ~ 1 mol 乙醇转化。酶在生物体内量非常少，一般以 μg 或 ng 计，其催化效率之高，是无机或有机催化剂无法比拟的。

2. 反应条件温和

一般化工生产常用高温高压条件、强酸性或强碱性介质等，而酶催化反应条件温和，通常是常温常压下、在中性或近中性介质中反应的。

3. 高选择性

酶的选择性非常高，每种酶只适用于特定的反应类型，并只得到特定的产物。如尿酶只专一催化尿素的水解反应，对其他反应物不起作用。

当然，酶催化作用的应用也受到限制。首先是酶的分离、提纯技术昂贵。许多酶从活细胞中分离出来后很不稳定，多数的酶都是以很稀的水溶液形式应用，因此其回收也不经济。在操作上，酶催化只能局限于间隙式，生产效率不如连续式。此外，许多酶还要与非蛋白质的辅酶配合使用。

为了把酶有效地应用于工业，需要着重解决两个问题：一是改善其稳定性，二是要开发出一种经济的非破坏性的回收酶的方法。酶的“固相化”是达到这些目的的理想途径。所谓酶的固相化，是将酶负载于惰性载体上。这样，酶就可以反复使用，连续操作，而且酶的稳定性和活性都可得到改善和提高，产物的纯度也更高。

阅读材料

TiO_2 光催化剂及其在环境净化方面的应用

20 世纪 60 年代末 70 年代初，由于世界性石油危机推动而兴起的太阳能光催化分解水制取氢的研究，无疑在开发新能源、改变能源结构及保护生态环境方面是一个具有深远意义的战略性课题。1972 年日本科学家发现了在 TiO_2 电极上光催化分解水的现象，多相光催化研究进入了一个新时代。30 多年来，世界各国科学家曾为此作出了巨大的努力，虽然就其实用性来讲，至今未获突破性进展，但丰富的研究积累和深刻的规律性认识，却为这一学科与其他学科的相互渗透、开拓新的应用领域准备了充分的理论基础，其中最具代表性的例子是多相光催化在环境治理方面的应用。

目前，在多相光催化反应所使用的催化剂中，TiO_2 由于价廉、稳定性好、易于回收等优点，被公认为是一种性能良好的光催化剂。它能被日光中的紫外线激发，不需特殊光源；它的化学性质稳定，可形成透明薄膜；它有较长的使用寿命，在适当的条件下可长时间连续使用而不失活。

由于世界人口的急剧增加，人类生产实践的不断扩大，环境污染和破坏日益严重，因此，环境污染问题成了人们普遍关注的问题，而光催化技术就是一种有效处理环境污染的方法。1977 年，科学家利用半导体光催化反应来处理工业废水中的有害物质，掀起了液固相环境光催化的研究热潮。气固相光催化消除污染物的研究起步较晚，1985 年日本首次进行了 H_2S、NH_3 等的气相光催化消除研究，并很快把这一基础研究成果推向实用，于 1986 年向市场推出了实用化工产品——脱臭杀菌装置。以后，TiO_2 在环境催化方面取得了广泛应用。空气净化方面有室内用产品（如抗菌磁砖、抗菌卫生陶瓷、除臭照明灯具、防污染除臭日光灯、除臭杀菌空气清净器、除臭板等）和室外用产品（如 NO_x 除去板、防污顶棚、防污隧道照明装置等）。上述大部分制品都已商品化，部分则正在开发中。

实　验

影响化学反应速率的因素

一、实验目的

1. 掌握浓度、温度、催化剂对反应速率的影响。
2. 学习水浴恒温操作。

二、实验原理

1. 浓度、温度对反应速率的影响

碘酸钾和亚硫酸氢钠在水溶液中发生如下反应：

$$2KIO_3 + 5NaHSO_3 = Na_2SO_4 + 3NaHSO_4 + K_2SO_4 + I_2 \downarrow + H_2O$$

反应中生成的碘遇淀粉变为蓝色。如果在反应物中预先加入淀粉作指示剂，则淀粉变蓝色所需的时间可以用来表示反应速率的大小。通过改变碘酸钾的浓度及改变反应温度可看出浓度、温度对反应速率的影响。

2. 催化剂对反应速率的影响

（1）高锰酸钾和草酸在酸性溶液中的反应如下：

$$2KMnO_4(\text{紫红色}) + 5H_2C_2O_4 + 3H_2SO_4 = 2MnSO_4 + 10CO_2 \uparrow + K_2SO_4 + 8H_2O$$

反应速率可由高锰酸钾的紫红色褪去时间长短来表示。通过加入硫酸锰溶液可看出催化剂（Mn^{2+}）对反应速率的影响。

（2）过氧化氢的分解反应如下：

$$2H_2O_2 = 2H_2O + O_2 \uparrow$$

反应速率可由气泡产生的快慢来指示。通过加入二氧化锰可看出催化剂对反应速率的影响。

三、实验仪器和试剂

1. 仪器

秒表，温度计，量筒，烧杯。

2. 试剂

MnO_2，H_2SO_4（3 mol/L），$H_2C_2O_4$（0.05 mol/L），KIO_3（0.05 mol/L），$NaHSO_3$（0.05 mol/L，带有淀粉），$KMnO_4$（0.01 mol/L），$MnSO_4$（0.1 mol/L），H_2O_2（3%）。

四、实验内容

1. 浓度对反应速率的影响

用量筒量取 10 mL 0.05 mol/L $NaHSO_3$ 溶液和 35 mL 水，倒入小烧杯中，搅拌均匀。再用量筒量取 5 mL 0.05 mol/L KIO_3 溶液，迅速倒入小烧杯中，立即记时，并搅拌溶液，记录溶液变为蓝色的时间，并填入表 9—4—1 中。用同样方法按表 9—4—1 编号进行实验。

表 9—4—1　　浓度对反应速率的影响实验数据表

实验编号	$NaHSO_3$（mL）	H_2O（mL）	KIO_3（mL）	溶液变蓝时间 t（s）
1	10	35	5	
2	10	30	10	
3	10	25	15	
4	10	20	20	

2. 温度对反应速率的影响

在小烧杯中混合 10 mL 0.05 mol/L $NaHSO_3$ 溶液和 35 mL 水，在试管中加入 5 mL 0.05 mol/L KIO_3 溶液，将小烧杯和试管同时放在水浴中（大烧杯盛水作水浴），加热到比室温高出约 10℃，将 KIO_3 溶液倒入 $NaHSO_3$ 溶液中，立即计时，并搅拌溶液，记录溶液变为蓝色的时间，并填入表 9—4—2 中。

表 9—4—2　　温度对反应速率的影响实验数据表

实验编号	$NaHSO_3$（mL）	H_2O（mL）	KIO_3（mL）	实验温度（℃）	溶液变蓝时间 t（s）
1	10	35	5		
2	10	35	5		

3. 催化剂对反应速率的影响

（1）均相催化

在两只试管中做表 9—4—3 中的实验。

表 9—4—3　　催化剂对反应速率的影响实验数据表（1）

实验编号	H_2SO_4（mL）	$MnSO_4$（滴）	H_2O（滴）	$H_2C_2O_4$（mL）	$KMnO_4$（滴）	紫色褪去时间 t（s）
1	1	10	无	3	3	
2	1	无	10	3	3	

（2）多相催化

在试管中做表 9—4—4 中的实验。

表 9—4—4　　催化剂对反应速率的影响实验数据表（2）

实验编号	H_2O_2（3%）（mL）	MnO_2 粉末	气泡生成情况
1	1	无	
2	1	少量	

【课堂思考】 根据实验结果，分析反应物浓度、反应温度、催化剂对化学反应速率各有什么影响。

第十单元　烃

课题一　有机化合物概述

学习目标

1. 了解有机化合物和有机化学的概念。
2. 了解有机化合物的结构特点，掌握有机化合物构造式的书写方法。
3. 熟悉有机化合物的特征性质。
4. 了解有机化合物的分类方法。

一、有机化合物和有机化学

1. 有机化合物

有机化合物与人类的关系非常密切，在人们的衣、食、住、行等方面以及医疗保健、工农业生产、能源、材料、科学技术等领域都起着重要作用。

19世纪以前，由于那时的有机化合物都是从动植物中提取得到，人们认为一切有机物只能来源于有生命的动植物体中，所以，人们把来源于动植物有机体的这类化合物称为有机化合物（简称有机物）。后来，人们逐步能利用从非生物体内取得的物质合成有机物，如合成尿素、醋酸、柠檬酸等。如今，人们不但能合成出自然界里已有的许多有机物，而且还能合成出自然界里原来没有的各种性能良好的有机物，如合成树脂、合成橡胶、合成纤维、合成药物、合成染料、功能材料等。因此，“有机化合物”这个名称的含义已经有了很大发展，只是因为使用已久，所以一直沿用至今。

科学家们通过大量的研究发现，所有的有机化合物中都含有碳元素，绝大多数有机化合物中含有氢元素，许多有机化合物除含碳、氢元素外，还含有氧、氮、硫、磷和卤素等元素。从化学组成上看，有机化合物可以看做是碳氢化合物，以及从碳氢化合物衍生而得的化合物。因此，把**有机化合物**定义为碳氢化合物及其衍生物。

但是，像一氧化碳、二氧化碳、碳酸、碳酸盐、碳化物（CaC_2、SiC 等）、氰化物等少数物质，虽然含有碳元素，但由于它们的结构和性质与无机化合物相似，所以还是把它们归属为无机化合物。

2. 有机化学

有机化学是研究有机化合物的化学，它主要研究有机物的组成、结构、性质、来源、合成方法、应用及其相互转化规律。

二、有机化合物的结构和特性

1. 有机化合物的结构

有机化合物的结构决定其性质，有机化合物的结构理论要点归纳如下：

（1）碳原子是 4 价的

有机化合物是含碳的化合物，碳原子位于元素周期表的第 2 周期第 4 主族，最外电子层有 4 个价电子，可以形成 4 个化学键，所以碳原子是 4 价的。

（2）碳原子与其他原子以共价键相结合

因为碳原子最外电子层有 4 个电子，在化学反应中，既不易得到电子也不易失去电子，所以不易形成离子键，而是以共价键与其他原子结合成键。

每个碳原子不仅能与其他原子形成 4 个共价键，而且碳原子与碳原子之间也能相互形成共价键，不仅可以形成单键，也可以形成双键或三键；多个碳原子也可以相互结合形成长短不同的碳链，也可以形成大小不等的碳环结构，如图 10—1—1 所示。

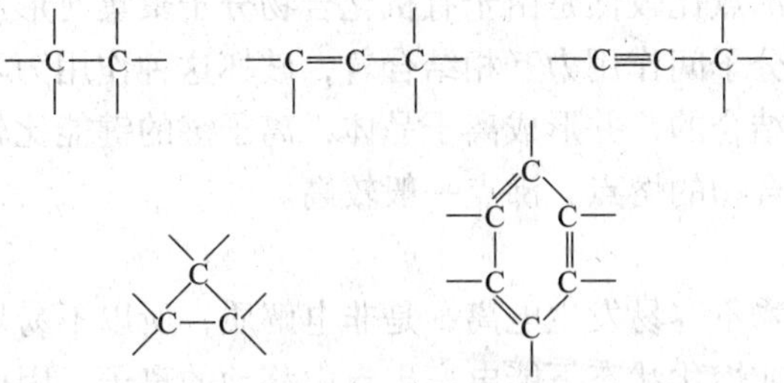

图 10—1—1　碳原子相互结合的几种方式

（3）有机化合物的结构

有机化合物分子中的原子是按一定的顺序和方式相连接的。分子中原子间的排列顺序和连接方式叫做分子的构造，表示分子构造的式子叫做**构造式**。构造式是用元素符号表示分子中各原子的结合方式和连接顺序的化学式，有机化合物的构造式有短线式、缩简式和键线式，见表 10—1—1。

表 10—1—1　有机化合物常用结构表示方法

短线式	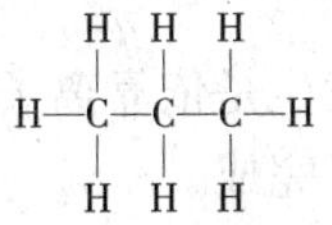 H—C(H)(H)—C(H)(H)—C(H)(H)—H	丙烷
缩简式	$CH_3CH_2CH_2CH_3$	丁烷
键线式	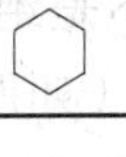 ⬡	环己烷

2. 有机化合物的特性

（1）难溶于水，易溶于有机溶剂

多数有机化合物难溶于水，易溶于酒精、汽油、苯、乙醚等有机溶剂中。而大多数无机化合物则易溶于水，难溶于有机溶剂。

这是由于大多数有机化合物分子里的碳原子与其他原子以共价键相结合，分子的极性很弱或没有极性，根据“相似相溶”的经验规律，它们易溶于弱极性或非极性的有机溶剂，难溶于极性较强的水中。大多数无机化合物是极性的，所以一般能溶于水，难溶于有机溶剂中。

（2）对热不稳定，容易燃烧

除了 CCl_4 等极少数例外，绝大多数有机化合物受热时不稳定，容易分解，也容易燃烧。如汽油、酒精、蔗糖、淀粉、纤维、油脂等遇火就会发烟、碳化、燃烧。有机化合物的易燃性与它含有的碳元素和氢元素有关，而无机化合物一般不易或不能燃烧。所以，可以通过灼烧的方法来初步区别有机化合物和无机化合物。

（3）熔点和沸点较低

常温下，有机化合物通常以气体、液体或低熔点固体的形式存在。有机化合物液体的沸点最高一般不超过 350℃，固体的熔点多在 400℃以下，而无机化合物大多为固体，其熔点、沸点一般比较高，如氯化钠晶体的熔点为 801℃，沸点为 1 413℃。

有机化合物熔点和沸点比较低是由于有机化合物分子聚集时形成的晶体，大多数是分子晶体，分子间以微弱的分子间作用力互相结合着，破坏这种作用力不需要较高的能量。无机化合物一般是以离子键结合的，并形成离子晶体，离子键的键能比较大，要破坏它则需要较大的能量，所以无机化合物的熔点、沸点一般较高。

（4）不易导电

绝大多数有机化合物不容易发生电离，是非电解质，所以不易导电。大多数无机化合物是电解质，在水溶液中或熔化状态下能电离出自由移动的离子，因而能导电。

（5）反应速率慢，常有副反应发生

有机反应一般来说都是分子之间的反应，其实质是分子之间不规则的碰撞而使分子中的某个共价键断裂，这种分子碰撞机率比较小，且反应速率通常比较慢，所以多数有机反应进行缓慢，往往需要几小时甚至几天或更长的时间才能完成。通常可通过加热、光照或使用催化剂等手段来提高有机反应速率。

由于有机物分子结构比较复杂，分子中键的断裂可以发生在不同的位置，故有机反应还常伴有副反应发生，反应产物比较复杂，产率也较低。为提高主反应的产率，必须控制温度、压力、催化剂等反应条件，通过重结晶、升华、蒸馏、离子交换等操作方法进一步分离提纯产物。

无机反应往往是离子反应，反应的发生是依靠离子间的静电引力，结合比较迅速，所以反应速率快，例如酸碱中和反应瞬间即可完成。

应该指出的是，以上列举的只是有机化合物的一般特性，严格来讲，有机化合物和无机化合物在性质上的区别仅仅是相对的，并不是绝对的。例如，少数有机化合物易溶于水（如酒精、乙酸、蔗糖等）；某些有机化合物（如四氯化碳）非但不能燃烧，反而可用做灭火剂；有些有机反应速率很快，甚至进行爆炸式的反应（如 TNT 炸药的爆炸）。因此，在了解有机化合物的共同特性时，还应当十分重视它们的个性。

【课堂思考】 一般有机物是以共价键结合的，共价键的键能比离子键的键能大，而有机物的熔点一般却比无机物的低，二者是否矛盾？试加以解释。

三、有机化合物的分类

有机化合物常用的分类方法有两种：一种是按有机化合物的碳架分类；另一种是按官能团分类。**官能团**是指决定有机化合物分子主要化学性质的原子或原子团。

1. 按碳骨架特征分类

根据有机化合物的碳骨架不同，一般分为三大类。

（1）开链化合物

这类化合物的结构特征是碳原子与碳原子、碳原子与其他原子均以链状相连接。开链化合物也称为**脂肪族化合物**。开链化合物分为饱和、不饱和两种。例如：

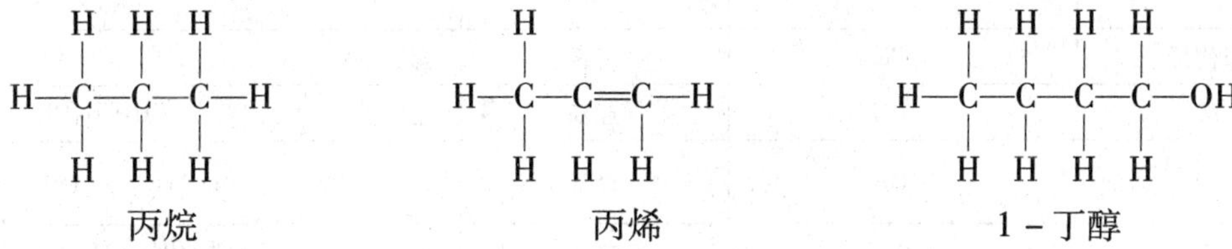

丙烷　　丙烯　　1-丁醇

（2）碳环化合物

这类化合物的结构特征是碳原子间互相连接成环状结构。按性质不同，它们又分为两类：

1）脂环族化合物。这类化合物分子中的碳原子连接成环，性质与脂肪族相似。例如：

环戊烷　　环己烯　　环己醇

2）芳香族化合物。这类化合物中都含有由六个碳原子组成的苯环，它们的性质与脂肪族化合物和脂环族化合物都不相同。由于这类化合物最初是在香树脂中发现的，所以叫做**芳香族化合物**。例如：

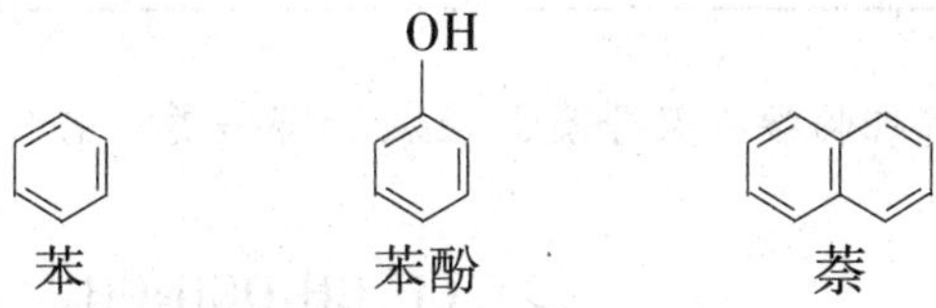

苯　　苯酚　　萘

（3）杂环化合物

这类化合物的结构特征是碳原子与其他原子（如氧、氮、硫等）共同组成的环状结构。例如：

呋喃　　噻吩　　吡啶

2. 按官能团分类

具有相同官能团的化合物，性质相似，所以将它们归纳成为一类便于学习和研究。一些常用有机化合物的官能团见表 10—1—2。

表 10—1—2　　常见有机化合物的类别和官能团

有机物类别	官能团结构	官能团名称	实例	
烷烃	—	—	甲烷	CH_4
烯烃	$>C=C<$	碳碳双键	乙烯	$CH_2=CH_2$
炔烃	—C—C—	碳碳三键	乙炔	$CH\equiv CH$

续表

有机物类别	官能团结构	官能团名称	实例	
芳香烃	—	—	苯	(苯环)
卤代烃	—X	卤素	氯乙烷	CH_3CH_2Cl
醇	—OH	羟基	乙醇	CH_3CH_2OH
酚	—OH	羟基	苯酚	(苯环)—OH
醚	—O—	醚键	乙醚	$CH_3CH_2—O—CH_2CH_3$
醛	$\overset{O}{\overset{\Vert}{—C—H}}$	醛基	乙醛	$H_3C—\overset{O}{\overset{\Vert}{C}}—H$
酮	$\overset{O}{\overset{\Vert}{—C—}}$	酮基（羰基）	丙酮	$H_3C—\overset{O}{\overset{\Vert}{C}}—CH_3$
羧酸	$\overset{O}{\overset{\Vert}{—COH}}$	羧基	乙酸	$H_3C—\overset{O}{\overset{\Vert}{C}}—OH$
酯	$\overset{O}{\overset{\Vert}{—C—O—}}$	酯基	乙酸乙酯	$H_3C—\overset{O}{\overset{\Vert}{C}}—O—C_2H_5$
硝基化合物	$—NO_2$	硝基	硝基苯	(苯环)$—NO_2$
胺	$—NH_2$	胺基	乙胺	$CH_3CH_2NH_2$

【课堂思考】 下列有机物按碳架分类，应属于哪一类？若按官能团区分，又属于哪一类？

（1）$CH_3CH_2CH_2OH$　　（2）$CH_3CH_2OCH_2CH_3$

（3）$CH_3CH_2CH{=}CH_2$　　（4）(苯环)$—CH_3$

（5）$CH_3—\overset{O}{\overset{\Vert}{C}}—OH$　　（6）CH_3CH_2Br

阅读材料

有机化学和有机化学工业的发展与未来

有机化学的深入研究推动了有机化学工业的快速发展。19世纪中叶到20世纪初，有机化学工业以煤焦油为主要原料。合成染料的发现，使染料、制药工业蓬勃发展，也推动了对芳香族化合物和杂环化合物的研究。20世纪30年代以后，以乙炔为原料的有机合成兴起。20世纪40年代前后，有机化学工业的原料又逐渐转变为以石油和天然气为主，发展了合成橡胶、合成塑料和合成纤维工业。石油炼制和加工已成为国民经济的支柱产业，由石油化工得到的基本化学品的深加工成为现代有机化学工业发展的源泉。

有机化工产品涉及轻工、纺织、医药、农药、机械、电子等领域，人们的衣、食、住、行已离不开合成材料。20 世纪以来，化学家们设计并合成出数百万种有机化合物。塑料、橡胶、纤维和涂料这四种广泛应用的高分子材料成为 20 世纪人类文明的标志之一，也是提高人类生活质量的主要物质基础之一。

利用现代有机合成技术，生物材料的研制已发展到能够工业化生产人工瓣膜、人工关节、模拟生物胶黏剂和模拟生物膜等，而类骨骼材料、含氟人造血浆、隐形眼镜材料、人造皮肤等已有一定的生物相容性。

化学合成药物已在医药工业中占主导地位。据统计，2009 年全球前 200 个销售额最大的药物中，至少有 140 种是化学合成药物，化学药物为人类健康作出了功不可没的贡献。

有机化学工业的飞速发展也促进了各学科之间的相互交叉和渗透。生命科学利用有机化学成果去研究生命现象、了解生命本质和生命过程——从生命物质 DNA 结构的确定到遗传密码的破译，从核酸的复制到遗传信息中心法则的发现，使生命科学的发展前进了一大步。

进入 21 世纪，随着人口的增长和对食物需求的增加，人类面临的重要任务之一，就是既要增加食物的产量以保证人类生存，又要注重质量以确保人类安全。这需要利用有机化学和生物的方法提供安全、有防病作用的食物和食物添加剂，改进食品储存和加工方法，以减少不安全因素等。

结构材料和功能材料等新材料同样是人类赖以生存和发展的物质基础。科学家预言，继天然材料、合成高分子材料、人工设计材料之后的第四代材料是智能材料，它是现代高技术新材料发展的重要方向之一，将支撑未来高技术的发展。智能材料的研制和大规模应用将导致材料科学发展的重大革命，21 世纪将进入智能材料的时代。有机化学是新材料的“源泉”。

某些合成高分子化合物（如塑料、橡胶等）容易老化，人类常见的疾病（白内障、肿瘤、心血管疾病等）和衰老的发生，食物的氧化性变质等现象，都是由于可快速生成并转化的氧自由基的存在而造成的，对氧自由基生成与转化的可控性研究将会有新的进展。

我们可以预见，21 世纪有机化学研究和有机化学工业在解决人类所面临的粮食、人口、环境、资源和能源等问题时将发挥越来越重要的作用，为人类社会的发展提供广阔的前景。

课题二　烷　　烃

学习目标

1. 了解烷烃的结构特点，熟悉有机化合物的特征性质。
2. 掌握烷烃的通式、同系列、同分异构的推导方法及烷烃的命名。
3. 了解烷烃的物理性质及其变化规律。
4. 掌握烷烃的化学性质，了解烷烃的反应机理。
5. 了解烷烃的来源及甲烷实验室制法和主要用途。

分子中只含有碳、氢两种元素的有机化合物叫做**碳氢化合物**，简称为**烃**。烃的种类很多，根据分子中的碳架结构不同，可以分为开链烃和环状烃。开链烃也称脂肪烃，它又分为饱和烃和不饱和烃。在脂肪烃中，如果碳原子之间都以单键相连接，其余的碳价全部与氢原子相结合，使每个碳原子的化合价都达到“饱和”，具有这种结构特点的链烃叫做**饱和烃**，饱和烃又称**烷烃**。

一、烷烃的通式、同系列、同分异构现象

1. 烷烃的通式和同系列

在烷烃分子中，碳原子和氢原子之间的数量关系是一定的，见表10—2—1。

表10—2—1　　烷烃分子中碳原子和氢原子之间的数量关系

烷烃	分子式	结构式	结构简式	碳原子数目	氢原子数目
甲烷	CH_4	H H—C—H H	CH_4	1	4
乙烷	C_2H_6	H　H H—C—C—H H　H	CH_3CH_3	2	6
丙烷	C_3H_8	H　H　H H—C—C—C—H H　H　H	$CH_3CH_2CH_3$	3	8
丁烷	C_4H_{10}	H　H　H　H H—C—C—C—C—H H　H　H　H	$CH_3(CH_2)_2CH_3$	4	10
戊烷	C_5H_{12}	H　H　H　H　H H—C—C—C—C—C—H H　H　H　H　H	$CH_3(CH_2)_3CH_3$	5	12

从表10—2—1中这些烷烃的结构式和数值不难看出，烷烃的碳原子和氢原子数之间的数量关系是C_nH_{2n+2}，这个式子就是烷烃的通式。

从表10—2—1中烷烃的分子式和结构简式可以看出，在烷烃中，每两个相邻的分子之间，组成上都相差一个或若干个“$—CH_2$”原子团，这个原子团叫做**系差**。

把这些结构相似，在分子组成上相差一个或若干个“$—CH_2$”原子团，具有同一通式的一系列化合物称为**同系列**。同系列中的各化合物互称为**同系物**。

同系物具有相似的结构，所以一般具有相似的化学性质，物理性质则随着相对分子质量的改变而有规律地变化。

【课堂思考】　利用烷烃的通式，可否根据某种烷烃的相对分子质量推知其分子组成？

2. 烷烃的同分异构现象

化合物具有相同的分子式，但具有不同结构和性质的现象，叫做**同分异构现象**。在有机物中，同分异构现象普遍存在。在烷烃同系物中，从丁烷开始有同分异构现象。随着分子中碳原子数目的增多，同分异构现象变得越来越复杂。

具有同分异构现象的化合物互称为**同分异构体**。例如，正丁烷和异丁烷就是丁烷的两种同分异构体。可以用逐步缩短碳链的方法，来推导某烷烃的同分异构体。下面以己烷（C_6H_{14}）为例来讨论这种推导方法。

（1）写出最长的碳链

$$C^1—C^2—C^3—C^4—C^5—C^6$$

（2）写出少一个碳原子的直链，把剩下的一个碳原子作为支链连接在主链上，依次变动支链的位置，得到2种同分异构体。

$$\begin{array}{ccccccccc} C^1 & — & C^2 & — & C^3 & — & C^4 & — & C^5 \\ & & | & & & & & & \\ & & C & & & & & & \end{array} \qquad \begin{array}{ccccccccc} C^1 & — & C^2 & — & C^3 & — & C^4 & — & C^5 \\ & & & & | & & & & \\ & & & & C & & & & \end{array}$$

支链不能连在端点的碳原子上，因为那样相当于又接长了主链；也不能连在可能出现重复的碳原子上，例如，上式中支链连在 C^4 上和连在 C^2 上的构造式是相同的。

（3）再写出少两个碳原子的直链，把剩下的两个碳原子当做一个或两个支链连接在主链上，两个支链可以连在主链中不同的碳原子上，也可以连在同一碳原子上，得到2种同分异构体。

$$\begin{array}{ccccccc} C^1 & — & C^2 & — & C^3 & — & C^4 \\ & & | & & | & & \\ & & C & & C & & \end{array} \qquad \begin{array}{ccccccc} & & C & & & & \\ & & | & & & & \\ C^1 & — & C^2 & — & C^3 & — & C^4 \\ & & | & & & & \\ & & C & & & & \end{array}$$

需要注意的是，上式的主链中只有4个碳原子，若将2个碳原子作为一个支链连在主链上，相当于又接长了主链，所以就不能将2个碳原子作为一个支链连在主链上了。

（4）再分别加上氢原子，就得到己烷的5种同分异构体的结构简式。

$$CH_3—CH_2—CH_2—CH_2—CH_2—CH_3 \qquad \begin{array}{ccccccccc} CH_3 & — & CH & — & CH_2 & — & CH_2 & — & CH_3 \\ & & | & & & & & & \\ & & CH_3 & & & & & & \end{array}$$

$$\begin{array}{ccccccccc} CH_3 & — & CH_2 & — & CH & — & CH_2 & — & CH_3 \\ & & & & | & & & & \\ & & & & CH_3 & & & & \end{array} \qquad \begin{array}{ccccccc} CH_3 & — & CH & — & CH & — & CH_3 \\ & & | & & | & & \\ & & CH_3 & & CH_3 & & \end{array} \qquad \begin{array}{ccccccc} & & CH_3 & & & & \\ & & | & & & & \\ CH_3 & — & C & — & CH_2 & — & CH_3 \\ & & | & & & & \\ & & CH_3 & & & & \end{array}$$

若碳原子数目更多时，则以此类推，就可以推导出烷烃所有可能存在的同分异构体。

【课堂思考】 甲烷、乙烷、丙烷有同分异构体吗？至少含多少个碳原子的烷烃才会有同分异构体？同位素、同素异形体、同系物、同分异构体有什么区别和联系？

二、烷烃的命名

1. 碳原子的类型

（1）伯碳原子（1°碳原子）

与一个碳原子直接相连的碳原子叫做**伯碳原子**。

（2）仲碳原子（2°碳原子）

与两个碳原子直接相连的碳原子叫做**仲碳原子**。

（3）叔碳原子（3°碳原子）

与三个碳原子直接相连的碳原子叫做**叔碳原子**。

（4）季碳原子（4°碳原子）

与四个碳原子直接相连的碳原子叫做**季碳原子**。

例如：

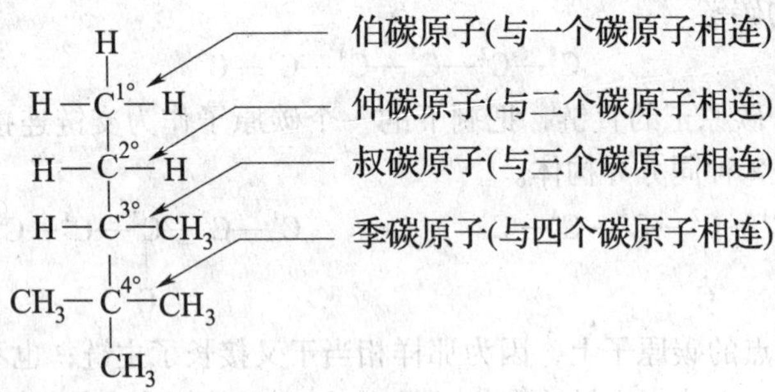

2. 烃基和烷基

烃失去一个氢原子后剩余的原子团叫做**烃基**。

烷烃分子中去掉一个氢原子后剩下的原子团叫做**烷基**。烷基的通式为—C_nH_{2n+1}。烷基通常用“R—”表示，所以有时也用 RH 表示烷烃。

烷基的名称是根据相应烷烃的名称以及去掉的氢原子类型来命名的。例如：

烷烃		烷基结构	烷基名称
甲烷	去掉一个氢原子	CH_3—	甲基
乙烷	去掉一个氢原子	CH_3CH_2—	乙基
丙烷	去掉一个伯氢原子	$CH_3CH_2CH_2$—	正丙基
	去掉一个仲氢原子	CH_3—CH(—CH_3)—	异丙基

3. 烷烃的命名方法

（1）普通命名法

烷烃的普通命名法是根据分子中碳原子的数目称为“某烷”。碳原子在十以内的，从一到十依次用甲、乙、丙、丁、戊、己、庚、辛、壬、癸来表示；碳原子数在十以上的，就用中文数字（十一、十二、十三…）来表示。例如：C_5H_{12}叫戊烷，C_8H_{18}叫辛烷，$C_{17}H_{36}$叫十七烷。

为了区别同分异构体，通常把直链的烷烃称为“正”某烷，把链端第二位碳原子上连有一个甲基支链的叫做“异”某烷，把链端第二位碳原子上连有两个甲基支链的叫做“新”某烷。例如：

$$CH_3—CH_2—CH_2—CH_2—CH_3$$

正戊烷

$$\begin{array}{c}CH_3—CH_2—CH—CH_3\\ \qquad\qquad\quad |\\ \qquad\qquad\quad CH_3\end{array}$$

异戊烷

$$\begin{array}{c}CH_3\\ |\\ CH_3—C—CH_3\\ |\\ CH_3\end{array}$$

新戊烷

（2）系统命名法

1）直链烷烃的命名。与普通命名法基本相同，只是把“正”字去掉。例如：

$$CH_3—CH_2—CH_2—CH_2—CH_2—CH_3$$

普通命名法　　正己烷

系统命名法　　己烷

2）支链烷烃的命名。带有支链烷烃的系统命名法命名步骤和规则如下：

①选择主链作为母体。选择分子里最长的碳链作为主链，并根据主链上碳原子的数目称为“某”烷，例如：

(主链，4个碳)

$$\begin{array}{l}CH_3—CH—CH_3\\ \qquad\quad |\\ \qquad\quad CH_2\\ \qquad\quad |\\ \qquad\quad CH_3\end{array}$$

(主链，5个碳)

$$\begin{array}{l}\qquad\quad CH_3\\ \qquad\quad |\\ CH_3—C—CH_2—CH_3\\ \qquad\quad |\\ \qquad\quad CH_2—CH_3\end{array}$$

②给主链碳原子编号。把主链里离支链较近的一端作为起点，用阿拉伯数字 1、2、3…给主链的各个碳原子依次编号定位，以确定支链的位置。例如：

$$\begin{array}{l}\ \ 1\qquad\ \ 2\qquad\ \ 3\qquad\ \ 4\qquad\ \ 5\qquad\ \ 6\qquad\ \ 7\\ CH_3—CH—CH_2—CH—CH_2—CH_2—CH_3\\ \qquad\quad |\qquad\qquad\quad |\\ \qquad\quad CH_3\qquad\quad CH_2—CH_3\end{array}$$

③写出烷烃的名称。把支链作为取代基，将取代烃基的名称写在烷烃名称的前面，在取代烃基的前面用阿拉伯数字注明它在烷烃直链上所处的位置，并在数字和取代烃基之间用半字线“-”隔开。例如：

$$\begin{array}{l}\ \ 5\qquad\ \ 4\qquad\ \ 3\qquad\ \ 2\qquad 1\\ CH_3—CH_2—CH_2—CH—CH_3\\ \qquad\qquad\qquad\qquad\ |\\ \qquad\qquad\qquad\qquad\ CH_3\end{array}$$

2-甲基戊烷

④如果主链上有相同的取代烃基，合并起来并在取代烃基的名称前用数字“二”“三”等表明相同取代基的数目，但表示相同取代烃基位置的阿拉伯数字要用“,”号隔开；如果几个取代烃基不同，就把简单的写在前面，复杂的写在后面。例如：

$$\begin{array}{l}\qquad\quad CH_3\\ \ \ 1\qquad\ 2|\qquad 3\qquad\ 4\\ CH_3—C—CH_2—CH_3\\ \qquad\quad |\\ \qquad\quad CH_3\end{array}$$

2，2-二甲基丁烷

$$\begin{array}{l}\qquad\qquad\qquad\qquad\qquad\qquad\quad CH_3\\ \qquad\qquad\qquad 4\qquad\quad 3\qquad\ 2|\quad\ 1\\ CH_3—CH_2—CH—CH—C—CH_3\\ \qquad\qquad\quad 5|\qquad\ \ |\qquad\ |\\ \qquad\quad CH_3—CH\quad CH_3\ CH_3\\ \qquad\qquad\quad 6|\\ \qquad\qquad\quad CH_3\end{array}$$

2，2，3，5-四甲基-4-乙基己烷

⑤如果分子中含有两条以上相等的最长碳链时，应选择含支链最多的最长碳链作为主链。例如：

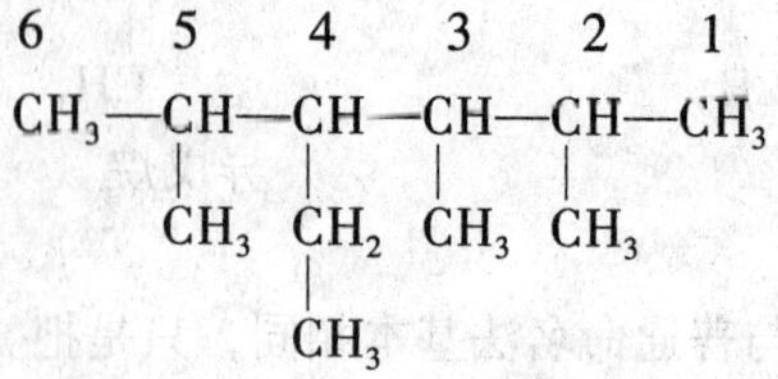

```
 6     5      4      3      2     1
CH3—CH—CH —CH—CH—CH3
        |       |        |       |
      CH3  CH2   CH3  CH3
                |
              CH3
```

2，3，5－三甲基－4－乙基己烷

⑥当碳链两端相应的位置上都有支链时，编号应遵守“最低序数列”规则。即顺次逐项比较第二、第三…支链所在的位次，以位次最低为最低序列。例如：

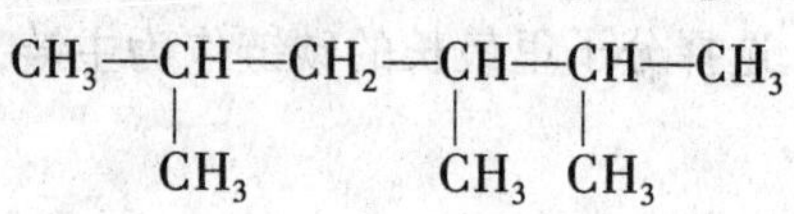

```
 6     5      4      3      2     1
CH3—CH—CH2—CH—CH—CH3
        |                |       |
      CH3            CH3  CH3
```

2，3，5－三甲基己烷

```
 6     5      4      3      2     1
CH3—CH—CH2—CH—CH—CH3
        |                |       |
      CH3            CH2  CH3
                         |
                       CH3
```

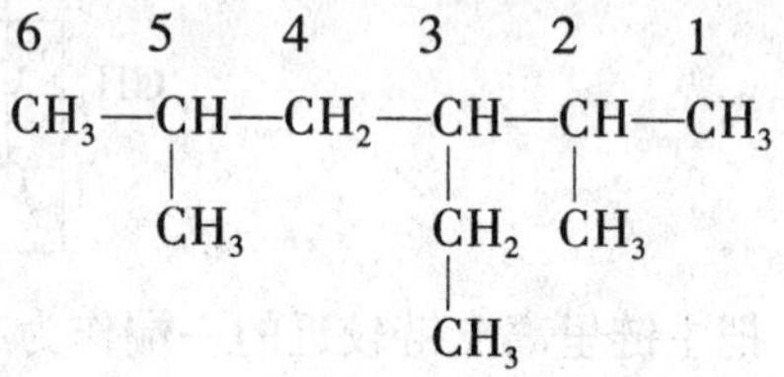

2，5－二甲基－3－乙基己烷

以2，2，3－三甲基戊烷为例，对一般有机物的命名可图析如下：

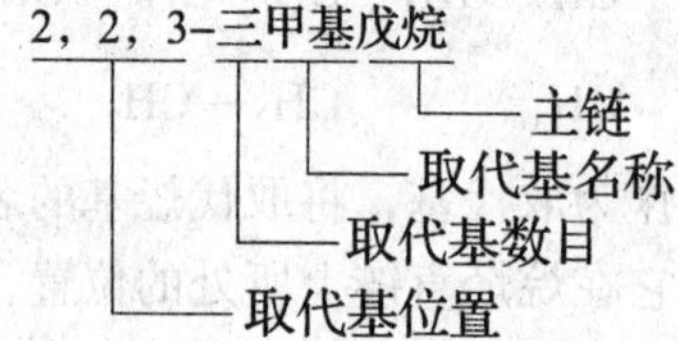

【课堂思考】　写出符合下列名称的有机物的结构简式，如果有名称违反系统命名原则，请指出来。

(1) 2，2，3－三甲基戊烷

(2) 2，3－二甲基－2－乙基丁烷

资料卡——烷烃的系统命名法遵循三条原则

一是选择含支链最多且最长碳链作为主链，命名为“某烷”。

二是主链编号时应遵循“最低序数列”规则。

三是把取代基的位次、相同取代基的数目，取代基的名称依次写在母体烷烃之前。不同的取代基按先小后大次序写明。

阅读材料

烷烃的衍生物命名法

以甲烷为母体，其他烷烃看成是甲烷的烷基衍生物。命名时，首先选择连有烷基最多的碳原子作为“母体”，然后把它所连有的烷基，依相对分子质量从小到大的顺序排列，分别写在母体名称“甲烷”之前。例如：

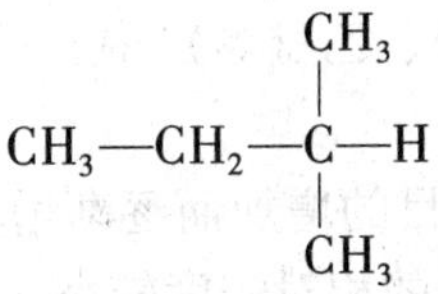

$$\begin{array}{c} CH_3 \\ | \\ CH_3—CH_2—C—H \\ | \\ CH_3 \end{array}$$

二甲基乙基甲烷

$$\begin{array}{c} CH_3CH_3 \\ |\quad | \\ CH_3—CH_2—C—CH \\ |\quad | \\ CH_3CH_3 \end{array}$$

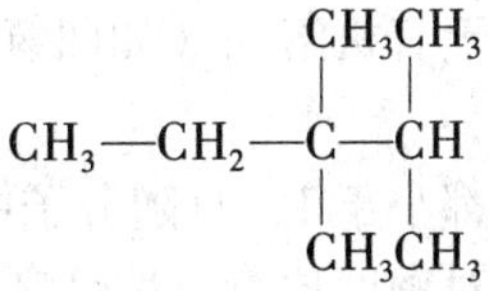

二甲基乙基异丙基甲烷

三、烷烃的性质

1. 烷烃的物理性质

（1）物态

常温常压下，含1～4个碳原子的烷烃是气体，含5～16个碳原子的烷烃是液体，含17个以上碳原子的烷烃是固体。

（2）熔点、沸点的递变规律

直链烷烃的熔点随分子中碳原子数的递增（相对分子质量也在递增）而升高。一般含偶数个碳原子烷烃的熔点比含奇数个碳原子烷烃的熔点升高得多一些。

直链烷烃的沸点也随着分子里碳原子数的增加而升高；相同碳原子数的烷烃异构体中，直链烷烃的沸点较高，支链烷烃的沸点较低，支链越多，沸点越低。

资料卡——有机物熔、沸点高低的判断

有机物的熔、沸点高低是由其结构决定的。有机物的晶体大多是分子晶体，它们的熔、沸点取决于有机物分子间作用力的大小，而分子间作用力与分子的结构（有无支链、有无极性基团、饱和程度）、相对分子质量等有关。主要分为四种情况：

1. 组成和结构相似的物质，相对分子质量越大，其分子间作用力就越大。所以有机物中的同系物随分子中碳原子数增加，熔、沸点升高。在通常状况下分子中含四个碳原子以下的烷烃、烯烃、炔烃是气体，含四个碳原子以上的是液体，含更多碳原子的是固体。

2. 分子式相同时，直键分子间的作用力要比带支链分子间的作用力大，支链越多，排列越不规则，分子间作用力越小。如：

分子间作用力：正戊烷 > 异戊烷 > 新戊烷。

沸点：30.07℃ >27.9℃ >9.5℃

3. 分子中元素种类和碳原子个数相同时，分子中有不饱和键的物质熔、沸点要低些。

如：　C_2H_6　　　C_2H_4　　　　　硬脂酸　油酸

熔点：−88.63℃ > −103.7℃　　　69.5℃ >14.0℃

4. 相对分子质量相近时，极性分子间作用力大于非极性分子间的作用力。分子中极性基团越多，分子间作用力越大。如：

分子间作用力：$C_2H_5OH > CH_3OCH_3$　　$C_2H_5Cl > CH_3CH_2CH_3$

沸点：　78.5℃ >34.51℃　　12.27℃ >0.5℃

5. 分子内形成氢键的物质的熔、沸点也有一定的规律。

(3) 溶解性

烷烃分子没有极性或极性很弱，而水是一种极性溶剂，根据“相似相溶”规律，所以烷烃难溶于水，易溶于有机溶剂（如四氯化碳、乙醇、乙醚等）中。

(4) 相对密度

烷烃的相对密度都小于1，且随分子中碳原子数目的增加而逐渐增大，碳原子数相同的烷烃，支链烷烃的相对密度比直链烷烃略低，支链多的相对密度较小。

(5) 折射率

折射率是液体有机化合物纯度的标志。液态烷烃的折射率随分子中碳原子数目的增加而缓慢增大。

2. 烷烃的化学性质

烷烃化学性质很稳定，因为在烷烃的分子里，碳原子之间都以碳碳单键相结合成链状，同甲烷一样，碳原子剩余的价键全部跟氢原子相结合，因为C—H键和C—C单键（都是σ键）相对比较稳定，难以断裂。所以在通常情况下，烷烃与大多数试剂如强酸、强碱、强氧化剂和强还原剂都不反应，但在一定条件下，如高温、光照或加催化剂时，也能发生一系列的化学反应。

(1) 取代反应

有机物分子中的某些原子或原子团被其他原子或原子团所代替的反应叫做**取代反应**。被卤原子取代的反应称为**卤代反应**。

在常温下和黑暗中，烷烃与氯、溴并不反应，但在高温和强光照射下，可以剧烈反应甚至引起爆炸。

氟、氯、溴与烷烃反应生成一卤和多卤代烷，反应活性为：$F_2 > Cl_2 > Br_2$，氟代反应过于激烈，而碘代反应又难以发生，所以烷烃的卤代通常指氯代或溴代。

例如：丙烷发生一氯代反应时，生成的一氯代烷有两种：

$$CH_3CH_2CH_3 + Cl_2 \xrightarrow{光} \underset{1-氯丙烷}{CH_3CH_2CH_2Cl} + \underset{2-氯丙烷}{CH_3CHClCH_3}$$

又如，异丁烷的一氯代反应为：

$$\underset{异丁烷}{CH_3-\overset{\displaystyle CH_3}{\overset{|}{C}H}-CH_3} + Cl_2 \xrightarrow{光} \underset{2-甲基-1-氯丙烷}{CH_3-\overset{\displaystyle CH_3}{\overset{|}{C}H}-CH_2Cl} + \underset{2-甲基-2-氯丙烷}{CH_3-\overset{\displaystyle CH_3}{\overset{|}{\underset{\underset{\displaystyle Cl}{|}}{C}}}-CH_3}$$

实验证明，烷烃在发生卤代反应时，不同类型的氢原子被取代的反应活性是不同的，其活性顺序是：叔氢 > 仲氢 > 伯氢。

【课堂思考】 正丁烷和异丁烷发生溴代反应时可能得到几种一溴代物？

（2）氧化反应

在有机化学中，通常把在有机物分子中引入氧或脱去氢的反应，或同时引入氧也脱去氢的反应，叫做**氧化反应**。

烷烃在空气中燃烧生成二氧化碳和水，并放出大量的热。如：

$$CH_4 + 2O_2 \xrightarrow{点燃} CO_2 + 2H_2O + Q$$

$$2C_2H_6 + 7O_2 \xrightarrow{点燃} 4CO_2 + 6H_2O + Q$$

物质燃烧是一种强烈的氧化反应。烷烃完全燃烧，反应可用下式表示：

$$C_nH_{2n+2} + \frac{3n+1}{2}O_2 \xrightarrow{点燃} nCO_2 + (n+1)H_2O + Q$$

（3）裂化反应

烷烃在高温及隔绝空气的条件下，分子中的C—C键和C—H键发生断裂，由较大分子转变成小分子的过程，称为**裂化反应**。烷烃分子中所含的碳原子数越多，裂化反应的产物也越复杂；反应条件不同，产物也不同。例如：

$$CH_3CH_2CH_3 \xrightarrow{裂化} CH_3CH{=}CH_2 + H_2 \quad（丙烯）$$

$$CH_3CH_2CH_3 \xrightarrow{裂化} CH_4 + CH_2{=}CH_2 \quad（乙烯）$$

（4）异构化反应

由一种异构体转化为另一种异构体的反应称为**异构化反应**。例如：

$$CH_3CH_2CH_2CH_3 \xrightleftharpoons{AlCl_3,\ HCl} CH_3{-}\underset{}{\overset{CH_3}{\overset{|}{C}H}}{-}CH_3$$

四、烷烃的来源和用途

烷烃的主要来源是石油，以及与石油共存的天然气。烷烃的主要用途是做燃料。天然气和沼气（主要成分为甲烷）是近来广泛使用的清洁能源。石油分馏得到的各种馏分适用于各种发动机。

除了直接用途外，石油馏分还被转化为其他类型的化合物，如催化异构化反应使直链烷烃转变为有支链的烷烃，提高了汽油的辛烷值和润滑油的质量，裂化法产生的低级烯烃是有机化学工业的基本原料。

阅读材料

辛 烷 值

辛烷值是表示汽油在汽油发动机中燃烧时的抗振性指标。将标准异辛烷的辛烷值规定为100，正庚烷的辛烷值规定为0，这两种标准燃料以不同的体积比混合起来，可得到各种不同的抗振等级的混合液，在发动机工作条件相同的前提下，与待测燃料进行对比，抗振性与样品相等的混合液中所含异辛烷百分数，即为该样品的辛烷值。汽油辛烷值大，抗振性好，质量也好。

目前，我国市场上汽油有 90、93、97 等标号，这些数字所标定的就是汽油的辛烷值。例如，汽油的标号为 90，则表示该标号的汽油与含异辛烷 90%、正庚烷 10% 的标准汽油具有相同的抗振性。因此，辛烷值只是表示汽油的抗振程度的指标，并不是汽油中异辛烷的真正含量。

汽油的辛烷值与汽油的化学组成，特别是汽油中烃类分子结构有密切关系。可见，认为汽油的标号就是油品的清洁程度，车辆使用标号越高的汽油越好，其实是错误的。汽油的标号只代表辛烷值的大小，车用汽油标号应根据汽车发动机压缩比的不同来选择。盲目使用高标号汽油，不仅会在行驶中产生加速无力的现象，而且其高抗振性的优势无法发挥出来，还会造成经济上的浪费。

课题三　烯烃和炔烃

学习目标

1. 掌握不饱和烃、烯烃、炔烃、加成反应、聚合反应等概念。
2. 掌握烯烃、炔烃的通式，同分异构现象和命名方法。
3. 了解烯烃、炔烃的物理性质，掌握烯烃、炔烃的化学性质及其在生产实际中的应用。
4. 掌握马尔可夫尼可夫规则。
5. 掌握烯烃、炔烃的鉴别方法。
6. 了解乙烯、乙炔的工业来源及用途。

分子结构中含有碳碳双键（$\gt C{=}C\lt$）或碳碳三键（$-C\equiv C-$）的开链烃，统称为开链不饱和烃或不饱和脂肪烃，简称**不饱和烃**。含有一个碳碳双键的链状不饱和烃称为**单烯烃**，习惯上简称**烯烃**，**单烯烃的通式为** C_nH_{2n}（$n\geqslant 2$）。含有一个碳碳三键的不饱和烃称为**炔烃**，**炔烃的通式为** C_nH_{2n-2}（$n\geqslant 2$）。

一、烯烃

1. 烯烃的同分异构和命名

(1) 烯烃的同分异构

烯烃的同分异构现象比烷烃复杂，因为烷烃的同分异构现象只是由于碳链不同引起，而烯烃除了碳链不同能够引起异构外，双键位置的不同，也能产生同分异构现象。因碳链不同产生的异构现象，称为**碳链异构**；因双键位置不同产生的异构现象，称为**位置异构**。

下面以戊烯为例，讨论烯烃的同分异构体的推导方法。

1）用逐步缩短碳链的方法，列出几种可能的碳骨架。

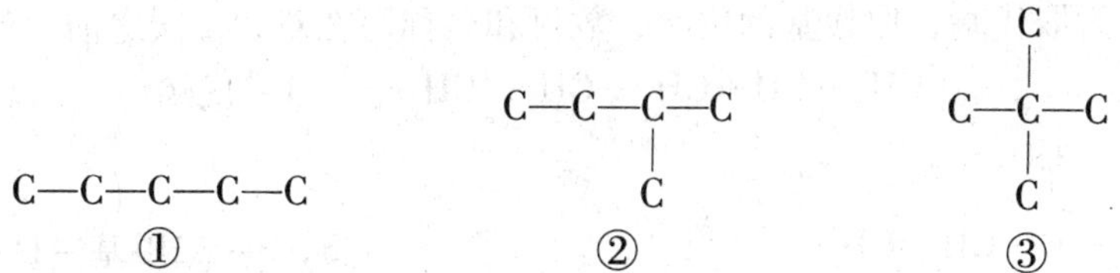

2）在碳架上加上双键，并依次变动双键的位置。

由①式得到：

C—C—C—C=C　　　　C—C—C=C—C

由②式得到：

$$\underset{\displaystyle\text{C}}{\text{C—C—}\overset{}{\text{C}}\text{=C}}\qquad \text{C—C=}\underset{\displaystyle\text{C}}{\text{C}}\text{—C}\qquad \text{C=C—}\underset{\displaystyle\text{C}}{\text{C}}\text{—C}$$

③式中，碳原子四价已饱和，不能加上双键，故不可能是烯烃。

其他的烯烃依次类推。

3）把上面各式中所剩余的价键连上氢原子，就得到戊烯的五种同分异构体。

$CH_3—CH_2—CH_2—CH=CH_2$　　$CH_3—CH_2—CH=CH—CH_3$　　$CH_3—CH_2—\underset{|\atop CH_3}{C}=CH_2$

$CH_3—CH=\underset{|\atop CH_3}{C}—CH_3$　　$CH_2=CH—\underset{|\atop CH_3}{CH}—CH_3$

（2）烯烃的命名

在烯烃同系物中，只有少数简单的烯烃可采用习惯命名法命名，

例如：

$CH_2=CH_2$　乙烯　　$CH_3—CH=CH_2$　丙烯　　$CH_3—\underset{|\atop CH_3}{C}=CH_3$　异丁烯

对于大多数烯烃来说，一般都采用系统命名法来命名。烯烃的系统命名法与烷烃相似，所不同的是把“烷”字改成“烯”字，分子里碳原子在 10 个以下的直链烯烃用甲、乙、丙…表示，称为某烯（如丁烯、丙烯、癸烯等），碳原子在 11 个以上的烯烃，用中文数字表示，再加上“碳”字，称为某碳烯（如十一碳烯、十七碳烯等）；分子里含 4 个碳原子以上的烯烃，双键的位置可以不同，因此命名时必须标明双键的位次。命名的步骤如下：

1）选择含有双键的碳原子数目最多的碳链为主链，按主链中所含碳原子的数目称为“某烯”。例如：

$$\text{C—}\underset{\underset{\displaystyle\text{C}}{|}}{\underset{|}{\text{C}}}\text{—C=C—C}$$ ←— 主链，母体为己烯

2）从离双键较近的一端开始，给主链碳原子依次编号，将双键的位置数字标在母体名称的前面，之间加一半字线。例如：

$$\overset{5}{\text{C}}\text{—}\overset{4}{\text{C}}\text{—}\overset{3}{\text{C}}\text{—}\overset{2}{\text{C}}\text{=}\overset{1}{\text{C}}$$ ←— 1-戊烯

3）支链作为取代基，取代基的位次、数目和名称写在双键位次之前。例如：

$CH_2{=}CH{-}CH_2{-}CH_2{-}CH_3$　　1-戊烯

$$CH_3{-}\overset{\displaystyle CH_3}{\underset{\displaystyle CH_3}{\overset{|}{\underset{|}{C}}}}{-}CH{=}CH_2$$

3，3-二甲基-1-丁烯

$$CH_3{-}CH_2{-}\underset{\substack{|\\ CH_2\\ |\\ CH_3}}{CH}{-}\underset{\substack{|\\ CH_3}}{C}{=}CH_2$$

2-甲基-3-乙基-1-戊烯

2．烯烃的性质

（1）烯烃的物理性质

烯烃的物理性质一般也随着碳原子数目的增加而递变。例如，在常温常压下，它们的状态是由气态、液态（戊烯至十六碳烯）到固态（分子里含16个碳原子以上的烯烃）；它们的沸点逐渐升高，相对密度逐渐增大。烯烃都是无色物质，相对密度都小于1，它们难溶于水而易溶于有机溶剂。乙烯稍带甜味，液态烯烃有汽油的气味。

（2）烯烃的化学性质

碳碳双键是烯烃的官能团。碳碳双键是由σ键和π键组成的。π键容易断裂，不稳定，所以烯烃的性质比较活泼，易发生化学反应。烯烃的化学反应大多数发生在官能团碳碳双键上。此外，受双键影响较大的α-碳原子（与双键直接相连的碳原子）上的氢原子（又称α-氢原子）也容易发生反应。

例如：丙烯中有一个α-碳原子和三个α-氢原子：

$$H{-}\overset{\displaystyle H}{\overset{|}{C}}{=}\overset{\displaystyle H}{\overset{|}{C}}{-}\overset{\displaystyle H}{\underset{\displaystyle H}{\overset{|}{\underset{|}{C}}}}{-}H$$

α-碳原子

α-氢原子

1）加成反应。在一定条件下，烯烃和一些试剂作用，分子中双键的π键断裂，试剂中的两个一价原子或原子团分别加到双键两端的碳原子上，生成饱和化合物，这种反应叫做**加成反应**。加成反应可用下式表示：

$$\rangle C{=}C\langle \;+\; X{-}Y \longrightarrow -\underset{\displaystyle X}{\underset{|}{\overset{|}{C}}}-\underset{\displaystyle Y}{\underset{|}{\overset{|}{C}}}-$$

烯烃　　试剂　　加成反应产物

①催化加氢。烯烃在常温常压下很难与氢气作用，但在催化剂（如铂、钯、镍）存在下，烯烃可与氢气发生加成反应，生成烷烃，同时放出热量。例如：

$$CH_2{=}CH_2 + H{-}H \xrightarrow[\triangle]{Ni} CH_3CH_3$$

$$RCH{=}CHR' + H{-}H \xrightarrow[\triangle]{Ni} RCH_2CH_2R'$$

②加卤素。氯和溴很容易与烯烃发生加成反应，双键的两个碳原子上各连一个卤素原子，生成二卤代烷。例如：

$$CH_2{=}CH_2 + Cl{-}Cl \xrightarrow[40℃，0.1\sim0.2\ MPa]{FeCl_3，溶剂} \underset{\displaystyle Cl\qquad\ Cl}{CH_2{-}CH_2}$$

1，2－二氯乙烷

1，2－二氯乙烷是一种工业上广泛使用的有机溶剂，主要用做黏合剂、溶剂和生产氯代烃，也用做谷物和粮仓的熏蒸剂。

烯烃也易与溴水里的溴起加成反应，使溴水的颜色很快消失。这一反应常用来检验烯烃和其他含碳碳双键的化合物。卤素与烯烃反应的活泼性顺序为：$F_2 > Cl_2 > Br_2 > I_2$。

③加卤化氢。烯烃通常在加热和催化剂条件下，与卤化氢气体或浓的氢卤酸溶液加成，生成相应的一氯代烷。例如：

$$CH_2{=}CH_2 + H{-}Cl \xrightarrow[\triangle]{AlCl_3} CH_3CH_2Cl$$

氯乙烷

氯乙烷在有机合成中是重要的乙基化试剂，也可作溶剂和冷冻剂。它能在皮肤表面快速蒸发，使皮肤冷至麻木而不冻伤皮下组织，因此可用做局部麻醉剂。

卤化氢与烯烃反应的活泼性顺序为：$HI > HBr > HCl$。

乙烯是对称分子，称为**对称烯烃**，与卤化氢起加成反应时，不论卤原子和氢原子加到双键哪一端的碳原子上，都得到相同的产物。

结构不对称的烯烃，例如丙烯（$CH_3{-}CH{=}CH_2$），称为**不对称烯烃**，与极性试剂卤化氢起加成反应时，可能生成两种产物。例如：

$$CH_3{-}CH{=}CH_2 + HBr \longrightarrow CH_3{-}\underset{\displaystyle Br}{CH}{-}CH_3 \quad 2－溴丙烷$$

$$CH_3{-}CH{=}CH_2 + HBr \longrightarrow CH_3{-}CH_2{-}\underset{\displaystyle Br}{CH_2} \quad 1－溴丙烷$$

实验证明，丙烯与溴化氢起加成反应时，2－溴丙烷是主要产物。也就是说，在这个加成反应中，溴化氢分子中的氢原子加到了碳碳双键中含氢较多的碳原子上。其他的不对称烯烃与卤化氢起加成反应时与丙烯类似。

1869 年，化学家马尔可夫尼可夫根据大量的实验结果总结出了一条规律：不对称烯烃与卤化氢等极性试剂起加成反应时，氢原子总是加到含氢较多的双键碳原子上，卤原子或其他带负电的基团加到含氢较少的双键碳原子上。这个规律叫**不对称加成规律**，也叫做**马尔可夫尼可夫规则（简称马氏规则）**。应用马尔可夫尼可夫规则可预测许多反应的产物。

④加硫酸。烯烃可与冷的浓硫酸发生加成反应，生成硫酸氢酯。例如：

$$CH_2{=}CH_2 + H{-}O{-}SO_2OH \longrightarrow CH_3{-}CH_2{-}OSO_2OH$$

硫酸氢乙酯

不对称烯烃与硫酸的加成反应，也遵守马氏规则。例如：

$$CH_3CH{=}CH_2 + HOSO_2OH \xrightarrow{50℃} \underset{\underset{\text{硫酸氢异丙酯}}{|\;OSO_2OH}}{CH_3CHCH_3}$$

烯烃与硫酸的加成产物硫酸氢酯溶于硫酸。利用这一性质，可分离、提纯某些不与硫酸反应，又不溶于硫酸的有机物（如烷烃、卤代烃等）。

【课堂思考】 *石油工业中得到的己烷常含少量的烯烃杂质，试用化学方法将其提纯除去。*

烯烃与硫酸的加成产物硫酸氢酯容易发生水解反应，得到相应的醇。例如：

$$CH_3-CH_2-OSO_2OH + H-OH \xrightarrow[\triangle]{\text{水解}} \underset{\text{乙醇}}{CH_3CH_2OH} + H_2SO_4$$

这一反应又叫做烯烃的间接水合反应，工业上利用间接水合法制取乙醇、异丙醇等低级醇。此法的优点是对烯烃的纯度要求不高，对于回收利用石油炼制产物中的烯烃是一个好办法，缺点是水解后产生的硫酸对生产设备有腐蚀作用。

⑤加水。在酸催化下，烯烃与水直接发生加成反应，生成醇。例如：

$$CH_2{=}CH_2 + H-OH \xrightarrow[300℃,7\ MPa]{\text{磷酸—硅稀土}} \underset{\text{乙醇}}{CH_3CH_2OH}$$

$$CH_3CH{=}CH_2 + H-OH \xrightarrow[250℃,4\ MPa]{\text{磷酸—硅稀土}} \underset{\underset{\text{异丙醇}}{|\;OH}}{CH_3CHCH_3}$$

烯烃直接加水制备醇叫做烯烃直接水合法。这是工业上生产乙醇、异丙醇的重要方法。直接水合法的优点是避免了硫酸对设备的腐蚀和酸性废水的污染，节省了投资。但直接水合法对烯烃的纯度要求较高，需要达到97%以上。

2）氧化反应。烯烃的碳碳双键非常活泼，很容易发生氧化反应，当氧化剂和反应条件不同时，氧化产物也不一样。氧化反应发生时，首先是碳碳双键中的π键断裂；当反应条件合适时，σ键也可断裂。

①被高锰酸钾氧化。在比较温和的氧化条件下，烯烃的π键断裂，被氧化生成邻二醇。同时高锰酸钾紫色逐渐消退，并产生棕褐色的二氧化锰沉淀。

$$\gt C{=}C\lt + \underset{\text{（紫红色）}}{KMnO_4} + H_2O \xrightarrow[\text{室温}]{\text{中性或碱性}} \underset{\text{（无色）}}{-\underset{OH}{\overset{|}{C}}-\underset{OH}{\overset{|}{C}}-} + \underset{\text{（棕褐色）}}{MnO_2\downarrow} + KOH$$

上述反应现象明显，可以用来鉴别烯烃的存在。

在比较强烈的氧化条件下，烯烃的碳碳双键发生完全断裂，生成相应的氧化产物。例如在加热的条件下，用过量的高锰酸钾的酸性溶液氧化烯烃：

$$\mathrm{RCH{=}CHR'} \xrightarrow[\triangle]{\text{过量}KMnO_4,H^+} \underset{\text{羧酸}}{\mathrm{R\overset{O}{\overset{\|}{C}}{-}OH}} + \underset{\text{羧酸}}{\mathrm{R'\overset{O}{\overset{\|}{C}}{-}OH}}$$

$$\mathrm{\begin{matrix}R\diagdown\\ \quad C{=}CH_2\\ R'\diagup\end{matrix}} \xrightarrow[\triangle]{\text{过量}KMnO_4,H^+} \underset{\text{酮}}{\mathrm{\begin{matrix}R\diagdown\\ \quad C{=}O\\ R'\diagup\end{matrix}}} + CO_2$$

不同结构的烯烃，发生强烈氧化时产物不同，实验证明，具有“ $\mathrm{RCH{=}}$ ”结构的烯烃，氧化后生成羧酸（ $\mathrm{R{-}\overset{O}{\overset{\|}{C}}{-}OH}$ ）；具有“ $\mathrm{R{-}\overset{R'}{\overset{|}{C}}H{=}}$ ”结构的烯烃，氧化后生成酮（ $\mathrm{R{-}\overset{O}{\overset{\|}{C}}{-}R'}$ ）；具有“ $\mathrm{CH_2{=}}$ ”结构的烯烃，氧化后生成 CO_2。

②催化氧化。在催化剂存在下，烯烃可被空气氧化，例如：

$$\mathrm{CH_2{=}CH_2} + \frac{1}{2}\mathrm{O_2} \xrightarrow[200\sim300℃]{Ag} \underset{\text{环氧乙烷}}{\mathrm{\underset{\diagdown O \diagup}{CH_2{-}CH_2}}}$$

$$\mathrm{CH_2{=}CH_2} + \frac{1}{2}\mathrm{O_2} \xrightarrow[100\sim125℃]{PdCl_2-CuCl_2} \underset{\text{乙醛}}{\mathrm{CH_3CHO}}$$

3）聚合反应。在一定条件下，由相对分子质量小的不饱和化合物分子互相结合成为相对分子质量很大的化合物分子（高分子化合物）的反应，叫做**聚合反应**。能发生聚合反应的相对分子质量较小的化合物叫**单体**，得到的产物称为**聚合物**或**高聚物**。例如：

$$\underset{\text{乙烯}}{n\mathrm{CH_2{=}CH_2}} \xrightarrow[200\sim300℃,\ 100\ MPa]{\text{过氧化物}} \underset{\text{聚乙烯}}{\mathrm{{+}CH_2{-}CH_2{+}_n}}$$

$$\underset{\text{丙烯}}{n\mathrm{\underset{CH_3}{\underset{|}{C}H}{=}CH_2}} \xrightarrow[50\sim60℃,\ 1.01\sim1.52\ MPa]{TiCl_4/Al(C_2H_5)_3,\ \text{汽油}} \underset{\text{聚丙烯}}{\mathrm{{+}\underset{CH_3}{\underset{|}{C}H}{-}CH_2{+}_n}}$$

聚合反应在合成橡胶、塑料、纤维三大高分子材料工业上有十分重要的意义。

4）α－氢原子的反应。由于受碳碳双键的影响，烯烃分子中的α－氢原子比较活泼，易发生取代反应和氧化反应。

①取代反应。在较高温度下，烯烃分子中的α－氢原子容易被卤素取代，生成α－卤代烯烃。例如：

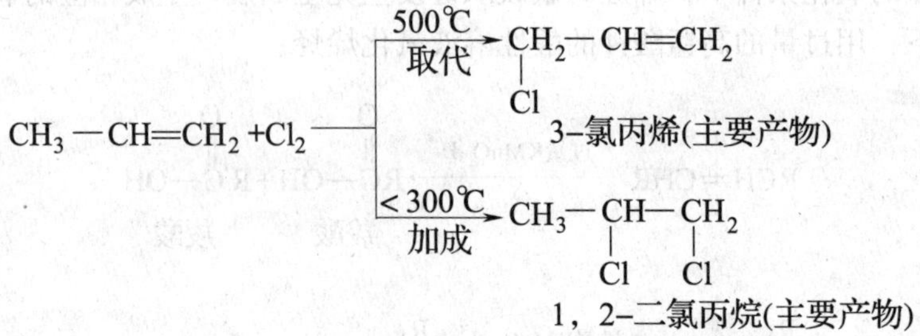

$$CH_3-CH{=}CH_2+Cl_2 \begin{cases} \xrightarrow[\text{取代}]{500℃} CH_2(Cl)-CH{=}CH_2 \quad \text{3-氯丙烯(主要产物)} \\ \xrightarrow[\text{加成}]{<300℃} CH_3-CH(Cl)-CH_2(Cl) \quad \text{1，2-二氯丙烷(主要产物)} \end{cases}$$

②氧化反应　在催化剂作用下，烯烃的α－氢原子可被空气或氧气氧化。例如：

$$CH_3-CH{=}CH_2+O_2(\text{空气})\xrightarrow[350℃,\ 0.25\ MPa]{Cu_2O}CH_2{=}CH-CHO+H_2O$$

丙烯醛

$$CH_2{=}CH-CH_3+\frac{3}{2}O_2(\text{空气})\xrightarrow[300\sim400℃]{\text{磷钼酸铋}}CH_2{=}CH-COOH+H_2O$$

丙烯酸

二、炔烃

1. 炔烃的同分异构和命名

(1) 炔烃的同分异构

炔烃的同分异构现象为碳链构造异构和三键位置异构。例如五个碳的炔烃只有三个异构体。

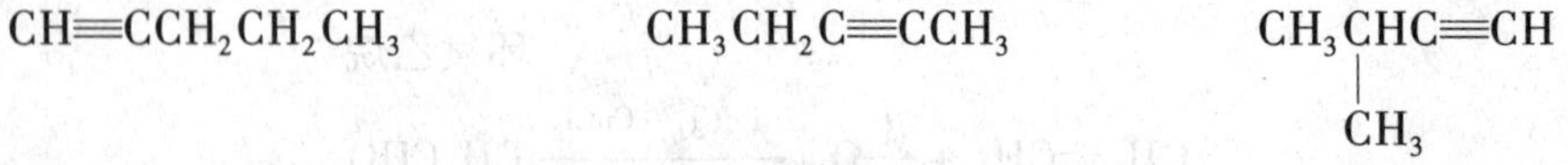

$CH{\equiv}CCH_2CH_2CH_3$　　$CH_3CH_2C{\equiv}CCH_3$　　$CH_3CH(CH_3)C{\equiv}CH$

【课堂思考】　推导炔烃同分异构体有哪些步骤？

(2) 炔烃的命名

炔烃的系统命名法与烯烃相似，只是把相应的“烯”字改成“炔”即可。例如：

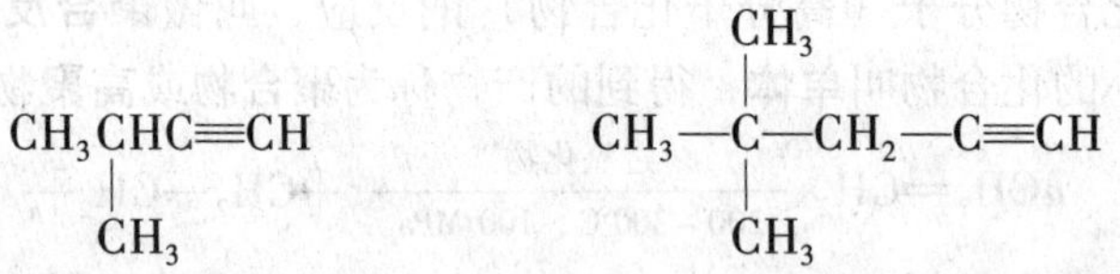

$CH_3CH(CH_3)C{\equiv}CH$　　3－甲基－1－丁炔

$CH_3-C(CH_3)_2-CH_2-C{\equiv}CH$　　4，4－二甲基－1－戊炔

2. 炔烃的性质

(1) 炔烃的物理性质

1) 物态。通常情况下，含2~4个碳原子的炔烃是气体，含5~17个碳原子的炔烃是液体，含18个以上碳原子的炔烃是固体。

2) 熔点、沸点。炔烃的熔点、沸点都随碳原子数目增加而升高，一般比相应的烷烃、烯烃略高。

3) 相对密度。炔烃的相对密度都小于1。相同碳原子数的烃的相对密度大小顺序为：炔烃>烯烃>烷烃。

4) 溶解性。炔烃难溶于水，易溶于乙醚、石油醚、丙酮、苯和四氯化碳等有机溶剂。

（2）炔烃的化学性质

炔烃分子中的碳碳三键是由一个 σ 键和两个 π 键组成。π 键不稳定，所以炔烃的化学性质比较活泼，与烯烃相似，容易发生加成、氧化和聚合反应。受三键影响，与三键碳原子直接相连的氢原子具有一定的酸性，比较活泼，容易被某些金属或金属离子取代，生成金属炔化物。

1）加成反应

①催化加氢。在催化剂（Pt、Pd、Ni 等）存在下，炔烃与氢加成，得到相应的烯烃或烷烃。

$$R—C{\equiv}CH + H_2 \xrightarrow[\triangle]{Ni} R—CH{=}CH_2 \xrightarrow[\triangle]{H_2,\ Ni} R—CH_2CH_3$$

若选择活性较弱的催化剂，可只获得烯烃产物。例如用乙酸铅处理过的附在碳酸钙上的钯做催化剂（也称林德拉催化剂），可使乙炔加氢生成乙烯。

$$CH{\equiv}CH + H_2 \xrightarrow{\text{林德拉催化剂}} CH_2{=}CH_2$$

工业上利用这种方法，使石油裂解气中微量的乙炔转化为乙烯，以提高裂解气中乙烯的含量。

②加卤素。炔烃容易与氯、溴发生加成反应。

$$HC{\equiv}CH \xrightarrow[\text{较低温度}]{Cl_2} \underset{\text{1，2－二氯乙烯}}{CHCl{=}CHCl} \xrightarrow[80\sim85℃]{Cl_2} \underset{\text{1，1，2，2－四氯乙烷}}{CHCl_2—CHCl_2}$$

1 mol 炔烃与 1 mol 卤素加成生成二卤代烯烃，与 2 mol 卤素加成生成四卤代烷烃，在较低温度下，反应可控制在生成二卤代烯烃阶段。

炔烃与溴同样发生加成反应，可根据溴水褪色以检验碳碳三键的存在。

$$R—C{\equiv}CH \xrightarrow{Br_2} R—CBr{=}CHBr \xrightarrow{Br_2} RCBr_2CHBr_2$$

③加卤化氢。炔烃与卤化氢加成较烯烃困难，例如，在氯化汞活性碳催化作用下加热，乙炔与氯化氢加成生成氯乙烯：

$$CH{\equiv}CH + HCl \xrightarrow[180℃]{HgCl_2} \underset{\text{氯乙烯}}{CH_2{=}CH—Cl}$$

不对称炔烃与卤化氢的加成符合马氏规则。如：

$$CH_3C{\equiv}CH \xrightarrow{HBr} \underset{\text{2－溴丙烯}}{CH_3CBr{=}CH_2} \xrightarrow{HBr} \underset{\text{2，2－二溴丙烷}}{CH_3—CBr_2—CH_3}$$

④加水。在催化剂作用下，炔烃与水发生加成反应，首先生成烯醇，烯醇不稳定，发生分子内重排，最后得到醛或酮。例如：

$$HC\equiv CH + H-OH \xrightarrow[100℃, 0.15\ MPa]{5\%HgSO_4, 10\%H_2SO_4} \left[H-\overset{H}{\overset{|}{C}}=C\begin{matrix} H \\ O-H \end{matrix} \right] \xrightarrow{分子重排} CH_3C\begin{matrix} =O \\ -H \end{matrix}$$

$$RC\equiv CH + H-OH \xrightarrow[HgSO_4]{稀H_2SO_4} \left[R-\underset{O-H}{\underset{|}{C}}=CH_2 \right] \xrightarrow{分子重排} R-\underset{O}{\underset{\|}{C}}-CH_3$$

工业上利用上述反应来制取乙醛和丙酮，现已利用铜、锌等非汞催化剂来代替汞盐催化剂。

⑤加醇。在碱存在的条件下，乙炔与醇发生加成反应生成乙烯基醚。例如：

$$CH\equiv CH + CH_3OH \xrightarrow[160\sim165℃,\ 2\sim2.2\ MPa]{20\%\ KOH 水溶液} CH_2=CH-O-CH_3$$

甲基乙烯基醚

甲基乙烯基醚经聚合生成的高聚物，是涂料、增塑剂和黏合剂的原料。

⑥加乙酸。乙炔在乙酸锌存在的条件下通入乙酸中，生成乙酸乙烯酯。

$$HC\equiv CH + H-O\overset{O}{\overset{\|}{C}}CH_3 \xrightarrow[170\sim230℃]{乙酸锌} CH_2=CHO\overset{O}{\overset{\|}{C}}-CH_3$$

乙酸　　　　乙酸乙烯酯

乙酸乙烯酯是合成纤维——维纶的重要原料 。

2）氧化反应

①燃烧。乙炔在空气中燃烧，生成二氧化碳和水，同时放出大量的热量，火焰的温度达 3 000℃以上，因此工业上广泛用于切割和焊接金属。

$$2CH\equiv CH + 5O_2 \xrightarrow{点燃} 4CO_2 + 2H_2O$$

②被高锰酸钾氧化。炔烃容易被高锰酸钾氧化，三键断裂，乙炔生成二氧化碳，其他的末端炔烃生成羧酸和二氧化碳，非末端炔烃生成两分子羧酸。例如：

$$3CH\equiv CH + 10\ KMnO_4 + 2H_2O \longrightarrow 6CO_2 + 10MnO_2\downarrow + 10KOH$$

$$R-C\equiv CH \xrightarrow[H_2O]{KMnO_4} R-COOH + CO_2$$

羧酸

$$R-C\equiv C-R' \xrightarrow[H_2O]{KMnO_4} R-COOH + R'-COOH$$

此反应中，高锰酸钾溶液的紫红色消失，同时生成棕褐色的二氧化锰沉淀。可利用炔烃与高锰酸钾的氧化反应的现象来鉴别碳碳三键的存在，还可根据氧化产物来推测原来炔烃的结构（即碳碳三键的位置）。

3）聚合反应。乙炔在不同的催化剂和反应条件下，可以发生聚合反应生成不同的聚合物。例如，将乙炔通入氯化亚铜和氯化铵的稀盐酸溶液中加热，两分子乙炔聚合生成乙烯基乙炔；乙炔在活性炭催化剂存在下加热时，也可以发生三分子聚合生成苯。

$$CH\equiv CH + CH\equiv CH \xrightarrow[\text{稀 HCl, }\triangle]{Cu_2Cl_2 - NH_4Cl} CH_2=CH-C\equiv CH$$

乙烯基乙炔

$$3CH\equiv CH \xrightarrow[\triangle]{\text{催化剂}} C_6H_6$$

苯

4）炔氢原子的反应。与炔烃三键碳原子直接相连的氢原子叫**炔氢原子**。炔氢原子具有微弱的酸性，可以被某些金属或金属离子取代，生成金属炔化物。

例如，将乙炔通入硝酸银或氯化亚铜的氨溶液中，炔氢原子可被 Ag^+ 或 Cu^+ 取代生成灰白色的乙炔银或棕红色的乙炔亚铜的沉淀。

$$CH\equiv CH + 2[Ag(NH_3)_2]NO_3 \longrightarrow AgC\equiv CAg\downarrow + 2NH_4NO_3 + 2NH_3\uparrow$$

乙炔银（白色）

$$CH\equiv CH + 2[Cu(NH_3)_2]Cl \longrightarrow CuC\equiv CCu\downarrow + 2NH_4Cl + 2NH_3\uparrow$$

乙炔亚铜（棕红色）

上述两个反应很灵敏，现象明显，实验室中常由此来鉴定乙炔和末端炔烃，也可利用这一性质分离、提纯炔烃，或从其他烃类中除去少量炔烃杂质。

乙炔银、乙炔亚铜等重金属炔化物不稳定，干燥后受热或受撞击时容易发生爆炸，因此实验室中生成的金属炔化物，应立即加入无机酸（如硝酸、浓盐酸）使其分解后倒掉。

【课堂思考】用化学方法鉴别丙烷、丙烯和丙炔三种物质。

三、重要不饱和烃制法和用途

1. 乙烯的制法与用途

工业上，乙烯主要来源于石油的裂化和裂解。实验室里，乙烯是用浓硫酸与乙醇混合加热到 160~180 ℃，使乙醇脱水而制得，反应方程式如下：

$$CH_3CH_2OH \xrightarrow[170℃]{\text{浓硫酸}} CH_2=CH_2 + H_2O$$

乙烯是有机化学工业最重要的初始原料之一。化工生产中，乙烯是制造塑料，合成乙醇、乙醛和合成纤维的重要原料；乙烯用量最大的是生产聚乙烯塑料，其次是生产二氯乙烷和氯乙烯；乙烯氧化可制环氧乙烷和乙二醇、乙醛；乙烯烃化可制苯乙烯；乙烯还可用于合成酒精、高级醇等。

目前，乙烯的系列产品在国际上占全部石油化工产品产值的一半以上。因此，往往以乙烯的生产水平来衡量一个国家的石油化学工业的发展水平。

此外，乙烯还用做水果催熟剂等，在未完全成熟的水果中通入少量乙烯气体，经 2~3 天，水果就会被催熟。

2. 乙炔的制法与用途

乙炔的工业制法，有以煤炭为原料的电石法和以天然气为原料的部分氧化法。

将石灰和焦炭在高温电炉中加热生成电石，电石水解即生成乙炔，这种方法称为电石法。

$$CaO + 3C \xrightarrow{\triangle} Ca\begin{matrix}\diagup C\\ \ \ \ \ \|\!|\!|\\ \diagdown C\end{matrix} + CO$$

$$CaC_2 + 2H_2O \longrightarrow C_2H_2 + Ca(OH)_2$$

电石法技术比较成熟，应用较普遍，但因能耗高，其发展受到限制。

天然气的主要成分是甲烷，将一部分天然气燃烧，利用其产生的热量将剩余的甲烷高温裂解，生成乙炔，这种方法称为部分氧化法。

$$2CH_4 \xrightarrow[0.01\sim0.1\ s,\ 0.1\sim0.01\ MPa]{1\ 500\sim1\ 600℃} CH\equiv CH + 3H_2$$

天然气部分氧化法对生产技术及设备要求较高，但原料便宜，成本低，副产品可综合利用，经济效益优于电石法。

乙炔是八大基本有机合成原料之一，它是极为重要的有机合成原料。乙炔及其衍生物在合成塑料、合成纤维、合成橡胶、医药、农药、香料、涂料等许多领域都广泛使用。

课题四　芳　香　烃

学习目标

1. 了解单环芳烃的分类、结构和构造异构，掌握单环芳烃的命名方法。
2. 了解单环芳烃的物理性质变化规律，掌握单环芳烃的化学性质。
3. 了解单环芳烃取代反应的定位规律。

分子中只含碳和氢两种元素的芳香族化合物叫做**芳香烃**，简称**芳烃**。这类化合物中一般含有一个或多个苯环，苯是最简单的芳香烃，也是芳香族化合物的母体。芳香烃包括单环芳烃、多环芳烃和稠环芳烃三类。

分子中只含一个苯环的芳烃叫做**单环芳烃**，单环芳烃包括苯及它的同系物。苯及其同系物的通式是 C_nH_{2n-6}（$n \geqslant 6$）。本课题只讨论单环芳烃。

一、单环芳烃的结构和命名

1. 苯的结构

苯的分子式是 C_6H_6。苯的结构式（也称为苯的凯库勒式）表示如下：

```
           H
           |
           C
        //   \
  H—C          C—H   或简写为 ⌬
     |          ||
  H—C          C—H
        \\   /
           C
           |
           H
```

从苯的分子式和结构式可以推测，苯的化学性质应该显示出极不饱和的特点，也就是说苯应当具有不饱和烃的性质。但实验证明，苯既不能被氧化剂高锰酸钾氧化，又不能与溴水发生加成反应而使溴水褪色，这说明苯分子有特殊的结构。

根据近代物理方法对苯分子结构的研究后知道，苯分子里的 6 个碳原子和 6 个氢原子都在同一平面上，6 个碳原子组成正六边形的环状结构，如图 10—4—1 所示。在苯分子中，各个键角都是 120℃，闭合的苯环上碳碳之间的键长完全相等，都是 1.40×10^{-10}m，它既不同于一般的碳碳单键（C—C 键键长是 1.54×10^{-10}m），也不同于一般的碳碳双键（ C═C 键键长是 1.33×10^{-10}m）。它是一种介于单键和双键之间的独特的键。为了表示苯分子结构的这一特点，常用  来表示苯分子的结构简式。

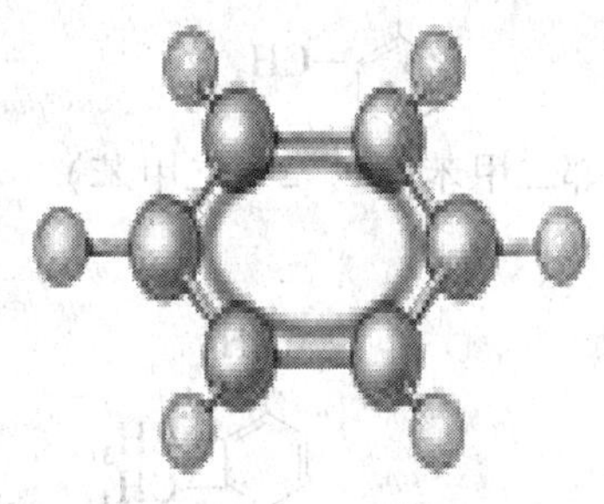

图 10—4—1　苯的环状结构

直到现在，凯库勒式  的表示方法仍在沿用，但绝不应认为苯分子是单、双键交替组成的环状结构。

2. 单环芳烃的异构

单环芳烃的异构有两种情况：一种是侧链异构，另一种是侧链在苯环上的位置异构。

（1）侧链异构

侧链构造异构是指芳烃因为支链结构不同而产生的同分异构。例如：

CH_2CH_3　　CH_3 / $—CH_3$　　$CH_2CH_2CH_3$　　CH_3 / $CH—CH_3$

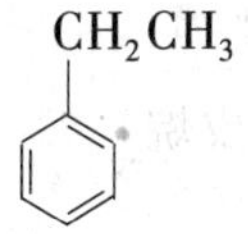

乙苯 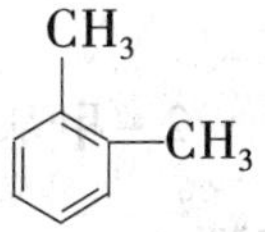　　邻二甲苯 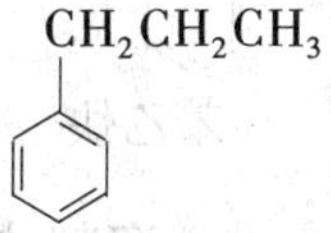　　正丙苯 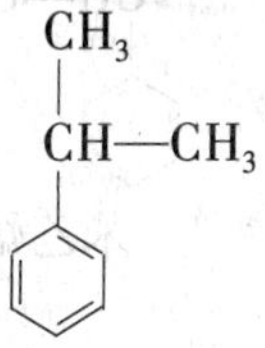　　异丙苯

（2）侧链在环上的位置异构

侧链在环上的位置异构是指芳烃因支链在环上的相对位置不同而产生的同分异构。例如：

CH_3 / $—CH_3$　　CH_3 / $—CH_3$　　CH_3 / CH_3

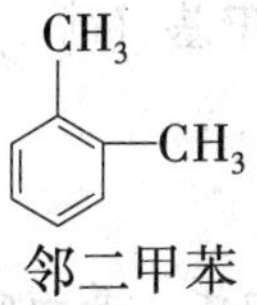

邻二甲苯 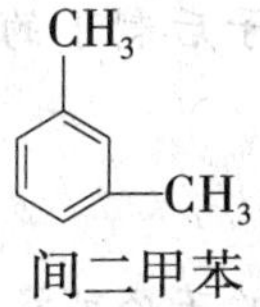　　间二甲苯 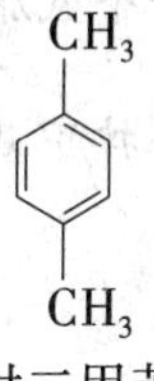　　对二甲苯

3. 单环芳烃的命名方法

烷基苯的命名，一般以苯环作为母体，烷基作为取代基，称为某烷基苯。其中“基”字通常可以省略。例如：

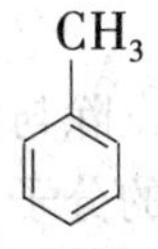

CH_3　　CH_3 / $CH—CH_3$

甲（基）苯 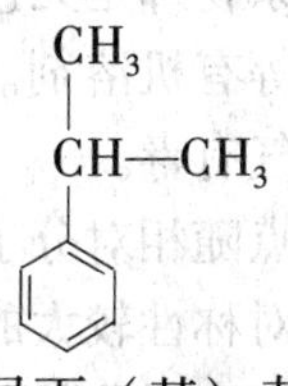　　异丙（基）苯

当苯环上连有两个或两个以上侧链时，可用阿拉伯数字标明侧链的位次。二元取代物的可用“邻”“间”“对”等字头表示取代物的相对位置，三元取代物的也可用“连”“偏”“均”等字头表示取代物的相对位置。例如：

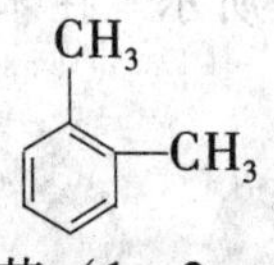

邻二甲苯（1，2－二甲苯） 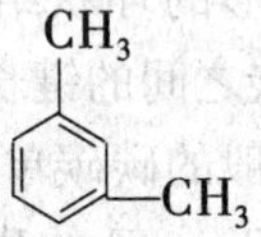　间二甲苯（1，3－二甲苯） 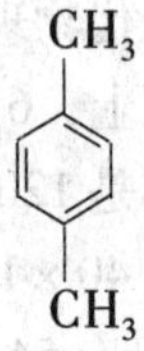　对二甲苯（1，4－二甲苯）

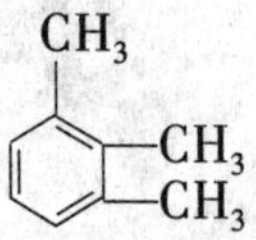

1，2，3－三甲苯（连三甲苯）　1，2，4－三甲苯（偏三甲苯）　1，3，5－三甲苯（均三甲苯）

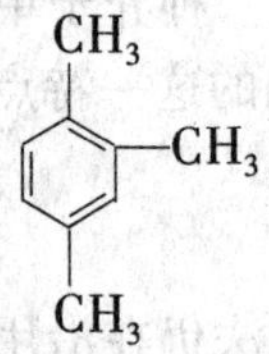

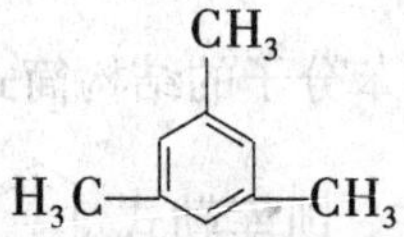

当苯环上的侧链为不饱和烃基或构造较为复杂的烷基时，则往往以侧链为母体，苯环作取代基来命名。例如：

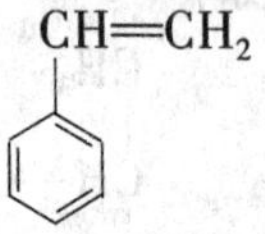

苯乙烯 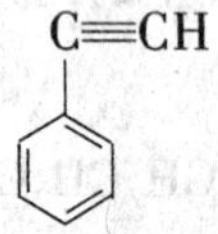　苯乙炔 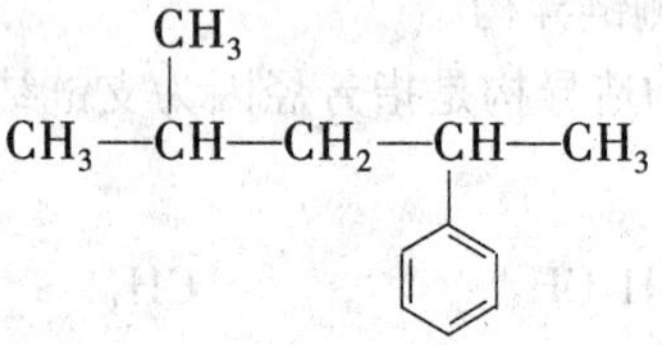　2－甲基－4－苯基戊烷

资料卡——芳基

芳烃分子去掉一个氢原子后剩下的基团称为芳基，可用 Ar—表示。

苯环上去掉一个氢原子后剩下的基团叫做苯基（ 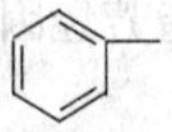 或 C_6H_5—），常用 ph—表示。

甲苯分子中去掉甲基上的一个氢原子后剩下的基团叫做苯甲基（ $-CH_2-$ ），也叫苄基。

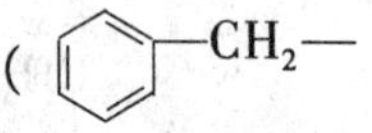

【课堂思考】 写出分子式为 C_8H_{10} 的芳烃可能有的同分异构体，并为它们命名。

二、单环芳烃的性质

1. 单环芳烃的物理性质

常温下，苯及其同系物都是无色具有芳香气味的液体，不溶于水，可溶于醇、醚，特别易溶于二甘醇、环丁砜等有机溶剂。单环芳烃的相对密度小于1，比水轻。单环芳烃易燃，燃烧时产生浓烟，其蒸气有毒。

单环芳烃的熔、沸点随相对分子质量的增加而升高。熔点除与相对分子质量有关外，还与分子的对称性有关，对称性较大的分子熔点高于对称性小的分子。侧链的位置对沸点没有大的影响。例如，苯是高度对称的分子，它的熔点比甲苯、乙苯高得多；二甲苯的三个异构体的沸点很接近。

2. 单环芳烃的化学性质

单环芳烃的化学反应主要发生在苯环上。在一定条件下，苯环上的氢原子容易被其他原子或基团取代，生成许多重要的芳烃衍生物；在适当的条件下，苯环也可以发生加成和氧化反应，但这往往会使苯环结构遭到破坏；当苯环上连有侧链时，直接与苯环相连的 α - C—H 键表现出较大的活泼性，可以在一定条件下发生取代、氧化等反应。

(1) 取代反应

1) 卤代反应。芳烃与卤素在不同条件下可发生不同的取代反应。

①苯环上的卤代。在铁粉或卤化铁催化作用下加热，苯能与氯或溴发生卤代反应，生成氯苯或溴苯，同时放出卤化氢。

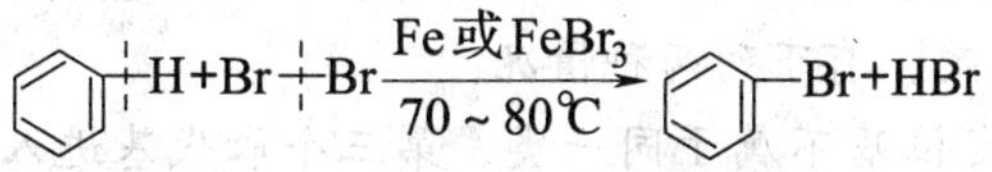

$$C_6H_5-H+Br-Br \xrightarrow[70\sim80℃]{Fe或FeBr_3} C_6H_5-Br+HBr$$

溴苯

$$C_6H_5-H+Cl-Cl \xrightarrow[55\sim60℃]{Fe或FeCl_3} C_6H_5-Cl+HCl$$

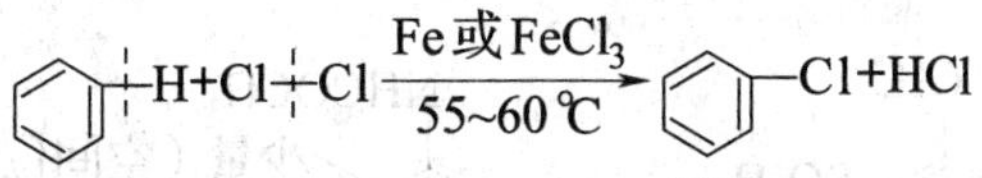

氯苯

苯与溴的取代反应必须用液态溴，不能用溴水，因为苯与溴水不反应。溴苯是无色液体，密度大于水。这是工业上和实验室中制备氯苯和溴苯的方法之一。

烷基苯发生环上卤代反应时，比苯容易进行。反应主要发生在烷基的邻位和对位。例如：

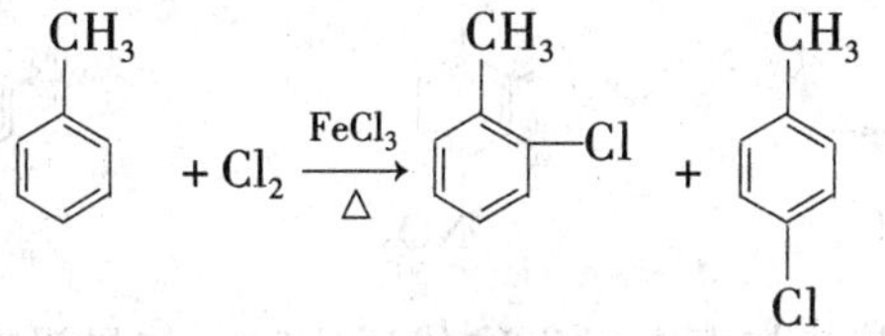

$$C_6H_5CH_3 + Cl_2 \xrightarrow[\triangle]{FeCl_3} o\text{-}CH_3C_6H_4Cl + p\text{-}CH_3C_6H_4Cl$$

邻氯甲苯　对氯甲苯

资料卡——苯环上取代反应的定位规律

苯环上有一个氢原子被其他原子或基团取代后生成的产物叫做一元取代苯，有两个氢原子被其他原子或基团取代后生成的产物叫做二元取代苯。一元取代苯或二元取代苯再发生取代时，反应按照一定规律进行。

一、一元取代苯的定位规律

1. 定位基

苯环上原有的取代基叫做定位基。定位基有两个作用：一是影响取代反应进行的难易，二是决定新基团进入苯环的位置。

2. 定位基的分类

第一类定位基——邻、对位定位基。这类定位基连接在苯环上时，能使新导入基团主要进入其邻位和对位。除少数基团（如苯基、卤素基）外，一般都能使苯环活化，取代反应比苯容易进行。

常见的邻、对位定位基有—O^-（氧负离子）、—$N(CH_3)_2$（二甲氨基）、—NH_2（氨基）、—OH（羟基）、—OCH_3（甲氧基）、—$NHCOCH_3$（乙酰氨基）、—R（烷基）、—X

（卤素基）、—C_6H_5（苯基）等。

第二类定位基——间位定位基。这类定位基连接在苯环上时，能使新导入基团主要进入其间位，并能使苯环钝化，取代反应比苯难以进行。

常见的间位定位基主要有—$N^+(CH_3)_3$（三甲氨基）、—NO_2（硝基）、—CN（氰基）、—SO_3H（磺基）、—CHO（醛基）、—$COCH_3$（乙酰基）、—COOH（羧基）、—$COOCH_3$（甲氧羰基）、—$CONH_2$（氨基甲酰基）等。

二、二元取代苯的定位规律

二元取代苯发生取代反应时，反应进行的难易和新基团进入环上的位置，由苯环上已有的两个定位基的性质来决定，有下列两种情况：

1. 如果原有的两个定位基不属于同一类，第三个取代基进入苯环的位置，主要由邻、对位定位基决定。例如：

CH_3　SO_3H　　　$NHCOCH_3$　少量（空间位阻）　COOH

2. 如果原有的两个定位基属于同一类，第三个取代基进入苯环的位置，主要由较强的定位基（也就是排在前面的）决定。例如：

CH_3　OH　　　COOH　NO_2　　　NH_2　Cl

②侧链上的卤代。烷基苯与卤素发生取代反应时，如果没有催化剂存在，用光照射或加热，则侧链上的α－氢原子被卤原子取代。例如，在日光照射下或将氯气通入沸腾的甲苯中，甲基上的氢原子可逐一被取代：

$$C_6H_5CH_3 \xrightarrow[\text{光或热}]{Cl_2} C_6H_5CH_2Cl \xrightarrow[\text{光或热}]{Cl_2} C_6H_5CHCl_2 \xrightarrow[\text{光或热}]{Cl_2} C_6H_5CCl_3$$

苯一氯甲烷　　苯二氯甲烷　　苯三氯甲烷

这是工业上制备苯氯甲烷的方法。三种苯氯甲烷都是重要的有机合成原料。

2）硝化反应。浓硝酸和浓硫酸的混合物叫做混酸。苯与混酸作用时，硝酸分子中的硝基（—NO_2）取代苯环上的氢原子，生成硝基苯。这一反应叫做芳烃的**硝化反应**。

$$C_6H_5\text{—}H + HO\text{—}NO_2(\text{浓}) \xrightarrow[50\sim60℃]{\text{浓}H_2SO_4} C_6H_5\text{—}NO_2 + H_2O$$

硝基苯

在这一反应中，浓硫酸既是催化剂，也是脱水剂。

【课堂思考】　烷基苯的硝化反应和苯的硝化反应哪个更容易？甲苯发生硝化反应时，主要得到什么产物？试写出产物的结构式。

3）磺化反应。苯与浓硫酸或发烟硫酸作用，磺酸基（—SO_3H）取代苯环上的氢原子，生成苯磺酸，这类反应叫做芳烃的**磺化反应**。例如：

$$C_6H_5\text{—}H + HO\text{—}SO_3H \xrightleftharpoons{70\sim80^{\circ}C} C_6H_5\text{—}SO_3H + H_2O$$

苯磺酸

苯磺酸为无色针状或叶状晶体，是重要的有机合成原料。

磺化反应是一个可逆反应，其逆反应是苯磺酸的水解。若要去掉苯环上的磺酸基时，可将苯磺酸与稀硫酸或稀盐酸一起在加压下共热，就可使苯磺酸发生水解，生成原来的芳烃。例如：

$$C_6H_5\text{—}SO_3H + H_2O \xrightarrow[\text{加压，}150\sim200^{\circ}C]{\text{稀酸}} C_6H_6 + H_2SO_4$$

芳烃不溶于浓硫酸，但生成的苯磺酸却可以溶解在硫酸中。可利用这一性质将芳烃从混合物中分离出来。

在有机合成中，还可利用磺化反应让磺酸基占据苯环上的某些位置，使取代基进入指定位置后，再水解将磺酸基脱去，以得到预期的产物。

烷基苯的磺化反应比苯容易进行，主要生成邻位和对位取代产物。一般来说，提高温度比较有利于对位产物的生成。例如：

$$C_6H_5CH_3 \xrightarrow[0^{\circ}C]{\text{浓硫酸}} o\text{-}CH_3C_6H_4SO_3H + p\text{-}CH_3C_6H_4SO_3H$$

邻甲基苯磺酸(43%) 对甲基苯磺酸(53%)

$$C_6H_5CH_3 \xrightarrow[10^{\circ}C]{\text{浓硫酸}} o\text{-}CH_3C_6H_4SO_3H + p\text{-}CH_3C_6H_4SO_3H$$

(13%) (79%)

4）傅—克反应。在无水氯化铝等催化剂的作用下，芳烃环上的氢原子被烷基（R—）或酰基（$R\text{—}\overset{O}{\overset{\|}{C}}\text{—}$）取代，分别称为**傅—克烷基化或酰基化反应**，统称**傅列德尔—克拉夫茨反应**，简称**傅—克反应**。

①傅—克烷基化反应。在催化剂存在下，使烷基引入苯环。例如：

$$C_6H_5\text{—}H + Br\text{—}CH_2CH_3 \xrightarrow[\triangle]{\text{无水}AlCl_3} C_6H_5\text{—}CH_2CH_3 + HBr$$

溴乙烷

$$C_6H_5\text{—}H + CH_2{=}CH_2 \xrightarrow[\triangle]{\text{无水}AlCl_3} C_6H_5\text{—}CH_2CH_3$$

像溴乙烷和乙烯这样在反应中能提供烷基的试剂称**烷基化剂**。常用的烷基化剂有卤代烷、烯烃和醇等。

当烷基化试剂含有三个或三个以上碳原子时，烷基往往发生异构化。例如苯与1－氯丙烷或丙烯作用时，主要产物都是异丙苯：

$$C_6H_5\text{—}H + Cl\text{—}CH_2CH_2CH_3 \xrightarrow[\triangle]{\text{无水}AlCl_3} C_6H_5\text{—}CH(CH_3)\text{—}CH_3 + C_6H_5\text{—}CH_2CH_2CH_3$$

1－氯丙烷　　异丙苯（主要）

② 傅—克酰基化反应。在催化剂作用下，苯与酰卤（$R\text{—}\overset{O}{\overset{\|}{C}}\text{—}$）、酸酐（$R\text{—}\overset{O}{\overset{\|}{C}}\text{—}O\text{—}\overset{O}{\overset{\|}{C}}\text{—}R$）等发生酰基化反应，生成芳香酮。例如：

$$C_6H_5\text{—}H + Cl\text{—}\overset{O}{\overset{\|}{C}}\text{—}CH_3 \xrightarrow[70\sim80℃]{\text{无水}AlCl_3} C_6H_5\text{—}\overset{O}{\overset{\|}{C}}\text{—}CH_3 + HCl$$

乙酰氯　　苯乙酮

$$C_6H_5\text{—}H + CH_3\text{—}\overset{O}{\overset{\|}{C}}\text{—}O\text{—}\overset{O}{\overset{\|}{C}}\text{—}CH_3 \xrightarrow[70\sim80℃]{\text{无水}AlCl_3} C_6H_5\text{—}\overset{O}{\overset{\|}{C}}\text{—}CH_3 + CH_3\text{—}\overset{O}{\overset{\|}{C}}\text{—}OH$$

乙酸酐　　乙酸

像乙酰氯、乙酸酐这样能在芳环上引入酰基的试剂叫做**酰基化试剂**。

酰基化反应与烷基化反应不同，既不发生异构化，也不发生多元取代，所以芳烃的酰基化反应是在芳环上引入正构烷基的一个重要方法。

（2）加成反应

由于苯的特殊稳定性，所以一般情况下难以发生像烯烃、炔烃那样的加成反应。但如果在催化剂作用或紫外光照射下，苯也可与氢或氯发生加成反应。例如，在铂、钯或镍的催化作用下，苯能与氢加成生成环己烷：

$$C_6H_6 + 3H_2 \xrightarrow[\text{加热，加压}]{\text{催化剂}} C_6H_{12}$$

环己烷

这是工业上制取环己烷的重要方法。

苯的一些衍生物还可还原为环己烷的衍生物：

$$C_6H_5\text{—}CH_3 + 3H_2 \xrightarrow[\text{加热、加压}]{\text{催化剂}} C_6H_{11}\text{—}CH_3$$

甲基环己烷

(3) 氧化反应

1) 侧链氧化。苯环比较稳定，一般氧化剂不能使其氧化。但如果苯环上连有侧链时，由于受苯环的影响，其 α－氢原子比较活泼，容易被氧化。而且无论侧链长短、结构如何，最后的氧化产物都是苯甲酸。例如：

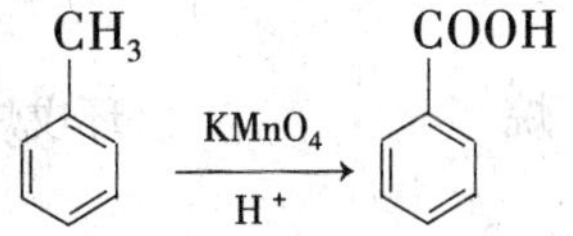

$$C_6H_5-CH_3 \xrightarrow[H^+]{KMnO_4} C_6H_5-COOH$$

苯甲酸

$$C_6H_5-CH(CH_3)-CH_3 \xrightarrow[H^+]{KMnO_4} C_6H_5-COOH$$

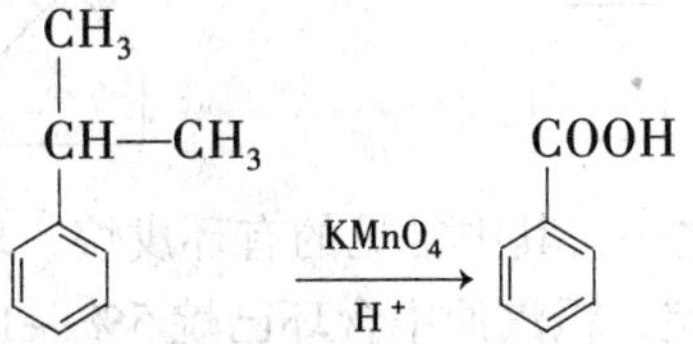

烷基苯氧化是制备芳香族羧酸常用的方法。

高锰酸钾溶液氧化烷基苯后，自身的紫红色逐渐消失，实验室中可利用这一反应鉴别含有 α－氢原子的烷基苯，而没有 α－氢原子的烷基苯则不能被氧化。

2) 苯环氧化。一般情况下，苯环不易发生氧化反应。但工业上采用较强烈的氧化条件，例如用五氧化二钒作催化剂，在450℃温度下，用空气氧化苯，则苯环发生破裂，生成顺丁烯二酸酐：

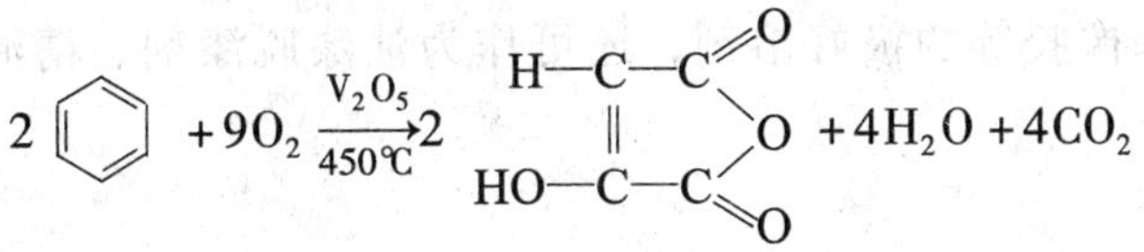

$$2\,C_6H_6 + 9O_2 \xrightarrow[450℃]{V_2O_5} 2\,\text{(H—C—C(=O) ‖ HO—C—C(=O), 环内 —O—)} + 4H_2O + 4CO_2$$

顺丁烯二酸酐

【课堂思考】 如何用化学方法鉴别苯、甲苯两种物质？

阅读材料

脂 环 烃

在烃类中，有一些化合物，它们的分子中含有一个或多个由碳原子组成的环，性质与开链脂肪烃相似，这类化合物称为脂环烃。在脂环烃中，环烷烃应用上尤为重要。环烷烃可以看成是链状烷烃分子中两端的碳原子各去掉一个氢原子后相互连成的环状化合物。环烷烃比相应烷烃少两个氢，它的通式为 C_nH_{2n} ($n \geq 3$)。

例如：

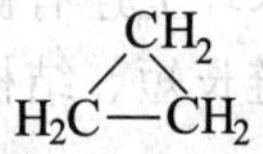

环丙烷	环丁烷	环戊烷	环己烷
CH_2 / $H_2C—CH_2$	$H_2C—CH_2$ / $H_2C—CH_2$	CH_2 / H_2C CH_2 / $H_2C—CH_2$	CH_2 / H_2C CH_2 / H_2C CH_2 / C / H_2

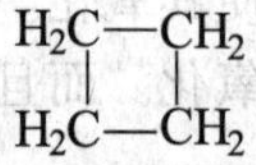

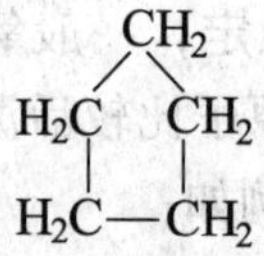

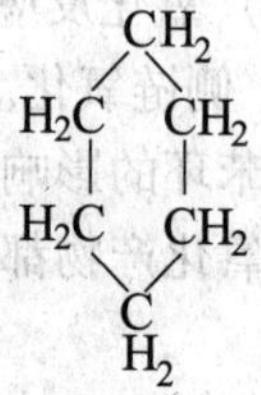

或

△ □ ⬠ ⬡

石油是环烷烃的主要来源之一，其中常见的有环戊烷、环己烷及它们的烷基衍生物。原油中一般含 0.5% ~1% 的环己烷，粗汽油中含环己烷 5% ~15%。

环己烷是最重要的环烷烃，为无色带有汽油味的易挥发液体，沸点 80.74℃，凝固点 6.55℃，不溶于水而溶于有机溶剂。

工业上，主要用苯为原料加氢生产环己烷。80% ~85% 的环己烷均由苯加氢制得，其余由原油直接蒸馏获得。

环己烷主要用于制造环己醇和环己酮（约占 90%），并进一步生产己二酸和己内酰胺，己二酸和己内酰胺主要用于生产尼龙纤维。环己烷也是一种工业溶剂，是树脂、脂肪、石蜡油类、丁基橡胶等的极好溶剂，还可作为油漆脱漆剂、精油萃取剂等，它的毒性比苯小。

第十一单元　烃的衍生物

课题一　卤　代　烃

学习目标

1. 了解卤代烃的异构现象，掌握卤代烃的命名方法。
2. 了解卤代烷的物理性质及其变化规律。
3. 掌握卤代烷的化学性质及其应用，掌握卤代烃的鉴别方法。

烃分子中的氢原子被卤原子取代后生成的产物叫做**卤代烃**，常用通式 R—X 表示，其中，卤原子是卤代烃的官能团。根据卤代烃分子中的烃基结构不同，可将其分为饱和卤代烃（即卤代烷）、不饱和卤代烃（主要指卤代烯烃）和芳香族卤代烃（即卤代芳烃）。本课题主要讨论卤代烷。烷烃分子中的氢原子被卤原子取代后生成的产物叫做**卤代烷**。

一、卤代烃的异构和命名

1. 卤代烃的异构

这里只讨论卤代烷的同分异构现象。碳原子数相同的卤代烷，因为碳链结构和卤原子位置不同而产生异构体。例如，分子中含有四个碳原子的一氯代烷，具有下列四种异构体：

(1) $CH_3CH_2CH_2CH_2Cl$　　(2) $CH_3CH_2CHCH_3$（CH 上连 Cl）

(3) CH_3CHCH_2Cl（CH 上连 CH_3）　　(4) $CH_3—C(CH_3)_2—Cl$

【课堂思考】　分子中含四个碳原子的一氯代烷的四种异构体中哪些是碳链异构？哪些是位置异构？卤代烷的同分异构产生的原因有哪几种？

2. 卤代烃的命名

(1) 习惯命名法

习惯命名法只适用于命名结构较为简单的卤代烷。命名时，在烃基名称的后面加上卤原子的名称，叫做“某基卤”。例如：

$CH_2═CHCl$	$CH_3—CHCl$（CH 上连 CH_3）	$CH_2═CHBr$	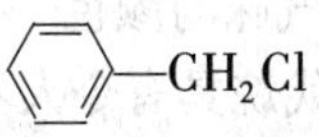 $C_6H_5—CH_2Cl$
乙烯基氯	异丙基氯	乙烯基溴	苯甲基氯

(2) 系统命名法

此法是把卤代烃看做烃的卤素衍生物，烃为母体，卤原子作为取代基。饱和卤代烃（卤代烷）的系统命名原则和步骤如下：

1）选主链。选取含有卤原子的最长碳链作主链，卤原子作为取代基；

2）编号。从靠近支链一端开始给主链上的碳原子编号；

3）写名称。根据主链所含碳原子的数目称“某烷”，将取代基的位次、名称写在母体名称“某烷”之前。取代基的顺序是先烷基后卤素，不同卤素原子按氟、氯、溴、碘的顺序排列。例如：

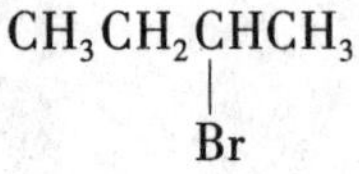

$CH_3CH_2CHCH_3$（Br 连于 C2）　　$CH_2CHCH_2CH_2CH_3$（Cl 连于 C1，CH_3 连于 C2）　　$CH_3CH_2CHCHCH_2CH_3$（Cl 连于 C3，Br 连于 C4）

2－溴丁烷 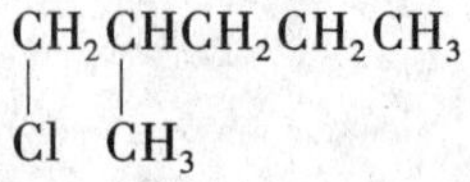　　2－甲基－1－氯戊烷 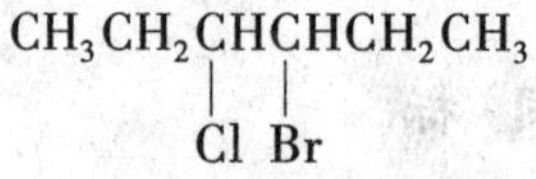　　3－氯－4－溴己烷

不饱和卤代烃的命名，要选取含卤原子又含不饱和键的最长碳链作主链，编号时应使不饱和键的位次最小。例如：

$CH_2{=}CHCH_2Br$　　$CH_2{=}CCH_2CH_2Cl$（CH_2CH_3 连于 C2）

3－溴丙烯　　2－乙基－4－氯－1－丁烯

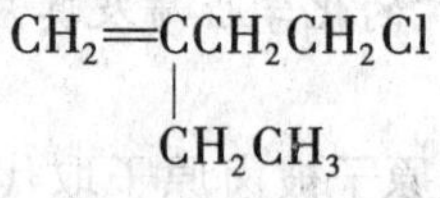

卤代芳烃的命名是以芳烃为母体，卤原子作为取代基。例如：

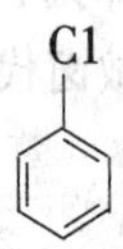

Cl　　CH_3　Cl　　CH_3　Br　Br

氯苯 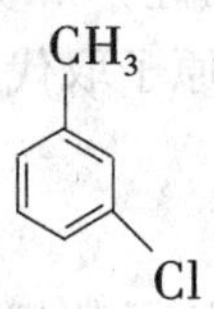　　3－氯甲苯 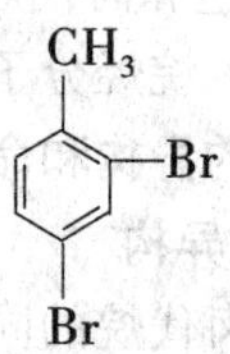　　2，4－二溴甲苯

如果卤原子连在苯环的侧链上，命名时则以烷烃为母体，卤原子和苯环作为取代基。例如：

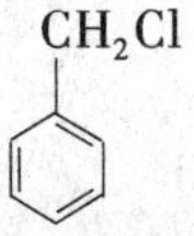

CH_2Cl　　$CHCH_2CH_2Cl$（CH_3）

苯－氯甲烷 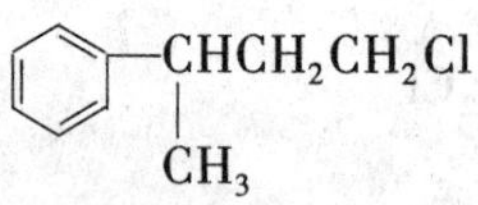　　3－苯基－1－氯丁烷

【课堂思考】 写出乙苯的所有一氯取代物的结构式，并加以命名。

二、卤代烷的性质

1. 卤代烷的物理性质

（1）物态

在常温常压下，除氯甲烷、溴甲烷和氯乙烷为气体，其他的卤代烷多为液体，C_{15} 以上卤代烷为固体。

（2）气味与颜色

一卤代烷具有令人不愉快的气味，其蒸气有毒。纯净的卤代烷为无色，溴代烷和碘代烷对光敏感，见光易分解出卤素，所以久置后的碘代烷常带有红棕色。

（3）沸点

卤代烷的沸点随相对分子质量的增加而升高，而且由于分子具有极性，卤代烷的沸点比相应的烷烃高。烃基相同的卤代烷，其沸点顺序为：RI > RBr > RCl > RF > RH。在同分异构体中，直链卤代烷的沸点最高，支链越多，沸点越低。

（4）密度

一氯代烷的相对密度小于1，比水轻。一溴代烷和一碘代烷的相对密度大于1，比水重。在同系列中，卤代烷的相对密度随着相对分子质量的增加而减小。这是由于卤素在分子中所占的比例逐渐减小的缘故。

（5）溶解性

卤代烷不溶于水，易溶于醇、醚、烃等有机溶剂，所以常用氯仿（三氯甲烷）、四氯化碳从水中提取有机物。有些卤代烷（如氯仿和四氯化碳）本身就是优良的有机溶剂。

【课堂思考】 给下列化合物的沸点从高到低的顺序排序：1－氯丙烷、2－甲基－2－氯丙烷、1－氯丁烷、2－氯丁烷、1－氯戊烷。

2. 卤代烷的化学性质

卤代烷的化学反应主要发生在官能团卤原子以及受卤原子影响而比较活泼的β－氢原子上：

①C—X键断裂（卤原子被取代；与金属镁反应形成C—Mg和Mg—X键）

$$R-\overset{|}{\underset{|}{C}}-\overset{|}{\underset{|}{C}}\,\vdots\,X$$
$$\textcircled{2}\;H$$

②C—X键及β-C—H键断裂，形成碳碳双键

（1）取代反应

卤代烷分子中的碳卤键（C—X）是强极性共价键，在极性试剂作用下，容易发生断裂，卤原子被其他基团（如—OH、—OR、$—NH_2$、—CN等）取代。

1）水解。卤代烷与稀碱水溶液共热时，发生水解反应，卤原子被羟基（—OH）取代生成醇。

$$R-X+H-OH \rightleftharpoons R-OH+HX$$

$$R-X+Na\,OH \longrightarrow R-OH+NaX$$

卤代烷的水解是可逆反应，加碱是为了中和生成的氢卤酸，使反应向正向进行。

2）醇解。卤代烷与醇钠在相应的醇溶液中发生醇解反应，卤原子被烷氧基（—OR）取代生成醚。这个反应也称为**威廉逊合成法**，是制备混醚的最好方法。例如，工业上用溴甲烷与叔丁醇钠反应制取甲基叔丁基醚：

$$CH_3-Br+Na-O\overset{CH_3}{\underset{CH_3}{C}}CH_3 \xrightarrow{\triangle} CH_3O\overset{CH_3}{\underset{CH_3}{C}}CH_3+NaBr$$

叔丁醇钠　　　　　　甲基叔丁基醚

甲基叔丁基醚为无色液体，是一种新型的高辛烷值汽油调和剂。

3）氨解。卤代烷与氨在乙醇溶液中共热时，发生氨解反应，卤原子被氨基（$—NH_2$）

取代生成胺。这是工业上制取伯胺的方法之一。例如：

$$CH_3CH_2CH_2CH_2-\!\!\!\boxed{Br+H}\!\!\!-NH_2 \xrightarrow[\triangle]{乙醇} CH_3CH_2CH_2CH_2NH_2 + HBr$$

正丁胺

正丁胺为无色透明液体，有氨的气味，可用做裂化汽油防胶剂、石油产品添加剂、彩色相片显影剂，还可用于合成杀虫剂、乳化剂及治疗糖尿病的药物等。

4）氰解。卤代烷与氰化钠或氰化钾在乙醇溶液中共热时，发生氰解反应，卤原子被氰基（—CN）取代生成腈。例如：工业上用溴乙烷与氰化钠作用制取丙腈：

$$CH_3CH_2-\!\!\!\boxed{Br+Na}\!\!\!-CN \xrightarrow[\triangle]{乙醇} CH_3CH_2CN + NaBr$$

丙腈

该反应生成的产物比原料物增加了一个碳原子，这在有机合成中用于增长碳链。

5）与硝酸银溶液反应。卤代烷与硝酸银的乙醇溶液反应生成硝酸酯和卤化银沉淀：

$$R-\!\!\!\boxed{X+Ag}\!\!\!-ONO_2 \xrightarrow[\triangle]{乙醇} R-ONO_2 + AgX\downarrow$$

硝酸烷基酯

在这一反应中，不同卤代烷的反应活性为：叔卤代烷 > 仲卤代烷 > 伯卤代烷，R—I > R—Br > R—Cl。

在常温下叔卤代烷反应很快，立即生成卤化银沉淀，仲卤代烷反应较慢，伯卤代烷则需要加热才能反应。这一反应活性的差异可用于鉴别伯、仲、叔三种不同类型的卤代烷。

资料卡——伯卤代烷、仲卤代烷和叔卤代烷

根据与卤原子直接相连的碳原子类型（伯碳原子、仲碳原子、叔碳原子）不同，可分别把卤代烷分为伯卤代烷、仲卤代烷和叔卤代烷。例如：

$CH_3CH_2\overset{1°}{C}H_2Cl$	$CH_3\overset{2°}{C}HCH_3$（2位C上连 Cl）	$CH_3-\overset{3°}{C}(CH_3)_2-Cl$
1－氯丙烷	2－氯丙烷	2－甲基－2－氯丙烷
（伯卤代烷）	（仲卤代烷）	（叔卤代烷）

（2）消除反应

在一定条件下，从有机物分子中相邻的两个碳原子上脱去卤化氢或水等小分子，生成不饱和化合物的反应叫做**消除反应**。

卤代烷与强碱的醇溶液共热时，分子中的 C—X 键和 β－C—H 键发生断裂，脱去一分子卤化氢而生成烯烃。

$$\underset{\boxed{H\quad X}}{RCHCH_2} + KOH \xrightarrow{乙醇} RCH{=}CH_2 + KX + H_2O$$

仲卤代烷或叔卤代烷在发生消除反应时，可以得到两种不同的烯烃。例如：

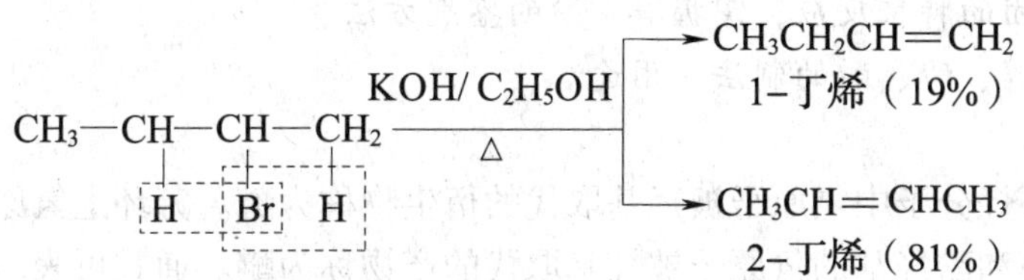

大量实验表明，卤代烷脱卤化氢时，主要脱去含氢较少的β－碳上的氢原子，从而生成含烷基较多的烯烃。这一经验规律叫做**查依采夫规则**。

各级卤代烷发生消除反应的活性顺序为：叔卤烷 > 仲卤烷 > 伯卤烷。若烷基结构相同卤原子不同时，反应活性次序为：R—I > R—Br > R—Cl。

实际上，卤代烷的消除反应和取代反应是同时竞争进行的。究竟哪一种反应占优势，取决于卤代烷的结构和反应条件。当卤代烷的结构相同时，在碱的水溶液中有利于取代，而在碱的醇溶液中则有利于消除；当反应条件相同时，伯卤代烷容易发生取代反应，叔卤代烷则容易发生消除反应。

【课堂思考】 卤代烷在碱溶液中能发生哪些反应？各需要什么反应条件？

(3) 与金属镁反应——格利雅试剂的生成

在绝对乙醚（无水无醇的乙醚）中，卤代烷与金属镁作用生成烷基卤化镁。烷基卤化镁又叫格利雅试剂，简称格氏试剂，可用通式 RMgX 表示。例如：

$$CH_3CH_2Br + Mg \xrightarrow{\text{绝对乙醚}} \underset{\text{乙基溴化镁}}{CH_3CH_2MgBr}$$

格氏试剂能发生多种化学反应，它可被水、醇、酸、氨等含活泼氢的物质分解，生成相应的烷烃，在有机合成中具有重要的用途。

$$RMgX \xrightarrow{H—OH} RH + Mg(OH)X$$

$$RMgX \xrightarrow{H—X} RH + MgX_2$$

$$RMgX \xrightarrow{H—NH_2} RH + Mg(NH_2)X$$

$$RMgX \xrightarrow{H—OR} RH + Mg(OR)X$$

【课堂思考】 如何由 CH_3CH_2Br 合成 CH_3CH_3？写出有关反应方程式。

课题二　醇、酚、醚

学习目标

1. 了解醇、酚、醚的分类和异构现象，掌握醇、酚、醚的命名方法。
2. 了解醇、酚、醚的物理性质及其变化规律。
3. 了解醇羟基和酚羟基的结构区别，掌握醇、酚、醚的化学反应及应用。

4. 熟悉官能团的特征反应，掌握醇、酚的鉴别方法。

5. 了解重要醇、酚、醚的制法、用途。

脂肪烃或脂环烃分子中氢原子被羟基取代的衍生物称为醇。芳环上氢原子被羟基取代的衍生物称为酚。醇和酚羟基的氢原子被烃基取代的产物称为醚。通式可表示为：

R—OH	Ar—OH	R—O—R′
醇	酚	醚

一、醇

1. 醇的结构、分类、异构和命名

(1) 醇的结构

醇是分子中含有羟基官能团的一类有机化合物。它可以看成是烃分子中饱和碳原子上的氢原子被羟基取代后的产物，常用通式 R—OH 表示。在醇分子中，C—O 键和 O—H 键都是极性较强的共价键，因此醇的化学性质较活泼。

(2) 醇的分类

根据分子中烃基构造不同，可将醇分为脂肪醇、脂环醇、芳香醇，脂肪醇又可分为饱和醇和不饱和醇等。例如：

CH_3CH_2OH 乙醇（饱和脂肪醇）

$CH_2=CH—CH_2OH$ 烯丙醇（不饱和脂肪醇）

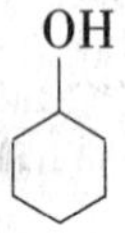

环己醇（脂环醇）

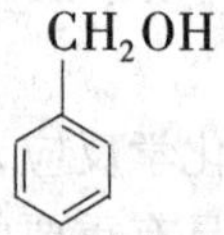

苯甲醇（芳香醇）

还可根据分子中所含的羟基数目将醇分为一元醇、二元醇和三元醇等，二元以上的醇统称为多元醇。例如：

$CH_3—CH(OH)—CH_3$ 异丙醇（一元醇）

$CH_2(OH)—CH_2(OH)$ 乙二醇（二元醇）

$CH_2(OH)—CH(OH)—CH_2(OH)$ 丙三醇（三元醇）

此外，还可根据羟基所连接的碳原子类型不同，将醇分为伯醇、仲醇和叔醇。羟基与伯碳原子相连的是伯醇，与仲碳原子相连的是仲醇，与叔碳原子相连的是叔醇。例如：

$CH_3CH_2CH_2OH$ 正丙醇（伯醇）

$CH_3CH(OH)CH_3$ 异丙醇（仲醇）

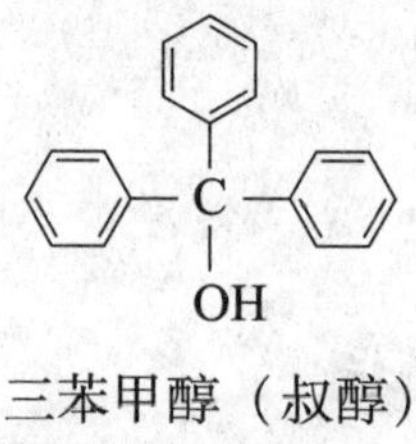

$(C_6H_5)_3C—OH$ 三苯甲醇（叔醇）

(3) 醇的异构现象

饱和一元醇的通式为 $C_nH_{2n+1}OH$。从含三个碳原子的醇开始，因为碳链结构不同和羟基位置不同而产生同分异构现象。例如，分子中含有四个碳原子的饱和一元醇，具有下列四种异构体：

$CH_3CH_2CH_2CH_2OH$　　$\underset{\displaystyle OH}{\underset{|}{CH_3CHCH_2CH_3}}$　　$\underset{\displaystyle CH_3}{\underset{|}{CH_3CHCH_2OH}}$　　$\overset{\displaystyle CH_3}{\overset{|}{\underset{\displaystyle OH}{\underset{|}{CH_3CCH_3}}}}$

【课堂思考】　醇的异构包括哪两种？分子式为 C_4H_9OH 的醇有几种异构体？各属于哪种异构？

（4）醇的命名方法

1）习惯命名法。醇的习惯命名法是在烃基名称的后面加“醇”字。例如：

$CH_3CH_2CH_2CH_2OH$	$\underset{\displaystyle OH}{\underset{|}{CH_3CHCH_2CH_3}}$	$\underset{\displaystyle CH_3}{\underset{|}{CH_3CHCH_2OH}}$	$\overset{\displaystyle CH_3}{\overset{|}{\underset{\displaystyle OH}{\underset{|}{CH_3CCH_3}}}}$
正丁醇	仲丁醇	异丁醇	叔丁醇

2）系统命名法。醇的系统命名法的命名原则和步骤如下：

①选主链。选取含有羟基的最长碳链作为主链，支链作为取代基。

②编号。从靠近羟基的一端将主链碳原子的位次编号。

③写名称。根据主链所含碳原子的数目称为“某醇”，将取代基的位次、名称和羟基的位次依次写在醇名之前。例如：

$CH_3CH(CH_3)CH(OH)CH_3$	$CH_3CH_2CH_2CH_2CH(CH_2OH)CH_2CH_3$	$CH_3CH(CH_3)—C(OH)(CH_3)—CH_2CH_3$
3－甲基－2－丁醇	2－乙基－1－己醇	2，3－二甲基－3－戊醇

芳醇的命名可把芳基作为取代基，例如：

苯甲醇（苄醇）　　2－苯基乙醇

不饱和醇命名时，选取既含羟基又含不饱和键的最长碳链作为主链，编号时应使羟基位次最小。例如：

$CH_2{=}CH—CH(CH_3)—CH(OH)CH_3$	$C_6H_5—CH_2—CH{=}CH—OH$
3－甲基－4－戊烯－2－醇	3－苯基－1－丙烯－1－醇

【课堂思考】　写出分子式为 $C_5H_{11}OH$ 的醇的伯醇、仲醇、叔醇结构式各一个，并用系统命名法命名。

2. 醇的物理性质

（1）物态

常温常压下，$C_1 \sim C_4$的醇是无色透明带有酒精味的液体，$C_5 \sim C_{11}$的醇是具有令人不愉快气味的无色油状液体，C_{12}以上的醇为无色无味蜡状固体，二元醇、三元醇等多元醇是具有甜味的无色液体或固体。

（2）沸点

直链饱和醇的沸点随着碳原子数的增加而升高。在同碳数异构体中，含支链越多的醇沸点越低。

低级醇的沸点比相对分子质量相近的烃高得多。例如：

化合物	甲醇	乙烷	乙醇	丙烷
相对分子质量	32	30	46	44
沸点（℃）	64.7	-88.9	78.3	-42
沸点差（℃）	153.6		120.3	

这种差别随着相对分子质量的增大而逐渐变小，相对分子质量相近的高级醇和高级烷烃的沸点也相近。

（3）水溶性

$C_1 \sim C_3$的醇可以任何比例与水混溶，C_4以上的醇随相对分子质量的增加，在水中的溶解度显著降低，C_9以上的醇实际上已不溶于水。这是因为低级醇与水分子间也能形成氢键，所以易溶于水。随着醇分子中烃基的增大，醇在水中的溶解度也逐渐减小，直到不溶。

多元醇分子中羟基较多，与水分子间形成氢键的机会增多，所以在水中的溶解度也较大。例如乙二醇、丙三醇等具有强烈的吸水性，常用做吸湿剂和助溶剂。

【课堂思考】 为什么低级醇的沸点比相对分子质量相近的烃高得多？为什么随着醇分子中烃基的增大，醇在水中的溶解度逐渐减小？

（4）相对密度

饱和一元醇的相对密度小于1，比水轻。芳香醇和多元醇的相对密度大于1，比水重。

（5）生成结晶醇

低级醇能与一些无机盐类生成结晶醇。例如 $CaCl_2 \cdot 4C_2H_5OH$ 、$MgCl_2 \cdot 6CH_3OH$ 等。这些结晶醇不溶于有机溶剂而溶于水。利用这一性质，可使醇与其他化合物分离，或从反应物中除去少量醇类杂质。

【课堂思考】 在实验室中能用无水氯化钙作干燥剂来干燥醇类吗？

3. 醇的化学性质

醇的化学反应主要发生在官能团羟基以及受羟基影响而比较活泼的α原子和β原子上：

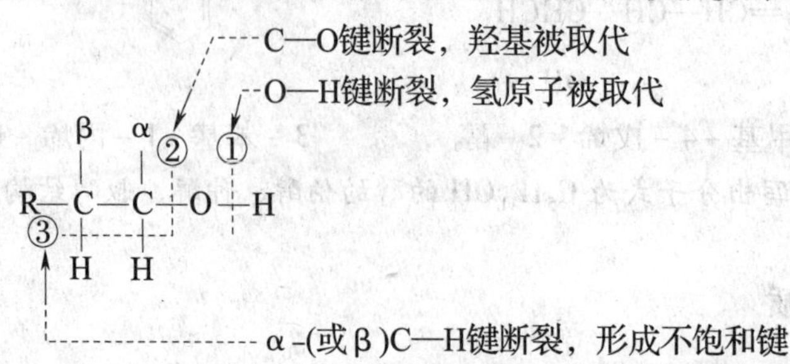

(1) 与活泼金属反应

醇羟基中的 O—H 键是较强的极性键，氢原子很活泼，容易被活泼金属（K、Na、Mg、Al 等）取代生成醇盐。

例如，低级醇与金属钠反应，生成醇钠和氢气：

$$2RO\text{┼}H + 2Na \longrightarrow \underset{\text{醇钠}}{2RO\text{—}Na} + H_2\uparrow$$

此反应随着醇的相对分子质量的增大，反应速度减慢。这一反应有较明显的现象产生，可用于鉴别 C_6以下的低级醇。

醇钠化学性质活泼，常在有机合成中用做碱性催化剂和缩合剂（或烷基化剂）等。醇钠遇水水解，生成醇和氧氧化钠，醇钠的水解是一个可逆反应。

$$R\text{┼}ONa + H\text{┼}OH \rightleftharpoons ROH + NaOH$$

工业上利用上述反应的逆反应，用固体氧氧化钠与醇作用，并加入苯共沸蒸馏，以除去其中的水分，制得醇钠。此法制醇钠可避免使用昂贵的金属钠，且生产安全。

(2) 与氢卤酸反应

醇与氢卤酸反应，分子中的 OH 被—X 取代，生成卤代烃和水：

$$R\text{┼}OH + H\text{┼}X \rightleftharpoons RX + H_2O$$

此反应是可逆反应，可以通过使反应物之一过量或移去一种生成物的方法使平衡向右移动，以提高卤代烃的产率。

醇与氢卤酸的反应活性与醇的结构和氢卤酸的类型有关。不同结构的醇反应活性次序为：烯丙醇、苄醇 > 叔醇 > 仲醇 > 伯醇。不同类型的氢卤酸的反应活性次序为：HI > HBr > HCl（HF 通常不能发生此反应）。

由醇制备卤代烷时一般采用浓盐酸与无水氯化锌（作脱水剂和催化剂）为试剂，无水氯化锌的浓盐酸溶液称为**卢卡斯试剂**。例如，卢卡斯试剂与伯、仲、叔三级醇反应：

$$CH_3\overset{\displaystyle CH_3}{\underset{\displaystyle CH_3}{\overset{|}{\underset{|}{C}}}}\text{—}OH \xrightarrow[\text{室温，1 min}]{HCl-ZnCl_2\text{（无水）}} CH_3\overset{\displaystyle CH_3}{\underset{\displaystyle CH_3}{\overset{|}{\underset{|}{C}}}}\text{—}Cl + H_2O$$

$$CH_3\underset{\displaystyle OH}{\underset{|}{C}H}CH_2CH_3 \xrightarrow[\text{室温，10 min}]{HCl-ZnCl_2\text{（无水）}} CH_3\underset{\displaystyle Cl}{\underset{|}{C}H}CH_2CH_3 + H_2O$$

$$CH_3CH_2CH_2CH_2OH \xrightarrow[\text{室温，1 h}]{HCl-ZnCl_2\text{（无水）}} \text{不反应} \xrightarrow{\triangle} CH_3CH_2CH_2CH_2Cl + H_2O$$

叔丁醇反应很快，由于生成的卤代烷不溶于水，溶液立即变混浊并分层；仲丁醇反应较慢，需 10 min 左右才出现混浊并分层；正丁醇在室温下几乎不反应。可根据这一差异鉴别伯、仲、叔三级醇（C_6以上的醇不溶于卢卡斯试剂，不宜用此法鉴别）。

【课堂思考】 如何用化学方法鉴别 2 - 甲基 - 1 - 丙醇和叔丁醇?

(3) 酯化反应

醇和酸（含氧无机酸或有机酸）作用，分子间脱去一分子水后的产物叫做酯，此类反应称为**酯化反应**。

例如，乙醇与浓硫酸反应，生成硫酸氢乙酯（酸性酯）：

$$CH_3CH_2-OH + H-OSO_3H \rightleftharpoons CH_3CH_2OSO_3H + H_2O$$

硫酸氢乙酯

硫酸氢乙酯在减压下蒸馏，生成硫酸二乙酯（中性酯）：

$$2CH_3CH_2OSO_3H \xrightarrow{\text{减压蒸馏}} (CH_3CH_2O)_2SO_2 + H_2SO_4$$

硫酸二乙酯

又如，醇与硝酸作用，生成硝酸酯。工业上用丙三醇与浓硝酸反应制取甘油三硝酸酯：

$$\begin{matrix} CH_2-OH \\ | \\ CH-OH \\ | \\ CH_2-OH \end{matrix} + 3H-ONO_2 \xrightarrow[10\sim20℃]{\text{浓}H_2SO_4} \begin{matrix} CH_2-ONO_2 \\ | \\ CH-ONO_2 \\ | \\ CH_2-ONO_2 \end{matrix} + 3H_2O$$

甘油三硝酸酯俗称“硝化甘油”，为无色或淡黄色黏稠液体，是一种烈性炸药，它也具有扩张冠状动脉的作用，在医药上用做治疗心绞痛、冠心病的急救药物。

（4）脱水反应

在浓硫酸或氧化铝催化作用下，醇能发生脱水反应。脱水方式有两种，一种是在较高温度下分子内脱水生成烯烃，另一种是在较低温度下分子间脱水生成醚。例如：

$$\begin{matrix} CH_2 & - & CH_2 \\ | & & | \\ H & & OH \end{matrix} \xrightarrow[\text{或}Al_2O_3,\ 360℃]{\text{浓}H_2SO_4,\ 170℃} CH_2=CH_2 + H_2O$$

乙烯

$$CH_3CH_2-OH + H-OCH_2CH_3 \xrightarrow[\text{或}Al_2O_3,\ 240℃]{\text{浓}H_2SO_4,\ 140℃} CH_3CH_2OCH_2CH_3 + H_2O$$

乙醚

实验室中常利用醇脱水反应来制取少量烯烃。醇脱水难易与醇的结构关系很大，其反应的活性次序是：叔醇 > 仲醇 > 伯醇。

资料卡——仲醇、叔醇分子内脱水反应

仲醇或叔醇发生分子内脱水反应时，与卤代烷脱卤化氢相似，也遵循查依采夫规则，即羟基与它相邻的含氢较少碳原子上的氢原子共同脱去，而生成含烷基较多的烯烃。例如：

$$\begin{matrix} & CH_3 & & \\ & | & & \\ CH_3CH & CH & CH & CH_3 \\ & & | & | \\ & & H & OH \end{matrix} \xrightarrow[350\sim400℃]{Al_2O_3} \begin{matrix} CH_3 \\ | \\ CH_3CHCH \end{matrix} = CHCH_3 + H_2O$$

$$\begin{matrix} & & CH_3 & \\ & & | & \\ CH_3CH & - & C & -CH_3 \\ | & & | & \\ H & & OH & \end{matrix} \xrightarrow[90\sim95℃]{46\%H_2SO_4} CH_3CH = \begin{matrix} CH_3 \\ | \\ C \end{matrix} -CH_3 + H_2O$$

【课堂思考】 醇的分子内脱水反应和分子间脱水的反应类型一样吗？各属于什么反应？

（5）氧化和脱氢反应

在醇分子中，受羟基的影响，$\alpha-H$ 比较活泼，容易发生氧化或脱氢反应，生成含有碳氧双键的化合物。

1）氧化反应。用重铬酸钾（或高锰酸钾）和硫酸作氧化剂，伯醇可被氧化成醛，醛很容易继续被氧化成羧酸：

$$\underset{\text{伯醇}}{RCH_2OH} \xrightarrow[\text{或 } KMnO_4 + H_2SO_4]{K_2Cr_2O_7 + H_2SO_4} \underset{\text{醛}}{R-\overset{\displaystyle O}{\overset{\|}{C}}-H} \xrightarrow[\text{或 } KMnO_4 + H_2SO_4]{K_2Cr_2O_7 + H_2SO_4} \underset{\text{羧酸}}{R-\overset{\displaystyle O}{\overset{\|}{C}}-OH}$$

由于醛比醇更容易氧化，而醛的沸点比相应的醇低得多，所以如果要制取醛，必须控制适当温度，把生成的醛及时从反应体系中蒸馏出来，避免醛进一步被氧化。

同样条件下，仲醇氧化生成酮，酮比较稳定，一般不易继续被氧化。

$$R-\underset{\displaystyle OH}{\underset{|}{CH}}-R \xrightarrow[\text{或 } KMnO_4 + H_2SO_4]{K_2Cr_2O_7 + H_2SO_4} R-\overset{\displaystyle OH}{\overset{|}{\underset{\displaystyle OH}{\underset{|}{C}}}}-R \xrightarrow{-H_2O} R-\overset{\displaystyle O}{\overset{\|}{C}}-R$$

例如：

$$\underset{\text{2-丁醇}}{CH_3\underset{\displaystyle OH}{\underset{|}{C}H}CH_2CH_3} \xrightarrow[\text{或 } KMnO_4 + H_2SO_4]{K_2Cr_2O_7 + H_2SO_4} \underset{\text{2-丁酮}}{CH_3\underset{\displaystyle O}{\underset{\|}{C}}CH_2CH_3}$$

反应时 $Cr_2O_7^{2-}$ 被还原为 Cr^{3+}，溶液由橘红色转变成绿色，所以此反应可用于醇的鉴别。例如，检查司机是否酒后驾车的“呼吸分析仪”就是根据乙醇被重铬酸钾氧化后溶液变色的原理设计的。

叔醇因为分子中不含 $\alpha-H$，一般不易发生氧化反应。若在适宜的氧化条件下，则发生碳碳键断裂，生成小分子的羧酸等。

【课堂思考】 *在以上醇的氧化反应中，若用高锰酸钾作氧化剂，反应现象如何变化呢？*

2）脱氢反应。伯醇、仲醇在高温时铜或银等金属催化剂的作用下，伯醇脱氢生成醛，仲醇脱氢生成酮，叔醇分子中由于不含 $\alpha-H$，因此不能进行脱氢反应。例如：

$$\underset{\text{伯醇}}{RCH_2OH} \xrightleftharpoons{Cu,\ 300℃} \underset{\text{醛}}{RCHO} + H_2$$

$$\underset{\text{仲醇}}{\begin{matrix} R \\ \quad\diagdown \\ \quad CHOH \\ \quad\diagup \\ R' \end{matrix}} \xrightleftharpoons{Cu,\ 300℃} \underset{\text{酮}}{\begin{matrix} R \\ \quad\diagdown \\ \quad C{=}O \\ \quad\diagup \\ R' \end{matrix}} + H_2$$

催化脱氢对 C═C 双键的存在没有影响，所以醇催化脱氢是工业上生产醛、酮常用的方法。

4. 几种重要的醇

（1）甲醇

甲醇俗称木醇，最初是由木材干馏而获得。现代工业中，甲醇是以合成气（$CO + H_2$）

为原料来制取：

$$CO + 2H_2 \xrightarrow[20\ MPa,\ 350 \sim 450℃]{CuO-ZnO-Cr_2O_3} CH_3OH$$

近年来，国际上开发了低压合成法，以天然气为原料制取甲醇。

$$CH_4 + \frac{1}{2}O_2 \xrightarrow[200℃,\ 10\ MPa]{\text{通过铜管}} CH_3OH$$

（体积比为9:1）

甲醇是无色透明有酒味的液体，沸点65℃，能与水及大多数有机溶剂混溶。甲醇易燃易爆，在空气中的爆炸极限为6%～36.5%（体积分数）。甲醇的毒性较强，误饮10 mL会造成眼睛失明，多则将导致死亡。

甲醇用途广泛，是基础有机化工原料和优质燃料，主要应用于精细化工，塑料等领域，用来制造甲醛、乙酸、氯甲烷、硫酸二甲酯等多种有机产品，也是农药、医药的重要原料之一。甲醇深加工后可作为一种新型清洁燃料，加入汽油掺烧。

（2）乙醇

乙醇俗称酒精，是无色透明、具有特殊香味的液体，沸点78.3℃。乙醇容易挥发和燃烧，能与水、氯仿、乙醚、甲醇、丙酮等混溶，并能溶解许多难溶于水的物质（如脂肪、树脂、色素等）。乙醇在空气中的爆炸极限为3.28%～18.95%（体积分数）。

工业上以乙烯为原料，用直接或间接水合法来生产乙醇。食用酒精大多仍采用淀粉发酵法生产。发酵是指在微生物或酶的催化作用下，将复杂的有机物分解转化成简单的有机物的过程。反应过程如下：

$$(C_6H_{10}O_5)_n + H_2O \xrightarrow{\text{淀粉酶}} C_{12}H_{22}O_{11} \xrightarrow[H_2O]{\text{麦芽糖酶}} C_6H_{12}O_6 \xrightarrow{\text{酒化酶}} CH_3CH_2OH + H_2O$$

淀粉（甘薯、谷物等）　麦芽糖　葡萄糖

乙醇的用途极为广泛，是重要的有机原料，用于制造合成橡胶、人造纤维、塑料、香料和有机药剂等，其制品已达300余种。乙醇也是用得最多最普遍的有机溶剂，用于溶解树脂、制造涂料、提取油脂或药物。此外，乙醇可作为燃料，在医疗上作消毒剂和防腐剂。

（3）乙二醇

乙二醇俗称甘醇，是最简单也最重要的二元醇，为具有甜味的无色黏稠液体，沸点198℃，能与水、乙醇和丙酮等混溶。

工业上以乙烯为原料，经催化氧化制取环氧乙烷，再进一步水合制得乙二醇：

$$CH_2{=}CH_2 \xrightarrow[250 \sim 280℃]{O_2\text{（空气）},\ Ag} \underset{\diagdown\ O\ \diagup}{CH_2{-}CH_2} \xrightarrow[1.5\ MPa,\ 190 \sim 220℃]{H_2O,\ H^+} \underset{OH\quad\ OH}{\underset{|\qquad\ |}{CH_2{-}CH_2}}$$

乙二醇是重要的化工原料，工业上主要用于制造树脂、合成纤维（涤纶）、增塑剂、吸湿剂、化妆品和炸药等。60%的乙二醇水溶液具有较低的凝固点（－40℃），是良好的抗冻剂，主要用于汽车散热器中，以防寒冷地区冬季行车时，因冷却水冻结而使散热器破裂。乙二醇也可用于制造玻璃纸、纤维、皮革、黏合剂的湿润剂。乙二醇经加热后产生的蒸气可用做舞台烟幕，乙二醇的硝酸酯是一种炸药。

（4）丙三醇

丙三醇俗称甘油，为最简单最重要的三元醇，是具有甜味的无色黏稠液体，沸点290℃，能与水或乙醇混溶，但不溶于乙醚、氯仿等有机溶剂。甘油有较强的吸湿性，能吸收空气中的水分。

甘油能与一些碱性氢氧化物（如氢氧化铜）作用，说明多元醇的羟基也表现了极弱的酸性。甘油铜是一种鲜艳蓝色物质，这个反应常用来作为鉴定多元醇的一种方法。

甘油以酯的形式广泛存在于自然界中，通常利用油脂水解制取甘油。近年来由于需求量大幅度增加，甘油主要用石油裂解气中的丙烯为原料合成制得：

$$CH_3CH{=}CH_2 \xrightarrow[500℃]{Cl_2} \underset{\displaystyle Cl}{\underset{|}{C}H_2}CH{=}CH_2 \xrightarrow[(HClO)]{Cl_2+H_2O} \underset{\displaystyle Cl}{\underset{|}{C}H_2}{-}\underset{\displaystyle OH}{\underset{|}{C}H}{-}\underset{\displaystyle Cl}{\underset{|}{C}H_2} + \underset{\displaystyle Cl}{\underset{|}{C}H_2}{-}\underset{\displaystyle Cl}{\underset{|}{C}H}{-}\underset{\displaystyle OH}{\underset{|}{C}H_2} \xrightarrow[-HCl]{Ca(OH)_2}$$

$$\underset{\displaystyle Cl}{\underset{|}{C}H_2}{-}\overset{}{CH}{-}CH_2\ (\text{环氧，}CH{-}CH_2\text{ 间以 O 相连}) \xrightarrow[\triangle]{10\%\ NaOH} \underset{\displaystyle OH}{\underset{|}{C}H_2}{-}\underset{\displaystyle OH}{\underset{|}{C}H}{-}\underset{\displaystyle OH}{\underset{|}{C}H_2}$$

环氧氯丙烯

也可先将丙烯氧化成丙烯醛，再经羟基化和催化加氢制得甘油：

$$CH_2{=}CHCH_3 \xrightarrow[Cu_2O]{O_2\text{（空气）}} CH_2{=}CHCHO \xrightarrow{H_2O_2} \underset{\displaystyle OH}{\underset{|}{C}H_2}{-}\underset{\displaystyle OH}{\underset{|}{C}H}{-}CHO \xrightarrow[\text{催化剂}]{H_2} \underset{\displaystyle OH}{\underset{|}{C}H_2}{-}\underset{\displaystyle OH}{\underset{|}{C}H}{-}\underset{\displaystyle OH}{\underset{|}{C}H_2}$$

甘油用途十分广泛，常用于制造医药软膏、炸药、化妆品、润滑剂等，是重要的化工原料。由于具有良好的保湿性，甘油可作为制革和烟草的添加剂，使皮革保持柔软不硬化，使烟草不过于干燥而很快燃尽。

（5）苯甲醇

苯甲醇又称苄醇，是具有芳香气味的无色液体，沸点 205℃，能溶于水、乙醇和乙醚中。工业上可用苄氯碱性水解制得苯甲醇。

$$C_6H_5{-}CH_2Cl + H_2O \xrightarrow{Na_2CO_3} C_6H_5{-}CH_2OH$$

苄氯　　　　苄醇

苯甲醇常用做溶剂、定香剂及有机合成原料。由于苯甲醇具有防腐作用和轻微的麻醉性，医疗上制备中草药针剂时，常加入少量苯甲醇作为镇痛剂和防腐剂。苯甲醇还用于制取香料和调味剂（多数为脂肪酸的苯甲醇酯），以作为肥皂、香水、化妆品和其他产品中的添加剂。

二、酚

1. 酚的结构和命名

羟基（—OH）直接连在芳环上的化合物称为**酚**，简式为 Ar—OH。苯酚是最简单的酚，它是苯分子里一个氢原子被羟基取代后所得的生成物。苯酚的分子式是 C_6H_6O，它的结构式为（苯环六个碳原子交替以单、双键相连，其中一个碳原子连 —O—H，其余五个碳原子各连一个 H），结构简式是 $C_6H_5{-}OH$（苯环—OH）或 C_6H_5OH。

酚的命名，一般以酚作为母体，就是在“酚”字前面冠以取代基的位次、数目和名称以及芳环的名称。例如：

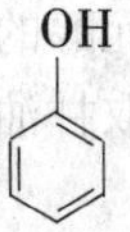

苯酚 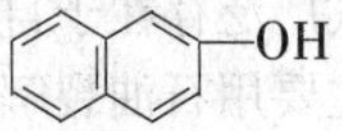　　β-萘酚

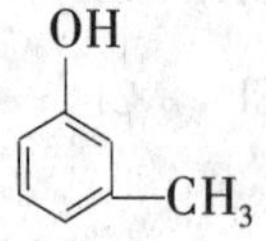

间甲苯酚（3-甲基苯酚） 　　对苯二酚（1，4-苯二酚）

如果苯环上连有比—OH优先的基团，则—OH作为取代基。例如：

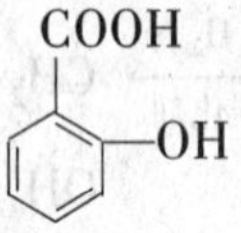

邻羟基苯甲酸（俗称水杨酸） 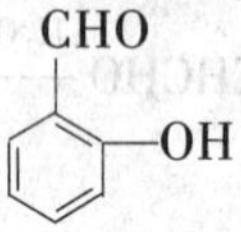　　邻羟基苯甲醛（俗称水杨醛） 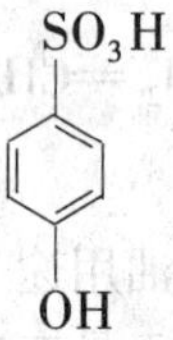　　对羟基苯磺酸

2. 酚的物理性质

常温下，大多数酚是无色结晶固体，少数烷基酚为高沸点液体。酚容易被空气氧化，氧化后常带有颜色，一般为红褐色。

由于分子间可以形成氢键，所以酚的沸点都比较高。酚的熔点与分子的对称性有关。一般说来，对称性较大的酚，其熔点较高，对称性较小的酚，熔点较低。

酚具有极性，也能与水分子形成氢键，应该易溶于水，但由于酚的相对分子质量较高，分子中烃基所占比例较大，因此一元酚（如苯酚）只能微溶于水，多元酚由于分子中极性的羟基增多，在水中的溶解度也随之增大。

3. 酚的化学性质

酚的化学反应主要发生在羟基和苯环上。

（1）羟基的反应

1）苯酚的弱酸性。酚羟基中的氢原子比较活泼，具有弱酸性，它与能氢氧化钠溶液反应，生成酚钠。

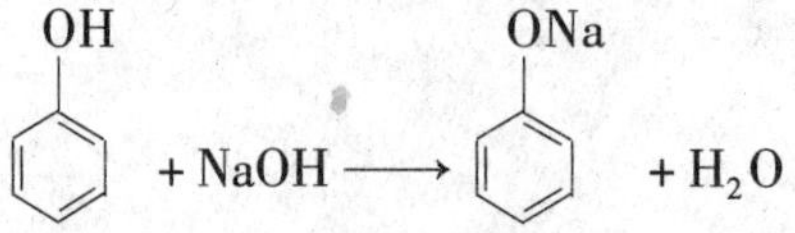

$$C_6H_5OH + NaOH \longrightarrow C_6H_5ONa + H_2O$$

酚钠

苯酚是弱酸，其酸性比碳酸弱，它不能使紫色石蕊试液（或蓝色石蕊试纸）变红色。若在酚钠的水溶液中通入二氧化碳，苯酚即被置换出来：

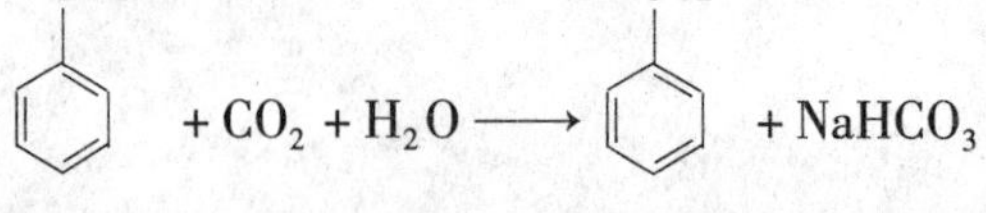

$$C_6H_5ONa + CO_2 + H_2O \longrightarrow C_6H_5OH + NaHCO_3$$

利用这一性质可将苯酚与醇的混合物分离开来。

当酚环上连有其他取代基时，会影响酚的酸性。吸电基（如—NO_2、—X）将使酚的酸性增强，供电基（如—R）将使酚的酸性减弱。例如：

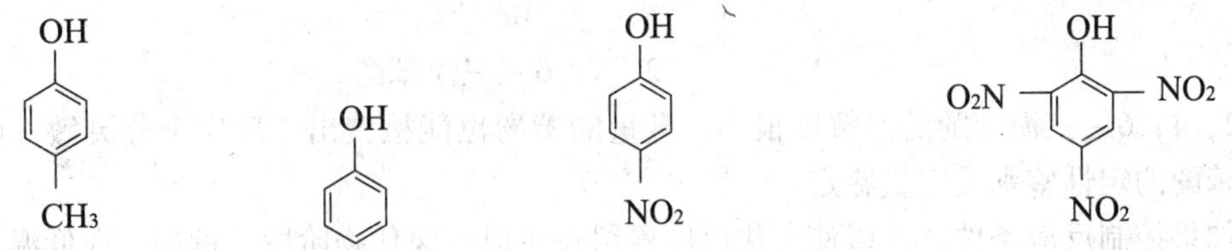

	对甲苯酚	苯酚	对硝基苯酚	2，4，6–三硝基苯酚
pK_a	10.14	9.98	7.15	0.71

2）生成酚醚。酚不能通过分子间脱水生成醚，酚醚一般由酚钠与卤代烷或硫酸酯作用而制得。例如：

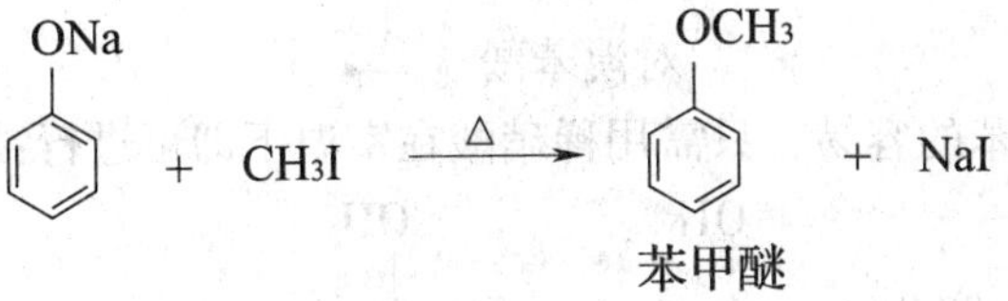

$$C_6H_5ONa + CH_3I \xrightarrow{\triangle} C_6H_5OCH_3 + NaI$$

苯甲醚

$$C_6H_5O\text{Na} + \text{Br}C_6H_5 \xrightarrow[210℃]{Cu} C_6H_5OC_6H_5 + NaBr$$

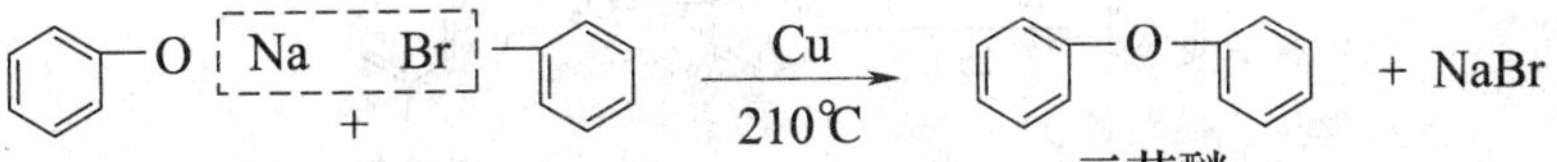

二苯醚

3）生成酚酯。酚与酰卤（ $R-\overset{O}{\overset{\|}{C}}-X$ ）、酸酐（ $R-\overset{O}{\overset{\|}{C}}-O-\overset{O}{\overset{\|}{C}}-R'$ ）等作用时，生成酚酯。例如：

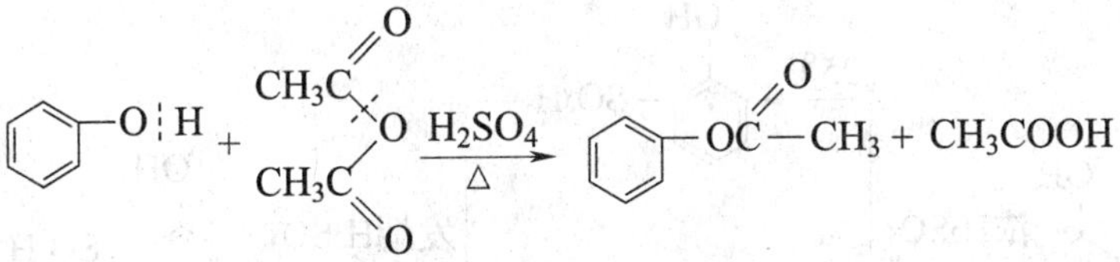

$$C_6H_5O-H + (CH_3CO)_2O \xrightarrow[\triangle]{H_2SO_4} C_6H_5O\overset{O}{\overset{\|}{C}}-CH_3 + CH_3COOH$$

乙酸酐　　　　乙酸苯（酚）酯

$$C_6H_5O-H + CH_3\overset{O}{\overset{\|}{C}}-Cl \xrightarrow[\triangle]{NaOH} C_6H_5O\overset{O}{\overset{\|}{C}}-CH_3 + HCl$$

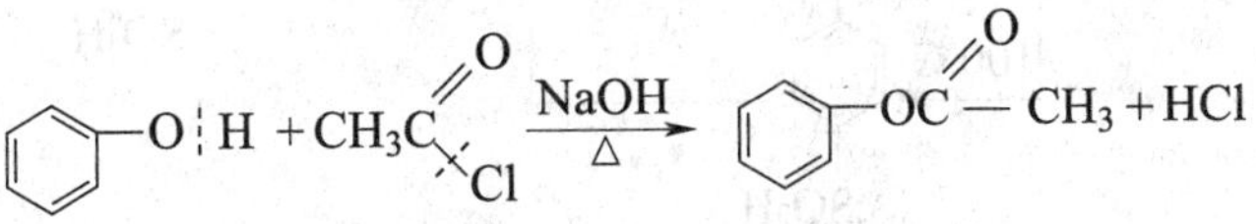

乙酰氯　　　　乙酸苯（酚）酯

这是工业上制取酚酯的方法。

（2）苯环上的反应

羟基是较强的邻、对位定位基，对苯环有活化作用，在酚羟基的邻、对位易发生卤代、硝化、磺化等取代反应。

1）卤代。例如，苯酚在常温下与溴水反应，就立即生成2，4，6－三溴苯酚白色沉淀：

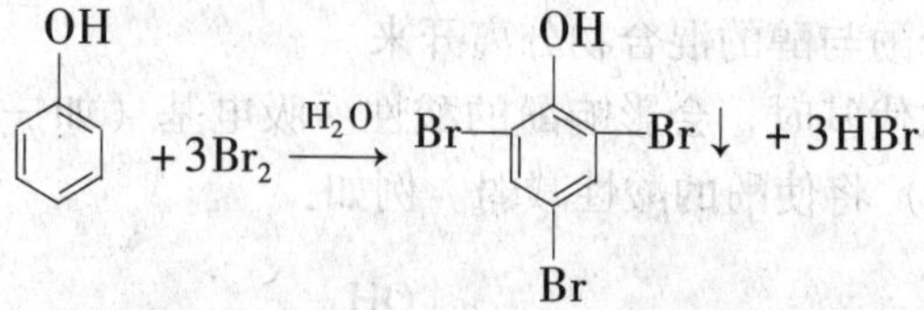

$$C_6H_5OH + 3Br_2 \xrightarrow{H_2O} C_6H_2Br_3OH\downarrow + 3HBr$$

2，4，6－三溴苯酚

2，4，6－三溴苯酚的溶解度很小，微量的苯酚也能检验出，反应十分灵敏，此反应常用于苯酚的定性鉴别或定量鉴定。

如果控制反应条件，可以使卤化反应停留在生成一卤代物阶段。例如，在低温和非极性溶剂中，苯酚与溴发生取代反应，主要生成对溴苯酚：

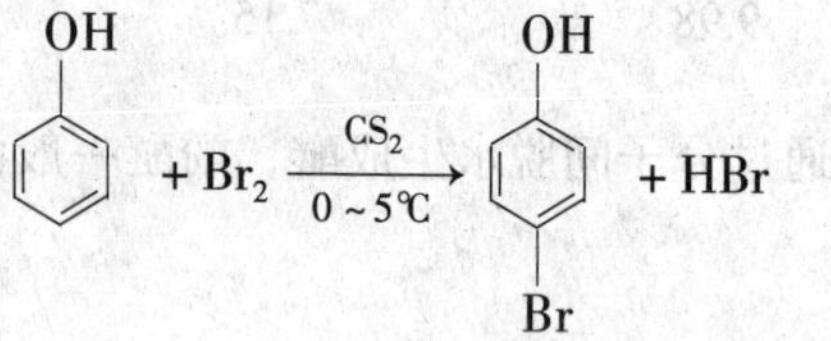

$$C_6H_5OH + Br_2 \xrightarrow[0\sim5℃]{CS_2} p\text{-}BrC_6H_4OH + HBr$$

对溴苯酚

2）硝化。苯酚的硝化反应比苯的容易，只需用稀硝酸在室温下即可进行：

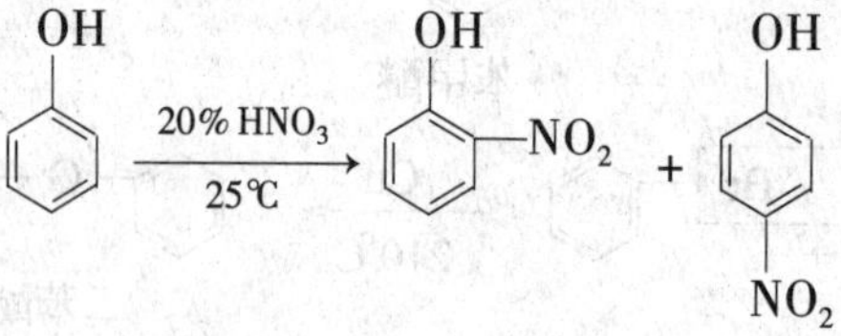

$$C_6H_5OH \xrightarrow[25℃]{20\%\ HNO_3} o\text{-}O_2NC_6H_4OH + p\text{-}O_2NC_6H_4OH$$

邻硝基苯酚　　对硝基苯酚

3）磺化。苯酚与浓硫酸作用，反应温度不同，可得到不同的一元取代产物，继续磺化可得到二磺酸。二磺酸再硝化，可得2，4，6－三硝基苯酚（俗称苦味酸）。这是工业上制备2，4，6－三硝基苯酚的常用方法。

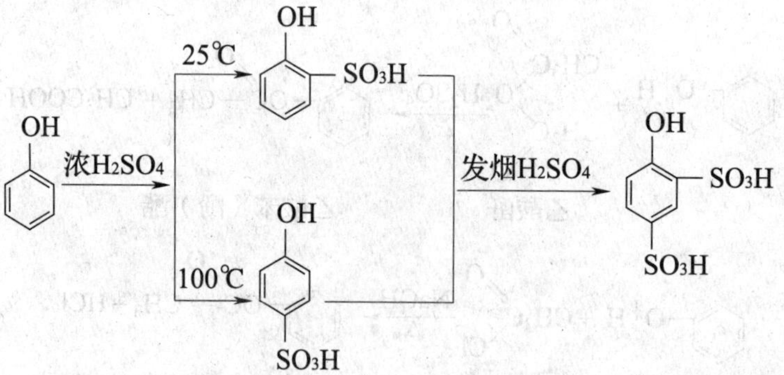

$$C_6H_5OH \xrightarrow{浓H_2SO_4} \begin{cases} \xrightarrow{25℃} o\text{-}HOC_6H_4SO_3H \\ \xrightarrow{100℃} p\text{-}HOC_6H_4SO_3H \end{cases} \xrightarrow{发烟H_2SO_4} C_6H_3(OH)(SO_3H)_2$$

4-羟基-1，3-苯二磺酸

$$C_6H_3(OH)(SO_3H)_2 \xrightarrow[\triangle]{浓\ HNO_3} C_6H_2(OH)(NO_2)_3$$

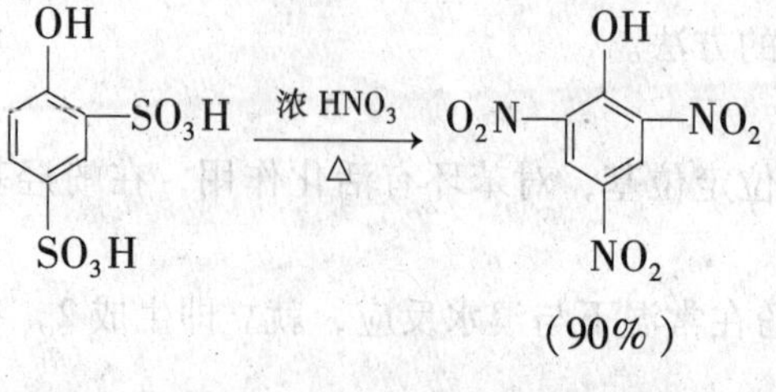

(90%)

4）烷基化。例如工业上用异丁烯作烷基化试剂，在催化剂存在下，与对甲苯酚作用制取4－甲基－2，6－二叔丁基苯酚：

$$\text{(对甲苯酚)} + 2\ (CH_3)_2C{=}CH_2 \xrightarrow{H_2SO_4} \text{(2,6-二}[C(CH_3)_3]\text{-4-}CH_3\text{-苯酚)}$$

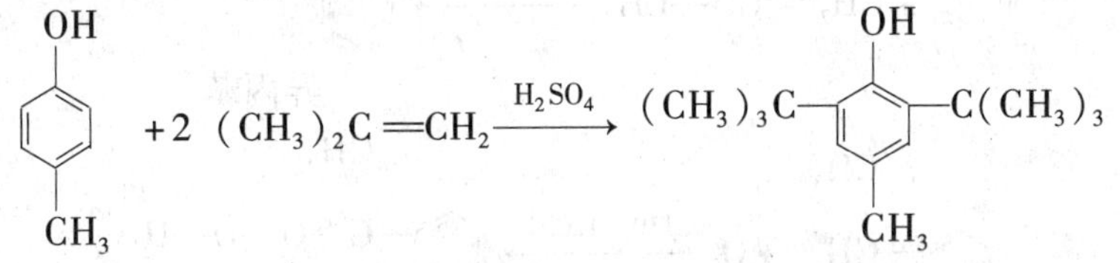

4－甲基－2，6－二叔丁基苯酚

4－甲基－2，6－二叔丁基苯酚主要用做橡胶和塑料的防老化剂，也可用做汽油、变压器油的抗氧化剂。

3. 氧化反应

酚比醇容易发生氧化反应。如苯酚放置在空气中即被氧化，颜色变为红色或深褐色。

多元酚更容易被氧化。例如对苯二酚能被感光后的溴化银氧化成醌，而溴化银则被还原成金属银：

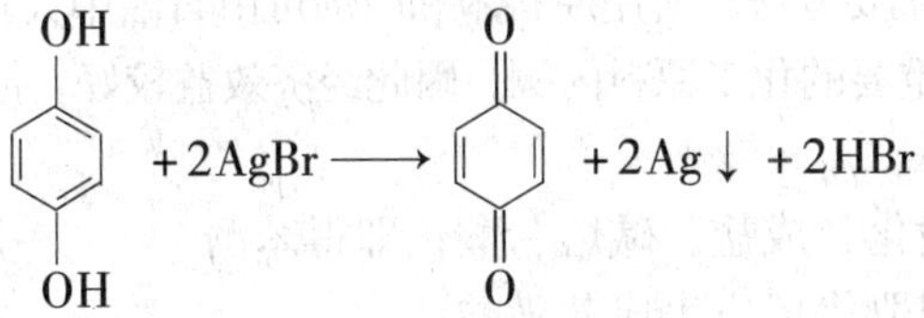

$$\text{(对苯二酚)} + 2AgBr \longrightarrow \text{(对苯醌)} + 2Ag\downarrow + 2HBr$$

对苯醌

这一反应应用于胶片摄影的显影过程。

4. 与氯化铁的显色反应

酚类可与氯化铁溶液作用，生成带有颜色的配合物。不同的酚生成配合物的颜色也不相同，见表11—2—1。这一反应叫做酚与氯化铁的显色反应，常用于鉴别酚类化合物。

表11—2—1　　酚与氯化铁溶液的显色

化合物	显色	化合物	显色
苯酚	蓝紫	邻苯二酚	绿
邻甲苯酚	红	间苯二酚	蓝至紫
对甲苯酚	紫	对苯二酚	暗绿
邻硝基苯酚	红至棕	α－萘酚	紫
对硝基苯酚	棕	β－萘酚	黄至绿

5. 苯酚的制法

苯酚俗称石炭酸。工业来源一部分是由煤焦油中提取，即用15%氢氧化钠溶液处理煤焦油的“中油”馏分，酚类生成酚钠溶于水中，再向酚钠水溶液中通入二氧化碳，酚又游离出来，然后经过蒸馏，就可得到苯酚。

由煤焦油中提取酚，远远满足不了有机化工发展的需要，因此目前大量的苯酚主要靠合成法制取。

（1）异丙苯氧化法

异丙苯氧化法是以苯作为基本原料，先发生烷基化反应制取异丙苯，然后用空气氧化异丙苯生成过氧化物，再用稀酸分解过氧化物，最后得到产物苯酚和丙酮。

$$C_6H_6 + CH_2{=}CH{-}CH_3 \xrightarrow{\text{无水 } AlCl_3} C_6H_5{-}CH(CH_3){-}CH_3$$

异丙苯

$$C_6H_5{-}CH(CH_3)_2 + O_2 \xrightarrow[0.5MPa]{110 \sim 120℃} C_6H_5{-}C(CH_3)_2{-}O{-}O{-}H$$

氢过氧化异丙苯

$$C_6H_5{-}C(CH_3)_2{-}O{-}O{-}H \xrightarrow[60℃]{\text{稀 } H_2SO_4} C_6H_5{-}OH + CH_3{-}\overset{O}{\overset{\|}{C}}{-}CH_3$$

苯酚　　丙酮

这是目前合成苯酚的主要方法。所用原料苯和丙烯可由石油中大量得到，来源丰富。本方法除制得苯酚外，同时制得重要的化工原料丙酮，因此经济效益较好，但对设备技术要求较高。

（2）由芳磺酸制备

以苯为原料，经过磺化、成盐、碱熔、酸化即得苯酚。

磺化：苯与浓硫酸起取代反应生成苯磺酸。

$$C_6H_6 + H_2SO_4\text{（浓）} \xrightarrow{140 \sim 180℃} C_6H_5{-}SO_3H + H_2O$$

成盐：苯磺酸与亚硫酸钠起反应生成苯磺酸钠。

$$2\,C_6H_5{-}SO_3H + Na_2SO_3 \longrightarrow 2\,C_6H_5{-}SO_3Na + SO_2 + H_2O$$

碱熔：苯磺酸钠与氢氧化钠一起加热熔融生成苯酚钠。

$$C_6H_5{-}SO_3Na + 2NaOH \xrightarrow[300℃]{\text{熔融}} C_6H_5{-}ONa + Na_2SO_3 + H_2O$$

酸化：用二氧化硫酸化苯酚钠生成苯酚。

$$2\,C_6H_5{-}ONa + SO_2 + H_2O \longrightarrow 2\,C_6H_5{-}OH + Na_2SO_3$$

工业上把苯磺酸钠的生产和酸化操作结合起来，碱熔时的副产物 Na_2SO_3 可用来使苯磺酸转化成盐，同时产生的 SO_2 就用来酸化苯酚钠。

三、醚

1. 醚的结构和分类

氧原子与两个烃基相连的有机化合物叫做**醚**。醚可以看做是水分子中的两个氢原子被烃基取代的产物，也可看做是醇分子中羟基上氢原子被烃基取代的产物。醚可用通式 R—O—R′表示，其中—O—叫做**醚键**，醚键是醚的官能团。碳原子数相同的醇和醚互为同分异构体。

醚分子中的两个烃基可以相同，也可以不同。两个烃基相同的叫**单醚**，可用 R—O—R 表示，两个烃基不同的叫**混醚**，可用 R—O—R′表示。例如：

单醚：　$CH_3{-}O{-}CH_3$　　　$C_6H_5{-}O{-}C_6H_5$

甲醚　　　二苯醚

混醚：　$CH_3—O—CH_2CH_3$ 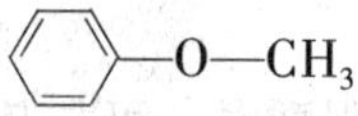　　甲乙醚

$C_6H_5—O—CH_3$　　苯甲醚

醚键与碳链形成环状结构称为环醚，例如：

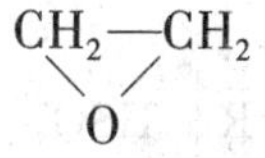

$CH_2—CH_2$ 与 O 成环　　环氧乙烷

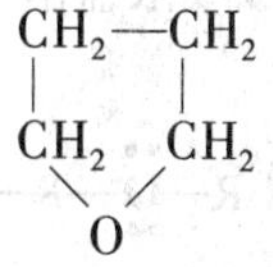

$CH_2—CH_2$，CH_2　CH_2 与 O 成环　　1，4－环氧丁烷

2. 醚的命名

烃基构造比较简单的醚，命名时在烃基名称后面加上“醚”字即可，饱和单醚“二”字常常省略。例如：

$CH_3CH_2—O—CH_2CH_3$

二乙基醚（简称乙醚）

$CH_3—O—CH(CH_3)_2$

甲基异丙基醚（简称甲异丙醚）

二苯基醚（简称二苯醚）　　苯基甲基醚（简称苯甲醚）

对于烃基构造比较复杂的醚，取碳链最长的烃基作为母体，以烃氧基（RO—）作为取代基，称为“某烷氧基某”烷，例如：

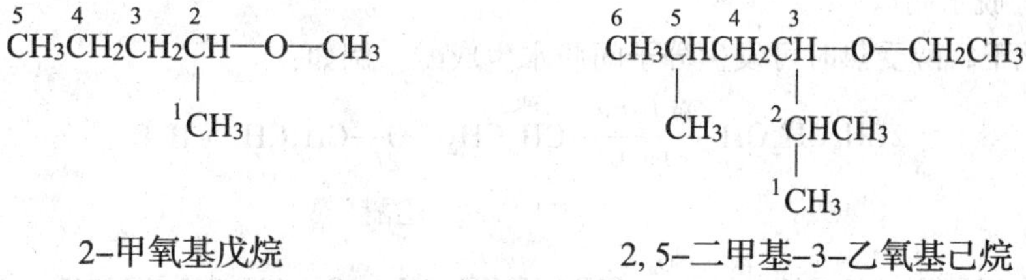

2-甲氧基戊烷　　2,5-二甲基-3-乙氧基己烷

环状醚一般以烃为母体，命名时把“环氧”二字加在母体烃的名称之前。例如：

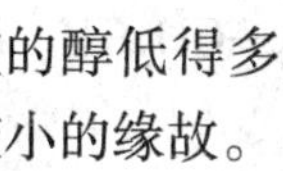

$CH_2—CH_2$ 与 O 成环　　环氧乙烷

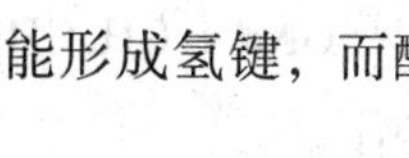

$CH_2—CH—CH_3$ 与 O 成环　　1，2－环氧丙烷

3. 醚的物理性质

常温下，甲醚、甲乙醚是气体，其他醚在常温下一般为无色液体，具有特殊香味。液体醚的相对密度小于1，比水轻。

醚的沸点比相应的醇低得多。这是因为醇分子间能形成氢键，而醚分子间不能形成氢键，分子间作用力较小的缘故。

醚具有较弱的极性，与水分子间可形成氢键，所以其在水中的溶解度与相应的醇接近。例如乙醚和正丁醇（它们的相对分子质量相同）在水中的溶解度大致相同（100 g 水中大约溶解 8 g）。醚本身是良好的有机溶剂，可以溶解多种有机化合物。

4. 醚的化学性质

醚的官能团是醚键（—O—），醚键的极性很弱，因此醚的化学性质比较稳定。在一般情况下，醚与强碱、强氧化剂、强还原剂都不发生反应，因此在许多有机化学反应中，用醚

作为溶剂。

醚的稳定性是相对的，当遇到强酸时，可与其作用生成鎓盐，也可发生醚键的断裂。

（1）鎓盐的生成

醚可溶于冷的浓硫酸或浓盐酸，生成一种不稳定的盐，这种盐叫做**鎓盐**。

$$R-\ddot{\underset{\cdot\cdot}{O}}-R + H_2SO_4 \longrightarrow \left[R-\overset{H}{\underset{\cdot\cdot}{\overset{\cdot\cdot}{O}}}-R\right]^+ HSO_4^-$$

鎓盐

生成的鎓盐只能存在于浓酸中，当加水稀释时，鎓盐立即分解，醚又重新游离出来。利用这一性质可鉴别醚，或把醚从烷烃、卤代烃中分离出来。

（2）醚键的断裂

醚与浓的氢碘酸或氢溴酸共热时，醚键断裂，生成醇和碘代烷或溴代烷。例如：

$$CH_3CH_2-O-CH_2CH_3 + HI \xrightarrow[\triangle]{} CH_3CH_2OH + CH_3CH_2I$$

当混醚的一个烃基是甲基时，则往往生成碘甲烷。例如：

$$C_6H_5-O-CH_3 + HI \xrightarrow[\triangle]{} C_6H_5-OH + CH_3I$$

5. 醚的制法

（1）由醇脱水制取

在酸催化下，醇受热时可发生分子间脱水生成醚。例如：

$$2CH_3CH_2OH \xrightarrow[140℃]{浓\ H_2SO_4} CH_3CH_2-O-CH_2CH_3 + H_2O$$

乙醚

$$2CH_3CH_2CH_2CH_2OH \xrightarrow[\triangle]{浓\ H_2SO_4} CH_3CH_2CH_2CH_2-O-CH_2CH_2CH_2CH_3 + H_2O$$

正丁醚

醇分子间脱水是合成单醚常用的方法。但只适用于伯醇，仲醇产率较低，而叔醇则主要发生分子内脱水生成烯烃。

（2）威廉逊合成法

醇钠或酚钠与卤代烃作用时生成醚，这一方法叫**威廉逊合成法**。例如：

$$CH_3-\underset{CH_3}{\overset{CH_3}{C}}-ONa + CH_3CH_2Br \longrightarrow CH_3-\underset{CH_3}{\overset{CH_3}{C}}-O-CH_2CH_3 + NaBr$$

叔丁醇钠　　　　　　　　　　　　乙叔丁醚

$$C_6H_5-ONa + CH_3CH_2I \longrightarrow C_6H_5-O-CH_2CH_3 + NaI$$

苯酚钠　　　　　　　　　　　　苯乙醚

威廉逊合成法是合成混醚的好方法。但选择原料时应注意避免使用叔卤代烷，因为醇钠是强碱，叔卤代烷在强碱作用下，主要发生脱卤化氢反应而生成烯烃。

课题三　醛　和　酮

学习目标

1. 了解醛和酮的结构特点和分类，掌握醛和酮的命名方法。
2. 了解醛和酮的物理性质及其变化规律。
3. 掌握醛和酮的化学反应及鉴别方法。
4. 熟悉重要的醛和酮的工业制法及其在生产、生活中的实际应用。

分子中含有官能团羰基（ $\rangle C{=}O$ ）的化合物叫做**羰基化合物**。醛和酮都是含有羰基的烃的衍生物。

羰基碳原子与两个烃基相连的化合物叫做**酮**，常用通式 $R-\overset{\overset{\large O}{\|}}{C}-R'$ 表示。酮分子中的羰基又叫酮基，是酮的官能团。

羰基碳原子至少与一个氢原子相连的化合物叫做**醛**，常用通式 $R-\overset{\overset{\large O}{\|}}{C}-H$ 表示（甲醛除外）。 $-\overset{\overset{\large O}{\|}}{C}-H$ 叫做醛基，是醛的官能团。

碳原子数相同的醛和酮互为同分异构体。

一、醛和酮的结构和命名

1. 醛和酮的结构

醛和酮羰基中碳原子与氧原子以双键相连，与烯烃的碳碳双键相似，碳氧双键也是由一个 α 键和一个 π 键组成的。但与碳碳双键不同的是，氧原子的电负性比碳原子大，吸引电子的能力强，使 π 电子云的分布不均匀，氧原子上的电子云密度较高，带有部分负电荷（δ^-），而碳原子上的电子云密度较低，带有部分正电荷（δ^+），因此羰基是极性基团。醛和酮的分子都具有极性。羰基的结构如图 11—3—1 所示。

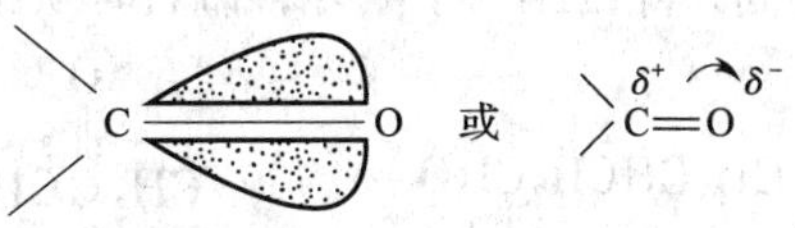

C　O　或　$\rangle \overset{\delta^+}{C}{=}\overset{\delta^-}{O}$

图 11—3—1　羰基的结构

2. 醛和酮的分类

根据分子中烃基结构不同，可将醛和酮分为脂肪族醛酮、脂环族醛酮和芳香族醛酮；又根据烃基是否饱和，分为饱和醛酮和不饱和醛酮；还可根据分子中所含的羰基数目分为一元醛酮及多元醛酮。例如：

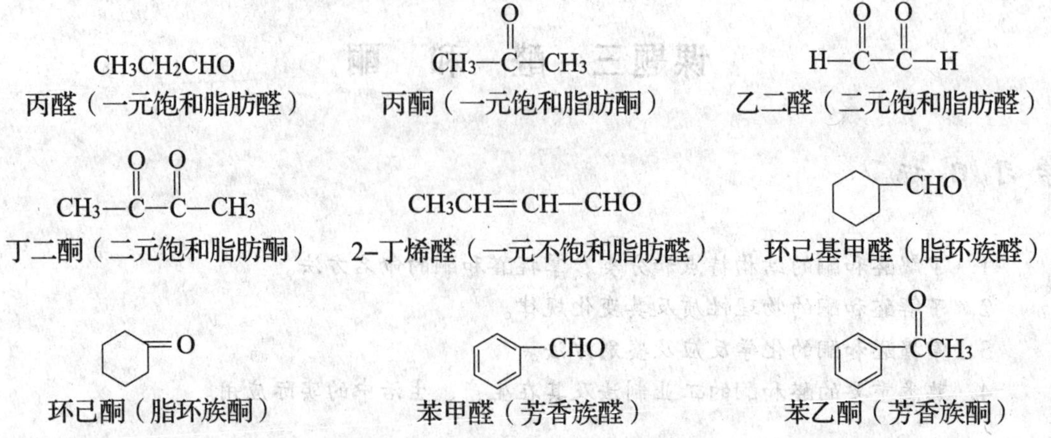

3. 醛和酮的命名

（1）习惯命名法

醛的习惯命名法与醇相似，只需把“醇”字变为“醛”字即可。例如：

$CH_3CH_2CH_2CHO$ 正丁醛

$CH_3CH(CH_3)CHO$ 异丁醛

$C_6H_5{-}CHO$ 苯甲醛

酮的习惯命名法是在羰基所连接的两个烃基名称后加上“甲酮”两个字，“甲”代表羰基中的碳原子，习惯上常省略。例如：

$CH_3{-}\overset{O}{\overset{\|}{C}}{-}CH_3$ 二甲基（甲）酮

$CH_3{-}\overset{O}{\overset{\|}{C}}{-}CH{=}CH_2$ 甲基乙烯基（甲）酮

$CH_3CH_2\overset{O}{\overset{\|}{C}}{-}C_6H_{11}$ 乙基环己基（甲）酮

（2）系统命名法

醛和酮的系统命名法与醇相似，即选择含有羰基的最长碳链为主链，支链为取代基，从靠近羰基的一端给主链编号。由于醛基总是在链端，命名时不需注明位次；而酮基处于碳链中间，除丙酮、丁酮外，命名时须注明羰基的位次。例如：

$\overset{3}{CH_3}\overset{2}{CH}(\underset{4}{C}H_2\underset{5}{C}H_3)\overset{1}{CH_2}CHO$ 3－甲基戊醛

$\overset{1}{CH_3}\overset{2}{\overset{O}{\overset{\|}{C}}}\overset{3}{CH_2}\overset{4}{CH}(CH_3)\overset{5}{CH_3}$ 4－甲基－2－戊酮

$OHCCH_2CHO$ 丙二醛

$\overset{1}{CH_3}\overset{2}{\overset{O}{\overset{\|}{C}}}\overset{3}{CH_2}\overset{4}{\overset{O}{\overset{\|}{C}}}\overset{5}{CH_3}$ 2，4－戊二酮

二、醛和酮的物理性质

常温常压下，除甲醛是气体外，其他低级醛、酮是液体，高级醛、酮为固体。C_8 ~ C_{13} 的中级脂肪醛和一些芳醛、芳酮具有香味，因此常用于香料工业。

低级醛酮的沸点比相对分子质量相近的醇低很多，但比相对分子质量相近的烃或醚高。

低级醛和酮能溶于水，甲醛、乙醛、丙酮能与水混溶。醛和酮在水中的溶解度随碳原子数的增加而减小，直至不溶，芳醛和芳酮一般也难溶于水，但它们都能溶于有机溶剂。丙酮

本身是良好的有机溶剂。

脂肪醛和脂肪酮的相对密度小于1，比水轻；芳醛和芳酮的相对密度大于1，比水重。

三、醛和酮的化学性质

醛和酮的相关化学反应主要发生在官能团羰基及受羰基影响变得比较活泼的α-氢原子上。

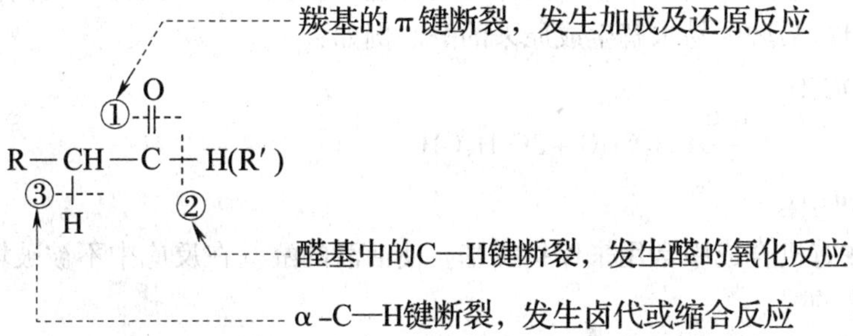

$$\underset{③\;\;\;H}{R-CH}-\overset{O\;①}{\overset{\|}{C}}-H(R')$$

①羰基的π键断裂，发生加成及还原反应

②醛基中的C—H键断裂，发生醛的氧化反应

③α-C—H键断裂，发生卤代或缩合反应

1. 羰基的加成反应

醛和酮分子中的羰基含有不饱和键，其中π键比较活泼，容易断裂，可以和氢氰酸、亚硫酸氢钠、醇、格氏试剂以及氨的衍生物等发生加成反应。

（1）与氢氰酸加成

在少量碱催化下，醛和酮与氢氰酸加成，生成α-羟基腈（又称α-氰醇）。

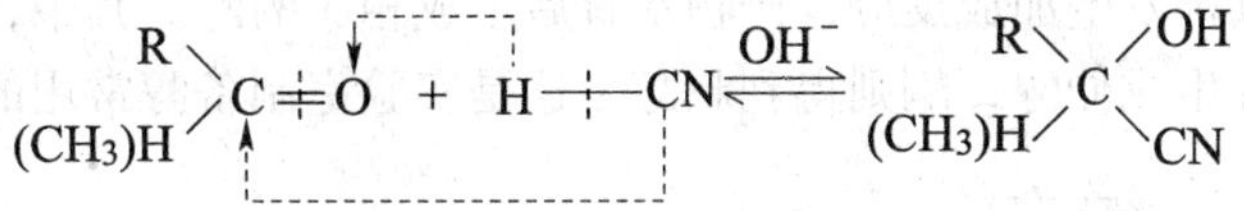

$$\underset{(CH_3)H}{\overset{R}{\diagdown}}C=O + H-CN \xrightleftharpoons{OH^-} \underset{(CH_3)H}{\overset{R}{\diagdown}}C\overset{OH}{\underset{CN}{\diagup}}$$

α-羟基腈（α-氰醇）

这个反应在有机合成中具有重要作用，是增加碳链的一个反应。而且羟基腈中的氰基很活泼，能水解成羧基，也能还原成氨基，所以可以转化成多种化合物。

（2）与亚硫酸氢钠加成

醛、脂肪族甲基酮和小于C_8的环酮都可与饱和亚硫酸氢钠溶液发生加成反应，生成α-羟基磺酸钠。

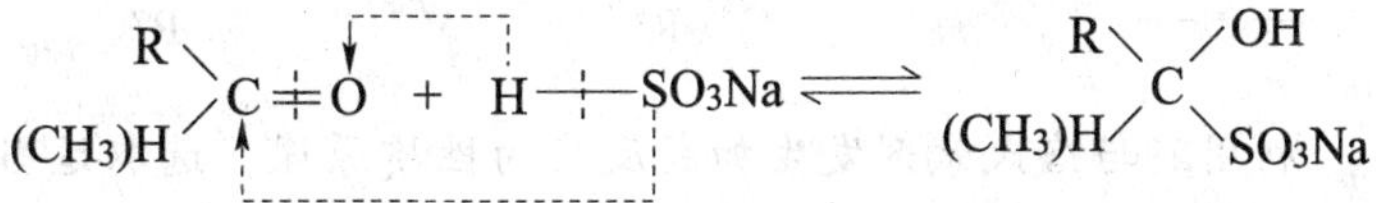

$$\underset{(CH_3)H}{\overset{R}{\diagdown}}C=O + H-SO_3Na \rightleftharpoons \underset{(CH_3)H}{\overset{R}{\diagdown}}C\overset{OH}{\underset{SO_3Na}{\diagup}}$$

α-羟基磺酸钠

α-羟基磺酸钠为无色结晶，易溶于水，不溶于饱和的亚硫酸氢钠溶液。由于反应后有晶体析出，因此可用于鉴别醛、脂肪族甲基酮和C_8以下的环酮。生成的α-羟基磺酸钠，在稀酸或稀碱的作用下，可以分解成原来的醛和酮。可利用这一性质来分离、精制醛和酮。

【课堂思考】 什么叫脂肪族甲基酮和环酮？试举例说明。

（3）与醇加成

在干燥的氯化氢存在下，醛能与饱和一元醇发生加成反应，生成半缩醛，半缩醛不稳定，与醇进一步发生脱水反应生成缩醛。例如：

$$CH_3CHO + HOC_2H_5 \underset{}{\overset{干HCl}{\rightleftharpoons}} CH_3CH(OH)(OC_2H_5) \underset{干HCl}{\overset{C_2H_5OH}{\rightleftharpoons}} CH_3CH(OC_2H_5)_2 + H_2O$$

乙醛缩一乙醇（半缩醛）　　乙醛缩二乙醇（缩醛）

从结构上看，缩醛相当于同碳二元醇的醚，化学性质与醚相似，对碱、氧化剂及还原剂都非常稳定，但在稀酸中易水解生成原来的醛。例如：

$$CH_3CH(OC_2H_5)_2 \xrightarrow[H^+]{H_2O} CH_3CHO + 2C_2H_5OH$$

这一性质在有机合成中常用来保护醛基。使活泼的醛基在反应中不被破坏，待反应完成后再水解成原来的醛。

有的酮也可以与醇作用生成半缩酮和缩酮，但反应缓慢。有的酮则难反应。

【课堂思考】 从丙烯醛合成丙醛就是有机合成中保护醛基的例子，试在下列转化的方程式中填上产物的构造式，并说明保护醛基的意义。

$$CH_2{=}CHCHO \xrightarrow[干HCl]{2C_2H_5OH} \underline{\qquad} \xrightarrow[Ni]{H_2} \underline{\qquad} \xrightarrow[H^+]{H_2O} \underline{\qquad}$$

（4）与格氏试剂加成

醛、酮与格氏试剂发生加成反应，产物水解后生成相应的醇。其中，甲醛与格氏试剂反应生成伯醇，其他醛生成仲醇，酮则得到叔醇。这是实验室制备醇常用的方法。例如：

$$H_2\overset{\delta^+}{C}{=}\overset{\delta^-}{O} + RMgX \xrightarrow{绝对乙醚} RCH_2OMgX \xrightarrow{H_2O} RCH_2OH$$

$$RHC\overset{\delta^+}{}{=}\overset{\delta^-}{O} + R'MgX \xrightarrow{绝对乙醚} (R)(R')CHOMgX \xrightarrow{H_2O} (R)(R')CH{-}OH$$

$$RR'\overset{\delta^+}{C}{=}\overset{\delta^-}{O} + R''MgX \xrightarrow{绝对乙醚} (R)(R')(R'')C{-}OMgX \xrightarrow{H_2O} (R)(R')(R'')C{-}OH$$

【课堂思考】 利用醛与格氏试剂发生加成反应的性质原理，选取适当的反应物，合成化合物 $CH_3CH(CH_3)CH_2OH$，试写出合成路线。

2. 氧化反应及醛、酮的鉴别

醛比酮更容易被氧化，这是因为醛基上的氢原子比较活泼，容易被氧化。一些弱的氧化剂（如托伦试剂、斐林试剂），甚至空气中的氧都能使醛氧化，生成相同碳原子数的羧酸。

酮在强氧化剂（如 $KMnO_4$、$K_2Cr_2O_7 + H_2SO_4$）的作用下发生氧化反应。但不能被托伦试剂、斐林试剂氧化。

（1）与托伦试剂反应

托伦试剂是硝酸银的氨溶液，具有较弱的氧化性，可将醛氧化成羧酸（碱性条件下得到羧酸的铵盐），而 Ag^+ 被还原成 Ag。

$$RCHO + 2Ag(NH_3)_2OH \xrightarrow[\triangle]{(\text{水浴})} RCOONH_4 + 2Ag\downarrow + 3NH_3 + H_2O$$

此反应若在洁净的玻璃容器中进行，可在容器壁上形成光洁明亮的银镜，因此这一反应又称为**银镜反应**。

（2）与斐林试剂反应

斐林试剂是由硫酸铜与酒石酸钾钠的碱溶液等体积混合而成的蓝色溶液。斐林试剂可使脂肪醛氧化成羧酸，而本身被还原成砖红色 Cu_2O 沉淀。

$$RCHO + 2Cu^{2+} + 5OH^- \longrightarrow RCOO^- + Cu_2O\downarrow + 3H_2O$$

芳醛一般不能发生此反应。

甲醛的还原性较强，与斐林试剂反应可生成铜：

$$HCHO + Cu^{2+} + NaOH \xrightarrow[\triangle]{(\text{水浴})} HCOONa + Cu\downarrow + 2H^+$$

醛与托伦试剂、斐林试剂的反应可用来区别醛和酮，其中斐林试剂还可区别脂肪醛和芳醛，并可鉴定甲醛。

（3）与品红试剂反应

醛与品红试剂作用，溶液呈紫红色，这个反应非常灵敏；而酮与品红试剂则不反应。所以与品红试剂反应是实验室检验醛和鉴别醛、酮常用的简便方法。

醛与品红试剂作用生成紫红色溶液，若滴加几滴浓硫酸，紫红色不消失的为甲醛，紫红色消失的为其他醛。借此性质可鉴别甲醛和其他醛。

资料卡——托伦试剂、斐林试剂、品红试剂

托伦试剂：硝酸银的氨溶液，是将氨水加入硝酸银溶液中，直到生成的沉淀恰好溶解为止时的银氨配离子溶液。

斐林试剂：硫酸铜与酒石酸钾钠的碱溶液等体积混合，得到含有高价 Cu^{2+} 的蓝色溶液。其中酒石酸钾钠的作用是使铜离子形成配离子，而不致在碱性溶液中生成氢氧化铜沉淀。

品红试剂：品红是一种红色染料，又称碱性品红，棕红色晶体，微溶于水，溶于乙醇和酸，水溶液呈红色。将品红染料溶解，再通入二氧化硫漂白得到无色溶液，这种无色溶液就叫做品红试剂，也称希夫试剂。

3. 还原反应

在化学还原剂如硼氢化钠（$NaBH_4$）、氢化铝锂（$LiAlH_4$）的作用下或催化加氢，醛和酮分子中的羰基可以发生还原反应，醛还原成伯醇，酮还原成仲醇。

$$R-\overset{\overset{\displaystyle O}{\|}}{C}-H \xrightarrow{[H]} R-CH_2OH$$

$$R-\overset{\overset{\displaystyle O}{\|}}{C}-R' \xrightarrow{[H]} R-\overset{\overset{\displaystyle OH}{|}}{C}-R'$$

硼氢化钠是一种较弱的还原剂，并且选择性较高，一般只还原醛和酮中的羰基，而不影

响其他的不饱和基团。氢化铝锂的还原性比硼氢化钠强，除还原醛和酮中的羰基外，还可以还原羧酸、酯中的羰基以及—NO_2、—CN 等许多不饱和基团。但是，它们都不能还原碳碳双键和碳碳三键。

4. 坎尼扎罗反应

不含 α－氢原子的醛在浓碱溶液中可以发生自身氧化还原反应。一分子醛被氧化成羧酸，另一分子醛被还原成醇。此反应又叫**歧化反应**。例如：

$$2\,C_6H_5\text{—}CHO \xrightarrow{\text{浓 NaOH}} \underset{\text{苯甲酸钠}}{C_6H_5\text{—}COONa} + \underset{\text{苯甲醇}}{C_6H_5\text{—}CH_2OH}$$

甲醛与其他无 α－氢原子的醛发生歧化反应时，由于还原性较强，反应中把其他无 α－氢原子的醛还原成醇，而自身被氧化成甲酸。

【课堂思考】 哪些醛是不含 α－氢原子的醛？讨论其构造特征。

5. α－氢原子上的卤代反应

醛、酮分子中与羰基相连的 α－碳原子上的氢原子叫 α－氢原子，因受羰基的影响，它具有较大的活泼性。在酸或碱的催化作用下，醛和酮分子中的 α－氢原子很容易被卤素原子取代，生成 α－卤代醛、酮。

在酸催化下的卤代反应速率缓慢，可以控制在生成一卤代物阶段。例如：

$$CH_3\overset{O}{\overset{\|}{C}}CH_3 + Br_2 \xrightarrow[65℃]{CH_3COOH} CH_3\overset{O}{\overset{\|}{C}}CH_2Br + HBr$$

在碱催化下的卤代反应速率很快，一般不能控制在一卤代物阶段，而是得到多卤代物。

乙醛和甲基酮（ $CH_3\text{—}\overset{O}{\overset{\|}{C}}\text{—}$ ）与次卤酸钠或卤素的碱溶液作用时，甲基的三个 α－氢原子都被卤素取代，生成 α－三卤化物（ $CX_3\text{—}\overset{O}{\overset{\|}{C}}\text{—}$ ），这种三卤代物在碱性条件下很不稳定，容易进一步分解生成羧酸盐和三卤甲烷（卤仿）。例如：

$$(H)R\text{—}\overset{O}{\overset{\|}{C}}\text{—}CH_3 + 3NaOX \underset{(X_2+NaOH)}{\longrightarrow} (H)R\text{—}\overset{O}{\overset{\|}{C}}\text{—}CX_3 + 3NaOH$$

$$\xrightarrow{NaOH} \underset{\text{羧酸钠}}{(H)RCOONa} + \underset{\text{卤仿}}{CHX_3}$$

这个反应最终产物是卤仿，所以又叫做**卤仿反应**。

由于次卤酸盐本身是氧化剂，可使“ $CH_3\text{—}\overset{OH}{\overset{|}{C}H}\text{—}$ ”结构氧化成“ $CH_3\text{—}\overset{O}{\overset{\|}{C}}\text{—}$ ”结构，因而含有“ $CH_3\text{—}\overset{OH}{\overset{|}{C}H}\text{—}$ ”结构的醇也能发生卤仿反应。例如：

$$\underset{\text{异丙醇}}{CH_3-\underset{|}{\overset{OH}{CH}}-CH_3} \xrightarrow{NaOI} CH_3-\overset{O}{\overset{\|}{C}}-CI_3 \xrightarrow{NaOH} \underset{\text{乙酸钠}}{CH_3COONa} + \underset{\text{碘仿}}{CHI_3}\downarrow$$

由于碘仿是不溶于水的亮黄色晶体，有特殊的气味，易于识别，因此可利用碘仿反应来鉴别乙醛、甲基酮和具有“ $CH_3-\overset{OH}{\overset{|}{CH}}-$ ”结构的醇类的存在。

四、重要的醛和酮

1. 甲醛

甲醛俗称蚁醛，沸点 -21℃，常温时为无色、具有强烈刺激性气味的气体。甲醛易溶于水、醇、醚，37% ~40% 的甲醛水溶液（其中含有 8% 的甲醇作稳定剂）称为“福尔马林”，福尔马林是医药和农药常用的消毒剂和防腐剂。甲醛容易燃烧，其蒸气与空气混合物的爆炸极限为 7% ~73%（体积分数）。甲醛有毒，对眼黏膜、皮肤都有刺激作用，过量吸入其蒸气会引起中毒。

工业上以甲醇或天然气为原料经催化氧化来制取甲醛。

$$CH_3OH + \frac{1}{2}O_2 \xrightarrow[250 \sim 300℃]{Ag\text{或}Cu} HCHO + H_2O$$

$$CH_4 + O_2 \xrightarrow[600℃]{NO} HCHO + H_2O$$

甲醛是一种重要的有机原料，其用途非常广泛，主要应用于有机合成材料、涂料、橡胶、农药等行业。合成树脂（如酚醛树脂、脲醛树脂等）、合成纤维（如合成维尼纶——聚乙烯醇缩甲醛）、表面活性剂、塑料、橡胶、皮革、造纸、染料、制药、农药、照相胶片、炸药、建筑材料以及消毒、熏蒸和防腐过程中均要用到甲醛。

2. 乙醛

乙醛是无色透明、有刺鼻气味的液体，熔点 -121℃，沸点 20.8℃，容易挥发和燃烧。乙醛在空气中放置，能自行氧化生成不稳定的过氧化物，以致爆炸，在空气中的爆炸极限是 4.0% ~57.0%（体积分数）。乙醛能与水、乙醇、乙醚以任意比例相溶。市售乙醛一般是 40% 的溶液。

工业上常用乙炔水合法，乙醇氧化法和乙烯直接氧化法制乙醛。目前，乙烯氧化是生成乙醛的主要方法。

$$2CH_3CH_2OH + O_2 \xrightarrow[\triangle]{Cu\text{或}Ag} \underset{\text{乙醛}}{2CH_3CHO} + 2H_2O$$

$$CH_2{=}CH_2 + \frac{1}{2}O_2 \xrightarrow[100℃,\ 1MPa]{PdCl_2-CuCl_2} CH_3CHO$$

乙醛用于生产乙酸、乙酸酐、合成树脂、橡胶、塑料、香料，也用于制革、制药、造纸、医药，以及防腐剂、防毒剂、显像剂、溶剂、还原剂等，是有机工业的重要原料。

3. 苯甲醛

苯甲醛是最简单的芳醛，俗称苦杏仁油，是无色有杏仁气味的油状液体，沸点 179℃，微溶于水，能与乙醇、乙醚等有机溶剂混溶，在自然界以糖苷的形式存在于桃、杏、李子等水果的核仁中。

工业上常用甲苯氧化制取苯甲醛，也可利用苯二氯甲烷水解来制得。

$$C_6H_5CH_3 \xrightarrow[400℃（气相氧化）]{V_2O_5，空气} C_6H_5CHO + H_2O$$

$$C_6H_5CH_3 \xrightarrow[光]{Cl_2} C_6H_5CHCl_2 \xrightarrow[95\sim100℃]{H_2O，Fe} C_6H_5CHO$$

苯甲醛是医药、染料、香料和树脂工业的重要原料，主要用于制造月桂醛、月桂酸等，还可用做溶剂、增塑剂和低温润滑剂等。苯甲醛在香精业中主要用于调配食用香精，少量用于日化香精和烟用香精中。

4. 丙酮

丙酮为无色且具有清香气味的液体，沸点56.5℃，容易挥发和燃烧，在空气中的爆炸极限为2.55%～12.80%（体积分数）。丙酮可以任意比例与水、乙醇、乙醚、氯仿等混合，也能溶解油脂、树脂和橡胶等许多物质，是一种良好的有机溶剂。

工业上可用淀粉发酵、异丙醇催化氧化或催化脱氢、异丙苯氧化水解和丙烯直接催化氧化等方法制取丙酮。目前使用较多的是异丙苯氧化制苯酚的同时制取丙酮（见本单元课题二），也常用丙烯直接氧化法。

$$CH_3CH{=}CH_2 + \frac{1}{2}O_2 \xrightarrow[90\sim120℃，1\ MPa]{PdCl_2-CuCl_2} CH_3{-}\overset{\overset{\displaystyle O}{\|}}{C}{-}CH_3$$

丙酮大量用做溶剂，在一些有机物的萃取方面有广泛应用。它也是重要的有机化工原料，可用于合成有机玻璃、异戊橡胶、环氧树脂等高分子化合物。

课题四　羧酸及其衍生物

学习目标

1. 了解羧酸的分类，掌握羧酸及其衍生物的命名方法。

2. 了解羧酸及其衍生物的物理性质和变化规律。

3. 掌握羧酸及其衍生物的化学性质，掌握羧酸的鉴别方法，掌握羧酸及其衍生物间的相互转化关系。

4. 了解重要羧酸的工业制法以及在生产、生活中的用途。

由羰基和羟基组成的基团叫做**羧基**。羧基的结构式为 $-\overset{\overset{\displaystyle O}{\|}}{C}-OH$（也可简写为—COOH）。含有羧基结构的有机化合物称为**羧酸**，常用通式R—COOH来表示。

一、羧酸

1. 羧酸的分类

根据分子中烃基的结构不同可将羧酸分为脂肪族羧酸、脂环族羧酸和芳香族羧酸；根据烃基是否饱和，又可分为饱和羧酸和不饱和羧酸；还可以根据分子中所含羧基数目分为一元羧酸、二元羧酸和三元羧酸等，二元及二元以上的羧酸统称为多元羧酸。例如：

$CH_3—CH(CH_3)—COOH$　　$CH_2═CH—COOH$　　$HOOCCH_2COOH$

异丁酸（脂肪族饱和一元羧酸）丙烯酸（脂肪族不饱和一元羧酸）丙二酸（脂肪族饱和二元羧酸）

$C_6H_{11}—COOH$　　$C_6H_5—COOH$　　$C_6H_4(COOH)_2$

环己基甲酸（脂环族一元羧酸）　苯甲酸（芳香族一元羧酸）　邻苯二甲酸（芳香族二元羧酸）

2. 羧酸的命名

（1）俗名

俗名一般是根据羧酸的最初来源而命名。例如：甲酸最初从蒸馏非洲红蚂蚁的产物中获得，故称为蚁酸，乙酸是食醋的主要成分，因此叫醋酸。一些常见羧酸的俗名见表 11—4—1。

表 11—4—1　　一些常见羧酸的俗名

结构式	名称	
	系统名称	俗名
$HCOOH$	甲酸	蚁酸
CH_3COOH	乙酸	醋酸
CH_3CH_2COOH	丙酸	初油酸
$CH_3(CH_2)_2COOH$	丁酸	酪酸
$CH_3(CH_2)_3COOH$	戊酸	缬草酸
$CH_3(CH_2)_4COOH$	己酸	羊油酸
$CH_3(CH_2)_5COOH$	庚酸	葡萄花酸
$CH_3(CH_2)_{10}COOH$	十二酸	月桂酸
$CH_3(CH_2)_{12}COOH$	十四酸	肉豆蔻酸
$CH_3(CH_2)_{14}COOH$	十六酸	软脂酸（棕榈酸）
$CH_3(CH_2)_{16}COOH$	十八酸	硬脂酸
$CH_2═CHCOOH$	丙烯酸	败脂酸
$CH_3CH═CHCOOH$	2－丁烯酸	巴豆酸
$HOOC—COOH$	乙二酸	草酸
$HOOCCH_2COOH$	丙二酸	缩水苹果酸（胡萝卜酸）
$C_6H_5—COOH$	苯甲酸	安息香酸
$HOOC(CH_2)_4COOH$	己二酸	肥酸
$C_6H_5—CH═CHCOOH$	β－苯丙烯酸	肉桂酸
$C_6H_4(COOH)_2$	邻苯二甲酸	酞酸

(2) 系统命名法

羧酸的系统命名原则与醛相似，即选择含有羧基的最长碳链为主链，若分子中含有不饱和键，则选含羧基和不饱和键的最长碳链为主链，根据主链碳原子的数目称为“某酸”或“某烯（炔）酸”。编号从羧基碳原子开始，书写名称时要注明取代基和不饱和键的位次。例如：

$$\overset{5}{C}H_3\overset{4}{C}H_2\overset{3}{C}H(CH_3)—\overset{2}{C}H(CH_3)\overset{1}{C}OOH$$

2，3－二甲基戊酸

$$CH_3\overset{3}{C}H(\overset{4}{C}H_2\overset{5}{C}H_3)\overset{2}{C}H_2\overset{1}{C}OOH$$

3－甲基戊酸

$$\overset{4}{C}H_3\overset{3}{C}H=\overset{2}{C}H\overset{1}{C}OOH$$

2－丁烯酸

芳香族羧酸或脂环族羧酸命名时，若羧基连在芳环或脂环侧链上，以芳环或脂环为取代基。例如：

$$C_6H_{11}—\overset{3}{C}H(\overset{4}{C}H_3)\overset{2}{C}H_2\overset{1}{C}OOH$$

3－环己基丁酸

$$o\text{-}CH_3C_6H_4COOH$$

邻甲（基）苯甲酸

二元羧酸命名时，选择包含有两个羧基的最长碳链为主链，根据主链碳原子的数目称为“某二酸”；芳香或脂环族二元酸则须注明两个羧基的位次。例如：

$$HOOC(CH_2)_4COOH$$

己二酸

$$o\text{-}C_6H_4(COOH)_2$$

邻苯二甲酸（1，2－苯二甲酸）

$$1,3\text{-}C_6H_{10}(COOH)_2$$

1，3－环己基二甲酸

3. 羧酸的物理性质

(1) 物态

常温常压下，C_1～C_3的羧酸都是无色透明具有刺激性气味的液体，C_4～C_9的羧酸是具有腐败气味的油状液体，C_{10}以上的直链一元羧酸是无臭无味的白色蜡状固体，脂肪族二元羧酸和芳香族羧酸都是白色晶体。

(2) 溶解性

C_1～C_4的羧酸都易溶于水，可以任意比例与水混溶，C_5以上的羧酸溶解度逐渐降低，C_{10}以上的羧酸已不溶于水，但都易溶于乙醇、乙醚、氯仿等有机溶剂。二元羧酸在水中的溶解度比同碳原子数的一元羧酸大，芳香族羧酸一般难溶于水。

(3) 沸点

饱和一元羧酸的沸点随着相对分子质量的增加而升高。羧酸的沸点比相对分子质量相同的醇的沸点要高。例如甲酸沸点100.8℃，和它相应相对分子质量的乙醇沸点为78℃。

(4) 熔点

直链饱和一元羧酸的熔点随碳原子数增加而呈锯齿状升高，含偶数个碳原子的羧酸比相邻两个含奇数个碳原子的羧酸熔点要高。这是因为含偶数个碳原子的羧酸分子对称性较高，排列更紧密，分子间作用力较大。

(5) 相对密度

直链饱和一元羧酸的相对密度随碳原子数增加而降低。只有甲酸、乙酸的相对密度大于1，其他饱和一元羧酸的相对密度都小于1。二元羧酸和芳酸的相对密度都大于1。

4. 羧酸的化学性质

羧基是羧酸的官能团。羧酸的化学反应主要发生在羧基和因受羧基影响变得比较活泼的α－H原子上。

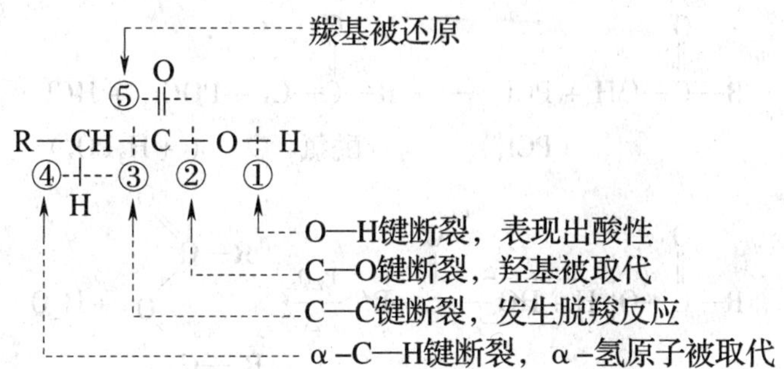

（1）酸性与成盐

羧酸具有明显的弱酸性，在水溶液中能离解出 H^+，并使蓝色石蕊试纸变红。羧酸的酸性比碳酸强，不仅能与氢氧化钠和碳酸钠作用成盐，而且能与碳酸氢钠作用成盐。

$$RCOOH + NaHCO_3 \longrightarrow RCOONa + H_2O + CO_2\uparrow$$

羧酸钠盐具有盐的一般性质，易溶于水，不挥发，加入无机强酸又可以使羧酸重新游离析出。

$$RCOONa + HCl \longrightarrow RCOOH + NaCl$$

实验室中可根据与 Na_2CO_3、$NaHCO_3$反应放出 CO_2的性质，鉴别羧酸。工业上还可利用羧酸盐与无机强酸作用重新转变为羧酸的性质，分离、精制羧酸。

羧酸的酸性强弱与羧基上所连基团的性质密切相关。当羧基与吸电子基相连时，酸性增强；当羧基与供电子基相连时，酸性减弱。

吸电子基的数目越多，电负性越大，离羧基越近，羧酸的酸性越强。这种吸电子作用可沿碳链传递且逐渐减弱，一般经过三个以上碳原子时，其影响可忽略不计。

常见取代基的吸电子或供电子能力强弱顺序如下：

吸电子基：$—NO_2 > —COOH > —F > —Cl > —Br > —I > —C\equiv CH > —C=CH_2 > —H$

供电子基：$(CH_3)_3C— > (CH_3)_2CH— > CH_3CH_2— > CH_3— > H—$

资料卡——羧酸的酸性强弱规律

羧酸的酸性强弱与羧基上所连基团的性质密切相关。当羧基与吸电子基（如卤素原子）相连时，因为卤素原子的电负性比碳原子强，具有较强的吸电作用，使羟基氧原子上电子云密度降低，对氢原子的吸引力减弱，从而容易离解出质子，所以酸性增强。当羧基与供电子基（如烷基）相连时，因为烷基是供电子基，使羟基氧原子上电子云密度增加，对氢原子的吸引力增强，氢原子较难离解为质子，所以酸性减弱。

【课堂思考】 排列下列羧酸酸性的强弱顺序，并解释原因：HCOOH、CH_3COOH、

$ClCH_2COOH$。

（2）羟基被取代

在一定条件下，羧基中的羟基可以被卤素（—X）、酰氧基（ $-O-\overset{O}{\overset{\|}{C}}-R$ ）、烷氧基（—O—R）、氨基（$-NH_2$）取代，分别生成酰卤、酸酐、酯和酰胺。

$$R-\overset{O}{\overset{\|}{C}}-OH + PCl_5 \longrightarrow R-\overset{O}{\overset{\|}{C}}-Cl + POCl_3 + HCl$$

（PCl_3）　　　酰氯　　（$+H_3PO_3$）

$$R-\overset{O}{\overset{\|}{C}}-O\boxed{H + HO}-\overset{O}{\overset{\|}{C}}-R' \xrightarrow[\triangle]{P_2O_5} (R-\overset{O}{\overset{\|}{C}})-O-(\overset{O}{\overset{\|}{C}}-R') + H_2O$$

酸酐

$$R-\overset{O}{\overset{\|}{C}}\boxed{-OH + H}O-R' \overset{H^+}{\rightleftharpoons} R-\overset{O}{\overset{\|}{C}}-OR' + H_2O$$

酯

$$R-\overset{O}{\overset{\|}{C}}-OH + NH_3 \longrightarrow R-\overset{O}{\overset{\|}{C}}-ONH_4 \xrightarrow[-H_2O]{\triangle} R-\overset{O}{\overset{\|}{C}}-NH_2$$

酰胺

羧酸和醇作用发生分子间脱水生成酯，这一反应叫做**酯化反应**。酯化反应是可逆的，速度很慢，因此必须在酸（如浓硫酸）催化下进行。

羧酸与氨作用时首先生成铵盐，干燥的羧酸铵受热脱水后生成酰胺。

（3）脱羧反应

羧酸在加热条件下脱去羧基并放出 CO_2 的反应叫做**脱羧反应**。除甲酸外，其他饱和一元羧酸一般不发生脱羧反应，只有低级羧酸的碱金属盐与碱石灰共熔时才能发生脱羧，生成比羧酸盐少一个碳原子的烷烃。

例如，在实验室中加热无水乙酸钠和碱石灰的混合物可以制取甲烷。

$$CH_3\boxed{-\overset{O}{\overset{\|}{C}}-ONa + NaO}H \xrightarrow[\triangle]{CaO} CH_4\uparrow + Na_2CO_3$$

乙酸钠

（4）α－氢的卤代反应

受羧基的影响，羧酸分子中的α－氢原子具有一定的活泼性，在少量红磷、硫或碘催化剂的存在下，可被卤原子（—Cl、—Br）取代生成α－卤代酸。

$$RCH_2COOH + X_2 \xrightarrow[\triangle]{P} \underset{\displaystyle X}{\underset{|}{RCHCOOH}} + HX$$

若控制条件，可使反应停留在一元取代阶段，也可以继续发生多元取代。

α－卤代酸中的卤原子可以被—CN、$—NH_2$、—OH 等基团取代生成各种 α－取代酸，因此羧酸的 α－卤代反应在有机合成中具有重要意义。

5. 重要的羧酸

（1）甲酸

甲酸俗称蚁酸。工业上制取甲酸是将一氧化碳和氢氧化钠在高温高压下制成甲酸钠，再用浓硫酸酸化把甲酸蒸馏出来。

$$CO + NaOH \xrightarrow[0.6 \sim 1\ MPa]{210℃} HCOONa \xrightarrow{浓硫酸} HCOOH$$

甲酸是具有刺激气味的无色透明液体，沸点 100.8℃，可与水混溶，易溶于乙醇、乙醚、甘油等。甲酸容易燃烧，在空气中的爆炸极限为 18%～57%（体积分数）。甲酸腐蚀性较强，并刺激皮肤，使用时应避免与皮肤接触。

甲酸同时具有羧基和醛基的结构，因此既具有羧酸的性质，又具有醛的性质。例如，甲酸具有酸的通性，又具有还原性，能与银氨溶液发生银镜反应，也能把新制的氢氧化铜还原成红色的氧化亚铜沉淀，甲酸则被氧化成二氧化碳和水，可利用此性质区别甲酸与其他羧酸。

$$HCOOH \longrightarrow CO_2 + H_2O$$

【课堂思考】 如何用化学方法鉴别 HCOOH 和 CH_3COOH？

（2）乙酸

乙酸俗名醋酸，是食醋的主要成分，普通食醋含 6%～10% 的乙酸。纯乙酸在常温下是一种有强烈刺激性气味的无色液体，沸点 117.9℃，熔点 16.6℃。当温度低于熔点时，纯乙酸就凝结成冰状固体，所以无水乙酸又称冰醋酸。乙酸与水混溶，也能溶于其他溶剂。

工业上主要采用乙醛氧化法制取乙酸。

$$CH_3CHO + \frac{1}{2}O_2 \xrightarrow[70 \sim 80℃,\ 0.2 \sim 0.3\ MPa]{Mn\ (Ac)_2} CH_3COOH$$

乙酸的用途很广泛，是一种重要的有机化工原料。乙酸可以用于生产醋酸纤维、合成维纶纤维、香料、染料、医药（如阿斯匹林）以及农药等。乙酸也可生成各种衍生物，如乙酸甲酯、乙酸乙酯、乙酸丙酯、乙酸丁酯等，还可作为涂料和油漆工业的极好溶剂。

（3）苯甲酸

苯甲酸俗称安息香酸，是片状或针状的白色晶体，比水重，微溶于冷水，可溶于热水、乙醇、乙醚、四氯化碳等溶剂中，易升华。苯甲酸具有无味、低毒、抑菌、防腐等特点，其钠盐广泛用做食品和药品的防腐剂。苯甲酸可用于合成香料、染料、药物等。

最初苯甲酸是由安息香胶干馏或碱水水解制得。工业上，苯甲酸是在钴、锰等催化剂存在下用空气氧化甲苯制得，或由甲苯氯化成三氯甲苯，再用石灰乳及铁粉水解而得。

$$C_6H_5CH_3 + Cl_2 \xrightarrow{光} C_6H_5CCl_3 \xrightarrow{H_2O} C_6H_5COOH$$

（4）乙二酸

乙二酸是最简单的二元酸，俗称草酸，多以钾盐和钙盐的形式广泛存在于植物体中。草酸一般含有两分子结晶水，为无色透明结晶，晶体受热至100℃时失去结晶水，成为无水草酸。无水草酸的熔点为189.5℃，能溶于水或乙醇，不溶于乙醚。草酸有毒，对皮肤、黏膜有刺激及腐蚀作用，极易经表皮、黏膜吸收引起中毒，空气中最高容许浓度为1 mg/m^3。

草酸具有较强的酸性（pK_a = 1.46），是二元羧酸中的最强酸，而且酸性比甲酸（pK_a = 3.77）和乙酸（pK_a = 4.76）强得多。草酸除具有一般羧酸的性质外，还有较强的还原性，可以被高锰酸钾氧化成二氧化碳和水。这一反应在定量分析中被用来标定高锰酸钾溶液的浓度。

草酸在工业上常用做还原剂、漂白剂和除锈剂等，也用于生产抗菌素和冰片等药物以及作为提炼稀有金属的溶剂，还可用于金属和大理石的清洗及纺织品的漂白等。

现代工业以一氧化碳和氢氧化钠为原料先制取甲酸钠，然后将甲酸钠迅速加热至360℃脱氢生成草酸钠，再经石灰苛化、硫酸酸化制得草酸。

$$\mathrm{CO + NaOH \xrightarrow[2\ MPa]{150\sim200^{\circ}C} HCOONa}$$

$$\mathrm{2HCOONa \xrightarrow{360^{\circ}C} \begin{array}{c} COONa \\ | \\ COONa \end{array} + H_2}$$

$$\mathrm{\begin{array}{c} COONa \\ | \\ COONa \end{array} \xrightarrow{Ca(OH)_2} \begin{array}{c} COO \\ | \\ COO \end{array}\!\!>Ca \xrightarrow{H^+} \begin{array}{c} COOH \\ | \\ COOH \end{array}}$$

二、羧酸衍生物

1. 羧酸衍生物的结构和命名

（1）羧酸衍生物的结构

羧酸分子中去掉羟基，剩余的部分叫**酰基**（ $\mathrm{R-\overset{O}{\overset{\|}{C}}-}$ ）。酰基与卤原子、酰氧基、烷氧基、氨基直接相连形成的化合物分别叫做**酰卤**、**酸酐**、**酯**和**酰胺**。它们统称为**羧酸衍生物**，因其结构中都含有酰基，所以又叫做**酰基化合物**。

$\mathrm{R-\overset{O}{\overset{\|}{C}}-X}$ 酰卤　　$\mathrm{R-\overset{O}{\overset{\|}{C}}-O-\overset{O}{\overset{\|}{C}}-R'}$ 酸酐　　$\mathrm{R-\overset{O}{\overset{\|}{C}}-O-R'}$ 酯　　$\mathrm{R-\overset{O}{\overset{\|}{C}}-NH_2}$ 酰胺

（2）羧酸衍生物的命名

1）酰卤的命名。酰卤的命名是在酰基的名称后面加上卤原子的名称，称为“某酰卤”。例如：

$\mathrm{CH_3-\overset{O}{\overset{\|}{C}}-Cl}$ 乙酰氯　　$\mathrm{CH_2{=}CH-\overset{O}{\overset{\|}{C}}-Br}$ 丙烯酰溴　　$\mathrm{C_6H_5-\overset{O}{\overset{\|}{C}}-Cl}$ 苯甲酰氯

2）酸酐的命名。酸酐是羧酸脱水得到的，其命名是在相应的羧酸名称后面加上“酐”字。例如：

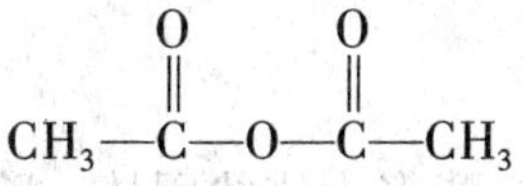

$$CH_3-\overset{\overset{O}{\|}}{C}-O-\overset{\overset{O}{\|}}{C}-CH_3$$

乙酸酐

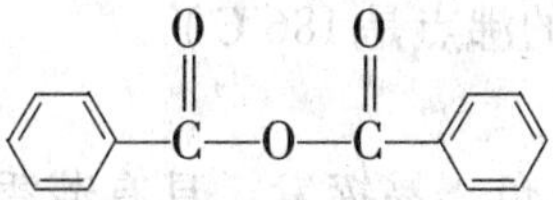

$$C_6H_5-\overset{\overset{O}{\|}}{C}-O-\overset{\overset{O}{\|}}{C}-C_6H_5$$

苯甲酸酐

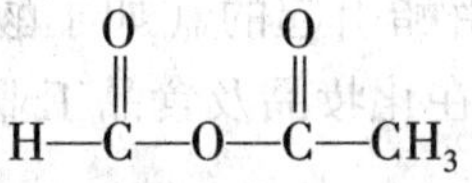

$$H-\overset{\overset{O}{\|}}{C}-O-\overset{\overset{O}{\|}}{C}-CH_3$$

甲乙酸酐

$$C_6H_4(CO)_2O$$

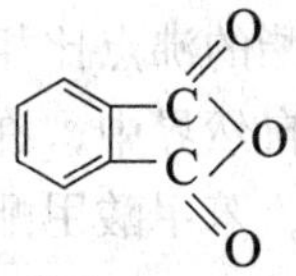

邻苯二甲酸酐

3）酯的命名。酯是羧酸和醇（或酚）脱水的产物，命名时，通常按照相应羧酸和醇（或酚）的名称，称为“某酸某酯”。例如：

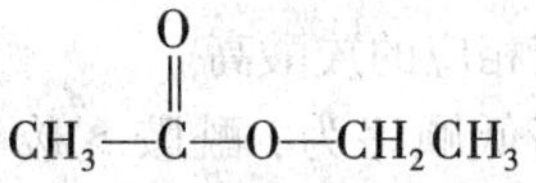

$$CH_3-\overset{\overset{O}{\|}}{C}-O-CH_2CH_3$$

乙酸乙酯

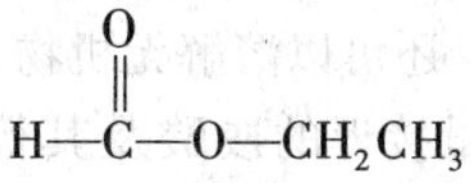

$$H-\overset{\overset{O}{\|}}{C}-O-CH_2CH_3$$

甲酸乙酯

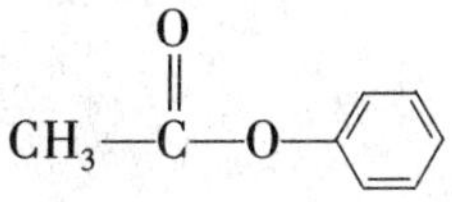

$$CH_3-\overset{\overset{O}{\|}}{C}-O-C_6H_5$$

乙酸苯酯

$$CH_3OOC-C_6H_4-COOCH_3$$

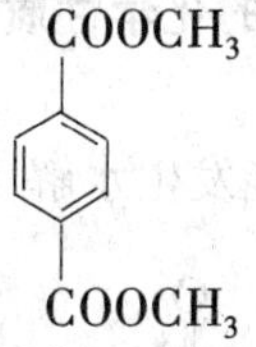

对苯二甲酸二甲酯

4）酰胺的命名。酰胺的命名是在酰基名称后面加上“胺”字，称为“某酰胺”。例如：

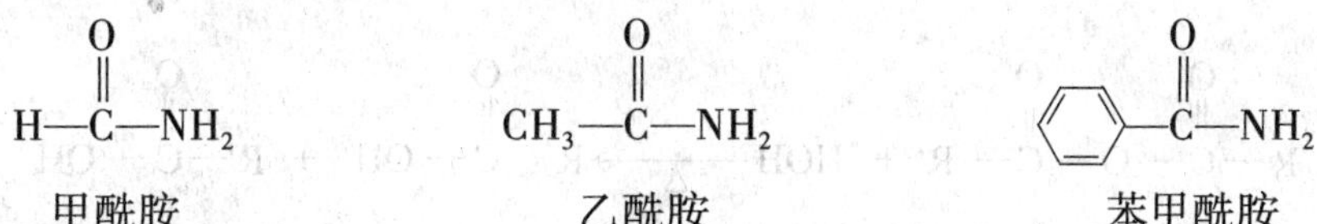

甲酰胺　　乙酰胺　　苯甲酰胺

对于含有取代氨基的酰胺，命名时，把氮原子上所连的烃基作为取代基，用“N”表示其位次。例如：

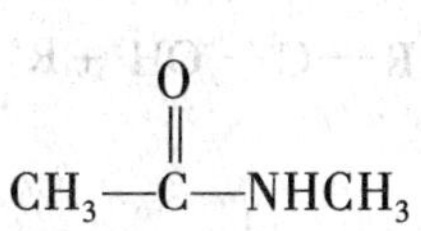

$$CH_3-\overset{\overset{O}{\|}}{C}-NHCH_3$$

N－甲基乙酰胺

$$H-\overset{\overset{O}{\|}}{C}-N(CH_3)_2$$

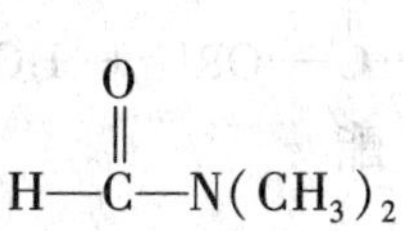

N，N－二甲基甲酰胺

2. 羧酸衍生物的物理性质

（1）酰卤

酰卤中以酰氯最为重要。低级酰氯是有强烈刺激气味的无色液体，高级酰氯为白色固体。酰氯不溶于水，易溶于有机溶剂，低级酰氯遇水分解。酰氯的沸点比相应羧酸的沸点低（如乙酰氯的沸点是51℃，丙酸的沸点是141℃），这是因为酰氯分子之间不能形成氢键的缘故。

（2）酸酐

低级酸酐是具有刺激性气味的无色液体，高级酸酐为固体。酸酐不溶于水，溶于乙醚、氯仿和苯等有机溶剂。酸酐的沸点较相对分子质量相近的羧酸低（如乙酸酐的沸点是139℃，正戊酸的沸点是186℃）。

（3）酯

低级酯是无色、易挥发、具有芳香味的液体，高级酯多为蜡状固体。除低级酯（C_3 ~ C_5）微溶于水外，其他酯都不溶于水，但易溶于乙醇、乙醚等有机溶剂。有的酯本身就是优良的有机溶剂。酯的沸点比相对分子质量相近的醇和羧酸都低。

酯广泛存在于自然界中，许多花果的香味就是由酯引起的（如丁酸甲酯有菠萝味，乙酸异戊酯有香蕉味，苯甲酸甲酯有茉莉香味），所以在化妆品及食品工业中大量使用酯来配制各种香精。

（4）酰胺

酰胺除少数是液体外，其他都是无色结晶固体。低级酰胺能溶于水，随着相对分子质量的增大溶解度下降。液态酰胺是优良的溶剂，最常使用的是N，N－二甲基甲酰胺，它不但可以溶解有机物，还可以溶解无机物。酰胺的沸点较相应的羧酸高。

相对分子质量接近的羧酸及其衍生物的沸点高低顺序为：酰胺＞羧酸＞酸酐＞酯＞酰氯。

3. 羧酸衍生物的化学性质

（1）水解反应

羧酸衍生物都能发生水解反应生成羧酸。例如：

$$\underset{\text{酰氯}}{R-\overset{\overset{\large O}{\|}}{C}-Cl} + HOH \xrightarrow{\text{室温}} R-\overset{\overset{\large O}{\|}}{C}-OH + HCl$$

$$\underset{\text{酸酐}}{R-\overset{\overset{\large O}{\|}}{C}-O-\overset{\overset{\large O}{\|}}{C}-R'} + HOH \xrightarrow[\triangle]{} R-\overset{\overset{\large O}{\|}}{C}-OH + R'-\overset{\overset{\large O}{\|}}{C}-OH$$

$$\underset{\text{酯}}{R-\overset{\overset{\large O}{\|}}{C}-OR'} + HOH \xrightarrow[\text{或}OH^-,\triangle]{H^+} R-\overset{\overset{\large O}{\|}}{C}-OH + R'OH$$

$$\underset{\text{酰胺}}{R-\overset{\overset{\large O}{\|}}{C}-NH_2} + HOH \xrightarrow{\text{回流}} \begin{cases} \xrightarrow{HCl} R-\overset{\overset{\large O}{\|}}{C}-OH + NH_4Cl \\ \xrightarrow{NaOH} R-\overset{\overset{\large O}{\|}}{C}-ONa + NH_3\uparrow \end{cases}$$

【课堂思考】　从以上羧酸衍生物水解反应的条件，推断羧酸衍生物发生水解反应的活性顺序。

（2）醇解反应

羧酸衍生物与醇或酚作用都生成酯，酰卤、酸酐发生醇解反应较容易，酯、酰胺的醇解反应较难进行，须在催化剂存在的条件下才反应，其反应活性顺序与水解相同。例如：

$$RCOX + R'OH \longrightarrow RCOOR' + HX$$

$$RCOOCOR' + R''OH \xrightarrow[\triangle]{} RCOOR'' + R'COOH$$

$$RCOOR' + R''OH \xrightarrow[\triangle]{H^+或OH^-} RCOOR'' + R'OH$$

$$RCONH_2 + R'OH \xrightarrow[\triangle]{H^+或OH^-} RCOOR' + NH_3\uparrow$$

酯发生醇解后又生成新的酯，这一反应又称为**酯交换反应**，工业上通过酯交换反应可以用廉价的低级醇制取高级醇。

【课堂思考】 工业上用某种酯和乙二醇进行酯交换反应来生产聚酯纤维（涤纶）的原料——对苯二甲酸二乙二醇酯（$HOCH_2CH_2OOC-C_6H_4-COOCH_2CH_2OH$），试分析推断这种酯是什么？写出它的结构式。

（3）氨解反应

酰氯、酸酐和酯都能与氨作用生成相应的酰胺，这是制取酰胺的重要方法。

$$R-\overset{\overset{O}{\|}}{C}-L + H-NH_2 \longrightarrow R-\overset{\overset{O}{\|}}{C}-NH_2 + HL\ （L代表—Cl、—\overset{\overset{O}{\|}}{OCR'}、—OR'）$$

资料卡——酰基化反应、酰基化试剂

羧酸衍生物的水解、醇解和氨解反应相当于在水、醇、氨分子中引入了酰基。凡是向其他分子中引入酰基的反应都叫做酰基化反应，提供酰基的试剂叫做酰基化试剂。羧酸衍生物都是酰基化试剂。由于酰氯、酸酐的反应活性较强，因此是最为常用的酰基化试剂。

（4）还原反应

羧酸衍生物都可被还原剂 $LiAlH_4$ 还原，酰氯、酸酐、酯还原后生成相应的伯醇，酰胺还原后生成相应的胺。例如：

$$R-\overset{\overset{O}{\|}}{C}-L \xrightarrow{LiAlH_4} RCH_2OH\ （伯醇）（L代表—Cl、—\overset{\overset{O}{\|}}{OCR'}、—OR'）$$

$$R-\overset{\overset{O}{\|}}{C}-NH_2 \xrightarrow{LiAlH_4} RCH_2NH_2\ （胺）$$

（5）酰胺的特殊反应

酰胺除具有以上通性外，因结构中含有“$-\overset{\overset{O}{\|}}{C}-NH_2$”基团，还能表现出一些特殊性质。

1）脱水反应。酰胺在脱水剂（P_2O_5、$SOCl_2$、乙酐等）作用下，可发生分子内脱水生成腈。

$$R-\overset{\overset{O}{\|}}{C}-NH_2 \xrightarrow[\triangle]{P_2O_5} \underset{\text{腈}}{RCN} + H_2O$$

2）霍夫曼降级反应。酰胺与次氯酸钠或次溴酸钠的碱性溶液作用，脱去羰基，生成比原来少一个碳原子的伯胺，这个反应叫**霍夫曼降级反应**。

$$\underset{\text{酰胺}}{RCONH_2} \xrightarrow[NaOH]{NaOX} \underset{\text{伯胺}}{RNH_2}$$

【课堂思考】 如果利用霍夫曼降级反应来制备苯丙胺（$C_6H_5-CH_2-\underset{\underset{CH_3}{|}}{CH}-NH_2$），应选用哪种酰胺来作反应物？试写出该酰胺的构造式。

实　验

乙酸乙酯的制备

一、实验目的

1. 学习乙酸乙酯的制备原理和操作方法。

2. 学习有机物的蒸馏、洗涤、过滤、干燥等精制操作。

二、实验原理

实验室中，乙酸乙酯是由乙酸和乙醇在浓硫酸催化下经酯化而得到：

$$CH_3COOH + C_2H_5OH \xrightarrow[120\sim150℃]{H_2SO_4} CH_3COOC_2H_5 + H_2O$$

酯化反应是可逆的，反应达到平衡后，酯的生成量就不再增加。为了提高酯的生成量，必须破坏平衡，使反应向生成酯的方向进行。本实验采用过量的醇和浓硫酸吸去生成的水并不断地把生成的酯和水蒸出的方法来提高酯的产率。另外，反应时还须控制好温度，如果温度过高，将有副产物乙醚等生成。

$$2C_2H_5OH \xrightarrow[140℃]{H_2SO_4} C_2H_5OC_2H_5 + H_2O$$

乙酸乙酯粗产品中含有少量乙酸、乙醇、乙醚等杂质，须通过精制操作除去。

三、实验仪器和试剂

1. 仪器

250 mL 三颈瓶、150 mL 滴液漏斗、150 mL 分液漏斗、200℃温度计、直形冷凝管、50 mL 圆底烧瓶、蒸馏头、接液管、温度计套管、50 mL 锥形瓶。

2. 试剂

95%乙醇、乙酸、浓硫酸、饱和碳酸钠溶液、饱和食盐水、饱和氯化钙溶液、无水硫酸钠、沸石、pH 试纸等。

四、实验步骤

1. 粗产品的制备

在干燥的250 mL三颈瓶中加入25 mL 95%乙醇，在冷水冷却条件下，边摇边慢慢加入25 mL浓硫酸，加入几粒沸石，按图11—4—1所示装配仪器。三颈瓶两侧瓶口分别装配200℃温度计和滴液漏斗，在滴液漏斗中加入25 mL 95%乙醇和25 mL乙酸，摇匀。

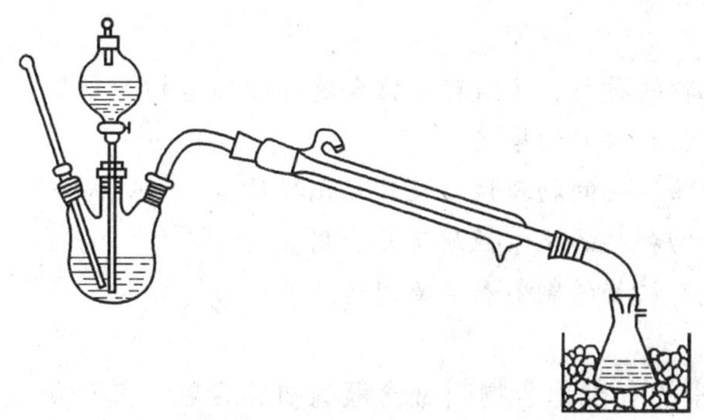

图11—4—1　制备乙酸乙酯的反应装置

滴液漏斗的末端和温度计的末端必须浸到液面以下距瓶底0.5～1 cm处。侧边一口通过蒸馏弯管与直形冷凝管连接，冷凝管末端连接一接液管，用50 mL锥形瓶做接受瓶。

打开冷凝水，用电热套加热，当温度升到110℃时，从滴液漏斗中慢慢滴加乙醇和乙酸混合液，调节滴加的速度（约30滴/min），使其与蒸出酯的速度大致相等，并始终维持反应液温度为120℃左右。滴加完毕，继续加热几分钟，直到反应液温度升到130℃不再有馏出液为止。

2. 粗产品的精制

（1）除乙酸

向馏出液中慢慢加入10 mL饱和碳酸钠溶液，轻轻摇动锥形瓶，直到无CO_2气体逸出并用蓝色石蕊试纸检验酯层不显酸性为止。

（2）除水

将混合液移入分液漏斗，充分摇动（注意放气），静置分层，弃去下层水溶液。

（3）除碳酸钠

酯层用10 mL饱和食盐水洗涤一次，静置，放出水层。

（4）除乙醇

每次用10 mL饱和氯化钙溶液洗涤酯层两次，都弃去下层废液。从分液漏斗上口将乙酸乙酯倒入干燥的50 mL带塞的锥形瓶中，加入2～3 g无水硫酸钠，放置30 min，在此期间要间歇振荡锥形瓶。

（5）除乙醚

将干燥的粗乙酸乙酯滤入干燥的30 mL蒸馏瓶中，加入沸石后在水浴锅上进行蒸馏。收集73～78℃的馏分，称重，计算产率。

【课堂思考】

1. 酯化反应有何特点？如何创造条件使反应向生成物方向进行？
2. 粗产品精制时，饱和氯化钙和饱和食盐水的作用是什么？

课题五　含氮有机物

学习目标

1. 了解含氮有机物的种类，了解硝基化合物和胺的结构、分类。
2. 掌握硝基化合物和胺的的命名。
3. 了解硝基化合物和胺的物理性质及其变化规律。
4. 掌握硝基化合物和胺的化学性质及其应用。
5. 了解几种含氮有机物的制备和主要用途。

分子中含有氮元素的有机化合物叫做**含氮有机化合物**。其种类很多，主要有硝基化合物、胺、腈、重氮及偶氮化合物等。它们分别是分子中含有硝基（$—NO_2$）、氨基（$—NH_2$）、氰基（—CN）和氮氮重键（$—N_2—$）官能团的有机化合物，本课题只讨论硝基化合物和胺。

一、硝基化合物

1. 硝基化合物的分类

烃分子中的一个或多个氢原子被硝基（$—NO_2$）取代所形成的化合物，称为**硝基化合物**。硝基是硝基化合物的官能团。

根据硝基化合物分子中烃基的不同，可将其分为脂肪族硝基化合物和芳香族硝基化合物。例如：

CH_3NO_2　　　　$C_6H_5—NO_2$

脂肪族硝基化合物　　　　芳香族硝基化合物

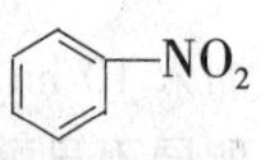

根据硝基化合物分子中的硝基数目不同，可将其分为一元和多元硝基化合物。例如：

$CH_3CH_2NO_2$　　　　1,3,5-$C_6H_3(NO_2)_3$

一元硝基化合物　　　　多元硝基化合物

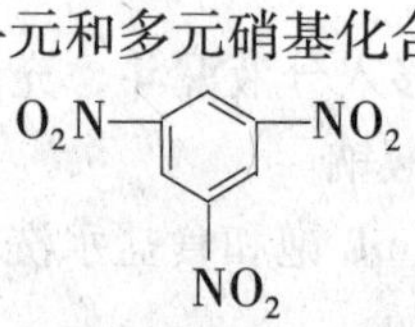

根据硝基化合物分子中硝基所连碳原子不同，可将其分为伯、仲、叔硝基化合物。例如：

$CH_3CH_2CH_2NO_2$	$CH_3CHNO_2CH_3$	$(CH_3)_3CNO_2$
伯硝基化合物	仲硝基化合物	叔硝基化合物

【课堂思考】　试分析硝基化合物和前面学过的醇与无机酸反应生成硝基酯在结构上有什么不同？能不能认为分子中含有$—NO_2$的所有化合物都叫做硝基化合物？

2. 硝基化合物的命名

硝基化合物的命名与卤代烃相似，即以硝基为取代基，烃作为母体。例如：

CH_3NO_2
硝基甲烷

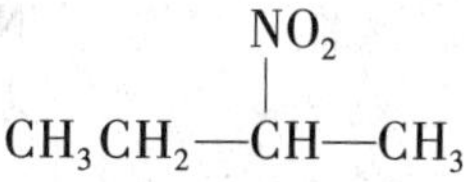

$CH_3CH_2—CH(NO_2)—CH_3$
2－硝基丁烷

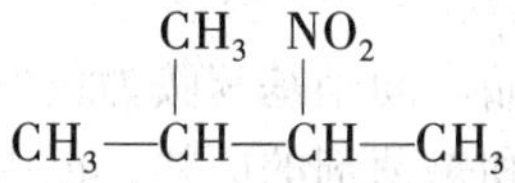

$CH_3—CH(CH_3)—CH(NO_2)—CH_3$
2－甲基－3－硝基丁烷

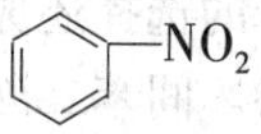

$C_6H_5—NO_2$
硝基苯

对于多官能团硝基化合物，命名时仍把硝基作为取代基，烃为母体。例如：

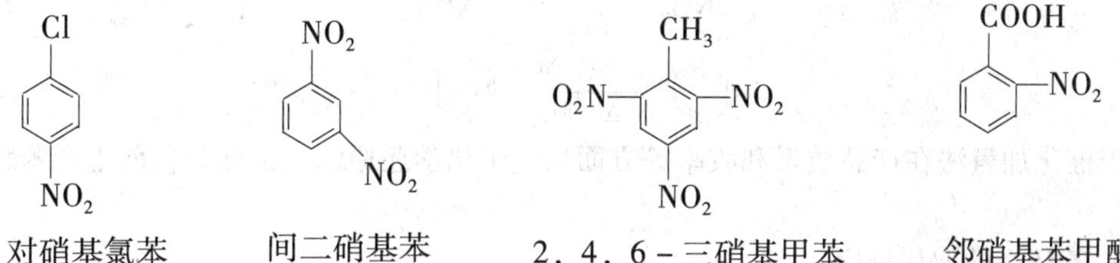

对硝基氯苯　　间二硝基苯　　2，4，6－三硝基甲苯　　邻硝基苯甲酸

3. 硝基化合物的物理性质

低级硝基烷烃是无色液体，微溶于水。芳香族一元硝基化合物为无色或淡黄色液体或固体。多元硝基化合物为黄色晶体，具有爆炸性，可作为炸药，有的多硝基化合物具有麝香香味，可用做香料。

硝基化合物不溶于水，易溶于有机溶剂。液体的硝基化合物是多数有机物的良好溶剂，但硝基化合物一般都有毒性，使用时应避免与皮肤直接接触或吸入其蒸气。

硝基化合物的相对密度均大于1，并且具有较强的极性，分子间力大，它们的沸点比相应的卤代烃高。

4. 硝基化合物的化学性质

芳香族硝基化合物比脂肪族硝基化合物应用广泛。

芳香族硝基化合物的化学性质比较稳定，其化学反应主要发生在官能团硝基以及被硝基钝化的苯环上。

（1）硝基上的还原反应

1）还原剂还原。芳香族硝基化合物在酸性介质中与还原剂作用，硝基被还原成氨基，生成芳胺。常用的还原剂有铁与盐酸、锡与盐酸等。例如：

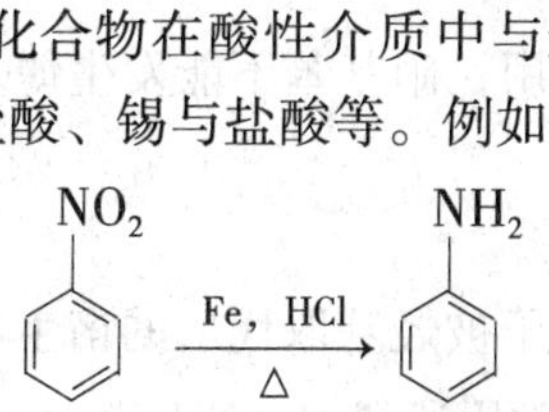

$$C_6H_5NO_2 \xrightarrow[\triangle]{Fe,\ HCl} C_6H_5NH_2$$

苯胺

还原多硝基化合物时，选择不同的还原剂，可使其部分还原或全部还原。例如：

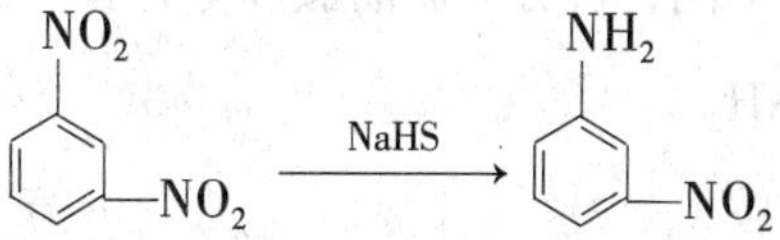

$$m\text{-}C_6H_4(NO_2)_2 \xrightarrow{NaHS} m\text{-}NO_2C_6H_4NH_2$$

间硝基苯胺

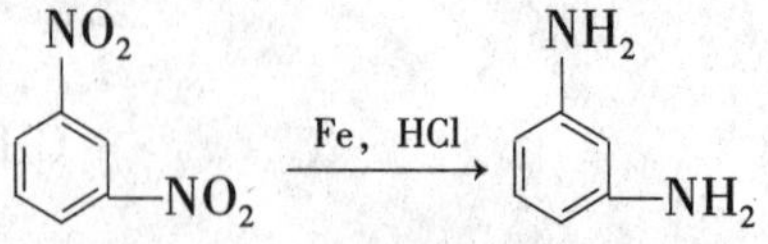

$$m\text{-}C_6H_4(NO_2)_2 \xrightarrow{Fe,\ HCl} m\text{-}C_6H_4(NH_2)_2$$

间苯二胺

利用多硝基苯的选择还原可以制取许多有用的化工产品。间硝基苯胺为黄色晶体，主要用于生产偶氮染料。间苯二胺为白色晶体，是合成聚氨酯和杀菌剂的原料，也用做毛皮染料和环氧树脂固化剂。

2）催化加氢。在一定温度和压力下，催化加氢也可使硝基苯还原成苯胺：

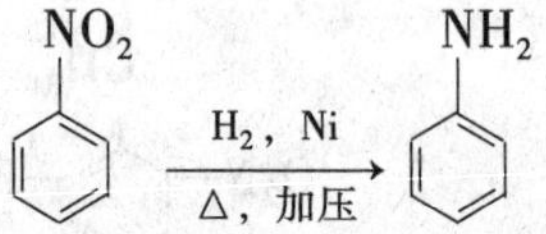

$$C_6H_5NO_2 \xrightarrow[\Delta,\ 加压]{H_2,\ Ni} C_6H_5NH_2$$

由于催化加氢法在产品质量和收率等方面均优于化学还原法，因此是目前生产苯胺常用的方法。

（2）苯环上的取代反应

硝基是间位定位基，它的存在使苯环钝化，所以硝基苯的环上取代反应主要发生在间位且比较难于进行。例如：

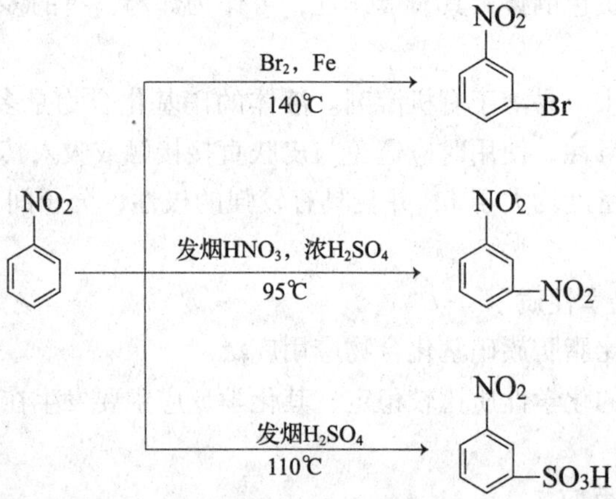

$$C_6H_5NO_2 \xrightarrow[140℃]{Br_2,\ Fe} m\text{-}BrC_6H_4NO_2$$

$$C_6H_5NO_2 \xrightarrow[95℃]{发烟HNO_3,\ 浓H_2SO_4} m\text{-}C_6H_4(NO_2)_2$$

$$C_6H_5NO_2 \xrightarrow[110℃]{发烟H_2SO_4} m\text{-}HO_3SC_6H_4NO_2$$

由于硝基对苯环的强烈钝化作用，硝基苯不能发生傅—克烷基化和酰基化反应。

二、胺

1. 胺的结构

胺可以看成是氨分子中的氢原子被烃基取代后的衍生物，也可以看做烃分子中的氢原子被氨基（—NH_2）取代后的产物，常用通式 R—NH_2表示。

2. 胺的分类

根据胺分子中烃基的结构不同，可分为脂肪胺和芳香胺。例如：

CH_3NH_2	C_6H_5—NH_2
脂肪胺	芳香胺

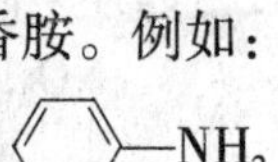

根据胺分子中所含氨基的数目不同，又分为一元胺和多元胺。例如：

$$\underset{NH_2}{\underset{|}{CH_3CHCH_3}}$$

一元胺

$H_2NCH_2CH_2CH_2CH_2CH_2NH_2$

多元胺

根据氨分子中氢原子被取代的数目不同，胺又可分为伯胺、仲胺和叔胺。例如：

$CH_3CH_2NH_2$ 伯胺　　$(CH_3CH_2)_2NH$ 仲胺　　$(CH_3CH_2)_3N$ 叔胺

【课堂思考】 伯、仲、叔胺与伯、仲、叔醇的结构有什么不同？

3. 胺的命名方法

（1）习惯命名法

胺的习惯命名法是命名时将烃基的数目和名称写在“胺”字前面；烃基不同时，简单的烃基写在前面，复杂的烃基写在后面。例如：

伯胺：

$CH_3CH_2NH_2$ 乙胺

$CH_3—CH(CH_3)—NH_2$ 异丙胺

$CH_3—C(CH_3)_2—NH_2$ 叔丁胺

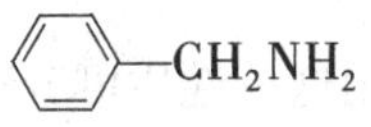

$C_6H_5—CH_2NH_2$ 苯甲胺（苄胺）

仲胺：

$(CH_3CH_2)_2NH$ 二乙胺

$CH_3NHCH_2CH_3$ 甲乙胺

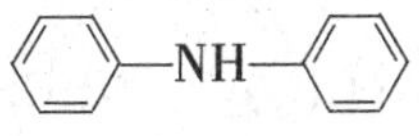

$C_6H_5—NH—C_6H_5$ 二苯胺

叔胺：

$(CH_3)_3N$ 三甲胺

$(CH_3)_2NCH_2CH_3$ 二甲基乙基胺

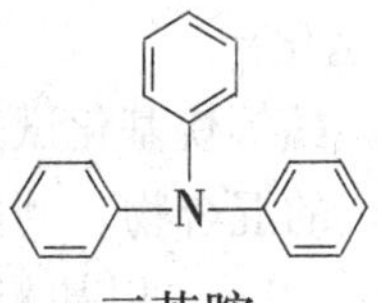

$(C_6H_5)_3N$ 三苯胺

当氮原子同时连有烷基和芳基，命名时以芳胺为母体，在烷基的名称前加上符号“N”，表示烷基与氮原子连接。例如：

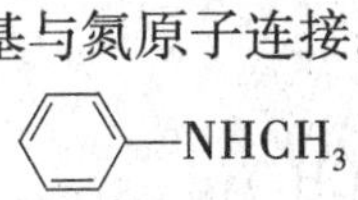

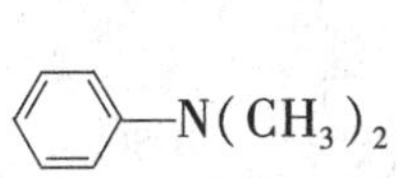

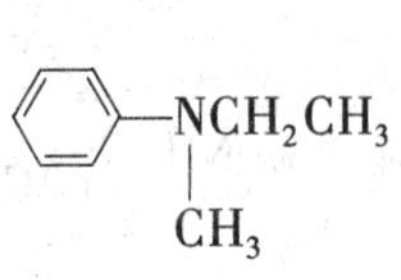

$C_6H_5—NHCH_3$ N－甲基苯胺

$C_6H_5—N(CH_3)_2$ N，N－二甲基苯胺

$C_6H_5—N(CH_3)CH_2CH_3$ N－甲基－N－乙基苯胺

（2）系统命名法

胺的系统命名法是以烃为母体，氨基作为取代基，选择连有氨基的碳链作为主链，主链从靠近氨基的一端开始编号。例如：

$CH_3CH_2CH(CH_3)CH_2CH(NH_2)CH_3$　　2－氨基－4－甲基己烷

4. 胺的物理性质

常温常压下，甲胺、二甲胺、三甲胺为无色气体，其他胺为液体或固体。低级胺气味与氨相似。芳香胺为高沸点液体或低熔点固体，具有特殊气味，毒性较大，与皮肤接触或吸入其蒸气都会引起中毒，所以使用时要格外小心。有些芳胺（如联苯胺）还能致癌。

低级胺易溶于水，随着相对分子质量的增加，胺的溶解度降低，C_6以上的胺则不溶于水。

5. 胺的化学性质

胺的化学反应主要发生在官能团氨基上。

（1）胺的碱性

胺与氨相似，呈弱碱性，它可与酸发生中和反应生成盐而溶于水中，生成的弱碱盐与强碱作用时，胺又重新游离出来。例如：

$$C_6H_5NH_2 \xrightarrow{HCl} C_6H_5NH_3^+Cl^- \xrightarrow{NaOH} C_6H_5NH_2$$

利用这一性质可分离、提纯和鉴别不溶于水的胺类化合物。

脂肪胺的碱性比氨强，芳香胺的碱性比氨弱。氮原子上连接的烷基越多，胺的碱性越强，但在水溶液中，由于受溶剂的影响，不同脂肪胺的碱性强弱顺序为：$(CH_3)_2NH > CH_3NH_2 > (CH_3)_3N > NH_3$。不同芳香胺的碱性强弱顺序为：

$$C_6H_5N(CH_3)_2 > C_6H_5NHCH_3 > C_6H_5NH_2 > C_6H_5\text{—}NH\text{—}C_6H_5 > (C_6H_5)_3N$$

（2）胺的烷基化

胺与卤代烷、醇等烷基化试剂反应时，氨基上的氢原子被烷基取代生成仲胺、叔胺和季铵盐（$R_4N^+X^-$）的混合物。例如，工业上利用苯胺与甲醇在硫酸催化下，加热、加压制取N－甲基苯胺和N，N－二甲基苯胺：

$$C_6H_5\text{—}NH_2 + CH_3OH \xrightarrow[2.5\sim3\ \text{MPa},\ 230℃]{H_2SO_4} C_6H_5\text{—}NHCH_3 + H_2O$$

N－甲基苯胺

$$C_6H_5\text{—}NH_2 + 2CH_3OH\ (\text{过量}) \xrightarrow[2.5\sim3\ \text{MPa},\ 230℃]{H_2SO_4} C_6H_5\text{—}N(CH_3)_2 + 2H_2O$$

N，N－二甲基苯胺

此反应可用于制备仲胺和叔胺。

N－甲基苯胺为无色液体，用于提高汽油的辛烷值及有机合成，也可做溶剂。N，N－二甲基苯胺为淡黄色油状液体，用于制备香草醛、偶氮染料和三苯甲烷染料等。

（3）胺的酰基化

伯胺、仲胺与酰卤或酸酐等酰基化试剂反应时，氨基上的氢原子被酰基取代，生成胺的酰基衍生物。

例如，工业上利用苯胺和酸酐反应制取乙酰苯胺。

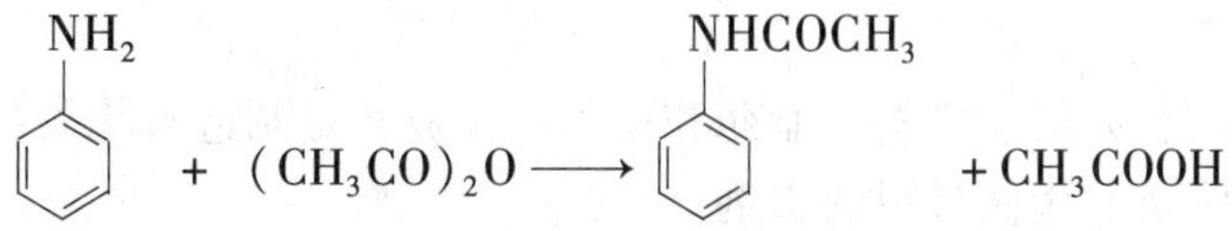

$$C_6H_5NH_2 + (CH_3CO)_2O \longrightarrow C_6H_5NHCOCH_3 + CH_3COOH$$

乙酰苯胺

胺的酰基衍生物为结晶固体，具有一定的熔点，所以可通过测定其熔点来鉴定出伯胺和仲胺。

芳胺易被氧化，但它的酰化产物不易氧化，在有机合成中常使芳胺先酰基化，把氨基保护起来，再进行其他反应，然后经水解去掉酰基，就可生成原来的氨基。

叔胺的氮上没有氢原子，所以不能发生酰基化反应。

(4) 芳胺的环上取代反应

芳胺中，氨基直接与苯环相连，氨基使苯环活化，氨基邻、对位上的氢原子变得非常活泼，容易发生卤化、硝化、磺化等取代反应。

例如，苯胺与溴水反应，立即生成2，4，6－三溴苯胺白色沉淀。

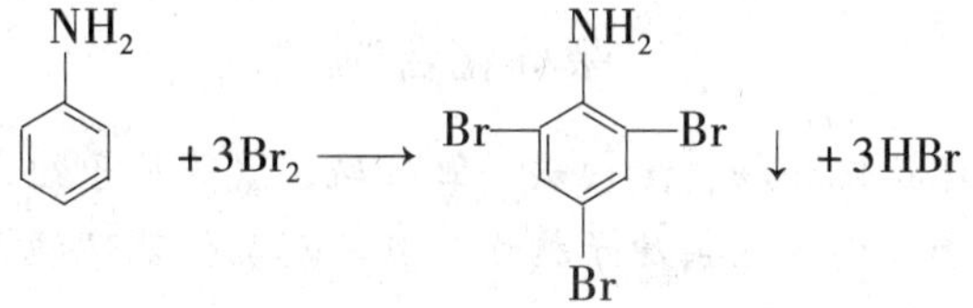

$$C_6H_5NH_2 + 3Br_2 \longrightarrow C_6H_2Br_3NH_2\downarrow + 3HBr$$

2，4，6－三溴苯胺

此反应非常灵敏，可用于鉴别苯胺。

(5) 氧化反应

胺容易发生氧化反应，尤其是芳香族伯胺更容易被氧化。胺的氧化反应较复杂，使用不同的氧化剂，会生成不同的产物。例如，纯净的苯胺为无色油状液体，在空气中放置时会逐渐被氧化而变成黄色乃至红棕色。苯胺遇漂白粉变成紫色，此现象可用于苯胺的鉴别。

三、重要的含氮化合物

1. 硝基苯

硝基苯为淡黄色油状液体，沸点210.8℃，熔点5.7℃，具有苦杏仁味，有毒。硝基苯不溶于水，可溶于苯、乙醇和乙醚等有机溶剂，相对密度为1.203。

硝基苯是重要的化工原料，主要用于制造苯胺、联苯胺、偶氮苯、染料、药物等。硝基苯可通过苯硝化反应制得。

2. 2，4，6－三硝基甲苯

2，4，6－三硝基甲苯俗称TNT，为黄色晶体，熔点80.6℃，有毒，不溶于水，可溶于苯、甲苯和丙酮等。

TNT是一种重要的军用炸药，因其熔融后不分解，受振动也相当稳定，所以装弹运输比较安全，但经引爆剂引发，就会发生猛烈爆炸。原子弹、氢弹的爆炸威力常用TNT的万吨级来表示。TNT也可用于筑路、开山、采矿等爆破工程中，此外，还可用于制造染料和照相用药品等。2，4，6－三硝基甲苯可由甲苯直接硝化制得。

3. 2，4，6－三硝基苯酚

2，4，6－三硝基苯酚俗称苦味酸，为黄色针状或块状晶体，熔点122℃，味苦，有毒，难溶于冷水，易溶于热水、乙醇、氯仿和乙醚等。苦味酸是一种强酸，其酸性与强无机酸相近。

苦味酸用于炸药、火柴、染料、制药和皮革等工业，是制造硫化染料的原料，也可作为生物碱的沉淀剂，医药上用做外科收敛剂。

苦味酸可由苯酚磺化再硝化制得（见酚的化学性质），也可以氯苯为原料制得。

4. 苯胺

苯胺为无色油状液体，放置空气中氧化后变为红棕色，沸点184℃，具有特殊臭味，有毒，微溶于水，可溶于苯、乙醇、乙醚等有机溶剂。苯胺可随水蒸气挥发，常用水蒸气蒸馏分离和提纯苯胺。

苯胺是重要的有机合成原料，主要用于制造药物、染料、农药和炸药等。苯胺存在于煤焦油中，工业上苯胺主要由硝基苯还原制得。

阅读材料

杂环化合物

杂环化合物是一种环状化合物，是由碳、氧、硫、氮等原子组成的。一般把除碳原子以外的成环原子叫做杂原子，由这些杂原子构成，且具有类似苯环稳定结构和一定芳香性的化合物称为杂环化合物。例如：

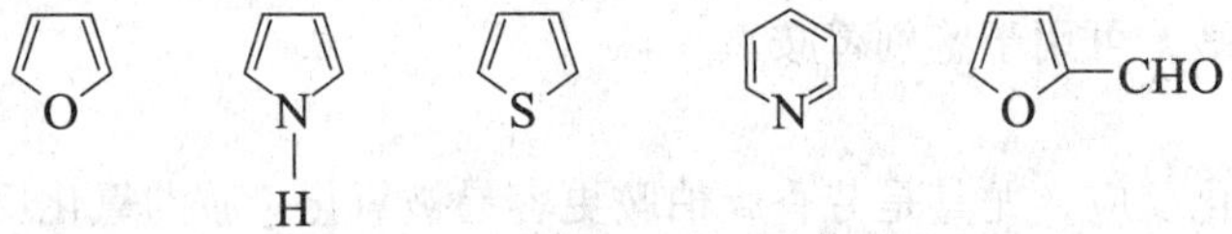

呋喃　吡咯　噻吩　吡啶　糠醛

但一些含杂原子的环状化合物，例如环氧乙烷、邻苯二甲酸酐等。因这些环状化合物在一定条件下易断裂成链状化合物，在性质上与脂肪族更为相似，所以通常还是归入脂肪族化合物的范畴。

杂环化合物的种类繁多，数量很大，在自然界中分布极为广泛。例如，植物体内的叶绿素和生物碱、动物体内的血红素等，分子中都含有杂环结构，石油和煤焦油中，也含有许多杂环化合物。

不少的杂环化合物是常用的药物。例如，止痛药吗啡、抗菌消炎的黄连素、抗结核药异烟肼，抗癌药物喜树碱、维生素B族等都是杂环化合物。还有许多杂环化合物，可做溶剂或有机合成原料。例如吡啶和糠醛是工业上优良的溶剂，呋喃是制备丁二烯、己二胺和己二酸的原料，糠醛可做合成糠醛树脂的原料，近年来出现的有机超导材料、生物模拟材料也是以杂环化合物为原料合成的。可见，杂环化合物是很重要的一类化合物，而有机合成化学的进一步发展，必将为它们的应用开拓更为广阔的天地。

第十二单元　其他有机物

课题一　生物体中的重要有机物

学习目标

1. 了解生命体中糖的组成和分类。
2. 了解生命体中蛋白质和氨基酸的组成和分类。
3. 了解生命体中核酸的组成和分类。
4. 了解糖、蛋白质和核酸对生命体的作用。

糖、蛋白质和核酸是生命体的三大物质基础。糖是一切生物体维持正常生命活动所需能量的主要来源，是生物体基础的营养物质。蛋白质是生物体的基本组成成分之一，是生物体内一切生命活动的基础。核酸是生物体储存和传递遗传信息的载体，是生命延续的物质基础。

一、糖

1. 糖的组成和分类

（1）糖的组成

糖类主要是由碳、氢、氧三种元素组成，是多羟基醛或多羟基酮，以及水解后能生成多羟基醛或多羟基酮的一类有机化合物。因为最初发现这类化合物时，分子中氢原子和氧原子的数目之比为2∶1，与水分子相同，可用通式 $C_m(H_2O)_n$表示，所以糖类曾被称为碳水化合物。但是把糖类称为碳水化合物是不够确切的，经研究发现有些糖类的分子式不符合 $C_m(H_2O)_n$这个通式，如鼠李糖（$C_6H_{12}O_5$）和脱氧核糖（$C_5H_{10}O_4$）；而另一些分子式虽然符合 $C_m(H_2O)_n$这个通式，但从结构和性质上看都不是糖类，如乙酸（$C_2H_4O_2$）和乳酸（$C_3H_6O_3$）。

（2）糖的分类及其性质

根据水解的情况，糖类可分为三类。

1）单糖。**单糖**是指不能再水解生成更小的多羟基醛或多羟基酮的糖类。例如：

$$\underset{\text{OH}}{\underset{|}{CH_2}}-\underset{\text{OH}}{\underset{|}{CH}}-\underset{\text{OH}}{\underset{|}{CH}}-\underset{\text{OH}}{\underset{|}{CH}}-\underset{\text{OH}}{\underset{|}{CH}}-CHO$$

葡萄糖

$$\underset{\text{OH}}{\underset{|}{CH_2}}-\underset{\text{OH}}{\underset{|}{CH}}-\underset{\text{OH}}{\underset{|}{CH}}-\underset{\text{OH}}{\underset{|}{CH}}-\overset{\text{O}}{\overset{\|}{C}}-\underset{\text{OH}}{\underset{|}{CH_2}}$$

果糖

上述分子中，葡萄糖含有醛基，属于醛糖；果糖含有酮基，属于酮糖。

单糖具有烃基和羰基，因此能发生氧化反应、还原反应和成脎反应。

【课堂思考】 能采用哪些方法鉴别葡萄糖和果糖?

2）低聚糖。**低聚糖**是指水解后能生成2～10个单糖的糖类。其中以水解生成两分子单糖的二糖最为常见，例如蔗糖和麦芽糖。

蔗糖在无机酸催化作用下水解，生成一分子葡萄糖和一分子果糖。

$$\underset{\text{蔗糖}}{C_{12}H_{22}O_{11}}+H_2O \xrightarrow[\text{水解}]{H^+} \underset{\text{葡萄糖}}{C_6H_{12}O_6}+\underset{\text{果糖}}{C_6H_{12}O_6}$$

其次是水解生成三分子单糖的三糖，例如棉子糖。

3）多糖。**多糖**（或称多聚糖）是指水解后能生成多个分子单糖的糖类。例如淀粉和纤维素，它们有一个共同的分子式（$C_6H_{10}O_5$）$_n$。多糖的结构单位是单糖，相邻结构单位之间以苷键相连接。由于连接单糖单位的方式不同，多糖可形成直链多糖和支链多糖。

多糖分子中保留了苷羟基的单糖单元极少，所以其性质与单糖和二糖有较大差别。多糖没有甜味，一般为无定形粉末，大多不溶于水，个别能与水形成胶体溶液，没有还原性，不能生成糖脎。

2. 糖对生命体的作用

糖类作为自然界中存在最多、分布最广的一类重要有机化合物，它不仅是构成生物体的基本成分之一（例如细胞核中含有核糖，细胞膜含有糖脂，血液中含有葡萄糖，动物的肝脏和肌肉中含有糖原等），而且是生命体维持生命活动所需能量的主要来源，是生命体合成其他化合物的基本原料。每一克糖类可以提供4卡路里的热量。生命体通过细胞呼吸把糖类所储存的能量释放出来，用于生物体的各项生命活动。例如糖类经人体消化和吸收进入血液中，然后被各个器官所利用，多余的储存在肝脏和肌肉中或者转化为脂肪。此外，某些糖类还有特殊的生理功能，例如肝脏中的肝素有抗凝血作用，血型物质中的糖与免疫活性有关等。随着分子生物学的发展，人们发现部分糖类对提高机体免疫力、抗病毒、抗癌有显著的作用。对多功能型糖类的研究越来越深入，应用越来越广泛，至今已经报道了一百多种具有免疫增强、抗癌和疫苗作用等多种生理活性的中药多糖，灵芝、茯苓及香菇多糖注射液已被广泛用于临床治疗各种肿瘤。糖类一定会给人类的生活、健康带来广阔的前景。

二、蛋白质

1. 蛋白质的组成和分类

（1）蛋白质的组成

蛋白质是由多种α－氨基酸以肽键（$-\overset{\overset{\displaystyle O}{\|}}{C}-NH-$）结合而成的高聚物。蛋白质主要是由碳、氢、氧、氮和硫这五种元素组成，少数蛋白质含有磷、铁、铜、锰、锌，个别蛋白质还含有碘或其他元素。一般干燥蛋白质中主要元素的百分组成为：碳为50%～55%，氢为6%～8%，氧为20%～23%，氮为15%～17%，硫为0.5%～2.5%。

资料卡——蛋白质含量计算

由于生物组织中绝大部分氮元素来自蛋白质，且各种蛋白质的含氮量都接近于16%，即每克氮相当于6.25 g蛋白质，6.25称为蛋白质系数。因此生物样品的测定中只要测出其含氮量，就可以推算出其中蛋白质的大致含量。

（2）蛋白质的分类

蛋白质结构复杂，种类繁多，根据其化学组成不同，可分为两类。

1）单纯蛋白质。单纯蛋白质是指水解后的最终产物全是α－氨基酸的一类蛋白质。这类蛋白质根据溶解性、受热是否凝固以及来源不同等又可以进一步分为7类，见表12—1—1。

表12—1—1　　单纯蛋白质的分类

单纯蛋白质	性质	存在方式
清蛋白	溶于水、稀酸、稀碱及中性盐溶液中，不溶于饱和硫酸铵溶液，加热易凝固	各种生物体中的血清蛋白、乳清蛋白、卵清蛋白等
球蛋白	不溶于水，溶于稀酸、稀碱及中性盐溶液中，不溶于半饱和硫酸铵溶液，加热易凝固	普遍存在于各种生物体中的免疫球蛋白、血清蛋白、肌球蛋白等
谷蛋白	不溶于水、乙醇及中性盐溶液中，溶于稀酸、稀碱中	存在于五谷中的米谷蛋白、麦蛋白等
醇溶谷蛋白	不溶于水、无水乙醇及稀盐溶液中，能溶于体积分数为70%～80%的乙醇中	存在于植物种子中的玉米醇溶谷蛋白、麦醇溶谷蛋白等
精蛋白	易溶于水和稀酸中，呈强碱性，加热不凝固	存在于鱼的精子中的鱼精蛋白
组蛋白	溶于水和稀酸中，不溶于稀氨水，加热不凝固	存在于胸腺和细胞中
硬蛋白	不溶于水、稀酸、稀碱、中性盐及一般有机溶剂	存在于指甲、毛发中的角蛋白等

【课堂思考】　如果误服重金属盐，可以采用什么方法解毒？

2）结合蛋白质。结合蛋白质是指水解后的最终产物包含α－氨基酸以及非α－氨基酸的一类蛋白质。结合蛋白质中的非α－氨基酸成分称为辅基，可根据辅基的不同对其进一步分为6类，见表12—1—2。

表12—1—2　　结合蛋白质的分类

结合蛋白质	辅基	存在方式
核蛋白	核酸	动植物细胞核和细胞浆内
色蛋白	色素	动物血中血红蛋白、植物叶子中的叶绿蛋白、黄素酶类和细胞色素
磷蛋白	磷酸	染色质中的磷蛋白和卵黄中的卵黄蛋白
糖蛋白	糖类	广泛分布于生物界、体内组织和体液中

续表

结合蛋白质	辅基	存在方式
脂蛋白	脂质	血浆和各种生物膜的成分
金属蛋白	金属离子	铁蛋白、铜蛋白、激素、胰岛素

2. 氨基酸的组成和分类

氨基酸是分子中具有氨基（—NH_2）和羧基（—COOH）的一类含有复合官能团的化合物，是蛋白质的基本组成成分。它可以看成是羧酸分子中烃基上的氢原子被氨基取代后的产物。

氨基酸的分类方法很多，根据氨基在分子中相对位置的不同，可分为α－氨基酸、β－氨基酸、γ－氨基酸等。例如：

$$\underset{\textstyle NH_2}{\underset{|}{RCH}}COOH \qquad \underset{\textstyle NH_2}{\underset{|}{RCH}}CH_2OOH \qquad \underset{\textstyle NH_2}{\underset{|}{RCH}}CH_2CH_2COOH$$

α－氨基酸　　β－氨基酸　　γ－氨基酸

根据R基的化学结构，氨基酸可分为脂肪族氨基酸、芳香族氨基酸和杂环氨基酸。例如：

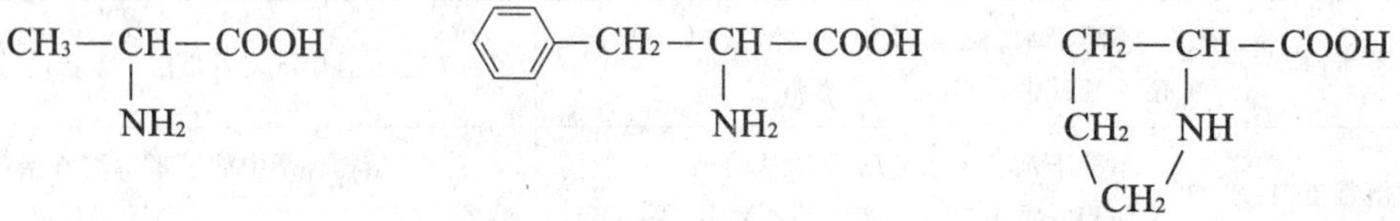

$$CH_3—\underset{\textstyle NH_2}{\underset{|}{CH}}—COOH \qquad C_6H_5—CH_2—\underset{\textstyle NH_2}{\underset{|}{CH}}—COOH$$

脯氨酸结构：$CH_2—CH—COOH$，其中 CH_2 与 NH 各接一个 CH_2 成环（五元环：CH_2—CH_2—CH_2—NH—CH）

丙氨酸（脂肪族氨基酸）　　苯丙氨酸（芳香族氨基酸）　　脯氨酸（杂环氨基酸）

根据分子中所含氨基和羧基的相对数目，氨基酸可分为中性氨基酸（氨基和羧基的数目相同）、酸性氨基酸（氨基的数目少于羧基的数目）和碱性氨基酸（氨基的数目多于羧基的数目）。例如：

$$\underset{\textstyle NH_2}{\underset{|}{CH_2}}COOH \qquad HOOCCH_2CH_2\underset{\textstyle NH_2}{\underset{|}{CH}}COOH \qquad NH_2CH_2(CH_2)_3\underset{\textstyle NH_2}{\underset{|}{CH}}COOH$$

甘氨酸（中性氨基酸）　　谷氨酸（酸性氨基酸）　　赖氨酸（碱性氨基酸）

3. 蛋白质对生命体的作用

蛋白质是一切生命体细胞的主要组成成分，是生命体形态结构的物质基础，也是生命活动所依赖的物质基础。一切基本的生命活动过程几乎都离不开蛋白质的参与，可以说没有蛋白质就没有生命。它们在生命体中承担了构建组织、协调运动、催化反应、免疫保护、神经传导、生长和分化的控制等生理作用。例如，肌肉的收缩是由肌球蛋白和肌动蛋白相对滑动实现的；催化生物化学反应的酶、调节代谢的某些激素、能使细菌和病毒失去致病作用的抗体都是蛋白质；生命活动所需的小分子物质（如氧气）的运输均由蛋白质来完成。因此成年人每天要摄取60～80 g的蛋白质，才能满足生理需要，保证身体健康。

资料卡——必需氨基酸

必需氨基酸指的是人体自身不能合成或合成速度不能满足人体需要，必须从食物中摄取的氨基酸。对成人来讲必需的氨基酸共有8种：赖氨酸、色氨酸、苯丙氨酸、蛋氨酸、苏氨酸、异亮氨酸、亮氨酸、缬氨酸。儿童生长必需的还有精氨酸和组氨酸。如果饮食中经常缺少上述氨基酸，则会影响人体的正常生命代谢，最后导致疾病，甚至死亡。

三、核酸

1. 核酸的组成和分类

核酸是一种重要的高分子化合物，是存在于一切生物细胞中的一种酸性物质，因为最初是从细胞核中分离得到的，所以叫做核酸。核酸分子中主要含碳、氢、氧、氮和磷五种元素。核酸由成百上千个核苷酸组成，因此分解时可以生成核苷酸，再进一步水解生成磷酸、戊糖和碱基。其中戊糖包括核糖和脱氧核糖，碱基包括嘌呤碱和嘧啶碱。

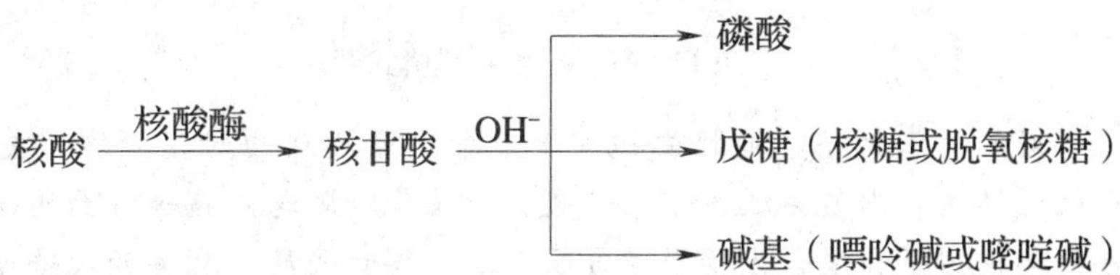

根据分子中所含的戊糖种类不同，核酸可分为脱氧核糖核酸（DNA）和核糖核酸（RNA）。其中根据RNA在蛋白质合成过程中所起的作用不同，可分为核蛋白体RNA、信使RNA和转运RNA。

2. 核酸对生命体的作用

DNA主要存在于细胞核和线粒体内，它是生物遗传的主要物质基础，承担体内遗传信息的储存和发布。DNA以它巨大的分子和千变万化的核苷酸序列及神奇的结构储存着生物的全部信息，然后通过自我复制将储存的信息稳定地、忠实地传给下一代细胞，下一代细胞中的DNA再将储存的遗传信息转录和翻译产生蛋白质，这就是生命的繁衍。同时DNA还有另外一个重要的功能——变异性。生物的遗传性和变异性同时存在，以适应环境的变化，实现生物的进化。约90%的RNA在细胞质中，细胞核内的含量约占10%，它直接参与体内蛋白质的合成。细胞内RNA的绝大部分（80%~90%）都是核蛋白体组织，它是合成蛋白质多肽链的场所；信使RNA是合成蛋白质的模板，在合成蛋白质时，控制氨基酸的排列顺序；转运RNA在蛋白质合成过程中，是“搬运”酸的工具。氨基酸由各自特异的转运RNA“搬运”至核蛋白体，才能“组装”成多肽。因此核酸既是生物遗传的主要物质基础，也是生命最根本的物质。

阅读材料

生　物　膜

生物膜是指围绕着细胞或细胞器，镶嵌有蛋白质和糖类（统称糖蛋白）的磷脂双分子层，如图12—1—1所示。在线粒体、高尔基体、内质网、溶酶体和核糖体等多种细胞或细胞器外壁都包裹着生物膜。它主要是由膜脂、膜蛋白、膜糖类组成，具有物质运输、信息传递、细胞识别等功能。

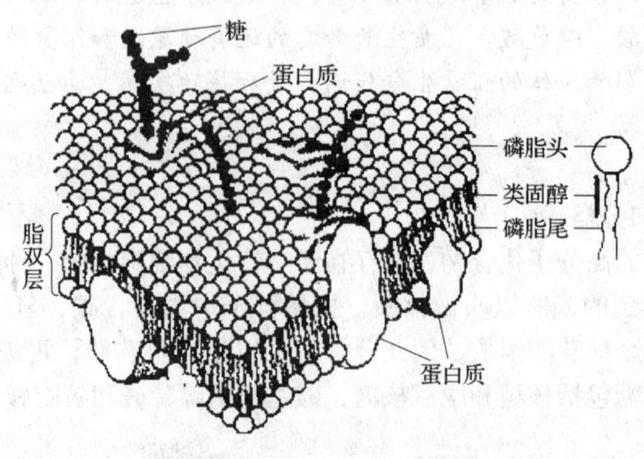

图 12—1—1　生物膜膜式图

生物膜是当前分子生物学、细胞生物学中一个十分活跃的研究领域。关于生物膜的结构、生物膜与能量转换、物质运送、信息传递，以及生物膜与疾病等方面的研究及用合成化学的方法制备简单模拟膜和聚合生物膜等方面不断取得新进展。相关的人造膜技术、生物膜法在医疗、环保、工业等领域得到广泛的应用。

课题二　合成高分子化合物

学习目标

1. 掌握高分子化合物的定义、分类和命名。
2. 了解高分子化合物的特性。
3. 了解高分子化合物的合成方法。

高分子化合物是我们随时都可以接触到的一类化合物，其包括天然高分子化合物和合成高分子化合物。天然高分子化合物广泛存在于自然界动、植物体中，如淀粉、纤维素和蛋白质等。人工合成的高分子化合物及其材料遍及生活的方方面面，如塑料、合成纤维、合成树脂、合成橡胶和胶粘剂等。今天，高分子化合物及其材料在人民生活、工农业生产和高新科技领域占有非常重要的地位，在今后将发挥越来越大的作用。

一、概述

1. 高分子化合物的定义

高分子化合物是指由千百个原子彼此以共价键结合形成的相对分子质量较大（大于10 000）的一类化合物。虽然高分子化合物的相对分子质量较大，但是其分子组成和结构并不复杂，通常是由一种或几种简单的小分子化合物经聚合反应以共价键连接而成，所以也叫高聚物。例如，乙烯聚合生成聚乙烯。

$$nCH_2{=}CH_2 \xrightarrow[100\ MPa]{100\sim300℃} {+\!\!\!\![}CH_2-CH_2{]\!\!\!\!+}_n$$

乙烯　　　　　　　　聚乙烯

其中乙烯叫做单体，组成聚乙烯的重复单元（$+\!\![CH_2-CH_2]\!\!+$）叫做链节，n 表示链节的数目，称为聚合度。聚合度越高，其相对分子质量越大。所以高分子化合物的相对分子质量是单体的相对分子质量与聚合度的乘积。

高分子化合物的相对分子质量 = 单体的相对分子质量 × 聚合度

例如，聚合度为 1 000 的聚乙烯的相对分子质量 = 28 ×1 000 = 28 000。

资料卡——常见高分子化合物的相对分子质量

塑料	相对分子质量（万）	纤维	相对分子质量（万）	橡胶	相对分子质量（万）
高密度聚氯乙烯	6 ~ 30	涤纶	1. 8 ~ 2. 3	天然橡胶	20 ~ 40
聚氯乙烯	5 ~ 15	尼龙 - 66	1. 2 ~ 1. 8	丁苯橡胶	15 ~ 20
聚苯乙烯	10 ~ 30	维尼纶	6 ~ 7. 5	顺丁橡胶	25 ~ 30
聚碳酸酯	2 ~ 6	纤维素	50 ~ 100	氯丁橡胶	10 ~ 12

由一种单体聚合而成的高聚物称为均聚物，如聚氯乙烯、聚丙乙烯等。由两种以上的单体共聚而成的高聚物称为共聚物，如苯乙烯—丙烯腈共聚物、聚乙烯—醋酸乙烯酯共聚物等。

实际上，同一种高分子化合物是由许多链节相同，但聚合度不同的化合物组成的同系混合物。即在同一种高分子化合物中，有的分子可能大些，有些分子可能小些，因此高分子化合物的相对分子质量应该为平均相对分子质量，聚合度也应该为平均聚合度。这种现象称为高分子化合物的多分散性。一般情况下，分散性越大，高分子化合物的性能越差。因此在合成高分子化合物时，要注意控制分散性，以提高高分子化合物的性能。

2. 高分子化合物的分类

高分子化合物的种类很多，主要有五种分类方法。

（1）按来源分类

根据来源可把高分子化合物分成天然高分子化合物和合成高分子化合物两大类。天然高分子化合物是指存在于自然界中的高分子化合物。合成高分子化合物是指由简单的小分子化合物经化学反应而人工合成的大分子化合物。根据其属性又可将其各自分为无机高分子化合物和有机高分子化合物，见表 12—2—1。

表 12—2—1　　高分子化合物的来源分类

来源	属性	实例
天然高分子化合物	天然无机高分子化合物	石棉、云母
	天然有机高分子化合物	纤维素、淀粉、蛋白质、核酸
合成高分子化合物	合成无机高分子化合物	合成云母
	合成有机高分子化合物	塑料、合成纤维、合成橡胶

（2）按工艺性质分类

根据工艺性质可把高分子化合物分成塑料、橡胶和纤维三大类，其各自又可以分为若干类，见表12—2—2。

表12—2—2　　高分子化合物的工艺性质分类

工艺性质	性能	实例
塑料	热塑性塑料	聚乙烯、聚氯乙烯
	热固性塑料	酚醛树脂、环氧树脂
橡胶	天然橡胶	天然橡胶
	合成橡胶	丁苯橡胶、氯丁橡胶
纤维	天然纤维	棉、毛
	化学纤维	尼龙、粘胶纤维

资料卡——“四烯”“四胶”“四纶”

塑料中的“四烯”是指聚乙烯、聚丙烯、聚氯乙烯和聚苯乙烯，橡胶中的“四胶”是指丁苯橡胶、顺丁橡胶、异戊橡胶和乙丙橡胶，纤维中的“四纶”是指锦纶、涤纶、腈纶和维纶。

（3）按用途分类

根据用途可将高分子化合物分为通用高分子（塑料、纤维、橡胶）、工程材料高分子（聚甲醛、聚碳酸酯）、功能高分子（离子交换树脂、感光性高分子）、高分子催化剂（蛋白酶）和生物高分子（生物膜）等。

（4）按主链结构分类

根据主链结构可将高分子化合物分为碳链高分子化合物、杂链高分子化合物、元素高分子化合物和无机高分子化合物四大类，见表12—2—3。

表12—2—3　　高分子化合物的主链结构分类

主链结构	特点	实例
碳链高分子	主链完全由碳原子组成	$\left[CH_2-CH_2 \right]_n$ 聚乙烯
杂链高分子	主链除碳原子外，还有氧、硫、氮等原子	$\left[O-CH_2-CH_2 \right]_n$ 聚环氧乙烷
元素高分子	主链不一定有碳原子，而是由硅、氧、铝、氮、硼等其他元素构成	$\left[\underset{CH_3}{\overset{CH_3}{Si}}-O \right]_n$ 硅橡胶

续表

主链结构	特点	实例
无机高分子	主链没有碳原子，而是由无机基团构成	$\left[\begin{array}{c} F \\ | \\ P \\ | \\ F \end{array} = N\right]_n$ 聚氟磷氮

（5）按分子的几何形状分类

根据分子的几何形状可将高分子化合物分为线型高分子化合物和体型高分子化合物。线型高分子化合物的结构是由分子中的原子以共价键相互联结成一条长链，如聚乙烯、聚氯乙烯等。体型高分子化合物的结构是分子链与分子链之间由许多共价键交联起来，形成网状的三维空间结构，如酚醛树脂等。

3. 高分子化合物的命名

高分子化合物有多种命名方法，其中因为系统命名法比较复杂，一般不采用。对于天然高分子化合物一般用其俗名，如淀粉、纤维素、蛋白质等。合成高分子化合物则通常采用下面两种命名法。

（1）按原料单体或聚合物的结构特征命名

1）由一种单体聚合而成的高聚物，以单体名称为基础，在前面加“聚”字。例如，由丙烯聚合成的聚合物称为聚丙烯，由氯乙烯聚合成的聚合物称为聚氯乙烯。此外，加聚物在未加助剂或填料时的聚合物粉料，也常用“树脂”称呼，例如聚氯乙烯树脂、聚乙烯树脂。

2）由两种或两种以上单体共聚得到的高聚物，则在两种单体名称间以“—”线连接，并冠以“聚”字。例如聚苯乙烯—丙烯腈等。

3）由两种单体缩聚得到的高聚物，在简化后的原料名称后面加“树脂”二字。例如由苯酚和甲醛缩聚得到的缩聚物称为酚醛树脂。

（2）按商品名命名

许多合成高分子化合物还常用商品名称来命名。例如，聚酰胺称为尼龙，聚甲基丙烯酸甲酯称为有机玻璃等。用商品名命名在纤维类高分子化合物中用得十分普遍。我国习惯以“纶”作为合成纤维商品名的后缀，如涤纶（聚对苯二甲酸乙二醇酯纤维）、氯纶（聚氯乙烯纤维）等。

二、高分子化合物的特性和合成方法

1. 高分子化合物的特性

高分子化合物由成许多单体聚合而成，因为其相对分子质量很大，结构关系特殊，所以它具有许多低分子物质所没有的特殊性能。

（1）溶解性

线性高分子化合物一般可溶于适当的有机溶剂中。如聚氯乙烯可溶解在环己醇中，聚苯乙烯可溶解在苯或乙苯中。体型高分子化合物一般不易溶解，例如丁苯橡胶。

（2）不挥发性

高分子化合物因为相对分子质量比较大，所以不挥发，没有气态，只有液态与固态，不能用蒸馏的方法来提纯。

（3）机械性能

高分子化合物的大分子链有良好的机械强度。高分子化合物的分子间引力大，尤其是含有极性基团或存在着氢键的高分子化合物，其分子间引力更大，具有较高的机械强度，具有一定的硬度和抗拉、抗压、抗弯曲、抗冲击性，因此在某些领域中，已经逐步用高分子化合物材料代替金属材料。例如芳纶－1414 纤维，具有耐磨、耐疲劳、耐冲击等特点，有“人造钢丝”之称。

（4）柔顺性和弹性

线型高分子化合物的分子链很长，大分子链中原子的 σ 键可以自由旋转，每个链节的相对位置可以不断改变，使得高分子化合物具有柔顺性和良好的弹性。一般来说，柔顺性越大，弹性越大。因此线型高分子化合物可被牵伸成丝或制成薄膜。

（5）热塑性和热固性

线型高分子化合物受热以后，先经过一个较长的软化过程，然后变为可流动的液体，此时可用外力将其压制成特定的形状，再经冷却至室温，其形状能保持不变。这种性质称为可塑性。线型高分子化合物之所以具有可塑性，是因为线型高分子化合物是由很长的大分子链构成，当链的某部分受热，这部分链的运动能量增加，但由于大分子链不易传热，因此链的其他部分则受热不多，运动能量就不大。只有经过较长的时间，分子链受热部分不断扩大，整个大分子链才会变软。利用这一特点可对高分子化合物材料进行加工成型，例如日常生活中的各种塑料制品的加工。

体型高分子化合物在加工过程中，交链固化而变硬，经成型固化后，就不易受热熔化重复成型，这种性质称为热固性。正是借助这种特性进行成型加工，利用第一次加热时的塑化流动，在压力下充满型腔，进而固化成为确定形状和尺寸的制品。例如在隔热、耐磨、绝缘、耐高压电等恶劣环境中使用的热固性塑料。

（6）电绝缘性

高分子化合物大分子中各个原子彼此以共价键结合，键的极性很小，不发生电离，不存在自由电子和离子，因此不能导电，有良好的电绝缘性，可用于包裹电缆、电线或制造绝缘零件等。

2. 高分子化合物的合成方法

高分子化合物是通过单体的聚合反应得到的。聚合反应的反应类型有两种：一种叫加成聚合反应（简称加聚反应），另一种叫缩合聚合反应（简称缩聚反应）。

（1）加成聚合反应

加成聚合反应是指由一种或两种以上单体通过相互加成而形成高聚物的反应。在反应过程中生成的高聚物的链节与单体具有相同的化学组成，其相对分子质量为单体相对分子质量的整数倍。

由同一单体发生的加聚反应称为**均聚反应**。例如，乙烯均聚生成聚乙烯。

$$nCH_2{=}CH_2 \xrightarrow[100\ MPa]{100\sim300℃} {+}CH_2{-}CH_2{+}_n$$

乙烯　　　　　　　　　　聚乙烯

由不同单体发生的加聚反应称为**共聚反应**。例如，乙烯与丙烯共聚生成乙丙橡胶：

$$nCH_2{=}CH_2 + nCH_2{=}CHCH_3 \longrightarrow \left[CH_2-CH_2-CH_2-\underset{\displaystyle CH_3}{\underset{|}{CH}} \right]_n$$

乙烯　　　　丙烯　　　　乙丙橡胶

加聚反应具有两个特点：

第一，加聚反应所用的单体都是带有不饱和键的化合物，例如乙烯、氯乙烯、苯乙烯、丁二烯、乙酸乙烯酯、甲基丙烯酸甲酯等。与不饱和化合物的加成反应一样，加聚反应发生在不饱和键上面。

第二，加聚反应是一连串单体分子间的相互加成的反应，反应一旦发生，便会很快地起连锁反应，得到加聚物。

现以 M 代表单体，其反应为：

$$M+M \longrightarrow M_2 \xrightarrow{M} M_3 \xrightarrow{M} \cdots \xrightarrow{M} M_n$$

（2）缩合聚合反应

缩合聚合反应指具有两个或两个以上官能团的单体，相互缩合并产生小分子副产物（水、醇、氨、卤化氢等）而生成高分子化合物的聚合反应，简称缩聚反应。在反应过程中，因为产生了小分子化合物，所以缩聚物的化学组成与单体不相同，其相对分子质量也不是单体相对分子质量的整数倍。例如：涤纶就是由对苯二甲酸和乙二醇脱水缩合聚合而成的聚酯纤维高分子。

$$nHO-\overset{\displaystyle O}{\overset{\|}{C}}-C_6H_4-\overset{\displaystyle O}{\overset{\|}{C}}-OH+nHO-CH_2CH_2-OH \longrightarrow \left[\overset{\displaystyle O}{\overset{\|}{C}}-C_6H_4-\overset{\displaystyle O}{\overset{\|}{C}}-O-CH_2CH_2-O\right]_n+(2n-1)H_2O$$

对苯二甲酸　　　　乙二醇　　　　涤纶(聚酯纤维)

缩聚反应也具有两个特点：

第一，缩聚反应所用的单体通常是二元酸、二元或三元醇、苯酚、二元胺等含有两个以上官能团的化合物。

第二，缩聚反应是通过一连串的缩合反应来完成的，且大多是可逆反应，它不是瞬时完成的。

$$HOOC-R-CO\boxed{OH+H}O-R'-OH \rightleftharpoons HOOC-R-COOR'-OH+H_2O$$

【课堂思考】 对比加聚反应与加成反应、缩聚反压与缩合反应，它们各有什么异同点？

课题三　合成材料

学习目标

1. 熟悉重要的合成材料的种类。
2. 了解重要的合成材料的制法。
3. 了解重要的合成材料的性能与用途。

合成材料又称人造材料，是人为地把不同物质经化学方法或聚合作用加工而成的材料。塑料、合成纤维和合成橡胶被称为三大合成材料。此外，合成材料还包括涂料、胶粘剂和各种功能高分子材料。

一、塑料

塑料是合成材料中产量最大、用途最广的高分子材料。塑料的种类很多，至今约有300多种，其中常用的有60多种。塑料的原料是合成树脂，合成树脂与各种添加成分一起成型，从而得到塑料制品。

塑料按受热性能可分为热塑性塑料和热固性塑料。热塑性塑料为线型高分子化合物，受热能软化或熔化，具有可塑性，一般韧性较好，但刚度、耐热性和稳定性较差；热固性塑料为体型高分子化合物，受热时不软化，刚度和耐热性好，不易变形。

塑料按用途可分为通用塑料、工程塑料和特种塑料。通用塑料指产量大、用途广、价格低的塑料品种，主要用做日常生活用品、包装材料和一般零件，如聚乙烯、聚丙烯、聚氯乙烯等。工程塑料指可以代替金属作为工程材料使用的一类新兴塑料，具有良好的力学性质和尺寸稳定性。聚酰胺、聚甲醛、聚碳酸酯和ABS被称为四大工程塑料。特种塑料一般是指具有特殊功能，可用于航空、航天等特殊应用领域的塑料，如氟塑料、硅塑料等。下面介绍几种重要的塑料。

1. 聚乙烯

聚乙烯是由乙烯直接聚合所得到的聚合物，分子式可同通式$\left[CH_2—CH_2\right]_n$表示。聚乙烯主要有三类：低密度聚乙烯（又称LDPE或高压聚乙烯）、高密度聚乙烯（又称HDPE或低压聚乙烯）和线型低密度聚乙烯（又称LLDPE）。

三种不同聚合方法得到的聚乙烯的结构有很大差异，其性质也有较大的差异，见表12—3—1。

表12—3—1　　各类聚乙烯的性能及主要用途比较

性能	LDPE	LLDPE	HDPE
密度（g/cm^3）	0.91～0.92	0.91～0.92	0.94～0.96
结晶度（%）	65～75	65～75	80～95
透明性	半透明	半透明	不透明
熔点（℃）	105～115	122～124	131～137
热变形温度（℃）	50	75	78
硬度	软	中等	硬
拉伸强度（MPa）	7～15	15～25	21～37
拉伸模量（GPa）	0.17～0.35	0.25～0.55	1.3～1.5
缺口冲击强度（kJ/m^2）	80～90	>70	40～70
主要用途	薄膜	薄膜、注射制品	注射及吹塑中空制品

2. 聚氯乙烯

聚氯乙烯简称 PVC，是由氯乙烯在引发剂作用下，发生聚合反应得到的。

$$nCH_2{=}CHCl \xrightarrow[50\sim60℃,0.5\ MPa]{引发剂} {\fbox{}}\!\!\!-[CH_2-CHCl]_n$$

聚氯乙烯单体氯乙烯可由两种方法制备，一种是以乙烯为原料的石油路线，即氧氯化法。由石油裂解分离出乙烯，然后利用 O_2和 HCl（裂解副产物）作用生成的 Cl_2与乙烯发生氯化反应，生产二氯乙烷，再经裂解后得到氯乙烯。此法成本较低，是当今生产氯乙烯的主要方法。

$$4CH_2{=}CH_2+O_2+2Cl_2 \rightarrow 4CH_2{=}CHCl+2H_2O$$

另一种合成路线为乙炔电石法。以电石为原料制备乙炔，然后与氯化氢反应制得氯乙烯。此法工艺简单，产品纯度高，但成本较高。

$$CaC_2+2H_2O \longrightarrow CH\equiv CH+Ca(OH)_2$$

$$CH\equiv CH+HCl \xrightarrow[120\sim180℃]{HgCl_2/C} CH_2{=}CHCl$$

聚氯乙烯容易加工成各种软、硬、透明制品，且具有较好的机械性能和耐腐蚀性能。其原料的来源丰富，价格低廉，生产成本较低，经济效益高，是我国塑料产品中使用最多的一种。聚氯乙烯在工农业生产和日常生活中得到广泛应用，主要用于制造农用薄膜、人造革、工业防腐材料和结构材料、电线电缆绝缘包层、鞋类、文具和箱包等。

3. 聚丙烯

聚丙烯是以丙烯为原料聚合所得到的，分子式可用通式 $\left[CH_2-\underset{\underset{CH_3}{|}}{CH}\right]_n$ 表示。聚丙烯是线型链烃聚合物，其结构性能与聚乙烯比较类似。聚丙烯的耐热性、硬度等性能都比聚乙烯好，并且具有高频绝缘性和耐化学性，但是其韧性、耐寒性、抗老化性和表面印刷性较差。

聚丙烯的产量已居塑料的第三位，主要用做医疗器具、一般用途的机械零件中的轻载结构件、汽车零部件、家用电器零件和日用品、化工容器和管道、包装和纤维制品等。

资料卡——浮于水面的塑料

聚丙烯是大品种塑料中最轻的一种，其相对密度仅为 0.90～0.91。聚丙烯和聚乙烯的相对密度都小于1，如果它们未加填料，都应能浮于水面上。

4. 酚醛塑料

酚醛塑料俗称电木，是生产、使用最早的一种热固性塑料。工业上用苯酚和甲醛为原料，使用酸性催化剂经缩合反应先制取线型热塑性树脂，然后加入填料、固化剂、润滑剂及颜料等各种添加剂，再经加热混炼，得到体型结构的酚醛塑料，最后在模具中加热压制成型即得到各种热固性酚醛塑料制品。

酚醛塑料具有较高的耐热性、机械强度、硬度、耐磨性、尺寸稳定性、耐燃性、电绝缘性、耐电弧性，耐酸盐和多数溶剂（但不耐碱），并且价格低廉，能像木材那样进行钻、锯等二次加工。酚醛树脂主要的缺点是脆性较大，因此常用做电工绝缘制品、化工设备材料、电机及汽车配件、隔声材料和日常用品等。

5. 聚酰胺

聚酰胺类塑料是指主链由酰胺键重复单元（$\left[\!\!-\mathrm{NHRCO}-\!\!\right]$）组成的高聚物，也称为尼龙。聚酰胺塑料是工程塑料中发展最早的品种，目前产量居工程塑料的首位。聚酰胺从种类上可分为脂肪族聚酰胺、芳香族聚酰胺、含杂环芳香聚酰胺等。聚酰氨从结构上可分为两类：一类由ω-氨基酸脱水缩聚或由酰胺开环聚合生成，主链结构为$\left[\!\!-\mathrm{NHRCO}-\!\!\right]$，称为尼龙-$n$，其中$n$为氨基酸或内酰胺中的碳原子数，如尼龙-6、尼龙-9、尼龙-11等；另一类由二元胺与二元酸及其衍生物等反应生成，主链为$\left[\!\!-\mathrm{NH{-}R{-}NHOCR'CO}-\!\!\right]$，称为尼龙-$mn$，其中$m$是二元胺中的碳原子数，$n$为二元酸中的碳原子数，如尼龙-46、尼龙-640、尼龙-1010等。

尼龙的最大的特点是力学强度高、耐磨和自润滑性能好，可广泛应用于工业齿轮、滑轮、轴承等受力传动零件。尼龙含有极性基团酰胺基，易吸水，不太合适做电气绝缘材料。

6. 聚碳酸酯

聚碳酸酯是指在分子主链中含有结构$\left[\!\!-\mathrm{ORO}-\overset{\overset{\displaystyle \mathrm{O}}{\|}}{\mathrm{C}}-\!\!\right]_n$的线型高聚物，是一种重要的热塑性工程材料，目前产量居工程塑料的第二位。根据R基不同，可分为脂肪族聚碳酸酯、脂环族聚碳酸酯和芳香族聚碳酸酯，但目前作为工程塑料的产品仅指芳香族聚碳酸酯。

聚碳酸酯具有硬而韧的力学特性、良好的绝缘性、尺寸稳定性、耐热性、耐燃性和透光性等。聚碳酸酯可用于代替金属，在机械工业中制造传递中、小负荷的零部件和受力不大的紧固件，还可用于制造电气设备和绝缘材料。利用其光学性能，常用于制造飞机和车船上的挡风玻璃和座舱罩，其薄膜用于制造电容器零件、录音带和彩色录像带等。

7. 氟塑料

氟塑料是各种含氟塑料的总称，主要品种是聚四氟乙烯，它是由四氟乙烯聚合而成，结构式为$\left[\!\!-\underset{\underset{\displaystyle \mathrm{F}}{|}}{\overset{\overset{\displaystyle \mathrm{F}}{|}}{\mathrm{C}}}-\underset{\underset{\displaystyle \mathrm{F}}{|}}{\overset{\overset{\displaystyle \mathrm{F}}{|}}{\mathrm{C}}}-\!\!\right]_n$。聚四氟乙烯是性能最优异的一种塑料，俗称塑料王。

聚四氟乙烯具有优良的耐高低温性能，其制品可在-200~260℃范围内长期使用。聚四氟乙烯具有非常突出的耐化学腐蚀性，任何有机溶剂、强酸、强碱、强氧化剂甚至王水对其都不起作用。聚四氟乙烯具有极为优异的自润滑性，其摩擦系数是所有塑料中最低的，但其机械强度和刚度较差，易发生蠕变，也难以加工成型。

聚四氟乙烯可用于制造耐腐蚀性材料（如容器、反应器、阀门、隔膜等），机械设备中要求耐磨减摩的轴承、活塞杆、密封圈等，各种医疗器具（如瓶、管、注射针），还可用于制作人体组织修复材料和人工脏器材料（如人造皮、人造血管和人造心脏装置等）。

二、合成纤维

纤维是一类具有相当长度、强度、弹性和吸湿性的柔韧、纤细的丝状高分子化合物。根据来源可分为天然纤维和化学纤维两大类。天然纤维来自自然界；化学纤维是利用化学方法制成的纤维，包括人造纤维和合成纤维。人造纤维是由天然纤维经化学处理后再加工制成，而合成纤维是由小分子经过聚合反应合成的。下面介绍几种重要的合成纤维。

1. 聚酯纤维

聚酯纤维是分子中含有酯键（$-\overset{\displaystyle O}{\overset{\|}{C}}-O-$）的一类合成纤维，商品名为涤纶，俗称“的确良”，目前产量居合成纤维之首。

聚酯纤维具有优良的抗皱性和保型性，是所有纤维中最挺括的，并且具有良好的弹性、耐磨性、耐疲劳性、耐酸性、热稳定性和光稳定性。聚酯纤维主要用于制造渔网、轮胎帘子线、耐酸滤布、运输带等。

2. 尼龙纤维

尼龙纤维是分子中含有酰胺键（$-\overset{\displaystyle O}{\overset{\|}{C}}-NH-$）的一类合成纤维，商品名为锦纶，目前产量在合成纤维中居第二位。

尼龙纤维最大的特点是耐磨性特别好（优于其他纤维，是棉花的10倍），具有较高的强度（是棉花的2倍），此外具有良好的弹性、耐疲劳性，相对密度小（为1.04~1.14）。尼龙纤维的耐光性和保型性较差，易发黄和变形。尼龙纤维主要用于制造轮胎帘子线、衣袜、绳索、渔网、滤布、运输带和降落伞等。

3. 聚丙烯腈纤维

聚丙烯腈纤维的结构式为 $\left[CH_2-\underset{\displaystyle CN}{\underset{|}{CH}}\right]_n$，商品名为腈纶，由于外观和性能类似于羊毛，所以俗称“人造羊毛”，目前产量在合成纤维中居第三位。

聚丙烯腈纤维硬而脆，难于染色，因此常加入第二单体（如丙烯酸甲酯、乙酸乙烯酯等）共聚，增加弹性和可染性。腈纶纤维十分蓬松柔软、保暖性好、外观和手感极像羊毛，且不霉、耐光，因此广泛用于代替羊毛或与羊毛混纺，制造毛衣、毛毯、窗帘、帐篷等。

三、合成橡胶

橡胶是一类在-50~150℃范围内都具有较高弹性的线型高分子化合物。它在外力作用下能发生较大的形变，当外力解除后能迅速恢复原有形状。

橡胶按其来源可分为天然橡胶和合成橡胶。天然橡胶由橡胶树中的白色乳胶加工而成，加入适量的硫黄和抗老化剂后，制成硫化橡胶，再利用硫化橡胶制作各种橡胶制品。合成橡胶是人工合成的新型高聚物，其性能要优于天然橡胶。合成橡胶又分为通用合成橡胶和特种合成橡胶。通用合成橡胶的性能与天然橡胶接近；特种合成橡胶则具有耐高温、耐老化、耐油等特殊性能。下面介绍几种重要的合成橡胶。

1. 丁苯橡胶

丁苯橡胶是目前合成橡胶中产量最大的一种，由丁二烯和苯乙烯共聚而成。

$$\underset{\text{丁二烯}}{nCH_2=CH-CH=CH_2}+\underset{\text{苯乙烯}}{nCH_2=\underset{\displaystyle C_6H_5}{\underset{|}{CH}}}\xrightarrow{\text{共聚}}\underset{\text{丁苯橡胶}}{\left[CH_2-CH=CH-CH_2-CH_2-\underset{\displaystyle C_6H_5}{\underset{|}{CH}}\right]_n}$$

丁苯橡胶是综合性能较好的通用合成橡胶，可以通过调节苯乙烯含量来控制其物理性能。丁苯橡胶具有较好的耐候性、耐磨性、耐老化性、耐油性和电绝缘性，并且硫化工艺易控制，不易焦烧和过硫化，但其回弹性不如天然橡胶。丁苯橡胶主要用于制造车辆轮胎、电缆及工业橡胶制品。

2. 丁腈橡胶

丁腈橡胶是目前特种橡胶中产量最大的一种，由丁二烯和丙烯腈共聚而成。

$$nCH_2{=}CH{-}CH{=}CH_2 + nCH_2{=}\underset{\displaystyle CN}{\underset{|}{CH}} \xrightarrow{\text{共聚}} \left[CH_2{-}CH{=}CH{-}CH_2{-}CH_2{-}\underset{\displaystyle CN}{\underset{|}{CH}} \right]_n$$

丁腈橡胶

丁腈橡胶分子中含有强极性基团氰基（—CN），可排除非极性或弱极性的有机溶剂，因此具有优良的耐油性，能耐汽油、柴油等有机溶剂。此外，丁腈橡胶的耐磨、耐热和抗老化性能较好，但弹性、耐寒性和电绝缘性较差。丁腈橡胶主要用于制造耐油制品、耐热传送带等。

3. 硅橡胶

硅橡胶是分子中含有硅原子的特种橡胶的总称，其中聚二甲基硅氧烷是最常见的硅橡胶品种。它是由二甲基二氯硅烷经水解、缩合而成。

$$Cl{-}\overset{\displaystyle CH_3}{\overset{|}{\underset{\displaystyle CH_3}{\underset{|}{Si}}}}{-}Cl \xrightarrow[\text{② 缩合}]{\text{① 水解}} \left[\overset{\displaystyle CH_3}{\overset{|}{\underset{\displaystyle CH_3}{\underset{|}{Si}}}}{-}O \right]$$

二甲基二氯硅烷　　　　硅橡胶

硅橡胶具有优良的耐热和耐寒性，可在 -90 ~ 300℃范围内使用，并且具有良好的耐候性、耐臭氧性和电绝缘性。硅橡胶主要用于制造耐热耐寒的电气绝缘材料、耐热滚筒和密封材料。并且因为硅橡胶无毒、无味、物料性能稳定，长期接触人体组织、分泌液及血液也不会发生变化，所以可用于制造医疗器械、人造关节、人造器官等。

四、涂料和胶粘剂

1. 涂料

涂料是涂于物体表面能形成具有保护装饰或特殊性能（如绝缘、防腐、标志等）的固态涂膜的一类液体或固体材料的总称。涂料的分类方法很多，通常有以下几种分类方法，见表 12—3—2。

表 12—3—2　　　　**涂料的分类**

分类方法	举　例
按涂料的形态	水性涂料、溶剂性涂料、粉末涂料、高固体分涂料等
按涂料的功能	装饰涂料、防腐涂料、导电涂料、防锈涂料、耐高温涂料、隔热涂料、防火涂料、防水涂料等
按涂料的用途	建筑涂料、罐头涂料、汽车涂料、飞机涂料、家电涂料、木器涂料、桥梁涂料、塑料涂料、纸张涂料
按施工方法	刷涂涂料、喷涂涂料、辊涂涂料、浸涂涂料、电泳涂料

涂料的主要成分包括成膜物质（油料、树脂）、颜料、稀料（稀释剂、溶剂、助溶剂）和辅料（催干剂、悬浮剂、乳化剂、增塑剂等）。用做涂料成膜的物质主要是各种聚合物，如氨基树脂、酚醛树脂、丙烯酸树脂和醇酸树脂等。

2. 胶粘剂

胶粘剂是一类具有优良黏合性能的高聚物。根据来源不同可分为天然胶粘剂和合成胶粘剂。天然胶粘剂来源于动、植物体，如淀粉、松香、鱼胶、牛皮胶等。合成胶粘剂是人工合成的高聚物。此外，胶粘剂还可按应用方法分为热固型、热熔型、室温固化型、压敏型等；按应用对象分为结构型、非构型或特种胶；按胶黏剂形态可分为水溶型、水乳型、溶剂型以及各种固态型等。

常用于合成胶粘剂的高聚物可分为下面四类，见表12—3—3。

表12—3—3　　合成胶粘剂高聚物的类型

类型	举　例
热固性树脂型	酚醛树脂、脲醛树脂、密胺树脂、环氧树脂、丙烯酸双酯树脂、硅树脂等
热塑性树脂型	聚丙烯酸酯、聚甲基丙烯酸树脂、聚酰胺、聚乙酸乙烯酯、聚乙烯醇缩醛、聚乙烯醇等
橡胶型	氯丁橡胶、丁苯橡胶、丁腈橡胶、改性天然橡胶、聚硫橡胶等
混合型	酚醛—缩醛、酚醛—环氧，酚醛—氯丁、酚醛—丁腈等

五、功能高分子材料

功能高分子材料是指对外来的热、光、应力、电、磁等各种刺激反应敏锐并表现出选择性和特异性功能的高分子及其复合材料。功能高分子材料是20世纪60年代发展起来的新兴研究领域，是高分子材料渗透到电子、生物、能源等领域后开发涌现出的新材料，按照其功能可分为四类，见表12—3—4。

表12—3—4　　功能高分子材料的分类

功能	举　例
化学功能	离子交换树脂、螯合树脂、感光性树脂、氧化还原树脂、高分子试剂、高分子催化剂、高分子增感剂、分解性高分子等
物理功能	导电性高分子、高介电性高分子、高分子光电导体、高分子光生伏打材料、高分子显示材料、高分子光致变色材料等
复合功能	高分子吸附剂、高分子絮凝剂、高分子表面活性剂、高分子染料、高分子稳定剂、高分子相溶剂、高分子功能膜和高分子功能电极等
生物、医用功能	高分子药物、医用胶粘剂、手术缝合线、人工血管、人工器官、人工角膜、人造皮肤、美容材料等

附录一　弱酸弱碱在水中的解离常数

1. 弱酸在水中的解离常数（298.15 K）

弱　酸	解离常数$K_a^\ominus$
H_3AlO_3	$K_1^\ominus=6.3\times10^{-12}$
H_3AsO_4	$K_1^\ominus=6.0\times10^{-3}$；$K_2^\ominus=1.0\times10^{-7}$；$K_3^\ominus=3.2\times10^{-12}$
H_3AsO_3	$K_1^\ominus=6.6\times10^{-10}$
H_3BO_3	$K_1^\ominus=5.8\times10^{-10}$
$H_2B_4O_7$	$K_1^\ominus=1\times10^{-4}$；$K_2^\ominus=1\times10^{-9}$
HBrO	$K_1^\ominus=2.0\times10^{-9}$
H_2CO_3	$K_1^\ominus=4.4\times10^{-7}$；$K_2^\ominus=4.7\times10^{-11}$
HCN	$K_1^\ominus=6.2\times10^{-10}$
H_2CrO_4	$K_1^\ominus=4.1$；$K_2^\ominus=1.3\times10^{-6}$
HClO	$K_1^\ominus=2.8\times10^{-8}$
HF	$K_1^\ominus=6.6\times10^{-4}$
HIO	$K_1^\ominus=2.3\times10^{-11}$
HIO_3	$K_1^\ominus=0.16$
H_5IO_6	$K_2^\ominus=2.8\times10^{-2}$；$K_2^\ominus=5.0\times10^{-9}$
H_2MnO_4	$K_2^\ominus=7.1\times10^{-11}$
HNO_2	$K_1^\ominus=7.2\times10^{-4}$
H_2O_2	$K_1^\ominus=2.2\times10^{-12}$
H_2O	$K_1^\ominus=1.8\times10^{-16}$
H_3PO_4	$K_1^\ominus=7.1\times10^{-3}$；$K_2^\ominus=6.3\times10^{-8}$；$K_3^\ominus=4.2\times10^{-13}$
$H_4P_2O_7$	$K_1^\ominus=3.0\times10^{-2}$；$K_2^\ominus=4.4\times10^{-3}$；$K_3^\ominus=2.5\times10^{-7}$；$K_4^\ominus=5.6\times10^{-10}$
$H_5P_3O_{10}$	$K_3^\ominus=1.6\times10^{-3}$；$K_4^\ominus=3.4\times10^{-7}$；$K_5^\ominus=5.8\times10^{-10}$
H_3PO_3	$K_1^\ominus=6.3\times10^{-2}$；$K_2^\ominus=2.0\times10^{-7}$
H_2SO_4	$K_2^\ominus=1.0\times10^{-2}$
H_2SO_3	$K_1^\ominus=1.3\times10^{-2}$；$K_2^\ominus=6.1\times10^{-3}$
$H_2S_2O_3$	$K_1^\ominus=0.25$；$K_2^\ominus=$（3.2×10^{-2}）~（2.0×10^{-2}）
$H_2S_2O_4$	$K_1^\ominus=0.45$；$K_3^\ominus=3.5\times10^{-3}$

续表

弱　酸	解　离　常　数 $K_a^{\ominus}$
H_2Se	$K_1^{\ominus}=1.3\times10^{-4}$；$K_2^{\ominus}=1.0\times10^{-11}$
H_2S	$K_1^{\ominus}=1.32\times10^{-7}$；$K_2^{\ominus}=7.10\times10^{-15}$
H_2SeO_4	$K_2^{\ominus}=2.2\times10^{-2}$
H_2SeO_3	$K_1^{\ominus}=2.3\times10^{-3}$；$K_2^{\ominus}=5.0\times10^{-9}$
HSCN	$K_1^{\ominus}=1.41\times10^{-1}$
H_2SiO_3	$K_1^{\ominus}=1.7\times10^{-10}$；$K_2^{\ominus}=1.6\times10^{-12}$
$HSb(OH)_6$	$K_1^{\ominus}=2.8\times10^{-3}$
H_2TeO_3	$K_1^{\ominus}=3.5\times10^{-3}$；$K_2^{\ominus}=1.9\times10^{-8}$
H_2Te	$K_1^{\ominus}=2.3\times10^{-3}$；$K_2^{\ominus}=$（$1.0\times10^{-11}$）$\sim10^{-12}$
H_2WO_4	$K_1^{\ominus}=3.2\times10^{-4}$；$K_2^{\ominus}=2.5\times10^{-5}$
NH_4^+	$K_1^{\ominus}=5.8\times10^{-10}$
$H_2C_2O_4$（草酸）	$K_1^{\ominus}=5.4\times10^{-2}$；$K_2^{\ominus}=5.4\times10^{-3}$
HCOOH（甲酸）	$K_1^{\ominus}=1.77\times10^{-4}$
CH_3COOH（乙酸）	$K_1^{\ominus}=1.75\times10^{-5}$
$ClCH_2COOH$（氯代乙酸）	$K_1^{\ominus}=1.4\times10^{-3}$
CH_2CHCO_2H（丙烯酸）	$K_1^{\ominus}=5.5\times10^{-5}$
$CH_3COOH_2CO_2H$（乙酰乙酸）	$K_1^{\ominus}=2.6\times10^{-4}$（316.15 K）
$H_3C_6H_5O_6$（柠檬酸）	$K_1^{\ominus}=7.4\times10^{-4}$；$K_1^{\ominus}=1.73\times10^{-5}$；$K_1^{\ominus}=4\times10^{-7}$
H_4Y（乙二胺四乙酸）	$K_1^{\ominus}=10^{-2}$；$K_2^{\ominus}=2.1\times10^{-3}$；$K_3^{\ominus}=6.9\times10^{-7}$；$K_4^{\ominus}=5.9\times10^{-11}$

2. 弱碱在水中的解离常数（298.15 K）

弱　碱	解离常数 $K_b^{\ominus}$	弱　碱	解离常数 $K_b^{\ominus}$
$NH_3\cdot H_2O$	1.8×10^{-5}	$C_6H_5NH_2$（苯胺）	4×10^{-10}
$NH_2—NH_2$（联氨）	9.8×10^{-7}	C_5H_5N（吡啶）	1.5×10^{-9}
NH_2OH（羟胺）	9.1×10^{-9}	$(CH_2)_6N_4$（六亚甲基四胺）	1.4×10^{-9}

附录二　难溶电解质的溶度积常数

化合物	溶度积 $K_{sp}^{\ominus}$	化合物	溶度积 $K_{sp}^{\ominus}$	化合物	溶度积 $K_{sp}^{\ominus}$
AgAc	4.4×10^{-3}	$Ca_3(PO_4)_2$	2.0×10^{-29}	HgS（黑）	1.6×10^{-52}
AgBr	5.0×10^{-13}	$CdCO_3$	5.2×10^{-12}	Hg_2SO_4	7.4×10^{-7}
AgCl	1.8×10^{-10}	$CdC_2O_4\cdot3H_2O$	9.1×10^{-8}	$KHC_4H_4O_6$	3.0×10^{-4}
Ag_2CO_3	8.1×10^{-12}	$Cd(OH)_2$	2.5×10^{-14}	K_2PtCl_6	1.1×10^{-5}
$Ag_2C_2O_4$	3.4×10^{-11}	CdS	8.0×10^{-27}	$MgCO_3$	3.5×10^{-8}
Ag_2CrO_4	1.1×10^{-12}	$CoCO_3$	1.4×10^{-13}	$Mg(OH)_2$	1.8×10^{-11}
$Ag_2Cr_2O_7$	2.0×10^{-7}	$Co(OH)_2$	1.6×10^{-15}	$MnCO_3$	1.8×10^{-11}
AgI	8.3×10^{-17}	$Co(OH)_3$	1.6×10^{-44}	$Mn(OH)_2$	1.9×10^{-13}
$AgIO_3$	3.0×10^{-8}	COS，α－	4×10^{-21}	MnS（无定形）	2.5×10^{-10}
$AgNO_2$	6.0×10^{-4}	β－	2×10^{-25}	（结晶）	2.5×10^{-13}
AgOH	$2.0\times10^{-\ominus}$	$Cr(OH)_3$	6.3×10^{-31}	$NiCO_3$	6.6×10^{-9}
Ag_2S	6.3×10^{-50}	CuBr	5.3×10^{-9}	$Ni(OH)_2$	2.0×10^{-15}
Ag_2SO_4	1.4×10^{-5}	CuCl	1.2×10^{-6}	NiS，α－	3.2×10^{-19}
Ag_2SO_3	1.5×10^{-14}	Cu_2S	2.5×10^{-48}	β－	1.0×10^{-24}
$Al(OH)_3$	1.3×10^{-33}	$CuCO_3$	1.4×10^{-10}	γ－	2.0×10^{-26}
$BaCO_3$	5.1×10^{-9}	$CuCrO_4$	3.6×10^{-6}	$PbCl_2$	1.6×10^{-5}
BaC_2O_4	1.6×10^{-7}	$Cu(OH)_2$	2.2×10^{-20}	$PbCO_3$	7.4×10^{-14}
$BaCrO_4$	1.2×10^{-10}	$Cu_3(PO_4)_2$	1.3×10^{-37}	$PbCrO_4$	2.8×10^{-13}
BaF_2	1.0×10^{-6}	$Cu_2P_2O_7$	8.3×10^{-16}	PbS	8.0×10^{-28}
$BaSO_4$	1.1×10^{-10}	CuS	6.3×10^{-36}	$PbSO_4$	1.6×10^{-8}
$BaSO_3$	8×10^{-7}	$FeCO_3$	3.2×10^{-11}	$Sn(OH)_2$	1.4×10^{-28}
BiOCl	1.8×10^{-31}	$FeC_2O_4\cdot2H_2O$	3.2×10^{-7}	$Sn(OH)_4$	1.0×10^{-56}
$Bi(OH)_3$	4×10^{-31}	$Fe_4[Fe(CN)_6]_3$	3.3×10^{-41}	SnS	1.0×10^{-25}
$BiO(NO_3)$	2.82×10^{-3}	$Fe(OH)_2$	8.0×10^{-16}	$SrCO_3$	1.1×10^{-10}
Bi_2S_3	1×10^{-97}	$Fe(OH)_3$	4×10^{-38}	$SrCrO_4$	2.2×10^{-5}
$CaCO_3$	2.8×10^{-9}	FeS	6.3×10^{-18}	$SrC_2O_4\cdot H_2O$	1.6×10^{-7}
$CaC_2O_4\cdot H_2O$	4×10^{-9}	Fe_2S_3	$\approx10^{-28}$	$SrSO_4$	3.2×10^{-7}
$CaCrO_4$	7.1×10^{-4}	Hg_2Cl_2	1.3×10^{-18}	$ZnCO_3$	1.4×10^{-11}
CaF_2	2.7×10^{-11}	Hg_2CO_3	8.9×10^{-17}	$Zn(OH)_2$	1.2×10^{-17}
$Ca(OH)_2$	5.5×10^{-6}	Hg_2S	1.0×10^{-47}	ZnS，α－	1.6×10^{-24}
$CaSO_4$	9.1×10^{-6}	HgS（红）	4×10^{-53}	β－	2.5×10^{-22}

附录三 配位化合物的稳定常数

配位化合物	温度（K）	$K^{\ominus}_{稳}$	配位化合物	温度（K）	$K^{\ominus}_{稳}$
$[Co(NH_3)_6]^{2+}$	303	2.45×10^{4}	$[Bi(NCS)_6]^{3-}$	298	1.70×10^{4}
$[Co(NH_3)_6]^{3+}$	303	2.29×10^{34}	$[ScF_4]^{-}$	298	6.46×10^{20}
$[Ni(NH_3)_6]^{2+}$	303	1.02×10^{8}	$[ZrF_6]^{2-}$	298	9.77×10^{35}
$[Cu(NH_3)_2]^{+}$	291	7.24×10^{10}	$[TiOF]^{-}$	—	2.75×10^{6}
$[Cu(NH_3)_4]^{2+}$	303	1.07×10^{12}	$[VOF]^{-}$	298	1.41×10^{3}
$[Ag(NH_3)_2]^{+}$	298	1.70×10^{7}	$[CrF_3]$	298	1.51×10^{10}
$[Zn(NH_3)_4]^{2+}$	303	5.01×10^{8}	$[FeF_3]$	298	7.24×10^{11}
$[Cd(NH_3)_6]^{2+}$	303	1.38×10^{5}	$[FeF_6]^{3-}$	298	2.04×10^{14}
$[Hg(NH_3)_4]^{2+}$	295	2.00×10^{19}	$[AlF_6]^{3-}$	298	6.92×10^{10}
$[Fe(CN)_6]^{4-}$	298	1.00×10^{24}	$[CrCl]^{2+}$	298	3.98
$[Fe(CN)_6]^{3-}$	298	1.00×10^{31}	$[ZrCl]^{3+}$	298	2.00
$[Co(CN)_6]^{4-}$	—	1.23×10^{19}	$[FeCl]^{+}$	293	2.29
$[Co(CN)_6]^{3-}$	275	1.00×10^{64}	$[FeCl]^{2+}$	298	3.02×10
$[Ni(CN)_4]^{2-}$	298	1.00×10^{22}	$[PbCl_4]^{2-}$	298	5.01×10^{15}
$[Cu(CN)_2]^{-}$	298	1.00×10^{24}	$[CuCl]^{-}$	298	5.37×10^{4}
$[Ag(CN)_2]^{-}$	298	6.31×10^{21}	$[CuCl]^{+}$	298	2.51
$[Au(CN)_2]^{-}$	298	2.00×10^{38}	$[AgCl_2]^{-}$	298	1.10×10^{5}
$[Zn(CN)_4]^{2-}$	294	7.94×10^{16}	$[ZnCl_4]^{2-}$	室温	0.1
$[Cd(CN)_4]^{2-}$	298	6.03×10^{18}	$[CdCl_4]^{2-}$	298	4.47×10
$[Hg(CN)_4]^{2-}$	298	9.33×10^{38}	$[HgCl_4]^{2-}$	298	1.17×10^{15}
$[Ti(CN)_4]^{-}$	298	1.00×10^{35}	$[SnCl_4]^{2-}$	298	3.02×10
$[Cr(SCN)_6]^{3-}$	323	6.31×10^{3}	$[PdCl_4]^{2-}$	298	2.40×10
$[Fe(SCN)_6]^{3-}$	291	1.48×10^{3}	$[BiCl_6]^{3-}$	293	3.63×10^{7}
$[Fe(SCN)]^{2+}$	298	1.07×10^{3}	$[FeBi]^{2+}$	298	3.98
$[Co(SCN)_4]^{2-}$	293	1.82×10^{2}	$[CuBr_2]^{-}$	298	8.32×10^{5}
$[Ni(SCN)_3]^{-}$	293	6.46×10^{2}	$[CuBr]^{+}$	298	0.93
$[Cu(SCN)_2]^{-}$	291	1.29×10^{12}	$[ZnBr]^{+}$	298	0.25
$[Cu(SCN)_4]^{2-}$	291	3.31×10^{6}	$[AgBr_2]^{-}$	298	2.19×10^{7}
$[Ag(SCN)_2]^{-}$	298	2.40×10^{8}	$[CdBr_4]^{2-}$	298	3.15×10^{3}
$[Zn(SCN)_4]^{2-}$	303	2.0×10	$[HgBr_4]^{2-}$	298	10^{21}
$[Cd(SCN)_4]^{2-}$	298	9.55×10^{3}	$[AgI_2]^{-}$	291	5.50×10^{11}
$[Hg(SCN)_4]^{2-}$	—	1.32×10^{21}	$[CuI_2]^{-}$	298	7.06×10^{8}
$[Pb(SCN)_4]^{2-}$	298	7.08	$[CdI_4]^{-}$	298	1.26×10^{6}

附录四　标准电极电势表（298.15 K）

电对	电极反应		$\varphi^\ominus$（V）
	氧化态	还原态	
Li^+/Li	$Li^+ + e^- \rightleftharpoons Li$		-3.045
K^+/K	$K^+ + e^- \rightleftharpoons K$		-2.925
Rb^+/Rb	$Rb^+ + e^- \rightleftharpoons Rb$		-2.925
Cs^+/Cs	$Cs^+ + e^- \rightleftharpoons Cs$		-2.923
Ba^{2+}/Ba	$Ba^{2+} + 2e^- \rightleftharpoons Ba$		-2.92
Sr^{2+}/Sr	$Sr^{2+} + 2e^- \rightleftharpoons Sr$		-2.90
Ca^{2+}/Ca	$Ca^{2+} + 2e^- \rightleftharpoons Ca$		-2.87
Na^+/Na	$Na^+ + e^- \rightleftharpoons Na$		-2.714
La^{3+}/La	$La^{3+} + 3e^- \rightleftharpoons La$		-2.52
Mg^{2+}/Mg	$Mg^{2+} + 2e^- \rightleftharpoons Mg$		-2.37
Sc^{3+}/Sc	$Sc^{3+} + 3e^- \rightleftharpoons Sc$		-2.08
$[AlF_6]^{3-}/Al$	$[AlF_6]^{3-} + 3e \rightleftharpoons Al + 6F^-$		-2.07
Be^{2+}/Be	$Be^{2+} + 2e^- \rightleftharpoons Be$		-1.85
Al^{3+}/Al	$Al^{3+} + 3e^- \rightleftharpoons Al$		-1.66
Ti^{2+}/Ti	$Ti^{2+} + 2e^- \rightleftharpoons Ti$		-1.63
Zr^{4+}/Zr	$Zr^{4} + 4e^- \rightleftharpoons Zr$		-1.53
$[TiF_6]^{2-}/Ti$	$[TiF_6]^{2-} + 4e^- \rightleftharpoons Ti + 6F^-$		-1.24
$[SiF_6]^{2-}/Si$	$[SiF_6]^{2-} + 4e^- \rightleftharpoons Si + 6F^-$		-1.2
Mn^{2+}/Mn	$Mn^{2+} + 2e^- \rightleftharpoons Mn$		-1.18
* SO_4^{2-}/SO_3^{2-}	$SO_4^{2-} + H_2O + 2e^- \rightleftharpoons SO_3^{2-} + 2OH^-$		-0.93
TiO^{2+}/Ti	$TiO^{2+} + 2H^+ + 4e^- \rightleftharpoons Ti + H_2O$		-0.89
* $Fe(OH)_2/Fe$	$Fe(OH)_2 + 2e^- \rightleftharpoons Fe + 2OH^-$		-0.877
H_3BO_3/B	$H_3BO_3 + 3H^+ + 3e^- \rightleftharpoons B + 3H_2O$		-0.87
$SiO_{2(s)}/Si$	$SiO_{2(S)} + 4H^+ + 4e^- \rightleftharpoons Si + 2H_2O$		-0.86
Zn^{2+}/Zn	$Zn^{2} + 2e^- \rightleftharpoons Zn$		-0.763
* $FeCO_3/Fe$	$FeCO_3 + 2e^- \rightleftharpoons Fe + CO_3^{2-}$		-0.756
Cr^{3+}/Cr	$Cr^{3+} + 3e^- \rightleftharpoons Cr$		-0.74
As/AsH_3	$As + 3H^+ + 3e^- \rightleftharpoons AsH_3$		-0.60
* $SO_3^{2-}/S_2O_3^{2-}$	$2SO_3^{2-} + 3H_2O + 4e^- \rightleftharpoons S_2O_3^{2-} + 6OH^-$		-0.58
* $Fe(OH)_3/Fe(OH)_2$	$Fe(OH)_3 + e^- \rightleftharpoons Fe(OH)_2 + OH^-$		-0.56
Ga^{3+}/Ga	$Ga^{3+} + 3e^- \rightleftharpoons Ga$		-0.51
Sb/SbH_3	$Sb + 3H^+ + 3e^- \rightleftharpoons SbH_3$ （g）		-0.50

续表

电对	电极反应		$\varphi^{\ominus}$（V）
	氧化态	还原态	
$CO_2/H_2C_2O_4$	$2CO_2+2H^++2e^-\rightleftharpoons H_2C_2O_4$		−0.49
* S/S^{2-}	$S+2e^-\rightleftharpoons S^{2-}$		−0.48
Fe^{2+}/Fe	$Fe^{2+}+2e^-\rightleftharpoons Fe$		−0.44
Cr^{3+}/Cr^{2+}	$Cr^{3+}+e^-\rightleftharpoons Cr^{2+}$		−0.41
Cd^{2+}/Cd	$Cd^{2+}+2e^-\rightleftharpoons Cd$		−0.403
Se/H_2Se	$Se+2H^++2e^-\rightleftharpoons H_2Se$		−0.40
Ti^{3+}/Ti^{2+}	$Ti^{3+}+e^-\rightleftharpoons Ti^{2+}$		−0.37
PbI_2/Pb	$PbI_2+2e^-\rightleftharpoons Pb+2I^-$		−0.365
* Cu_2O/Cu	$Cu_2O+H_2O+2e^-\rightleftharpoons 2Cu+2OH^-$		−0.361
$PbSO_4/Pb$	$PbSO_4+2e^-\rightleftharpoons Pb+SO_4^{2-}$		−0.355 3
In^{3+}/In	$In^{3+}+3e^-\rightleftharpoons In$		−0.342
Tl^+/Tl	$Tl^++e^-\rightleftharpoons Tl$		−0.336
* $Ag(CN)_2^-/Ag$	$Ag(CN)_2^-+e^-\rightleftharpoons Ag+2CN^-$		−0.31
PtS/Pt	$PtS+2H^++2e^-\rightleftharpoons Pt+H_2S$		−0.30
$PbBr_2/Pb$	$PbBr_2+2e^-\rightleftharpoons Pb+2Br^-$		−0.280
Co^{2+}/Co	$Co^{2+}+2e^-\rightleftharpoons Co$		−0.277
H_3PO_4/H_3PO_3	$H_3PO_4+2H^++2e^-\rightleftharpoons H_3PO_3+H_2O$		−0.276
$PbCl_2/Pb$	$PbCl_2+2e^-\rightleftharpoons Pb+2Cl^-$		−0.268
V^{3+}/V^{2+}	$V^{3+}+e^-\rightleftharpoons V^{2+}$		−0.255
VO^{2+}/V	$VO^{2+}+4H^++6e^-\rightleftharpoons V+2H_2O$		−0.253
$[SnF_6]^{2-}/Sn$	$[SnF_6]^{2-}+4e^-\rightleftharpoons Sn+6F^-$		−0.25
Ni^{2+}/Ni	$Ni^{2+}+2e^-\rightleftharpoons Ni$		−0.246
$N_2/N_2H_5^+$	$N_2+5H^++4e^-\rightleftharpoons N_2H_5^+$		−0.23
Mo^{3+}/Mo	$Mo^{3+}+3e^-\rightleftharpoons Mo$		−0.20
CuI/Cu	$CuI+e^-\rightleftharpoons Cu+I^-$		−0.185
AgI/Ag	$AgI+e^-\rightleftharpoons Ag+I^-$		−0.152
Sn^{2+}/Sn	$Sn^{2+}+2e^-\rightleftharpoons Sn$		−0.136
Pb^{2+}/Pb	$Pb^{2+}+2e^-\rightleftharpoons Pb$		−0.126
* $Cu(NH_3)_2^+/Cu$	$Cu(NH_3)_2^{2+}+2e^-\rightleftharpoons Cu+2NH_3$		−0.12
CrO_4^{2-}/CrO_2	$CrO_4^{2-}+2H_2O+3e^-\rightleftharpoons CrO_2^-+4OH^-$		−0.12
WO_3（晶）/W	WO_3（晶）$+6H^++6e^-\rightleftharpoons W+3H_2O$		−0.09
* $Cu(OH)_2/Cu_2O$	$2Cu(OH)_2+2e^-\rightleftharpoons Cu_2O+2OH^-+H_2O$		−0.08
* $MnO_2/Mn(OH)_2$	$MnO_2+2H_2O+2e^-\rightleftharpoons Mn(OH)_2+2OH^-$		−0.05
$[HgI_4]^{2-}/Hg$	$[HgI_4]^{2-}+2e^-\rightleftharpoons Hg+4I^-$		−0.04
* $AgCN/Ag$	$AgCN+e^-\rightleftharpoons Ag+CN^-$		−0.017

续表

电对	电极反应		$\varphi^{\ominus}$ (V)
	氧化态	还原态	
H^+/H_2	$2H^+ + 2e^- \rightleftharpoons H_2$		0.000
$[Ag(S_2O_3)_2]^{3-}/Ag$	$[Ag(S_2O_3)_2]^{3-} + e^- \rightleftharpoons Ag + 2S_2O_3^{2-}$		0.01
$AgBr/Ag$	$AgBr(s) + e \rightleftharpoons Ag + Br^-$		0.071
$S_4O_6^{2-}/S_2O_3^{2-}$	$S_4O_6^{2-} + 2e^- \rightleftharpoons 2S_2O_3^{2-}$		0.08
* $[Co(NH_3)_6]^{3+}/[Co(NH_3)_6]^{2+}$	$[Co(NH_3)_6]^{3+} + e^- \rightleftharpoons [Co(NH_3)_6]^{2+}$		0.1
TiO^{2+}/Ti^{3+}	$TiO^{2+} + 2H^+ + e^- \rightleftharpoons Ti^{3+} + H_2O$		0.10
S/H_2S	$S + 2H^+ + 2e^- \rightleftharpoons H_2S(g)$		0.141
Sn^{4+}/Sn^{2+}	$Sn^{4+} + 2e^- \rightleftharpoons Sn^{2+}$		0.154
Cu^{2+}/Cu^+	$Cu^{2+} + e^- \rightleftharpoons Cu^+$		0.159
SO_4^{2-}/H_2SO_3	$SO_4^{2-} + 4H^+ + 2e^- \rightleftharpoons H_2SO_3 + H_2O$		0.17
$[HgBr_4]^{2-}/Hg$	$[HgBr_4]^{2-} + 2e^- \rightleftharpoons Hg + 4Br^-$		0.21
$AgCl(s)/Ag$	$AgCl(s) + e^- \rightleftharpoons Ag + Cl^-$		0.222 3
H_2AsO_2/As	$HAsO_2 + 3H^+ + 3e^- \rightleftharpoons As + 2H_2O$		0.248
$Hg_2Cl_2(s)/Hg$	$Hg_2Cl_2(s) + 2e^- \rightleftharpoons 2Hg + 2Cl^-$		0.268
* PbO_2/PbO	$PbO_2 + H_2O + 2e^- \rightleftharpoons PbO + 2OH^-$		0.28
BiO^+/Bi	$BiO^+ + 2H^+ + 3e^- \rightleftharpoons Bi + H_2O$		0.32
Cu^{2+}/Cu	$Cu^{2+} + 2e^- \rightleftharpoons Cu$		0.337
* Ag_2O/Ag	$Ag_2O + H_2O + 2e^- \rightleftharpoons 2Ag + 2OH^-$		0.342
$[Fe(CN)_6]^{3-}/[Fe(CN)_6]^{4-}$	$[Fe(CN)_6]^{3-} + e^- \rightleftharpoons [Fe(CN)_6]^{4-}$		0.36
* ClO_4^-/ClO_3^-	$ClO_4^- + H_2O + e^- \rightleftharpoons ClO_3^- + 2OH^-$		0.36
* $[Ag(NH_3)_2]^+/Ag$	$[Ag(NH_3)_2]^+ + e^- \rightleftharpoons Ag + 2NH_3$		0.373
$H_2SO_3/S_2O_3^{2-}$	$2H_2SO_3 + 2H^+ + 4e^- \rightleftharpoons S_2O_3^{2-} + 3H_2O$		0.40
* O_2/OH^-	$O_2 + 2H_2O + 4e^- \rightleftharpoons 4OH^-$		0.410
Ag_2CrO_4/Ag	$Ag_2CrO_4 + 2e^- \rightleftharpoons 2Ag + CrO_4^{2-}$		0.447
H_2SO_3/S	$H_2SO_3 + 4H^+ + 4e^- \rightleftharpoons S + 3H_2O$		0.45
Cu^+/Cu	$Cu^+ + e^- \rightleftharpoons Cu$		0.52
TeO_2/Te	$TeO_2(s) + 4H^+ + 4e^- \rightleftharpoons Te + 2H_2O$		0.529
I_2/I^-	$I_2 + 2e^- \rightleftharpoons 2I^-$		0.534 5
MnO_4^-/MnO_4^{2-}	$MnO_4^- + e^- \rightleftharpoons MnO_4^{2-}$		0.564
H_3AsO_4/H_3AsO_3	$H_3AsO_4 + 2H^+ + 2e^- \rightleftharpoons H_3AsO_3 + H_2O$		0.581
MnO_4^-/MnO_2	$MnO_4^- + 2H_2O + 3e^- \rightleftharpoons MnO_2 + 4OH^-$		0.588
* MnO_4^{2-}/MnO_2	$MnO_4^{2-} + 2H_2O + 2e^- \rightleftharpoons MnO_2 + 4OH^-$		0.60
* BrO_3^-/Br^-	$BrO_3^- + 3H_2O + 6e^- \rightleftharpoons Br^- + 6OH^-$		0.61
$HgCl_2/Hg_2Cl_2$	$2HgCl_2 + 2e^- \rightleftharpoons Hg_2Cl_2(s) + 2Cl^-$		0.63

续表

电对	电极反应		$\varphi^{\ominus}$ (V)
	氧化态	还原态	
* ClO_2^-/ClO^-	$ClO_2^- + H_2O + 2e^- \rightleftharpoons$	$ClO^- + 2OH^-$	0.66
O_2/H_2O_2	$O_2 + 2H^+ + 2e^- \rightleftharpoons$	H_2O_2	0.682
$[PtCl_4]^{2-}/Pt$	$[PtCl_4]^{2-} + 2e \rightleftharpoons$	$Pt + 4Cl^-$	0.73
Fe^{3+}/Fe^{2+}	$Fe^{3+} + e^- \rightleftharpoons$	Fe^{2+}	0.771
Hg_2^{2+}/Hg	$Hg_2^{2+} + 2e^- \rightleftharpoons$	$2Hg$	0.793
Ag^+/Ag	$Ag^+ + e^- \rightleftharpoons$	Ag	0.799
NO_3^-/NO_2^-	$NO_3^- + 2H^+ + 2e^- \rightleftharpoons$	$NO_2^- + H_2O$	0.80
* HO_2^-/OH^-	$HO_2^- + H_2O + 2e^- \rightleftharpoons$	$3OH^-$	0.88
* ClO^-/Cl^-	$ClO^- + H_2O + 2e^- \rightleftharpoons$	$Cl^- + 2OH^-$	0.89
Hg^{2+}/Hg_2^{2+}	$2Hg^{2+} + 2e^- \rightleftharpoons$	Hg_2^{2+}	0.920
NO_3^-/HNO_2	$NO_3^- + 3H^+ + 2e^- \rightleftharpoons$	$HNO_2 + H_2O$	0.94
NO_3^-/NO	$NO_3^- + 4H^+ + 3e^- \rightleftharpoons$	$NO + 2H_2O$	0.96
HNO_2/NO	$HNO_2 + H^+ + e^- \rightleftharpoons$	$NO + H_2O$	1.00
NO_2/NO	$NO_2 + 2H^+ + 2e^- \rightleftharpoons$	$NO + H_2O$	1.03
Br_2/Br^-	$Br_2 + 2e^- \rightleftharpoons$	$2Br^-$	1.065
NO_2/HNO_2	$NO_2 + H^+ + e^- \rightleftharpoons$	HNO_2	1.07
$Cu^{2+}/Cu(CN)_2^-$	$Cu^{2+} + 2CN^- + e^- \rightleftharpoons$	$Cu(CN)_2^-$	1.12
* ClO_2/ClO_2^-	$ClO_2 + e^- \rightleftharpoons$	ClO_2^-	1.16
ClO_4^-/ClO_3^-	$ClO_4^- + 2H^+ + 2e^- \rightleftharpoons$	$ClO_3^- + H_2O$	1.19
IO_3^-/I_2	$2IO_3^- + 12H^+ + 10e^- \rightleftharpoons$	$I_2 + 6H_2O$	1.20
$ClO_3^-/HClO_2$	$ClO_3^- + 3H^+ + 2e^- \rightleftharpoons$	$HClO_2 + H_2O$	1.21
O_2/H_2O	$O_2 + 4H^+ + 4e^- \rightleftharpoons$	$2H_2O$	1.229
MnO_2/Mn^{2+}	$MnO_2 + 4H^+ + 2e^- \rightleftharpoons$	$Mn^{2+} + 2H_2O$	1.23
* O_3/OH^-	$O_3 + H_2O + 2e^- \rightleftharpoons$	$O_3 + 2OH^-$	1.24
$ClO_2/HClO_2$	$ClO_2 + H^+ + e^- \rightleftharpoons$	$HClO_2$	1.275
HNO_2/N_2O	$2HNO_2 + 4H^+ + 4e^- \rightleftharpoons$	$N_2O + 3H_2O$	1.29
$Cr_2O_7^{2-}/Cr^{3+}$	$Cr_2O_7^{2-} + 14H^+ + 6e^- \rightleftharpoons$	$2Cr^{3+} + 7H_2O$	1.33
Cl_2/Cl^-	$Cl_2 + 2e^- \rightleftharpoons$	$2Cl^-$	1.36
HIO/I_2	$2HIO + 2H^+ + 2e^- \rightleftharpoons$	$I_2 + 2H_2O$	1.45
PbO_2/Pb	$PbO_2 + 4H^+ + 2e^- \rightleftharpoons$	$Pb^{2+} + 2H_2O$	1.455
Au^{3+}/Au	$Au^{3+} + 3e^- \rightleftharpoons$	Au	1.50
Mn^{3+}/Mn^{2+}	$Mn^{3+} + e^- \rightleftharpoons$	Mn^{2+}	1.51
MnO_4^-/Mn^{2+}	$MnO_4^- + 8H^+ + 5e^- \rightleftharpoons$	$Mn^{2+} + 4H_2O$	1.51
BrO_3^-/Br_2	$2BrO_3^- + 12H^+ + 10e^- \rightleftharpoons$	$Br_2 + 6H_2O$	1.52
$HBrO/Br_2$	$2HBrO + 2H^+ + 2e^- \rightleftharpoons$	$Br_2 + 2H_2O$	1.59

续表

电对	电极反应		$\varphi^{\ominus}$ (V)
	氧化态	还原态	
H_5IO_6/IO_3^-	$H_5IO_6 + H^+ + 2e^- \rightleftharpoons IO_3^- + 3H_2O$		1.60
$HClO/Cl_2$	$2HClO + 2H^+ + 2e^- \rightleftharpoons Cl_2 + 2H_2O$		1.63
$HClO_2/HClO$	$HClO_2 + 2H^+ + 2e^- \rightleftharpoons HClO + H_2O$		1.64
Au^+/Au	$Au^+ + e^- \rightleftharpoons Au$		1.68
NiO_2/Ni^{2+}	$NiO_2 + 4H^+ + 2e^- \rightleftharpoons Ni^{2+} + 2H_2O$		1.68
MnO_4^-/MnO_2	$MnO_4^- + 4H^+ + 3e^- \rightleftharpoons MnO_2(s) + 2H_2O$		1.695
H_2O_2/H_2O	$H_2O_2 + 2H^+ + 2e^- \rightleftharpoons 2H_2O$		1.77
Co^{3+}/Co^{2+}	$Co^{3+} + e^- \rightleftharpoons Co^{2+}$		1.84
Ag^{2+}/Ag^+	$Ag^{2+} + e^- \rightleftharpoons Ag^+$		1.98
$S_2O_3^{2-}/SO_4^{2-}$	$S_2O_3^{2-} + 2e^- \rightleftharpoons 2SO_4^{2-}$		2.01
O_3/H_2O	$O_3 + 2H^+ + 2e^- \rightleftharpoons O_2 + H_2O$		2.07
$F_2/2F^-$	$F_2 + 2e^- \rightleftharpoons 2F^-$		2.87
F_2/HF	$F_2 + 2H^+ + 2e^- \rightleftharpoons 2HF$		3.06

注：表中凡前面有*符号的电极反应是在碱性溶液中进行，其余都在酸性溶液中进行。